策略管理

伍忠賢 著

三民書局

國家圖書館出版品預行編目資料

策略管理／伍忠賢著.――初版三刷.――臺北市：三
民，2006
　　　面；　　公分

　　ISBN 957-14-3599-6　（平裝）

　　1.決策管理

494.1　　　　　　　　　　　　　　　91005025

網路書店位址　http：∥ www.sanmin.com.tw

ⓒ　策　略　管　理

著作人　伍忠賢
發行人　劉振強
發行所　三民書局股份有限公司
　　　　地址／臺北市復興北路386號
　　　　電話／(02)25006600
　　　　郵撥／0009998-5
印刷所　三民書局股份有限公司
門市部　復北店／臺北市復興北路386號
　　　　重南店／臺北市重慶南路一段61號
初版一刷　2002年6月
初版二刷　2003年9月修正
初版三刷　2006年3月
編　　號　S 492970
基本定價　拾陸元
行政院新聞局登記證局版臺業字第○二○○號

ISBN　957-14-3599-6　（平裝）

謹獻給：

　　策略大師　司徒達賢教授

　　　　——感謝他對我在《策略管理》的教誨

自 序

— Take the lead, Manphis !

你（指令狐沖）雖自謙：狂妄大膽，不拘習俗，但卻不失大丈夫風範。
境界自在心中，評價是你自己的，任何人也不能增一色減一分。

——沖虛道長　武當派掌門

金庸名著《笑傲江湖》

一、費爾德曼博士的衝擊

　　每次寫書時，總會在剪報本扉頁擺上刺激自己的剪報。此次撰寫本書，主要刺激有二：

　　1. 1996年2月5日《工商時報》的一則小欄，由陳碧芬、張秋蓉撰寫，主標為「實務，一到用時方恨少?」小標為：某農會總幹事說：「學者的建議都很好，但是和事實距離太遠」。另外，1994年7月12日《經濟日報》第6版，政治大學企管系教授管康彥的專文「抽象與現實間的鴻溝?」則探討管理研究和實務間差距的原因。

　　2. 1991年7月，在朋友安排下訪問來華講課的美國盧比孔公司(The Rubicon Group International)執行董事馬克‧費爾德曼(Mark L. Feldman)，他專長於併購後整合。這二小時的訪談，可說是我一生求學最大的衝擊，他跟心理學家用人格量表來分析人的性格一樣，也有一套問卷和方法用來衡量企業文化，進而判斷買方、賣方公司企業文化的差異，或是徵募人才是否符合公司企業文化。當一些學者用魏晉南北朝的清談方式討論企業文化時，西北大學企管博士的費爾德曼在顧問業的市場壓力下，將觀念、理論轉為可操作化的工具，以解決實務上的問題。他的觀念請見第十四章第一、三節。

　　敝人自忖學歷專長（企管博士，但並不主攻策略管理）、履歷經驗（未在大型集團企業擔任董事長或總經理）皆非上選；但是有理想（尤其是寫有理論架構、實證支持的企管叢書或教科書），而且又能寫、願寫。所以提筆撰寫此本以解決實務問題

導向的書。本書貴在提出許多可操作的方法，盼能給大學帶來另類教科書、給企業界小小的漣漪。

看過港劇「天龍八部」嗎？劇中的慕容復勤學武林各門各派功夫，但卻無力融會貫通。每次當他跟別人對打時，他的表妹王語嫣總會在旁適時提醒他使用什麼招式，雖然她不會功夫。同樣地，無論是學生或是實務工作者，總是唸了一堆書，但一碰到實務──尤其是彙集各種學問於一身的策略管理，只能把部分所學、經驗用出來。本書將有系統的融合相關企管新知，並一以貫之，讓你自己兼具慕容復、王語嫣的能力，就像李小龍融合詠春、少林、太極等功夫，自創截拳道一樣。他在《截拳道》一書中主張自由搏擊，即在搏鬥中要能不拘泥於派別招式，而流暢的使出看家本領；《笑傲江湖》中令狐沖向師叔祖風清揚學獨孤九劍，也是不拘一格。

我雖然欽佩港劇「天蠶變」中武當派六絕弟子姚峰面臨挑戰時所說的：「與其獻醜，不如藏拙。」一句話避掉了無謂的廝殺，但寫本書卻似「天蠶變」第一集片頭峨嵋派大弟子管中流，向師執輩的武當派掌門青松道長挑戰，青松限在三招內贏他。寫本書時，雖然我對策略管理並沒有像司徒達賢教授等大師級的功力，但多年擔任上市公司策略幕僚、顧問的經驗，至少讓我覺得還蠻踏實的。

二、一本能「用」的企管叢書和教科書（本書目標市場）

策略管理不僅適用於公司、政府機構、非營利組織（例如財團法人、學校），也適用於獨資小店，甚至個人。例如從實用BCG來看，人至少需具備第一、第二專長，第一專長替你賺今天的薪水，第二專長免於你明天失業，若有第三專長更能讓你後天飛黃騰達。

這是一本有理論架構、實務經驗支持的、能用的企管叢書和教科書，不是一本翻譯或編著的教科書，也不是一本鬆垮垮的企管叢書。

三、實用導向寫作方式──本書特點

本書除了延續實用導向的下列寫書風格：

㈠以理論（尤其經過臺灣論文支持）為架構，並透過圖、表整理，以達到「易懂、易記」的目的。如同歌手庾澄慶的成名曲「改變所有的錯」，在本書中，我們把

所有知識管理常見的圖都依照三圖一表（請見光碟首頁說明）四個系統基模的格式重畫。

㈡以實務為骨肉，這是我們的寫作原則：「縱使是教科書，也應該跟實務工作零距離。」而這又是主要受益於十年以上的從業資歷。

㈢以創意為靈魂，樂聖貝多芬的交響曲中有很強烈的人文色彩，同樣的，本書也有濃郁的創意氣息，希望能觸動你一些靈感，而不是如同一本冷冰冰的食譜、手冊罷了。

㈣加點人味，以前在《工商時報》當專欄記者時寫專欄，主管鍾俊文博士總希望在談事論理之外，再加上產官學的意見，讓讀者因感受人味而喜歡讀，才不會像論文。同樣道理，網球公開賽時，只要碰到火爆浪子馬克安諾、阿格西，收視率便大幅躍升，因為有好戲可看；至於發球機器山普拉斯、柏格只有好球可看，場面枯燥得很。

本書也再次突顯我的治學、寫書理念：

㈠「回復到基本」(return to basis或return to the basic)：通俗地說便是「天下沒有新鮮事」，同理，我也主張「天下沒有那麼多學問」；萬變不離其宗。坊間許多理論（包括所謂的管理大師所提出的）、方法，只是從大一、大二基本的管理學略作修改，然後再加上美麗的學術外衣或神秘的實務界魔術公式，本質上仍是「換湯不換藥」。

㈡就近取譬，用生活中熟悉的事物來比喻好令人豁然而解。

我在策略管理的創新方法

年　　月	章　　節	方法名稱	創新類型
1998　12	§1.4	修正成功企業七要素	改良
1991　11	chap.2	實用BCG模式	改良
2001　12	§3.2	實用企業家經營能力量表	新創
	§3.3	實用總經理、事業部主官管理能力量表	新創
1998　12	chap.6 附錄	實用策略規劃 (投資案) 評估表	新創
1998　12	§10.2	實用SWOT分析	改良
	§10.7	從損益表出發的事業診斷	新創
2001　12	§13.1	波特的事業層級策略－實用劃法	改良
1998　12	§15.3	實用紅藍軍對抗賽	新創

四、向您說聲對不起

　　為了說明經營者，公司所犯的策略錯誤，難免會舉一些例子說明，對於非公開資訊個案，本書則採匿名處理，以謹守保密的職業道德。若當事人覺得似曾相識，我只能說「若有雷同，純屬巧合」；其他人問起，我也會以患了「宮雪花失憶症」來回答。

五、誠摯感謝

　　這本書以拙著《實用策略管理》為基礎，再增加一倍以上的篇幅，要感謝的老師很多，其中有二位跟本書的撰寫有直接關係。

　　一位是政治大學企管系司徒達賢教授，1988年，我讀博士班一年級時，因為本身是經濟研究所畢業，非管理科系，所以司徒教授特別要求我補修碩一「組織管理」的學分。因為沒有參加小組討論，遭他一頓斥責，還把我當掉，要我重修。1989年下學期開始時，我跟他情商：「教育的目的是要學生學到東西，如果我修您的企業政策課程而過關了，是否可以抵修組織管理?」他同意了。我得以有機會受教於他，授課內容以1995年遠流出版的《策略管理》為主，上課時我常成為箭靶，最後高分過關，雖然不算學分。再加上博士班的企業管理課程，奠定我策略管理的基礎。

　　另一位是陳隆麒教授，他敬業的教學精神和融會貫通的能力，奠定了我財務管理的底子。

　　在寫作語氣上，略參考焦桐在1997年11月16日《中國時報》第27版上的一篇文章「深思熟慮的輕」。如同當兵時班長所說：「外表輕鬆，內在嚴肅。」我期許自己以寫小品文的心情，來寫一本嚴謹的書；希望你自在地讀，不要覺得有「不可承受的重」。

　　在內容取捨上，司徒達賢教授非常簡潔(compact)的《策略管理》以及皮爾斯和羅賓森(Pearce & Robinson, 1997)共十二章的《策略管理》給予我清楚範圍。此外，大學同學王素敏於1981年時曾說過：「如果修國際企業管理這門課只能多懂幾個名詞，那我不願意選修。」她的話指引我在寫書時，以實用為先，無須狗尾續貂、鋪陳一堆學者的主張和理論，但卻不知道是否於事有補或正確與否。此外，我們用一些

簡單基本架構(如管理功能)重新把許多主張一以貫之,讓你能把所唸的企管書活用出來,不致迷失在眾說紛紜之中。

在本文中,許多地方改寫自報刊,我們皆註明出處,一則表示飲水思源,一則方便您也可以藉此找出原文。

在文字編輯方面,感謝三民書局編輯部的細心編輯和校對,增加本書的視覺感受以及提高品質。

尤其感激的是好友謝政勳、楊正利、蔡耀傑、柯惠玲、林新象和謝增錦,在財務上的支持、在精神上的鼓勵,才能讓我沒有後顧之憂的從事寫作。最後要感謝的是上天賜予我靈感,使我這樣資質有限的人能寫出本書。

伍忠賢　謹誌於新店

2003年8月

E-mail: 02-mandawu@hotmail.com

godlovey@ms22.hinet.net

網址: http://www.blessing.com.tw

策略管理

目　次

第二篇　決策與組織設計

第四篇　策略執行

表目次

圖目次

本書架構

依據管理功能、步驟，本書可以區分為三大部分（詳見圖0-1），即策略規劃、執行、控制，本書以五篇、十八章來討論，其摘要如下。對於策略管理不熟的讀者，表0-1採取5W1H的問題解決程序來把本書內容分類；最後，對於具有基礎的讀者，表0-2是理論發展焦點。

表0-1　從5W1H來看策略管理的內容

策略內容	英　文	本書章節
一、為何成長	why	§1.5～§1.6公司目標、願景
二、成長方向	where	chap.2 實用BCG
1.總體策略： 　多角化程度		
(1) 水平		chap.4 如何避免過度多角化
(2) 垂直		§3.2 經營可行性分析
(3) 複合		§3.3 管理可行性分析
(4) 國際		§11.5 策略規劃基石：知識和資訊
2.事業策略	what	§13.1 波特的一般策略
三、成長速度		
1.成長速度	when	chap.6 時間、金額分散：公司成長速度
2.事業部規模		§12.4、§12.5 時基策略：事業成長速度
四、成長方式	how	chap.5 公司成長的方式
1.內部		§10.5 標竿策略：事業成長方式
2.外部		chap.11 活用資源建立競爭優勢
(1)併購		§5.3 、§5.4 技術移轉
(2)策略聯盟		§5.2 策略聯盟
五、用　人*		
1.決策者	who	§9.3 策略幕僚單位 chap.8 公司治理
2.執行者	whom	§15.1 你是策略家還是經理的料

* 此項只是為了把 who 湊上來而加的，策略內容只包括第一欄的第 1 項至第 4 項。

圖0-1　企業策略管理流程和本書架構

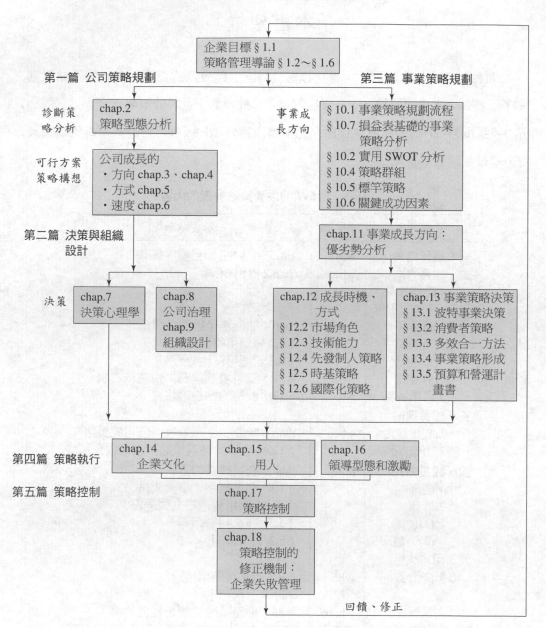

表0-2　1991～2002年策略管理討論重點和本書章節

重　點	內　容	本書章節
一、主流思想 (dominant theme)	如何建立競爭優勢	§ 10.4～§ 10.6
二、主要焦點	1.公司內競爭優勢來源 2.策略動態面	§ 10.6 §1.4 新 7S
三、主要觀念和技巧	1.資源分析 2.公司能力 3.動態分析 　(1)速度 　(2)回應 　(3)first-mover 優勢	chap.11 chap.11 §11.5、§12.3 § 12.4 § 12.4 § 7.2、§ 7.4、 § 12.4、§ 12.5
四、對企業的涵義	透過下列方式以建立策略能力： 1.企業再造 2.企業重建 3.策略聯盟 4.新組織型態 5.策略性人力資源管理 6.資訊技術	 § 4.4 § 4.5 § 5.2 § 9.1 chap.15 § 11.5

資料來源：第一、二欄來自Grand, Robert M., *Contemporary Strategic Analysis*, p.17, Table 1.2 的一部分。

第一篇　公司策略規劃

由董事會決定的公司經營策略，主要依下列三步驟進行：

1.公司策略地位診斷：第二章中我們以伍氏BCG（Boston Consulting Group，簡稱BCG）來分析。

2.公司策略構想的提出：這包括公司成長方向（即多角化程度、轉型是其特例），在第三章中，具體闡述應做好經營、管理可行性分析，以決定公司成長方向和速度。第四章中說明如何改正過度多角化，成長方式（內部發展或透過策略聯盟、併購的外部成長）詳見第五章。

3.公司策略決策：第六章中，我們把風險管理觀念運用在公司成長方向和速度

的決策上，以降低公司風險。本章附錄「實用策略規劃評估表」則把新事業投資案以點數方式進行評估，更讓本章論點具體可用。

第二篇　決策與組織設計

第七章從決策心理學出發，建議如何克服能力、性格缺陷，以提高策略品質，這是策略決策的核心（即決策在人），但也是敝人跟過二個上市公司董事長、幾個未上市公司老闆的親身體驗。第八章討論透過公司治理機制以塑造廉能董事會。第九章說明策略管理的組織設計，第三節中兼論協調、整合機制。

第三篇　事業策略規劃

由事業部主官（從經理到總經理）負責的事業（層級）策略規劃，跟公司策略規劃一樣，分為下列四步驟：

1. 事業策略地位診斷：第十章第七節中作者從損益表出發的事業診斷，讓你能快速體檢，檢討事業策略是否合宜，接著以實用SWOT分析、策略群組、標竿策略、關鍵成功因素來找出事業策略方向。

2. 事業策略構想的提出：第十一章以資源基礎理論為基礎，從優劣勢分析去知悉如何活用資源以創造競爭優勢，以得到事業策略方案構想。

3. 事業策略構想專論：第十二章討論介入市場的方式（例如第六節國際化策略和進入市場模式）、時機（第三節討論先佔策略、第四節討論時基策略）。

4. 事業策略決策：第十三章運用修正版的波特競爭策略、消費者策略以進行事業策略決策，最後二節說明事業策略規劃的運用和其成果（營運計畫書、年度預算）。

第四篇　策略執行

策略執行(strategy implementation)源自於管理功能中的執行，包括下列三大主題，並於下列三章中討論：

1. 企業文化：第十四章透過適配的企業文化以培養員工對策略決策樂知好行。
2. 用人：於第十五章說明，重點在於策略性人力資源管理，培育中高階人才。
3. 狹義的策略執行：第十六章包括工作環境塑造（第一節）、授權（第二節）、

激勵內部創業（第三節），至於「衝突處理」屬於執行中的戰術、戰技作為，本書不予討論。

第五篇　策略控制

策略控制主要範疇有二：

1. 策略評估：第十七章說明策略控制的觀念跟傳統的控制不一樣，並介紹二個主流學說。尤其特別地，我們提出策略績效評估指標、頻率、獎勵、責任歸屬的實務作法。

2. 回饋和修正：第十八章以反敗為勝的復甦管理，具體說明企業如何轉機，尤有甚者，透過回饋和修正機制以預防企業失敗。

一、管理學跟策略管理課程的分工

套用「交淺言深」中的「言深」一詞，少數人可能會懷疑大四策略管理課程會不會跟大一的管理學課程重複太多？答案是「本書不會」，至少有二個理由：

㈠策略管理如同少林寺的十八銅人陣

如果把管理學比喻成少林寺中的基本功，那麼大四策略管理課程比較像打十八銅人陣，重點在活用六管（或七管）的知識，以解決公司、事業部的經營問題。而且偏重個案教學，即以實際案例來分組討論，注重小組學習(collaborative learning)。

㈡楚河漢界

縱使從管理活動角度來切入，大抵可用組織層級畫條楚河漢界，詳見表0-3。以高階管理者來作為分水嶺，難怪有極少數書把策略管理稱為高階管理。

此外，領導型態、技巧等議題在策略管理中也不那麼強調，因為位居津要的人，已經身經百戰，這些戰技（領導技巧）、戰術（領導型態）能力早已具備，無須浪費篇幅去強調。

表0-3　管理學跟策略管理課程的分工

管理活動 組織層級	規　　劃				執　　行			控　　制	
	目標	決策	組織 結構	獎勵 制度	用人	企業 文化		考核	修正
一、高階管理者 （公司、事 業部主官和 幕僚） →大四策略管 理	公司 事業部	策略 規劃	集團、 公司、 事業部 （三層級）		中高階 人才 養成	特別 強調 變革 管理	不談下 列主題	策略 控制	控制 型態 並特別 強調 公司 治理
二、低、中階管 理者 →大一管理學	功能 部門、 個人		公司、 功能 部門 （二層級）				討論領導、溝 通、團隊精神、 衝突處理等領 導型態、技巧， 即組織行為		比較 強調 財務 控制

二、哪有那麼多學問？

研究組織轉型的哈佛大學教授科特(John P. Kotter)曾經寫過多本書討論公司變革。1997年《企業成功轉型8 steps》一書，具體列出改造的八個步驟：

一、建立危機意識；二、成立領導團隊；三、提出願景；四、溝通願景；五、授權員工參與；六、創造近程戰果；七、鞏固戰果並再接再厲；八、讓新做法深植企業文化中。

前四個改造步驟是在鬆動根深柢固的舊有體制，第五到第七個階段是引進新的做法。最後深植變革於企業文化中，才能持之恆久。

為什麼本書中很少類似這一類的step by step？我們一以貫之採取5W1H（詳見表0-4）的制式推理方式，易懂易記。此外，他談的是任何一家公司、任何時間（公司變革時尤其重視危機意識）都該做的，他的建議缺乏新意。

表0-4　5W1H的問題解決程序和寫作順序

5 W 1 H	說 明
what	定義、範圍，以免各說各話、雞同鴨講
why	重要性、動機（目標）
how	策略、作法（有些人喜歡稱為手法）、切入點
when	介入時機（即天時）、速度
where	介入地點（即地利）
who	決策者、執行者（即人和）

* which 未列入內，how 還可包括 how long。

三、英文用詞——一知半解，好不過全然不知

Knowing any language imperfectly is very little better than not knowing it at all.

—Lord Chesterfield, *Letters*, 29 Dec., 1747.

　　這句話的意思是「對語言若所知不足，比全然不懂好不到哪裡去」，是18世紀的英國貴族查斯特菲德寫給兒子的話。（工商時報2000年7月29日，第27版）

　　我喜歡看《工商時報》經營知識版的「上班族學英語」專欄，後來彙集成書，即施鐵民、李巧云所編之《英語字詞新探》（商訊文化，2000年6月）。作者們針對常見的疑難字詞，從廣泛的蒐集文學、新聞等不同領域的例子，來闡明這些字詞的各種不同的意思與用法。文學的例子經過時間的沉澱，比較有深度，有引用的價值；新聞例子較口語，皆是當代所流行的語言，相當實用。這類例子除有助於語言的學習，也可提升讀者對文學經典名句的欣賞和國際政經事務的了解。例句皆附有中文翻譯，譯得十全十美的原因在於「意譯」，避免照字「死譯」成半通不通的中文，或可供有志於從事翻譯者參考。

　　表0-5是本書中對常見專有名詞的譯法，並不是故意與眾不同，其目的有二：

　　1.字斟句酌，方顯專業。

　　2.對就是對，錯就是錯，不會由於一百個人說你錯了，就代表你錯了。能克服從眾壓力，才是創新的必要條件。

表0-5　本書中譯跟一般譯詞不同處

英文原詞	本書譯詞	一般譯詞	不用一般譯詞原因
BCG	波士頓顧問公司	波士頓諮商團體	以前的人譯錯了
business model	經營方式、收入來源	經營或商業模式	無法望文生義
competence	能力	競爭力、能耐	詳見§11.1
MIT	麻州理工學院	麻省理工學院	美國只有50「州」，沒有「省」
management	經營或管理	管理	
manager	管理者、經理	經理人	經理正是「人」，此用詞如同醫生「人」一樣無理
organization	公司	組織	公司是管理學中營利組織，明確講就好
SBU	事業部	策略事業單位	臺灣公司不這麼用
technology	技術	科技	science & technology才是科技

表0-6　本書用詞

功能＼職稱＼組織層級	母公司 經營者	區域總部或控股公司 高階管理者	子（或孫）公司 高階管理者
直線	1.集團：總裁 2.公司：董事會尤其是董事長(chairman of the board, 簡稱 CEO, 執行長)，臺灣俗稱公司負責人		1.總經理、副總經理、執行官 2.事業部(SBU)主官* 3.部門主管 　如財務長 CFO 　　營運長 COO 　　資訊長 CIO 　　技術長 CTO 　　知識長 CKO
策略幕僚	・總管理處 ・董事長室 ・其他直屬功能性單位，如秘書處		・總經理辦公室或企劃部 ・但各部門內企劃單位人員則屬戰術層級

*鑑於中外書刊對於用詞有曖昧不明、各說各話現象，本書為避免此問題，特將「經營者」、「高階管理者」、「策略幕僚」等關鍵用字在本書中的意義詳列於上表，其中事業部負責人稱為主官，係沿用軍隊中稱謂。

第一章

策略管理導論

危機管理的時間緊迫，需要強勢的領導者，但成功的領導者「要帶領跟隨者走對的方向」，在原地打轉或是走錯方向都不算成功的領導者。

——張忠謀　台灣積體電路公司董事長

經濟日報2001年11月11日，第7版

學習目標:

了解公司目標的決定方式，管理活動、控制型態和權力來源間的關係（圖1-3），最基本的則為了解什麼是策略管理。

直接效益:

從修正成功企業七要素（圖1-3），可以把當今企管學說各就其位，有系統的了解，而不會隻爪片鱗的「滿紙荒唐言，不足成文章」（即見木不見林）。

本章重點:

· 修正麥肯錫成功企業七要素。
· 公司策略、事業策略。 §1.1一(一)
· 策略管理在管理功能上的角色。表1-4
· 策略主義 vs. 組織主義。表1-2
· 策略管理理論的沿革和趨勢。表1-5
· 營運模式。 §1.3三(二)
· 修正成功七要素 ── 控制型態和權力來源。圖1-3
· 公司目標、願景和使命宣言。表1-6
· 策略雄心、策略企圖。 §1.5二(一)
· 使命宣言。 §1.5四
· 願景領導、願景管理。 §1.6

前言：策略領先，勝過苦幹實幹

「贏在起跑點」、「一步錯，步步錯」這些諺語皆指出：「策略正確，執行稍打折扣」。其結果可能「雖不中亦不遠矣」，但是「策略錯誤，執行很有效率」的結局卻可能是「差之毫釐，失之千里」，也就是「最有效率的方式犯錯」。簡單地說，策略影響「效果」(effectiveness)，執行主要影響「效率」(efficiency)；而比較重要地仍然是「做正確事」(do the right things)，其次才是「用正確方式做事」(do the things right)。

本章第一節說明公司策略範圍，以免各說各話、雞同鴨講。第二節強調策略對公司的重要性。

第三節強調在網際網路、十倍速時代策略規劃的可行性，兼論各期策略管理的議題。

第四節中，從赫赫有名的全球大型企管顧問公司——麥肯錫顧問公司(McKinsey & Company)，所提出成功企業七要素（舊七S）中加以修正，由此可看出策略此一要素對企業成功扮演著「帶頭」的作用。此外，我們也簡單說明新七S中有六項其實皆屬於策略，只有一項是執行面的。

修正成功企業七要素的架構是本書的主軸之一，詳見圖1-1，而且也是企業思考如何提高經營績效的重要架構。

第五節說明公司目標跟策略間的互動關係。第六節詳細說明目標的型式之一：願景，及透過願景來領導。

第一節　策略管理的範圍

要說明策略（管理）在公司經營成敗中的角色，首先必須先釐清策略的定義、範圍，以免雞同鴨講，例如有人說：「青年是社會的中堅、國家的棟樑，青年是指二十到六十歲間的人。」要是照他的定義，這句話還真是沒錯呢！

一、策略管理的範圍

策略管理有許多名詞借用軍事用語，例如1929年《戰略論》作者李德‧哈特

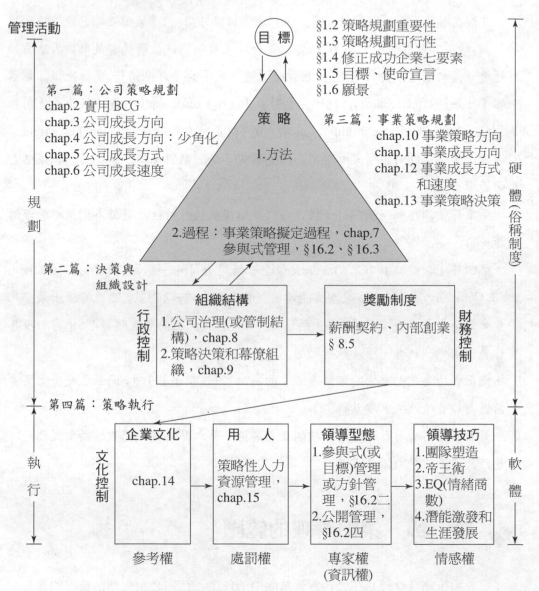

圖1-1　修正麥肯錫成功企業七要素和本書架構

管理活動

§1.2 策略規劃重要性
§1.3 策略規劃可行性
§1.4 修正成功企業七要素
§1.5 目標、使命宣言
§1.6 願景

目　標

第一篇：公司策略規劃
chap.2 實用 BCG
chap.3 公司成長方向
chap.4 公司成長方向：少角化
chap.5 公司成長方式
chap.6 公司成長速度

策　略

1.方法

第三篇：事業策略規劃
chap.10 事業策略方向
chap.11 事業成長方向
chap.12 事業成長方式和速度
chap.13 事業策略決策

硬體（俗稱制度）

規劃

2.過程：事業策略擬定過程，chap.7
參與式管理，§16.2、§16.3

第二篇：決策與組織設計

組織結構

1.公司治理(或管制結構)，chap.8
2.策略決策和幕僚組織，chap.9

獎勵制度

薪酬契約、內部創業
§8.5

行政控制

財務控制

第四篇：策略執行

企業文化

chap.14

用　人

策略性人力資源管理，chap.15

領導型態

1.參與式(或目標)管理或方針管理，§16.2二
2.公開管理，§16.2四

領導技巧

1.團隊塑造
2.帝王術
3.EQ(情緒商數)
4.潛能激發和生涯發展

文化控制

軟體

執行

參考權　　　　　處罰權　　　　　專家權(資訊權)　　　情感權

說明：1.方格代表成功企業七要素。
　　　2.三種控制型態：行政、財務（或市場）、文化。
　　　3.五（或六）種權力來源：從合法權到情感權。
　　　4.七 S 未包括控制，本書第五篇策略控制包括 chap.17策略控制、chap.18失敗管理。

(Liddell Hart)定義「戰略」(strategy)：「戰略分配和使用軍事工具以達到（政府）政策目標的藝術」，這跟西方兵聖克勞塞維茨的定義大同小異。同樣的，雖然不少學者對策略下過定義，但是哈佛大學教授錢德勒(Alfred Chandler)於1962年在其名著《策略和結構》(*Strategy and Structure*)中的定義則簡單明瞭：「企業基本長期目標的決定，以及為實現這些目標所採取的一連串資源分配和行動。」

此外，從下面的屬性描述也可以幫助你抓得住策略管理的範圍。

(一)公司組織層級

一般策略管理所涉及的組織層級包括：

1. **總體策略**（corporate strategy 或 grand strategy）：在集團企業時此即母公司、控股公司（地區總部）；在單一公司時則可稱為公司策略，這是指多角化方向、方式和速度，如何分配資源給各事業體（含進入新事業）、各事業體如何創造共同競爭優勢或綜效。

2. **事業策略**(business strategy)：「事業」在集團企業中指子公司，在單一公司時則為事業群（例如統一企業內的食糧群）、事業部（例如震旦行的八大產品事業部），學名為「策略事業單位」(strategic business unit, SBU)，詳見第九章第一節。此策略是指在該產業經營的事業求生存和發展的方法，內容強調市場定位、建立競爭優勢，和策略決策的內部一致性，所以又稱為「**競爭策略**」(competitive strategy)。

當然如果公司只有一個事業部(single or dominant product business)，這時總體策略跟事業策略可說是同一件事。否則，當公司有二個以上事業部時(multibusiness company)，此時總體策略便跟事業策略不是同一件事了。

至於有些書把功能部門策略(operation-level strategy)（例如財務策略）也算在策略管理範圍內，我們仍依照政治大學企管系教授司徒達賢（詳見第十三章第三節小檔案）的分類，把其歸類於生物分類中比策略還低一層級的「政策」(policy)，例如財務政策。財務政策的重點在討論什麼樣的公司策略下，財務該如何配合，有興趣的讀者不妨參考拙著《國際財務管理》(三民書局)第一篇全球企業策略、財務管理。

在大學、碩士班裡，課程名稱為「企業政策」，主要教的是策略管理，必也正名

策略大師：波特

1948年出生的麥克‧波特(Michael Porter)大學原唸電機，大學時代運動即十分了得，足球、棒球、高爾夫球樣樣精通，甚至當上全美大學高爾夫名人隊。讀完哈佛企管碩士後即轉到哈佛商業經濟學(Business Economics)博士班就讀，兩年就拿到博士學位，論文的主題是廣告對不同種產品（便利品或選購品）產業利潤率的影響，1974年，26歲的波特拿到博士後留在哈佛商學院任教。

㈠著作、理論

1980年波特出版《競爭策略》一書，受到美國企管學術與實務界的共同重視，該書一時之間成為美國企管書刊的暢銷書，波特在一夕之間成為身價頗高的企業顧問教授。

波特的思維理論發展，可以在他的著作當中看到軌跡。以波特自己的說法來講，他的「競爭優勢三部曲」分別是：1980年出版的《競爭策略》、1985年的《競爭優勢》與1990年的《國家競爭優勢》。無論從哪一本著作來看，波特都想建立「巨型理論」(grand theory)以全面性解釋經濟社會現象的企圖。

波特的第一本著作《競爭策略》自從1980年付梓以來，已再版53版，翻譯成十七種語言。他教授的「競爭與策略」是每個哈佛MBA必修的研一課程，他所倡導的競爭觀念更是被全球企業領袖奉為圭臬。

㈡得　獎

他被美國「策略管理學會」(The Strategic Management Society)選為「當代最有影響力

乎，應該稱為策略管理。有此一說，1980年代以前稱為企業政策，之後稱為策略管理。

此外，鑑於麥克‧波特(Michael Porter)寫了本《國家競爭力》的書，有些也把「國家策略」(nation-level strategy)包括在策略管理，而使策略管理涵蓋四層級。

還有些人把策略內容、方案（或計畫）也視為策略，一律冠上「策略」這個名詞，但充其量也僅是事業策略內容的一部分罷了。例如：

1. 威漢姆(Wilhelm)於1988年提出全球化策略(globalization strategy)的說法，把市場角色從領先者、跟隨者、利基者、挑戰者，增加二項「預防性利基」、「防禦性利基」，合稱六種國際化策略方案。

2. 有些人把企業壽命各階段的策略作為，命名為成長策略、復甦策略(turnaround strategy)、撤資策略，這些在波特的名著《競爭策略》一書第II篇中有詳細討論。

㈡重大的

戰略和戰術(tactic)的分界線並不那麼清楚，但是中間灰色地帶也不是很寬。可以參考我們對**策略聯盟**

(strategic alliance) 的定義：「指兩個不相聯屬公司間重大長期的合作，這是企業外部成長方式之一。」此處強調的重點之一是「重大的」(material)，套用會計對於「重大」的定義（例如權益法），可以以20%以上為門檻，而影響的基礎可能是年度營收或盈餘。

　　相對於策略對公司的全面影響性，戰術的影響便比較局部性、短期性，例如二家公司週年慶聯合促銷，巴達羅柯(Badaraco)於1991年把此歸類為「戰術聯盟」(tatic alliance)，因為只影響該週營業額。

(三)長　期

　　策略管理在落實公司目標，因此其成文化的表現諸如宏碁集團的「龍騰計畫」，明確載明三、五年內公司想達到的目標、做法。

　　至於要落實策略的短期方案（plan 或 action plan 或 program），例如年度計畫、營運計畫、年度預算，則比較偏向作業層級。

　　由前述三項屬性綜合來看，策略管理、危機管理和長期規劃有某些地方相同，但也有某些地方相異，詳見表1-1。簡單的說：

　　1.危機管理大都是短期的，「危機」是例外、負面（不利的）情況，要是危機長期存在，那就從例外變成正常了，一家處於破產邊緣的公司，應該稱為財務困難(financial distress)公司，而不是財務危機(financial crisis)公司。

　　2.長期規劃的主體可以低至每個員工（例如員工職涯規劃），也就是其對公司的影響不見得符合本段第一、二兩項屬性；公司長期規劃範圍也可能涵蓋戰術、戰技層面。

二、策略（規劃）的重要性

　　政治大學企管系教授管康彥指出，近年來企管學界共識為：企業成功的原因，策略（或經營者）只佔二成，執行（或員工）佔八成，所以理論發展漸由策略主義

表1-1　危機管理、策略管理和長期規劃的比較

	危機管理	策略管理	長程規劃
影響層面	大（全公司）	大	大中小皆可
影響期間	短，三個月以內	一年以上	一年以上
影響方向	避免對公司不利	朝向有利	朝向有利
事先可預測	危機事件發生機率較難掌握（exposure 的觀念)	對各狀況(state、situation)發生機率較可把握	同左
事先可控制性	低，宜有危機處理「計畫」(或方案)	低至高，但也宜有權變方案(contigent plan)	低至高
負責人和單位	決策者：依授權權限 危機處理小組：負責執行，組長通常為副總以下	董事長或董事會中的常務董事會(外國稱為經營委員會)	從員工到董事長
處理時效	第一時間處理	時機比較重要	同左
著重層面	對外公關 企業形象	對環境的控制	同左
舉　　例	火災、天災、千面人下毒(人禍)、工安災害(人禍)	災後現金增資，洽同業代工(委託代工型策略聯盟)	災後復建、安全瓶口的設計、無災害工作環境
	財務危機	風險理財 財務(或公司)重整	財務採(穩健)保守策略

轉向為組織主義。

　　不過，倒不是我們寫策略管理的書便「老王賣瓜，自賣自誇」，也不致刻意矮化執行的重要性，但是從下列說明，更可以看出正確策略的重要性。

　　1.英國著名戰略家李德‧哈特在其名著《戰略論》中強調，戰略正確，戰術縱使稍有出入，終將贏得戰爭；但戰略錯誤，卻很難透過無數個正確戰術來贏得戰爭。

克勞塞維茨在其名著《戰爭的藝術》中論將把「勇」列為第一，但李德‧哈特傾向於《孫子兵法》的主張，論將把智列為第一，這也就是劉邦向項羽所說：「吾寧鬥智不鬥力」。

　　2.以麥肯錫成功企業七要素來說，「策略」便是做正確的事，而其他六項則是用正確方法做事(do the things right)。要是本末倒置，先做再修，那可能有勇無謀，「以最有效率的方式去犯錯」（即得到反效果）。許多企管文獻最喜歡舉的例子，便是1962年美國總統甘迺迪草率決定協助古巴游擊隊反攻，因登陸地點為沼澤區，結果動彈不得以致全軍覆沒，史稱豬玀灣事件。

　　3.哈佛大學企管研究所一項研究指出，造成企業內浪費和懈怠的因素，依序為決策佔五成、組織佔四成、日常佔一成。把經營階層的決策錯誤也視為浪費原因之一，難怪俗諺說：「決策錯誤比貪污更可怕。」

　　我們無意主張策略規劃比策略執行重要，只想強調不要忽視正確策略（策略規劃的結果）的重要性，終究「三思而後行」(Look before you leap)總是沒錯的，不要太逞一時之快。

(一)頭腦和拳頭孰重

　　在詳細說明頭腦比雙手重要之前，我們以表1-2把雙方的道理彙總。用一句話來論輸贏，要是拳頭必勝，那麼「富者恆富」，因為擁有資源較多，已贏在起跑點。但事實上，無論是軍事上「以寡擊眾」、企業的「以小勝大」、個人「布衣卿相」，都指出頭腦的重要性。

(二)腦袋勝過拳頭

　　很少有企管實證論文來驗證「腦袋勝過拳頭」，但是以戰爭來舉例，反倒很容易令人心有戚戚焉。

　　「上兵伐謀，其次伐交，其次伐兵，其下攻城」 ── 孫子兵法

　　「上兵伐謀」，用兵的上策是以謀略勝，甚至是「不戰而屈人之兵」。「其次伐交」，也就是通過外交手段取勝，在企業界便是策略聯盟（或稱結盟）。「其次伐兵，其下攻城」，公開打仗是最壞的手段。所以在孫子的心態裡，只有在不得已的情形下才打仗，其他的解決方法都是好的。

表1-2　決策 vs. 執行

成功關鍵 / 說明	「決策」比較重要	「執行」比較重要
一、背後假設	知難行易	知易行難
二、目　的	作正確的事 (do the right things)， 即「謀定而後動」	正確作事 (do the things right)， 不能說是「暴虎馮河」 的匹夫之勇，但有點「 小不忍則亂大謀」之意
三、產　出	效果(effectiveness)， 俗稱「功勞」	效率 (efficiency)，俗稱 「苦勞」，對此，波特 稱為營運效果 (operation effectiveness)
四、企管學派	策略「主義」(或導向)	組織主義

㈢日本戰國諸雄興起之因

　　2000年起，緯來日本臺播出日本諸侯列傳連續劇，我們就近取譬。在16世紀的日本戰國時代中，能夠稱雄稱霸的大都是依據上述《孫子兵法》的順序，詳見表1-3。反之，其餘的諸侯大都是憑藉著自己的兵力，有恃無恐的硬幹（尤其是攻城）、甚至驕兵，難怪到最後都灰飛煙滅。

表1-3　日本16世紀名將的專長

專　長	伐　謀	伐　交	伐　兵	伐　城
代表人物	毛利元就， 關西第一武將，素有智將之稱，從 900 兵丁起家 德川家康，精於謀略，能忍能退，終能開創四百年的德川幕府時代	豐臣秀吉，從織田信長的馬伕兵，經由外交手腕 (收買敵將)，終就登上關白之位	武田信玄，素有日本戰國第一武將之稱，三丈原一役，大破德川家康等聯軍，滅敵3000人，自己才損失36人	大多數諸侯均屬此類

在1558年9月30日，嚴島之役中，毛利元就以奇襲大破大內家族陶晴賢的六倍兵力。奇襲就是策略運用，難怪他會獲得智將之稱，他的名言：「謀略是最大武器。」替策略的重要性作了最佳詮釋。

三、為什麼他們不做策略規劃

就跟任何人、公司不做計畫的理由一樣，諸如沒時間、規劃無用論（環境多變、人力無法掌握），許多企業（甚至一些上市公司）不正式進行策略規劃(strategic planning)，一切皆掌握在老闆「道可道非常道」、「天機不可洩密」的腦袋中。

在美國，甚至連五百大製造業，也有一些企業未採用策略規劃制度，主因之一是進行策略規劃太耗時。艾許利吉策略管理研究中心(Ashridge Strategic Management Center)的馬考斯・亞歷山大(Marcus Alexander)於1992年提出稱此種為「策略倦怠」(strategic fatigue)的說法。然而「多算勝，少算不勝，何況不算」的兵法格言，也同樣適用於企業。

四、策略管理相關用詞

由於策略管理是企業管理的專論，即策略管理程序(strategic management process)。幾乎只是在各管理程序前面加上「策略」一詞以指定其範圍，再加上有些特定常用的名詞，參見表1-4。再從這句話延伸，不難發現策略管理書籍應該只談自成一格之處，不該談跟企業管理書中相同之處，例如溝通、團隊管理，如同國際財務管理是財務管理中的專論、國際經濟學是經濟學的專論一樣。

表1-4 策略管理在管理功能上的角色

管理功能	策略用詞	定 義	說 明
一、規 劃 　1.目標 　2.診斷、分析 　　(strategic 　　analysis) 　　(1)了解現況 　　(2)缺口分析	策略形態 (strategic posture)	某一時點的公司策略上的狀態，例如可類比爲資產負債表	或稱問題解決過程，司徒達賢以六大構面描述： (1)產品線廣度與特色 (2)目標市場之區隔方式與選擇 (3)垂直整合程度之取決 (4)相對規模與規模經濟 (5)地理涵蓋範圍 (6)競爭武器
3.提出可行 　　解決方案 　4.決策 　　(strategic 　　choices)	策略群組 (strategic group) 策略構想 策略「形成」 (formulation) 或「發展」 (development) 策略內容(content)	在同一產業內，運用相同資源去運作相同策略的一群廠商	藉此以了解成功企業所採取「贏的策略」究竟爲何
二、執 行	策略執行 策略轉換(strategic transformation)	爲達到執行未來策略所需的資源水準，從目前起所進行的努力過程	屬於資源基礎理論範疇，階段性作爲
三、控 制 　1.績效評估 　2.行爲修正	策略「態勢」(或動向) (strategic move)	是不同時點之間，策略變化的方向和速度，是動態的觀念，不同時間的形成是由許多趨勢所串連而成	一樣可用司徒達賢的六大構面加以描述

第二節　策略管理的時代功能 ── 策略管理的重要性

誠如一支手機的廣告:「科技始終來自人性」,企管存在的目的是為了解決當下企業的問題,一旦多數企業經營出現流行性症狀,時勢造英雄,就有策略大師因應而生,詳見表1–5。

「大江東去浪淘盡,千古風流人物」;高中六冊歷史教科書中出現過四千多個人名,但大家耳熟能詳的不過數十位。同樣的,策略管理有不少學派(school)、理論(或稱為某某「說」),這些都留到碩士班甚至博士班課程會再深入說明,本節只說明影響當代的暢銷觀念。

表1-5　策略管理理論的沿革和趨勢

時間	1980年代	1990年代		2001年以後
		1991~1994年	1995~2000年	
背景	第三波併購熱潮:複合式(方向)併購	反併購(demerge),以避免過度多角化、產能過剩	網際網路盛行,WTO各國紛紛自由化、全球化	少量多樣的小眾市場,歷史斷絕的後現代主義
說明	資源基礎理論 ・資產 ・能力	1.企業再造 　・專精經營 　・公司減肥 2.企業重建 3.公司學習(彼得・聖吉的「第五項修練」)	1.1997年起美國第四波併購熱潮,大者恆大的老大主義 2.時基策略─以快取勝 　・策略創新 　・全球運籌管理 　・先者恆先 3.知識管理 　・資訊技術 　・虛擬企業	同左,但產業典範快速重寫,策略管理中的商機預測將愈來愈重要

一、1960年代: 策略規劃的興起

策略管理的理論發展大抵可以1965年安索夫(Igor Ansoff)的《公司策略》(*Corporate Strategy*)為起點。在波特所著的這兩本書之前,絕大多數的策略書只強調策略制訂的程序,即如何按部就班地擬訂企業策略,但無法就企業未來應採行的策略提出

較具體的建議。

二、1970年代：延續過去經驗

在1980年波特的《競爭策略》出版前，當時美國企業仍延續戰後黃金時代的領導地位，日本企業雖帶來威脅，但仍未造成重大衝擊，企業界仍視未來為過去的延續。因此波特所發展的分析架構正如普哈拉的評述「對進行中的汽車拍下的照片」，雖然形象清晰，但看不出其方向。

三、1980年代：從波特到普哈拉

在《天龍八部》裡江湖中素有「北喬峰，南慕容」之稱；《三國演義》中也有「既生瑜，何生亮?」的瑜亮情節；而在策略管理理論的發展也有「波特，普哈拉」的較勁。

比較二位學者理論的差異，套用中山大學管理學院院長蔡敦浩的說法，這跟他們理論發展的時空背景有關。

普哈拉面臨的1980年代是日本企業在全世界風起雲湧，讓美國人刮目相看，讓世人嚴肅思考：「日本能，為什麼我們不能?」他們看到一個產業界線模糊的企業經營環境，因此，企業不能墨守成規，高階管理階層要能看出未來產業混合所帶來的新商機，提出新的策略主張（例如NEC的C&C），並且要能有效領導，不能被各事業部牽著鼻子走。他發現成功企業都有積極進取的精神，具有策略雄心，才能看出未來的發展，領先競爭者塑造未

☀ 充電小站 ☀

策略大師：普哈拉

普哈拉(C. K. Prahalad)是印度裔美國人，現任密西根大學企管所講座教授，曾擔任AT&T、柯達、飛利浦等多家跨國企業顧問，1994年跟好友漢默(Gary Hamel)共同出版鉅著《競爭大未來》(Competing for the Future)，提出「核心能力」(core competence)觀念，被全球企管界視為必讀書籍。

普哈拉、漢默這對老搭檔曾在《哈佛企管評論》合寫一系列有關策略管理的文章，其中「策略雄心」和「企業核心專長」等兩篇曾獲著名的「麥肯錫（企管顧問公司）獎」。「策略雄心」一文發表時，還被新加坡總理吳作棟在公開場合引用，說明新加坡何以能成功。

90年代後，普哈拉知名度和影響力可能已超越策略大師波特。（經濟日報1999年11月13日，第2版，林天良）

來，並且積極推動變革，建立核心能力。

　　普哈拉另一項貢獻是支持資源基礎理論(resource-based theory)。他強調策略雄心和核心能力的重要，強調以長期眼光累積內部資源，培養技術等，因此進一步帶動了1990年代資源基礎論的發展，並再進一步認識知識為核心資源，而形成1995年以來知識論和知識管理研究的風潮。（工商時報1999年11月21日，第14版，蔡敦浩）

四、1991年至1995年：反併購

㈠企業再造

　　1990至1994年流行企業再造，主因在於美國1980年代企業熱中於複合式多角化（常採併購方式），吃多嚼不爛，只好吐出來，稱為反併購(demerge)。而汰弱留強的決策方式便是企業再造(reengineering)，它強調專精經營（尤其是水平多角化）、公司減肥（包括減少組織層級和裁員，前者常搭配授權）。此時邁可·漢默(Michael Hammer)、詹姆士·錢辟(James Champy)成為管理大師。

　　企業再造稱不上是一種策略，也構不成理論，基本上源自於生產管理（或工業工程）的生產流程設計，頂多加上組織設計，詳見第四章第四節。但「作自己專長」的，背後都有個理論依據，即資源基礎理論，這是普哈拉的代表作，常見的例子如核心能力、公司能力等。

㈡企業重建

　　企業重建(corporate restructuring)則跟企業再造觀念重疊程度很高，詳見第四章第五節。

㈢第五項修練

　　1995年流行公司學習，彼得·聖吉(Peter M. Senge)的《第五項修練》簡直成了許多企業的聖經，帶動了願景、公司學習等名詞，但跟企業再造一樣，不是種企業「策略」（指企業該往哪種多角化方向發展、採內部或外部成長方式等），也不構成理論。

五、1996年迄今：併購熱潮──老大主義才能永久生存

1995年以來，各國急於加入世界貿易組織(WTO)以擴大市場。在此之前，許多企業靠關稅壁壘的保護，還可以「關起門來做皇帝」；但一旦門戶大開，好日子就沒那麼久了。

在自由化潮流下，全球化是必然趨勢，過去美國、臺灣不准金融業跨業經營，否則不論什麼商品、服務皆有賣，如同百貨公司一般，專賣店的生存空間就被擠壓了。但由於預期市場是無限寬廣，全球企業採取國際收購方式迅速布點、佔點，而各國本土企業也被迫合併，例如 1998年4月花旗銀行(Citicorp)跟旅行家集團(Travel-ers Group)合併、2000年7月元大證券與京華證券合併等，背後的產業典範皆是規模經濟、範疇經濟下的「強者恆強，大者恆大」。

此階段的企業併購特色以水平多角化為主，垂直多角化為輔。由於採專精經營(focus)，所以併購失敗率很低，又再次強化併購成長的念頭。許多企業家如宏碁的施振榮，不再以老二自居，而是追求當老大，因為他們體會到只有前二名才能永久生存，而老三、老四處心積慮想幹掉老二，以求長生，那麼唯有當老大才是最安全的。例如台積電董事長張忠謀已穩坐晶圓代工盟主，而威盛電子的陳文琦則是想把美國英特爾(Intel)給比下去，都是代表性人物。

六、1996年迄今：網際網路

從1995年以來，隨著網際網路的普及，有些人用「新經濟」、「第四波（革命）」來形容，那麼新的策略管理潮流又是什麼呢？

㈠時基策略

由於資訊傳遞無時差，以致產品推陳出新的速度加快，產品壽命變短，因此以快取勝的時基策略(time-based strategy)也逐漸成為主流，尤其是網路產品，跟不上節奏的企業，很快就會被淘汰出局，「爭先恐後」最足以形容許多產業典範的改變，以前是「進步太慢就是落伍」，未來則是「不搶先就淘汰」。難怪美國寶鹼(P&G)公司董事長艾德(Ed Harness)會說：「我們不搶先向全球出擊，別人就會取而代之。」

㈡企業聯邦主義

　　網路化對上班型態的衝擊，是在家上班的電子通勤漸漸成形，如何管理散居各地的員工將成問題。有人或許會質疑，網路化是否會讓中央集權經營變得更容易了呢？趨勢有可能相反，成為企業聯邦主義，各地區（如大中國區、歐洲區）的總裁往往晉升到母公司（如美國花旗銀行、荷商飛利浦）的董事長，以免董事會「重美輕亞」，也就是山頭的力量抬頭，傾向採取本土化的分權方式。

　　此外，「知識經濟」之說甚囂塵上，但對策略的規劃似乎還很難有實質性的操作。主張以「知識管理」來創造競爭優勢的人，跟傳統研發管理有什麼區別？有些人自稱為「文字工作者」，廣義的說，白領上班族誰不是文字工作者呢？

㈢網路化

　　最後一個投資熱方向便是「網路化」，由實體公司成為「電子商務」（主要指B2C）公司，因此美國英特爾公司董事長葛洛夫說：「五年後，所有公司都是網路公司。」指的就是這趨勢，也就是像美國迪士尼、通用汽車等，花大筆錢建立線上購物的網站，以免網友上網去買別家商品。

　　這個趨勢跟1980、1990年代，企業內電腦化的情況蠻類似的。最具代表性的便是金融交易，尤其是股票下單，截至2001年9月，網路下單已佔15%，美國起步早，佔有率已超過三成。不管網路下單部門有沒有賺頭，這項投資沒有券商敢省，而且還爭先恐後。

㈣對學生的影響

　　不要說企業生怕在這場「除舊布新」的競賽中被新陳代謝掉，連美國麻州理工學院史隆學院開授的資訊科技管理課程，2000年很勉強才收滿30個學生。2001年，課程改名為「資訊時代的策略管理：超越電子商務」後，竟然有800多名學生申請修課，甚至有些學生行賄以期擠進窄門，可見連學生也跟著熱潮走。

㈤21世紀初的趨勢

　　習以為常的產業秩序（或稱典範）將快速被破壞，唯一不變的就是「變」的前提下，或許企業家反倒是未來的策略大師，就像成吉思汗一樣。

❖ 第三節　策略無用？ ——規劃與否的抉擇

一、可以不做策略規劃嗎？

　　或許你會覺得前面二節是唸企管的「老王賣瓜，自賣自誇」，有很多企業家不大做策略規劃，但卻憑著毅力與努力而成功。策略規劃的重要性先後曾遭受二次大挑戰，如果沒有把這二大反對理由跟你「講清楚，說明白」，那恐怕你不會「困知勉行」，更遑論是「樂知好行」了。由圖1–2可見，在二個時期策略規劃的重要性曾遭受不同原因的挑戰。

圖1–2　策略規劃是否有用的流程

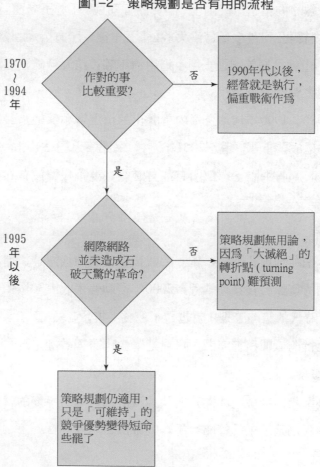

1970
~
1994
年

作對的事
比較重要？

否

1990年代以後，
經營就是執行，
偏重戰術作為

是

1995
年
以
後

網際網路
並未造成石
破天驚的革命？

否

策略規劃無用論，
因為「大滅絕」的
轉折點 (turning
point) 難預測

是

策略規劃仍適用，
只是「可維持」的
競爭優勢變得短命
些罷了

二、頭腦還是雙手重要？

發明大王愛迪生曾說過：「天才是1分的天賦，99分的努力。」因此許多人主張執行遠比決策重要。但另種說法是，做對事(do the right things)比用正確方法做事(do the things right)重要，也就是效果(effectiveness)重於效率(efficiency)，因為用最快的方式做錯的事，那無異白忙一場，甚至幫倒忙。

公說公有理，婆說婆有理，究竟誰比較對呢？普哈拉認為，「愛拼才會贏」適用1990年代以前，「敵對山頭勝過拳頭」則適用於1990年代以後。

(一)1990年代以前，做「快」比較重要

1970年代末至1980年代，競爭形勢是在一個為人熟知的環境下演化。日本、南韓、臺灣的鋼鐵、消費電子、汽車和半導體等產業，有著輝煌的成就。能注重品質、景氣循環、改造、團隊合作的業者，營運會有效率，競爭也具有優勢。業者可以透過營運效率爭取競爭優勢，導致管理者相信策略無關緊要，管理即是實踐。

學者對於「策略規劃」的重新檢討，在這方面最具代表性的論著，應推加拿大麥基爾大學(McGill University)的明茲柏格教授(Henry Mintzberg)所著《策略規劃之興衰》(*The Rise and Fall of Strategic Planning*, 1994)一書。

(二)波特的反駁

策略大師波特於1996年發表的「策略是什麼？」一文，曾獲得麥肯錫最佳論文獎。文章中波特強調企業除了要有清楚的策略定位外，還要注意執行時的營運（或企業）活動。每次的活動應跟整體策略一貫，並且每項活動能相互強化，有效整合。波特同時批評許多企業以管理工具（如TQM、標竿學習、時基競爭、再造、變革管理）取代策略，雖有「營運效能」(operational effectiveness)，但卻失去競爭優勢。

(三)1990年代以後，做「對」比較重要

90年代的競爭環境中出現顯著而不相連貫的變化，譬如，全球加速出現自由化趨勢。電信、電力、水力、健保、金融服務等大型、重要事業一一解除管制，印度、俄羅斯、巴西、中國大陸等紛紛推動國營事業不同階段的民營化。

產業科技合流正瓦解傳統產業結構，包括化學結合電子，電腦、通訊、零組件

與消費電子相結合，食品結合製藥，化妝結合製藥，機械結合電子，每一個產業都面臨科技合流和數位化的轉變，網際網路資訊技術的影響逐漸興起。

這些景觀所運用的規則可能跟80年代有所不同，企業人士要因應企業轉型，必須自問的問題是：「我要如何定位我的公司，並在已知的遊戲（產業結構）中獲致優勢?」隨後要問的問題是：「我如何預知一個演化中產業結構的輪廓、新演化遊戲中所運用的規則?」產業所呈現的正是新興演化遊戲的多樣性，企業和管理者試驗、調整因應競爭的方法時，競爭規則於是確定。

策略並不是根據目前環境所作的推斷，而是要做到「想像和掌握未來」。這個過程需要一個不同的起點，是要提供策略方向（提供觀點），再看出途中重要里程碑。

如果沒有高瞻遠矚的觀點，戰術上的變化將很困難。當競爭條件改變時，需要不斷的調整資源配置。策略管理的一個重要部分就是，有能力在一個既知的策略方向中快速地調整和適應。(經濟日報 1999年10月19日，第3版，陳啟明等)

三、網際網路帶來第三次工業革命

1995年以後，網際網路的流行帶來很大衝擊，在經濟方面，「失業、物價」不能兼得的替換關係被打敗，無以名之，世人姑且稱為「新經濟」(new economy)。

網路公司（或稱達康公司、dot com company）興起，似如18世紀蒸汽機發明的第一次工業革命、19世紀末20世紀初汽車發明，具有扭轉乾坤的力量。以往的經驗似乎派不上用場，而新的遊戲規則（常見用詞是產業典範、贏的經營模式）又未出現，於是規劃無用論又甚囂塵上。

㈠新經濟神話倒了——達康泡沫破滅

2000年3月17日，美國那斯達克指數從5048點一瀉千里崩盤，代表舊經濟(old economy)的紐約證交所(NYSE)的道瓊指數也遭池魚之殃。在財富縮水之餘，長達十年的「好日子」終於過完——2001年3月開始的經濟衰退，官方才宣布苦日子的來臨。

網路公司如小孩吹泡泡一樣，光鮮亮麗了五年，崩盤後恐怕將只剩下一成公司存活。達康泡沫破裂，一如1637年秋天至1638年2月的荷蘭鬱金香狂熱一樣，只是時間長達五年罷了。

誠如歌手張清芳著名的歌「激情過後」一樣，在前述興頭正熱的時候，隨便做、隨便「賺」，點子便可「賣錢」，此處皆是指募資、股票上市，而不是公司獲利，有賺錢的網路公司恰如晨星。一如美國阿拉斯加的鮭魚產卵季，棕熊大掌隨便一撈便有魚可吃，而且還挑嘴到「　沒卵的不吃」；遍地是黃金，剩下的問題只是怎麼撿、如何花而已，難怪策略規劃會被視為「你想多了吧」！

達康夢醒，才令人體會到「漲死的青蛙也不會比餓死的牛大」；網路產業（包括網路設備）並不足以造成如奧地利經濟學者熊彼得主張的「創造性毀滅」。簡單的說，它不像20世紀初導入的汽車產業產值那麼大，會造成產業結構的重新洗牌。

㈡波特對網際網路的看法

波特在1999年11月，接受網路雜誌《互動週刊》（*Inter@ctive Week*）專訪時，再度詳細說明上述土張。

1.對製造業的影響：如果你生產的是實體產品，網路只會影響你接觸顧客的方式，以及企業交換資訊的方式，而不會影響企業基本的競爭方式。2002年出版的《聖境之鑰》（樂為良譯，麥格羅‧希爾出版）核心主張也跟波特君子所見略同。網路提高了供應鏈管理的效率，但企業的基本價值仍然在產品設計、製造以及後勤系統上。例如對汽車廠來說，網路雖然會對經銷體系造成衝擊，但設計車型、製造，最後將成品移交到顧客手上，這些都是網際網路不能替代的。

以網路行銷(business to customer, B2C)來快速服務客戶將成為直銷的趨勢，業務代表的重要性會漸走下坡。但是當大部分企業在2003年以後都架起自己的網站後，原先靠網路所獲得的行銷優勢就不存在，還是回復到基本，即產品、服務能提供什麼獨特的價值。

2.對服務業的影響：對於提供服務或提供資訊的廠商，受到的影響則比較大，例如對從事（證券）經紀、拍賣以及提供數位產品的廠商來說，網際網路的確帶來很大的轉變。

3.對通路商的影響：網際網路將造成「中間商(intermediaries)之死」，因為顧客可以直接和廠商打交道，不需要透過經銷商傳遞資訊。

此外，一些網路商店例如賣書、CD、玩具等的亞馬遜書店(Amazon.com)，也逐

漸削弱傳統（或實體）商店的地位。

　　2001年4月，向來不承認新經濟的波特重申，網際網路並未改變一切事物。由於網際網路並未提供專屬的營運優勢，往往削弱產業獲利能力，企業更需要藉由策略來突顯自己。他表示，應將網際網路視為傳統競爭方法之外的輔助措施。

　　但在網際網路發燒時期，新的競爭觀念崛起，策略反而敬陪末座：當大家只想快速擴大規模時，誰還需要長期策略？對於這種粗糙簡陋的競爭觀念，波特斥之為「知識洞穴」(intellectual potholes)（工商時報2001年4月5日，第2版，蕭美惠）

策略管理小字典

　　營運模式、商業模式(business model)：主要來自網路業者，簡單解釋，是指「收入來源」，即究係向網友收會員費、上網費，或者向廣告主收取廣告費，此字後來延伸至網路以外領域。在拙著《知識管理》(華泰書局，2001年7月)第九章第三節中「網路是否有革命性的經營模式?」我認為沒有，與其說經營模式，倒不如說收入來源來得淺顯易懂。

(三)伍忠賢的看法

　　近來二項流行觀念，似乎暗示企業不用浪費時間去擬定策略：

　　許多企業家強調「惟一不變的就是變」，就因為環境變得太快以及無法預測，所以企業只好「邊走邊瞧」、「見招拆招」。如總統選戰，有候選人採取模糊策略，也就是對任何政策議題皆不明白表態。

　　1.沒說並不等於沒有

　　美國亞利桑那大學國企所教授英克潘(Inkpan)在1995年的一篇著名的文章中提出「沒有策略」(strategy absence)觀念。不過，詳細看過的人，當然可以體會他的本意，「沒有策略」其實是沒有把策略明講出來，而不是真的毫無主張(absence of failure)。骨子裡，他還是相信《孫子兵法》中「多算勝，少算不勝，何況不算」的道理。難怪美國南加州大學企管所教授 Alan Bauerschmidt (1996)以「白馬非馬」來形容英克潘的「沒有策略」，只是純文字遊戲。

　　2.積小勝為大勝

　　許多行業的產品生命週期都越來越短，甚至短到六個月，因此許多企管學者，如大家熟悉的普哈拉、漢默，從1994年以來，便批評「(長期)可維持的競爭優勢」觀念已過時了。在「超級競爭」(hypercompetition)時代，策略的功能在創造每個時期

小的競爭優勢，積小勝為大勝──比較像烏龜，而不像一開始便大幅領先的兔子。

這些策略大師並未否定策略（規劃）的重要性，只是焦點隨時空改變罷了！

　3.後現代主義

有許多高談「後PC時代」的資訊業的發展，例如家電資訊（像電視、電腦二合一）；同樣的，也有很多學者強調處在「跟歷史斷絕」的「後現代」或「後工業」時代，策略也得改弦更張。例如80年代注重規模經濟、90年代初強調企業再造（生產）和消費者滿意，90年代末、21世紀初「創新」領軍。創新的特性之一便是舊的產業典範可能不適用，例如雅虎不向上網者收費，而是向廣告主收費，這跟第四臺（有線電視）的作法截然不同。

在新的策略模式（例如80年代策略大師波特的競爭策略）尚未成形之時，挪威大學企管所的教授 Lowendehl & Rovang (1998)索性建議企業「摸著石頭過河」，也就是跟著「典範概念」走，例如 Miles Snow (1994)的「競合」觀念──不要採取漢賊不兩立的對立型態。2000年1月17日，中油宣布可能跟台塑合資設立八輕，儘管中油跟台塑六輕已正面衝突，看似「既可以是同志，也可以是敵人」的突兀情景，他們共同的敵人是外國大石油公司。

前面，我們引經據典的說了一堆，無非想指出在複雜多變的環境中，策略規劃的前提（例如可以打破產業典範）、頻率等皆需與時俱進，但策略規劃的重要性反倒比以前更重要；而不是暴虎馮河的隨波逐流。如果是那樣的話，那也就沒有轉型成功（像久津、震旦行等公司成為電子股）、標竿企業（像全球晶圓代工第一名台積電）這檔子事了！

◆ 第四節　修正成功企業七要素──策略在成功因素中的地位

光有遠大目標、正確的策略，並無法保證美夢成真，只能說至少可以避免走冤枉路，付出無謂代價。企業成功因素各有不同，美國麥肯錫企管顧問公司歸納出七項，本節重點在說明作者修正麥肯錫成功七要素，並藉此說明策略具有「粽子繩頭」的作用。

麥肯錫七S以「共同價值」（即企業文化）為中心，其餘六要素有如行星般圍繞著它；此外，各要素彼此互動著；「硬體」三要素在圖上方，顯示先有開端，「軟體」四要素在圖下方，代表執行。把焦點擺到圖1-3，便可立刻發現修正七S跟麥肯錫七S的差異，前者假設各要素關係是循序的，甚至呈一迴路(loop)循環。

圖1-3 修正成功七要素──控制型態和權力來源

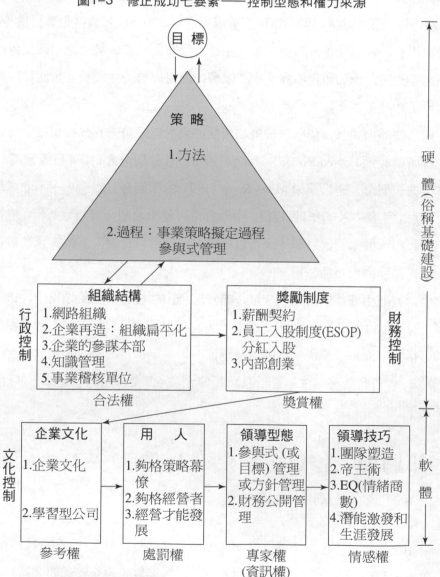

說明：1.方格代表成功企業七要素。
2.三種控制型態：行政、財務（或市場）、文化。
3.五（或六）種權力來源：從合法權到情感權。

為了便於您記住圖1-3，我們引用圖像記憶(mind map)的原理，把修正企業成功七要素以二層洋房方式呈現，屋頂是策略，結構、制度則是二樓，這三者合稱為硬體，可說是企業成功的必要條件。至於企業文化、用人、領導型態、領導技巧所組成的「軟體」可說是一樓，這是企業成功的充分條件。

一、硬體（俗稱基礎建設，infrastructure）

硬體要好，軟體執行起來才能如魚得水。硬體三項要素的因果關係如下：

1. 策略：策略是達成公司目標的大政方針、藍圖、資源配置方法。

2. 組織結構：不同的策略需搭配不同的組織結構（如機械式vs. 有機式，功能部門式vs. 事業部門式），這也就是美國著名管理學者錢德勒於1962年所提出名言：「組織（結構）追隨策略」的道理。許多實證結果指出：多角化策略必須引發組織結構、制度的變革，才能產生具體綜效，否則將大打折扣，甚至產生負綜效。當然，有些情況下，現有的組織結構也會限制策略類型的抉擇，所以，圖中策略、結構二項是互動的。但大體而言，還是「以策略來帶組織」比較正確，否則無異削足適履。

3. 獎勵制度：制度這個用詞常常容易引人誤解，傳銷業所稱的制度為獎金制度，本處亦同。「有錢能使鬼推磨」這句話道盡獎勵制度的妙用，但以獎勵制度對企業文化的影響來說，當獎勵著重短視近利時，全公司將充斥著賺一票就走的投機、短線心態。而經營者若如唐吉軻德般想塑造創新、高瞻遠矚的企業文化，此種企業文化的塑造活動結果將緣木求魚。

我曾擔任一家號稱國內學習型公司模範企業的顧問，董事長花費數百萬元聘請中山大學楊碩英教授指導，自己則四處演講宣揚成功之處。但因為所有員工領的多是死薪水，再加上公司成長機會有限，甚至連內訓課程自願報名的都寥寥無幾，主因就在於缺乏有利可圖的學習誘因。最後，該公司只好從獎勵制度著手，推出內部創業制度（如分紅入股），好讓許多人「見錢眼開」的主動增強本職學能，不再有吃大鍋飯、大家一起混的心態。

二、軟　體

稱為「軟體」的原因比較偏重執行、藝術成分，依序包括下列四要素：

1.企業文化: 把企業文化當做一種管理工具（或控制型態），透過企業文化重塑把員工價值觀導引到公司所希望的境界，最常聽到的便是「命運共同體」的用詞。

2.用人: 怎麼樣的董事長營造出怎麼樣的企業文化，而他也希望能用到「對味」、「肝膽相照」的人。反之，「良禽擇木而棲」，好人才則會選擇適合自己的企業文化和老闆。

3.領導型態: 組織結構、獎勵制度、企業文化、用人等因素一層層的影響企業的領導型態（集權vs. 民主）。

4.領導技巧: 此項比較偏向個人色彩，有些人領導才能出眾，具有群眾魅力。

三、把控制型態融入

控制型態是策略控制中的主要成分，至少可分為三種類型，即行政控制（或過程、官僚控制）、財務控制（本質上是結果控制或稱市場控制）、文化控制(clan control)。

或許你會認為麥肯錫七S只涵蓋策略規劃、執行，遺漏了策略控制。以《世說新語》的角度來看，其實它已隱喻在圖中。這三種控制型態皆可以在圖1–3中找到相對應的成功因素:

1.組織結構設計偏重於行政控制，當企業傾向於採取機械式、功能部門式、組織層級很深時，此種組織結構傾向於採取行政控制。

2.獎勵制度偏向於財務控制，當企業採分紅、入股、內部創業等制度時，此時傾向於誘之以蘿蔔來讓員工向「錢」走。

3.企業文化是文化控制的具體化，套句自我激勵、潛能開發的比喻: 行政控制是鞭子、獎勵制度是蘿蔔，但最上策的自我激勵是源自於內的生涯發展目標。同樣地，把企業文化當做控制工具的經營者，希望透過企業內價值觀的重塑，讓員工以追求卓越（馬斯洛的自我實現需求）等為出發點，自動自發。

四、把權力來源融入

權力的來源至少有五種，而權力又是有效領導的先決條件。從圖1–3也可看出，每種權力來源皆可找到其相對應的成功因素，例如獎勵制度便是獎賞權、領導技巧（尤其是人際關係能力）增強情感權、組織結構（組織圖、工作職掌）賦予你合法

權，「用人」讓你有摘掉別人烏紗帽的處罰權。以下二項權力來源只好「喬太守亂點鴛鴦譜」的硬性歸位：

　　1.把參考權塞給企業文化。

　　2.把專家權（或資訊權）塞給領導型態，例如最近流行的財務公開管理(open book management)，讓經營結果透明化，但是管理者仍擁有不少未公開資訊，所以員工仍會尊重他。

五、認清管理新知的定位（找到你學習的參考座標）

　　有些外地人認為臺北市街道不好記，其實只要有識途老馬指點，便會立刻體會臺北市棋盤式街道的命名蠻符合邏輯的。只要大方向不搞錯，小街小巷到時再問就可以。

　　同樣的，每年都有一堆管理新知推出，要是你沒有一副清晰的認知座標，只會歧路亡羊、疲於奔命（的學習）。由圖1–3中各成功要素的內容，我們可看出最近流行的管理學說在此體系內各有其所，每項學說僅是一種管理工具，為解決特定問題而提出，斷沒有說一種學說能治百病；否則久而久之，其他學說將消聲匿跡，但事實並不是如此。

　　額外給非管理科系的管理者一個良心建議，學功夫要先把基本動作練好，先熟讀基礎科目——例如阿德格和史第爾斯(Aldag & Stearns)所著《管理學》(*Management*)，行有餘力再參練一般企管叢書，自然綱舉目張，不致丟一忘二。

◆ 第五節　公司目標、使命宣言——兼論公司策略決定方式

　　決定公司目標是策略規劃的第一步，也是策略形成的依歸。近年來，隨著彼得‧聖吉(Peter Senge)《第五項修練》系列書籍的盛行，遠景、願景等用詞似有逐漸取代公司目標的趨勢，而1995、1996年流行的使命宣言和策略「雄心」（或企圖），這些又有什麼關係呢？

　　本節主要便是透過公司目標的釐定過程，來說明這些用詞間的關係。套用投資

組合建構方式的用語，公司目標的形成，可分為由上往下、由下往上二種方式，參見表1-6，以下將詳細說明。

表1-6　公司目標、願景和使命宣言

	內　容	說　明
一、應然面 1.由上往下方法 (top-to-bottom approach)	公司目標(objective) (1)策略「雄心」 (strategic ambition) 或策略企圖 (strategic intent) (2)願景 (vision，少數譯為遠景)	希望達到的具體「遠景」 (prospects)，具體成文稱為「使命宣言」，有些通俗用語指為「企業理念」，不過那已扯太遠了
2.由下往上方法 (bottom-to-top approach)	共識(consensus)	全公司上下的共識，希望共同達成的未來遠景 使命宣言的內容： (1)主要目標 (2)願景 (3)經營哲學
3.上下一起	目標管理(MBO)	
二、實然面	企業文化	(1)企業概念：企業做哪一行的 (2)經營理念：例如統一企業強調誠信經營 (3)管理原則 (4)工作規範 (5)作業程序 (6)企業精神

一、公司目標（先有目標還是先有策略?）

公司目標(objective)是公司所有權擁有者（主要是指股東）想藉由公司這個工具(vehicle)所達到的目的，而策略只是達成目標的方法罷了。但是目標也不能天馬行空隨便訂定，總得考量可行性；所以便有「先有蛋還是先有雞」的爭議，也就是「先有策略還是先有目標」，此處「策略」尤其指策略分析中的SWOT分析。

主張先忖時度勢再訂目標的，例如皮茲和雷(Pitts & Lei)於1996年在其書《策略管理──建立和維持競爭優勢》中，便把策略分析擺在策略管理程序的第一步，而

公司目標只是第二步驟策略形成中的第一項目「企業使命」下的一項。

　　美國　Villanova　大學教授皮爾斯(Pearce)和南卡羅來納大學教授羅賓森(Robinson)在其《策略管理——形成、執行和控制》書中，則是折衷處理，其策略管理流程圖，依序先有企業使命，再有公司策略，前者表示公司「想要什麼」(desire)，而後者則預判公司「可能得到什麼」。折衷之處在於使命影響策略形成（包括策略分析和選擇），但策略也稍微逆向影響使命。

　　依據政治大學企業管理系教授司徒達賢的看法,必須先思考各種策略的可行性，再來決定目標的水準，否則便容易打高空。他認為，在策略制定過程，策略和目標是互動的，比較不可能憑空想像出一個目標水準。

　　公司永續經營的目標比較少會經常改變,不過為了衡量是否有朝目標方向前進，又有一些階段性目標(goal)，一般是依時間來分：

　　1.長期目標：一般是四或五年。

　　2.中期目標：一般為三年。

　　3.短期目標：又稱年度目標，具體落實方案為年度預算或年度營運計畫書，詳見第十三章第四、五節。此目標比較偏向指標、激勵工具性質。

二、公司目標、策略的決定方式（從上到下vs. 由下到上方式）

　　採取中央集權、行政控制的公司，對於公司目標大都採從上到下方式(top-to-bottom approach)。反之，採取地方分權、財務控制公司，對於公司經營計畫大都採從下往上方式(bottom-to-top approach)。

　　由《日本經濟新聞》在1997年12月中旬對158家企業的經營計畫部主管的問卷調查結果，可以看得很清楚此方式是指：

　　1.針對21世紀視野問題：回答由「董事會明示範疇，由各事業部研商執行細節」佔75%；而採取傳統「由下到上」方式僅佔7.6%。

　　2.未來經營計畫的擬定方式：有52%企業採「高層明示」，只有38%採「聚集各事業部計畫的堆積式」。

　　由此看來，想克服嚴酷的經營環境需要強有力的領導中心，而傳統堆積式經營計畫難以提升向心力，於是有必要改弦更張，從由下到上方式變換到由上到下方式。

(一)公司目標的決定方式之一（從上到下方式，即策略雄心）

　　大部分公司目標都是由經營者說了就算，員工只是願者上鉤、受命完成。而誠如諸葛亮對劉備所說：「主公企圖有多大，亮的策略也將有多大。」

　　這個經營者對公司發展的雄心壯志，普哈拉和漢默1989年稱之為「策略企圖」(strategic intent)，它是經營者對公司未來的一種策略雄心(strategic ambition)、妄想(obsession)。在臺灣，有三個很有名的策略企圖：

　　1.1995年時，宏碁集團董事長施振榮提出"2000 in 2000, 21 in 21"的口號(slogan)，在2000年時達到營收2000億元，在21世紀時全球子公司二十一家股票上市。前者已於1997年提前達到，所以改成"4000 in 2000"，2000年營收4000億元。

　　2.1996年時，聯華電子公司董事長曹興誠提出二年內打敗台灣積體電路公司的豪語，這句話一直成為媒體焦點。不過，台積電董事長張忠謀強勢、霸氣的性格，由下列的描述，充分展現他經營世界級半導體公司的雄心：「（在技術、品質）台積電要直追（世界第一名）英特爾，世界先進（台積電轉投資公司）以挑戰韓國三星為目標。」

　　3.2001年12月18日，宏碁集團董事長施振榮在57歲生日宴會上，要員工共同許下「三個一百」願望，包括宏碁、明碁、緯創三集團明年營收皆要進入千億元 (one billion) 俱樂部、「新宏碁」（2002年宏碁科技合併宏碁電腦後的暫時稱呼）年年穫利超過100億元，以及新宏碁明年股價長期在100元以上。（工商時報2001年12月19日，第13版，林玲妃）

　　就跟人的志向或許超過目前能力所及一樣，策略企圖往往不是一蹴可幾的，但也不是經營者「說大話」、「做白日夢」。普哈拉和漢默認為策略企圖含有主動的管理程序，而這管理程序跟任何實現公司目標程序是一樣的。

　　這種由上而下的策略規劃方式，有些好事之徒（例如 Dorwin, 1988）乾脆取了諧音以方便記憶，即MOST。

　　• M (mission)：使命；

　　• O (objective)：目標；

　　• S (strategy)：策略；

．T (tactics)：戰術，包括政策、營運計畫等。

⑵公司目標的決定方式之二（上到下、下到上，即願景）

由下（到上）決定公司的使命，這情況如鳳毛麟角，尤其是像美國UPS、IBM等跨國企業，在技術上是不可能把員工聚於一堂，花三天三夜去取得共識。由下到上的方式在政治上的例子便是全民公投，不過也不可能得到一致的決定，大都只是多數決定（2000年臺灣政壇稱為主流民意）。民意如流水，一些政治學者認為（長期）全民共識、民意是不存在的。以這道理來看，員工們很難得到共同願望、前景，這是從本質上來看「願景」一詞的不當。1995年時有人自作聰明地把 vision 譯錯了，事後得花更多時間來必也正名乎！

三、避免空泛模糊的目標

公司目標必須簡單明確，反之，越空洞則越令人無法捉摸；有些公司趕時髦地發表企業願景，但是最後僅淪為口號。例如，1997年美國通用(GM)汽車公司董事長勞埃德．羅伊斯(Lloyd Royes)曾發表一份企業願景，其中包含二十多個子目標，最終目標是要建造更好的轎車和貨車。這份目標內容粗糙空洞，既無法當作企業策略形成的指引方針，又不能激發員工的熱情、付出，註定一事無成。類似的情況不少，例如IBM的"Think"、可口可樂的"Refresh"、北歐航空公司的「顧客滿意」。

四、公司目標的成文表現（使命宣言，mission statement）

公司目標成文化的表現便是使命宣言（書），有關使命宣言必要性的描述文字不少，例如：企業的傳家寶典（從《朱子家訓》來類比）、企業永續經營的基石。

有商業眼光的企業識別系統(CIS)設計業者，看到「使命宣言」包裝的市場，更大幅鼓吹企業推出使命宣言的重要性。以其中一家的看法來說，認為企業宣言的組成要素包括：企業意圖（或宗旨，purpose）、價值觀(value)、策略、行為標準。以「意圖」來說，即管理學之父彼得．杜拉克(Peter Drucker)常問的：「你的公司是什麼？」它界定公司存在的目的（或宗旨），並且清楚回答下列四件事：

1.現在經營的是什麼事業？

2.顧客是誰?

3.經營事業對顧客的價值?

4.經營事業所追求的產業地位?

(一)美國波音公司的使命宣言

美國波音公司的使命宣言可用「它抓得住（你）」來形容，頗值得參考:

「我們要成為世界排名第一的航太公司，同時在品質、獲利、成長成為業界的佼佼者。」

- ・品質目標: 以顧客、員工和社會的滿意度來衡量。

- ・獲利目標: 股東權益報酬率。

- ・成長目標: 以1988年為基準，每年營收成長率5%以上。

(二)有諸中形於外

由此看來，企業識別系統設計公司的工作，在於協助公司把這些策略規劃的結果呈現出來，並且有效的對內外傳達訊息。

最後，有沒有企業使命宣言並不是那麼絕對必要，否則光用一堆華麗詞藻所堆砌起來的使命宣言，只有二個人最爽──公司的老闆和企業識別系統設計公司的老闆。

◆ 第六節　願景領導

德國奧迪汽車(Audi)的一句廣告詞:「未來願景(vision)始於今日遠見(visionary)。」由這句話可看出願景的形成必須很有遠見。

「願景」可說是公司上下皆願意達成的遠景(prospects)，透過參與式管理，由下往上所制定出的公司目標;所以稱為 「願景管理」(management by vision)可說是1980年代當紅的目標管理運用於決定公司的目標、共識。

一、願景的妙用

有關「有遠見公司」(visionary company)的通俗描述，有不少書籍推波助瀾，例

如美國史丹佛大學柯林斯和波瑞斯(Collins & Porras)於1994年所著 *Build to Last: Successful Habits of Visionary Companies*，歷時六年，研究美國十八家平均壽命一百歲的公司，歸納出這些有遠見公司歷久彌新的深層原因。其結果蠻令人驚訝的是，這些公司屹立不搖的原因不在魅力十足的領導人和偉大的產品創意。其成功的因素主要來自願景。

1.創造出一套穩固的價值體系，塑造出強大企業文化，使公司能夠安度驚濤駭浪，歷經經營階層更迭，仍能賡續。

2.樹立起高風險目標，不斷嘗試錯誤，不斷精益求精，以激發公司追求進步動力。

3.企業領導人不需要天賦異稟的人格特質,他們需要具備的是建築師般的毅力,努力維護企業的核心價值觀，另一方面刺激公司進步。

二、中文字典找不到的字

策略管理小字典
- vision: n., 遠景、願景。
- visionary: a., 有遠見的、有前瞻性的。
- envision: v., 發展遠見。

「願景」一辭在中文字典中找不到，卻流傳在很多企業管理者口中，以示格局的高下。有些公司登在公司年報的扉頁或第一頁，告訴投資大眾，這是一個有遠景的公司，值得長期持有其股票；有的出現在全面品質管理或策略規劃的教材、作業手冊上，缺少它，似乎就談不上全面和長期性。有時語出於某某董事長或總經理和記者的專訪上，以明其眼光遠大，公司在其領導下前景一片光明。

願景就是遠景(vision)，有一點志願、願望、願意的意味，及共同的遠景的味道。（工商時報1998年8月10日，第42版，廖德治）

三、何謂願景

根據《基業長青》一書的作者，James C. Collins 和 Jerry I. Porras 的研究發現，獲利超群、生命綿長的企業跟一般企業最大的差別在於有沒有願景。

有些人用洋蔥一層一層的特性來描述一些企管概念，例如以願景來說：

　1.裡層稱為核心價值，是經營者的經營哲學。

　2.外層則為願景的描繪，以比較具體的數字勾勒全體員工共同努力的目標。

但是我們習慣以固定圖表方式來說明，以求前後一貫，方便你我記憶、溝通，「願景」的觀念內容請見表1–7。

表1–7　願景的內容

大、中類成分	說　明
一、核心理念 　(core ideology)	理想、精神指標
(一)核心價值 　(core value)	無論市場條件是什麼，企業恆久不變的基本價值，這種價值與市場利潤或市場條件無關；例如堅信人性本善，美國人追求民主、自由
(二)核心目的 　(core purpose)	指該企業存在於這個社會的意義。核心目的不像核心價值那麼恆久不變，如迪士尼的核心目的是「使人們快樂」
二、未來的藍圖 　(envisioned future)	
(一)長程目標	10~30年的長程目標
(二)對公司鮮明生動的概述	例如宏科董事長施振榮，以連鎖速食店來描述其全面佈局

(一)遠景＝前景、美夢

遠景的本質是對未來的憧憬，並由此回過頭來看現狀，可說是「診斷」、「缺口分析」，發現有很大的落差，也就是激發對現狀的不滿，否則沒有志向、隨遇而安，那自然無所用心，最後可能一無所成。

(二)願景＝策略雄心

準確的說，大部分的企業願景其實是企業家的策略雄心，像聯電集團董事長曹興誠說：「二年內超越台積電。」統一董事長高清愿說：「2020年統一成為全球第一大食品王國。」策略企圖是由上而下的，不管是願景、策略雄心，它只是說明 企業目標（大一《管理學》第二章）的決定方式罷了。下次，如果哪一個老闆再講「本公

司的願景是……」，那你可得相信八九不離十，那是他（或她）「願」意相信公司的遠「景」是什麼，說「願景」顯得比較有學問、跟得上潮流。除此皮毛之外，再深就沒有了。

四、台積電的願景

台積電董事長張忠謀對「志同道合」四個字做了一個簡單明瞭的解釋：「志」是公司的願景，「道」就是企業文化。如果台積電的員工都能做到志同道合，結合起來將是一股很龐大的力量。

從1987到1995年的八年之間，台積電從一家很小的公司成長到大公司，期間幾乎沒有遇到任何競爭，當時台積電的願景只是要做一個專業晶圓代工的公司。1997年起，台積電的願景，是要做一個「世界上最有聲譽、對客戶提供最高綜合效益的晶圓代工公司，也因此成為世界利潤最高的晶圓代工公司」。這兩個目標是有先後的，要先追求前一個目標，後面的目標就自然會達成。（經濟日報1998年12月5日，第3版，林宏文）

◆ 本章習題 ◆

1. 請比較麥肯錫成功企業七 S 跟管理活動。

2. 為什麼本書中不用「總體策略」一詞,而用「公司策略」?

3. 找出一個例子「策略錯誤,執行有效率」而仍能賺大錢的上市公司。

4. 對照本書表1–5,試比較其他版本《策略管理》教科書中之理論異同。

5. 我們把 business model 譯為經營方式、收入來源,你的看法呢?

6. 圖1–3中未明確界定管理活動、控制型態、權力來源,有哪些地方你覺得不妥?

7. 找一家公司寫出其目標、願景和使命宣言。

8. 策略雄心跟經營者的「誇海口」、「畫大餅」有差別嗎?

9. 公司的使命宣言跟個人的「我的志向」有哪些差別?

10. 「亮不亮沒關係」,那麼願景領導是否可歸類為文化控制?

第一篇

公司策略規劃

第二章

公司策略診斷

規模不是重點，品質才是。芬蘭的競爭力全球第一，尤其是無線通訊設備最強，這是因為芬蘭消費者非常挑剔，企業被逼著不斷進步。

——麥克・波特(Michael Porter) 美國哈佛大學商學院教授

經濟日報2001年8月1日，第2版

學習目標:

了解（由大到小）集團、公司、事業部、產品、通路、個人技能的現況（即診斷），以及宜改善的方向。

直接效益:

實用BCG是很實用的策略狀況檢查工具，跟常人健康檢查一樣，有此工具，你隨時可以DIY的替公司量血壓、量血醣、驗血。

本章重點:

- 原始BCG模式。圖2–1
- 修正BCG。圖2–4
- BCG跟產品生命週期的對應關係。表2–1
- 三項獲利率衡量指標的優缺點。表2–3
- 方向政策矩陣。圖2–5
- 達到公司策略型態目標的二種途徑。圖2–10
- 新事業部。§2.3一(二)
- 實用BCG策略功能。圖2–11

前言：創新來自對歷史的深入研究

公司（或總體）策略形勢究竟為何？未來該往何方？這是公司經營階層應該深思的。打個比方說，公司的經營階層有如打梭哈的玩家，要想贏牌，便須把不要的牌打出去，換進想要的牌。

如何進行公司策略形勢的診斷，以及怎樣才是最適合公司的事業組合，這些都可用實用BCG模式來回答。不過在介紹實用BCG模式之前，有必要先介紹BCG模式，原因有二：

1.借古喻今較易令人清楚，這是李德·哈特在《戰略論》序言中的建議，例如現代戰車其實是古代戰車再加上機械動力罷了。

2.了解學說發明的過程，進而培養你的創意。在美國電視影集「馬蓋先」中，男主角馬蓋先總會運用機智，把一些看似破銅爛鐵的東西，做成炸藥、無線電接收器等有用的器具。同樣地，在企管的分析方法中，只要用得熟，一招半式照樣可以走天下。

法國退役上將薄富爾(Beaufre)在所著《戰略緒論》中曾說：「戰略是一種思想方法。」本書宗旨不僅說明策略管理，而且還想跟大家分享如何發展自己一套的策略思考方法。

🔷 第一節　波士頓顧問公司模式(BCG Model)

假如把一家公司的各個事業部（甚至可細分至產品）當做一項金融資產，那麼藉由圖2-1BCG模式，便可一目了然的看出它公司的事業投資組合(business portfolio)所處的位置。

如果說SWOT分析是事業策略規劃最普遍使用的方法，那麼BCG模式或許是最常被用來診斷公司策略形勢的方法。由於BCG模式有其不足，本章重點在介紹作者所提出的「實用BCG模式」(practical BCG model)，不過在此之前有要先介紹原來1971年的BCG模式，好讓你能兩相比較，體會舊瓶裝新酒的創意是怎麼激發出來的。

眼尖的讀者立刻會發現本節所介紹的BCG、DPM，在行銷大師菲利浦·柯特勒

(Philip Kotler)所著《行銷管理》(*Marketing Management*)第二章中已略有介紹,在本節中進一步探討。BCG是美國波士頓顧問公司(Boston Consulting Group)的簡稱,這個分析方法就用公司名稱來命名了。

如圖2-1所示,BCG的成長和市場佔有矩陣(growth/share matrix)許多人耳熟能詳,尤其是四個象限各有一個有趣的名字,例如相對應於產品導入期稱為「問號」(question marks)、成長期的稱為「明日之星」(stars)、成熟期的稱為「金牛」(cash cows)、衰退期的稱為「落水狗」(dogs)。原始的BCG可說相當粗糙,例如:

1.X軸是以本事業部相對於競爭對手的市場佔有率來相比,撇開市佔率資料是否容易取得這個技術性問題不說,平心而論,跟某一競爭對手相比的意義大嗎?圖中"1"代表本事業部市佔率跟對手平分秋色,"1.5"代表市佔率是對手的1.5倍,比對手高一半。

2.Y軸指市場成長率比去年高或低,同樣地,"1"代表市場沒成長,大於"1"表示市場成長率提高。

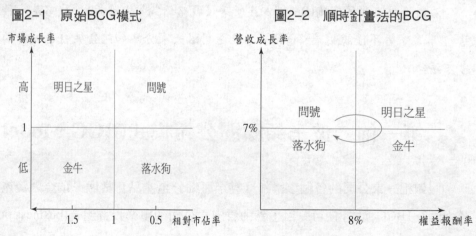

圖2-1　原始BCG模式　　　　　　　圖2-2　順時針畫法的BCG

資料來源:B. Heldey,"Strategy and the Business Portfolio", *Long Range Planning*, Feb. 1997, p.12.

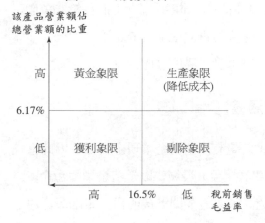

圖2-3 財務資料BCG

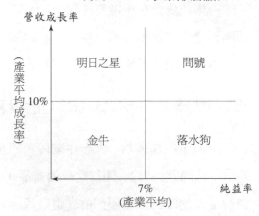

圖2-4 實用BCG（事業部層級）

一、BCG vs. 產品生命週期

有些學者認為BCG矩陣上第一象限到第四象限與產品生命週期的四個階段有一對一的關係，詳見表2-1。不過，這倒未必，因為上述只是靜態且事後描述，而以事前的觀點，當處於成長階段時，如何預估成熟階段的營收成長率、純益率呢？而且此二者的區隔標準為何呢？

此時，頂多只能畫出產業和公司在BCG上的相對位置，以了解差距有多遠，例如：當公司落於問號階段，產業可能已處於明日之星階段。所以BCG不能說跟產品生命週期相呼應，反倒是跟公司該產品的發展歷程相對照。

表2-1 BCG跟產品生命週期的對應關係

BCG	問號	明日之星	金牛	落水狗
產品生命週期	導入期	成長期	成熟期	衰退期

二、順時針的BCG

對於喜歡動腦筋的人，可能早已猜出為什麼BCG的橫軸是由右往左畫的，這當然是為了牽就座標圖上第一、二、三、四象限，與產品生命週期的導入、成長、成

熟、衰退四階段的對應關係。

　　否則，要是在正常座標圖上，如第50頁的圖2-2，那麼「問號」將在第二象限，「明日之星」反倒在第一象限，其餘類推，這樣的方式很不便於記憶。

　　可見，波士頓顧問公司當初在畫BCG圖時還動了點腦筋呢!

三、財務資料BCG（BCG的財務涵義）

　　BCG策略涵義為：在金牛階段，因產業前景有限，而企業現金充裕，因此宜往問號（或問題兒童）、明日之星的產品（或事業單位）發展，以延續企業的壽命，避免淪落入連「狗」都不如的衰退階段。反之，如果處於問號或明日之星階段，為了充實發展所需的資金，宜併購金牛階段事業單位。此法的優點在於易懂、易用，而且隱含考慮財務、營運風險的均衡配合，如表2-2所示，此是一般人常易忽略的地方。

表2-2　BCG上策略移動的影響

風險　策略	(1)營運	(2)財務	(3)(1)+(2)公司
金牛→問號	先增後減	↑	?
金牛→明日之星	先增後減	↑	?
問號→金牛	↓	↓	↓
明日之星→金牛	↓	↓	↓

　　但在實務的應用上，有時僅以公司財務資訊來進行BCG分析，由第51頁的圖2-3看來，X、Y軸皆以公司總平均值為中點，Y軸代表該產品的營業額佔公司總營業額的比重，X軸代表獲利力，除了稅前銷售毛益率（註：本書不稱毛「利」率）外，尚可使用稅前ROA（資產報酬率）、稅前利潤、稅後ROE（權益報酬率）。

　　因此可得到跟傳統BCG相似的圖，除了驗證前面的事業部投資組合推論外，並可據此計算出新資產組合的預估損益表和資產負債表，以作為決策時的依據。

　　此法優點：僅需要公司內部營業收益和財務資料，資料易於及時取得，因此方便計算、運用。

此法缺點：較適用於事業部或以產品為分析單位，未能直接把風險管理、資金供需列入考量。

四、BCG的衍生——DPM

BCG的進一步衍生分析方法便是1970年代的「方向政策矩陣」(Directional Policy Matrix, DPM)，這方法比BCG還實用，可惜有點複雜，反倒阻礙了它的普遍性。

由圖2-5可見，DPM可說把BCG變得更操作化了，而且可說是SWOT的操作。

圖2-5　方向政策矩陣(DPM)

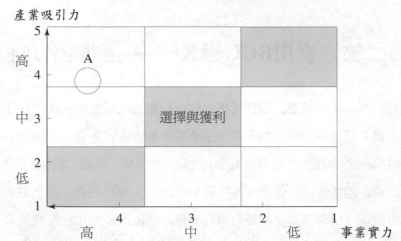

資料來源：Hofer,Charles N. and Dan Schendel, *Formulation: Analyical Concents*, 1978, West Publishing Company。

1.把Y軸改成「產業吸引力」(industry attractiveness)，而此一指數(index)是由八項指標(indicator)加權平均而得，這些指標包括機會和威脅，例如市場潛量、年成長率、毛益率等。

2.把X軸改成「事業實力」(business strength)，也是由十項指標加權平均計算，衡量公司的強勢、弱勢，例如產品品質、品牌商譽。

㈠DPM的策略涵義

DPM只是把座標圖畫成九等分，以便推論更細緻，圖2-5上各方格的策略涵義套用股票投資的用詞如下：

1.加碼：即「投資和成長」(invest/grow)，即對角線左上方三塊，表示市場大有

可為（產業吸引力中、高），而且公司又吃得下來（事業實力中、高）。

　　2.持股：即「選擇和獲利」(selectivity/earning)，即圖上對角線部分。

　　3.減碼：即「收割和撤資」(harvest/divest)，即圖中對角線右下方三塊。

㈡DPM對實用SWOT的啟發

　　美國奇異公司(GE)運用DPM時稱為「多因素組合矩陣」(multifactor portfolio matrix)，實際案例可參考柯特勒《行銷管理》第二章。

　　DPM是個很好的方法，本處介紹的原因，也在於替第十章第二節實用SWOT分析預留伏筆。

◆ 第二節　實用BCG模式㈠── 在策略管理上的運用

　　既然策略規劃如此重要，而且常用的策略規劃方法至少都已推出三十年以上，為何臺灣企業不普遍採用呢？主因不外乎企業經營者自以為官大學問大，凡事憑感覺、靠經驗；另一方面規劃方法費時耗事，例如臺灣IBM一年花二週進行SWOT分析，藉以知己知彼、趨吉避凶，就讓一些行動導向的人士視為畏途。尤有甚者，此是假設每一分析對象（例如事業部）各自獨立分析，但碰到多角化程度高的公司，卻不容易拼湊出一張完整的臉。

一、實用BCG模式的基本說明

　　財務資料BCG橫軸改成稅前純益率，這衡量指標的觀念很好。但是原始、財務資料BCG的縱軸衡量指標意義都不大，要是改成營收成長率，那功用可就多了，這就得到實用BCG模式的基本型，詳見第51頁的圖2-4，而且還跟福斯T4汽車一樣，有四種變型。有了這些數字後，便可用加權平均的方式計算出擁有多個事業部的公司目前的處境，進以了解公司總體究係處於哪一階段，要是處於問號階段，那可得擔心財務問題，以免不耐虧損或是資金不足以支撐業績成長。

㈠用什麼來衡量獲利率？

　　究竟用什麼指標來衡量事業部的獲利率才比較合適呢？由表2-3可見，至少有三

種衡量指標可用：

1.純益率：這是延伸自財務資料BCG的觀念，其中營業外支出的利息費用一項，已考慮負債的資金成本；但此比率並未考慮股東權益的資金成本。

2.投資報酬率：即「（稅前）盈餘（尤其是營業淨利）除以（對該事業部）投資金額」。

3.股東權益報酬率：站在股東角度，關心的是該事業部過去、現在、未來的平均股東權益報酬率，是否能達到股東滿意或至少是可接受的水準。

一般而言，採用純益率指標的優點在於資料易取得，而且可能是最普遍使用的事業部經營績效指標。

表2-3　三種獲利率衡量指標的優缺點

衡量指標	優　點	缺　點
純益率	資料易取得	未考慮各事業部所投入的資金總額和成本，可能有純益率高、投資報酬率低的現象
投資報酬率	資料較不易取得，因各事業部可能未單獨列帳，或資訊不公佈	未考慮股東權益的資金成本
股東權益報酬率	同上	

㈡X、Y軸的及格標準

至於X、Y軸的及格標準，可分為二個層級來說明。

1.單一事業部：

此時，如同圖2-4所示，X、Y軸及格水準皆採取產業平均值。例如1997年便利超商行業的營收成長率為10%、純益率3%。

要是無法獲得產業平均水準數字，不妨以三家相似公司(comparable company)平均水準相比，「相似公司」是指總資產、資本額等公司規模相去不遠的公司，先決條件是應跟賣方公司同處於同一行業，此點無庸贅述。

2.公司：

對於多角化的公司來說，X、Y軸不是用任一行業平均值所能代表。以單一國家公司（即非跨國企業）來說：

⑴Y軸及格標準：例如採取全國經濟成長率（2002年，4%），比全國高，代表事業組合成長勁道強。

⑵X軸及格標準：此時X軸衡量指標為股東權益報酬率，必要報酬率(hurdle rate)依美國華爾街投資人士的經驗法則為：無風險利率（例如一年期定存利率，2.3%）再加八個百分點作為權益投資的風險溢酬，2002年時股東權益必要報酬率至少為10.3%。

對於全球企業的總部來說，只是把各營運國當做一個事業部再進行加權平均罷了，計算原理仍然一樣。

　3.蝴蝶四態：

原始BCG（1970年代），財務資料BCG（1980年代），實用BCG（1990年代），此一分析方法的演變歷經三十年，可以用蝴蝶生命四階段「卵、蟲、蛹、蝴蝶」的後三階段來比喻。到了實用BCG，就如同蛹蛻變為蝴蝶，呈現千嬌百媚的多種樣態。

我們把前述的圖2-1、2-3、2-4由上往下畫在紙上，就可以發現分析方法歷史演進的過程。

㈢小心循環性、季節性因素

在運用實用BCG時須特別注意循環、季節性因素，以臺灣休閒食品市場佔有率最高的聯華食品公司為例說明。

　1.景氣循環因素：

該公司全國獨特產品「可樂果鹽豆酥」，自1982年推出以來，可說是國內少數產品生命週期超過十年的休閒食品（例如乖乖、北海鱈魚香絲、旺旺仙貝），該產品久處於金牛階段，但是呈現每五年一次的循環。

　2.季節因素：

如果把該公司過去五年每年營收成長率、獲利率標示於實用BCG圖上，竟然發現呈現在第二、三、四象限（甚至營收衰退）跳躍情況。了解行業特性後，才知道是「春節效應」，由於農曆過年有時在國曆1月、有時在2月。要是落在1月，那麼2000

年12月，公司便逐漸出貨給通路經銷商，也就是春節業績（比平常月份至少多一倍）會分攤一半以上到2000年。要是以每年3月到翌年2月作為會計年度，就不會有春節效應。

　　休閒食品也是食品業中一個行業，而食品業在臺灣早已處於成熟階段、甚至其中一些行業處於衰退階段；在沒有推出新產品線情況下，聯華食品公司理應處於金牛階段，不致出現像電視影集「時空怪客」般的「量子跳躍」(quantum leap)。

　　由此一案例也可推論，當我們發現實務跟理論（例如實用BCG）不符時，有時不見得是理論不完整，只要深入了解行業特性，再加以微調，理論仍有其適用性。

二、實用BCG的應用實例

　　以一個有五個事業部的甲公司來說，其營收、純益金額和成長率如表2-4所示。有了這些基本資料後，便可以主觀假設其權數，把五個事業部的營收成長率、純益率，加權平均後得到公司的策略狀況，詳見表2-4；就跟人的血壓、心跳次數一樣，藉以了解公司的現況。

　　甲公司整體的策略狀況為：純益率10.58%，營收成長率18.1%，處於「明日之星」狀況，可說相當具有潛力的公司，參見圖2-6。

・權數的決定

　　數個事業部的純益率、營收成長如何計算出單一數字，建議採取下列的加權平均計算公式：

$$第i事業部所佔比重 = \frac{第i事業部投資淨額}{總投資淨額} \quad (i = 1, 2, 3, \cdots)$$

$$投資淨額 = 投資額 - 歷年投資回收（含折舊費用）$$

　　此處對於權數的基數有幾種考量對象，包括營業額、純益，但這些皆必須考慮投資金額的大小。而投資金額又必須考慮每年的回收（含折舊費用），即僅須考慮投資淨額。當然，針對處於金牛（甚至落水狗）階段的產品，其投資已屆回收期間，因此投資淨額也跟著降低（甚至趨近於零），其對公司的策略態勢（地位）的影響力也跟著降低。

表2-4　甲公司五大事業部某年營收、淨利

單位：萬元

事業部門	(1) 營業額	(2) 權重	(3) 營收成長率	(4)=(2)×(3) 加權平均成長率
A	100	10%	20%	2%
B	200	20%	17%	3.4%
C	300	30%	14%	4.2%
D	250	25%	10%	2.5%
E	150	15%	4%	6%
小　計	1000	100%	–	18.1%

事業部門	(5) 淨利	(6) 權重	(7) 純益率	(8)=(6)×(7) 加權平均純益率
A	3	3.26%	3%	0.0978%
B	30	32.61%	15%	4.8915%
C	30	32.61%	10%	3.2610%
D	20	21.74%	8%	1.7392%
E	9	9.78%	6%	0.5868%
小　計	92	100%	–	10.58%

圖2-6　甲公司在實用BCG上的策略狀況

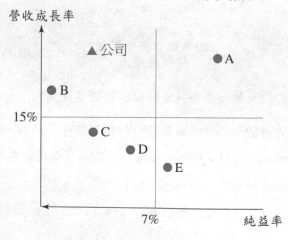

註：▲代表公司；●代表事業部

三、實用BCG的跨年運用

從單一「年度」（甚至可細到月）的實用BCG圖，可了解公司（或各事業部）的策略型態，但如同財務比率分析一樣，也可進行縱剖面、橫剖面比較。

㈠縱剖面比較（趨勢分析）

把公司過去五年的實用BCG圖畫出來，大抵也可進而預測公司未來的走勢。以圖2-7來說，公司由1996年已趨向「老化」——營收成長減緩。而獲利也於2000年逼近及格標準，要是再沒有改革，2001年將落入落水狗階段。

圖2-7　歷年的公司策略狀況

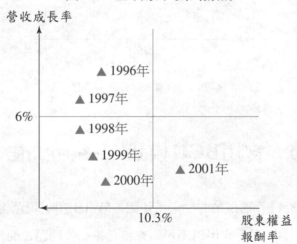

㈡橫剖面比較

在運用於跟主要競爭者比較上，也可發現跟對手間的差距究竟有多遠。以圖2-8來說，對手早已進入「高獲利、高成長」的明日之星階段，而自己仍處於「低獲利、高成長」的問號階段。這差距原因何在？是來自進入行業的時差，還是其他因素？有沒有必要拉近這差距，如何拉近，皆從BCG的分析做起點——發現問題的存在和嚴重性。

就跟財務比率分析、預算一樣，公司或事業部在BCG圖上的缺口分析，不僅可以跟產業內相似公司或對手相比較，也可以跟目標值相比較，這可作為預算制度的「決算」（或稱經營分析）中的圖示。

　　當然，要是把過去五年實際值跟目標值作比較，也可了解缺口的型態，進而預測今年度可能的缺口，以及如何預防此缺口出現。

圖2-8　公司 vs. 競爭者的策略狀況

註：◎表示競爭者；●表示公司

◆ 第三節　實用BCG模式㈡── 在功能管理上的運用

　　一個總體策略診斷、形成的方法必須能回答5W1H這些問題，絕大部分策略規劃方法都無法直接回答，但是實用BCG可以直接回答這些問題，而且使用上相當人性化(user friendly)。本節將說明它在策略管理上的妙用。

一、實用BCG的策略涵義

㈠對現有事業部分

　　由圖2-9可見實用BCG對現有事業部的策略涵義，其實這涵義仍然是套用DPM（圖2-5）的內容，並沒有新穎之處。

圖2-9　實用BCG的策略涵義

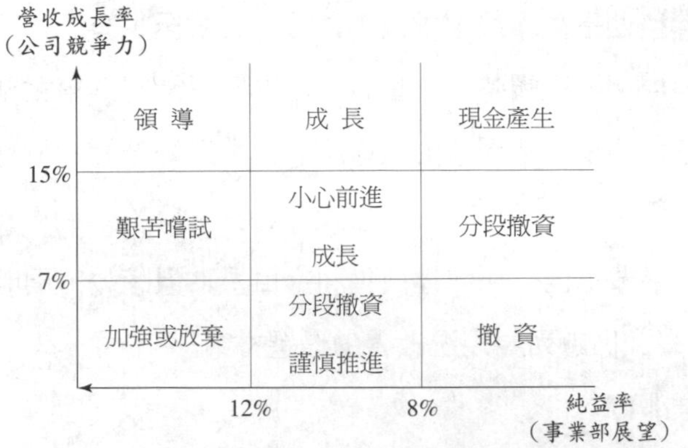

營收成長率
（公司競爭力）

	領導	成長	現金產生
15%	艱苦嚐試	小心前進 成長	分段撤資
7%	加強或放棄	分段撤資 謹慎推進	撤資

　　　　　　　　　　12%　　　　8%　　純益率
　　　　　　　　　　　　　　　　　（事業部展望）

資料來源：圖中九個方格的策略方向取材自 Hussey, D.E., "Portfolio Analysis : Practical Experience with the Directional Policy Matrix", *Long Range Planning*, Aug. 1980, p.3。

㈡事業組合改善的途徑

　　當計算出公司的策略型態後，要是發現與「營收成長率20%、權益報酬率20%」此一目標差距甚遠，此時必須動態調整事業投資組合，詳見圖2-10。

圖2-10　達到公司策略型態目標的二種途徑

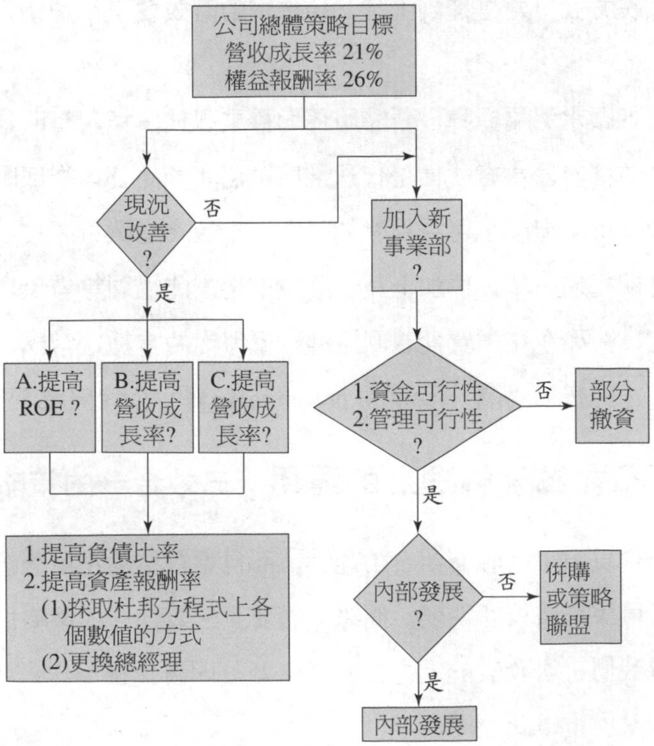

1.現況改善：

第一條改善途徑便是在現況中求改善，可行方式至少有二：

　⑴局部調整：例如只調整單一事業部，看看只衝刺某事業部是否足夠。

　⑵全面調整：要是局部調整的力道不夠，那只好針對二個或全部事業部一起改善。

當然裁撤某一事業部也有可能達成獲利率目標，但比較難同時兼顧營收成長率目標，不過，「撤資」仍應列為現況改善的備選方案。

　2.加入新事業部：

要是現況改善有其限制，此時只好引進新事業部（new business unit，實務上簡稱New B）。當然實用BCG能夠回答你挑選「新事業部」的一些準則，以達到公司的目標策略形勢：

　⑴營收多大：年營收太小的新事業部如同杯水車薪。

　⑵獲利多大：獲利除了受營收很大影響外，另外行業生命階段也會影響毛益率。

　⑶何種成長方式：要是達到上述二項標準的時效要求很迫切，那至少有二種方式。

過渡事業部就跟水泥橋斷掉，暫時用倍力橋來取代一樣，有時為了應急，只好用過渡性業務來填補，最快方式便是代理進口，例如食品公司進口阿拉斯加鮭魚來賣，不見得能撐長久，但至少可充充業績門面，不致衰退難看。

有時墊檔時期超過一年，再加上為了避免市場產能過剩等考量，只好採取併購方式，此種方式，一如在花市買盆栽回來種，省得從頭育種；當然，這種成長方式往往必須付一筆「經營權溢酬」(control premium)給賣方公司股東。

二、實用BCG在風險管理上的運用（三效合一的策略規劃方法）

實用BCG不僅具有事業投資組合的能力，而且還直接的把風險管理、資金供需列入模式之中，可說是兼具「洗髮、潤絲、護髮」三效合一的策略規劃利器，本模式於1991年11月我們首次發表於《統領雜誌》，並註明著作權為作者所有，未經許可勿擅自使用，本書也重申此立場。

(一)最適事業投資組合的建構

由圖2-11中是否可推論A、B這兩個連狗都不如的事業部應撤資呢? 答案是須視情況而定。假設將A裁撤會拖累C進入「落水狗」階段,那麼在利用Lotus 1-2-3或Excel等進行的事業部損益(表)分析時,便應把A與C二事業部的互動關係設定清楚,以免作了「錯誤的別離」的決策。當然如果A對其他事業部並沒有重大的外部經濟影響,那麼基於「偏好無關」的投資原則,縱使捨不得,也只好學習孔明揮淚斬馬謖了!

(二)風險管理

如果考慮成立一個新的事業部B,對公司風險管理將造成怎樣的影響呢? 僅以倒閉風險來說,可分為二個分析期間,一是一年,以小圓圈內數字代表,一是永續經營的盈(實線)、虧(虛線)現值,以大圓圈內數字代表。以本圖為例,C、D該年盈餘共700萬元,但A、B,E的虧損為800萬元,一年辛苦經營可說是為人作嫁裳。

同理,大圓圈可代表未來某期間(三或五年、永續)的預估盈虧,藉以衡量公司體質是否健全還是脆弱。加總來看,如果可能虧損,則宜加速去蕪存菁,如奇美集團下奇美實業的石化本業前進大陸受挫;甚至趕工進入「明日之星」行業,以培養明日的搖錢樹,如成立生產TFT-LCD的奇美電子公司即是。

圖2-11　實用BCG策略功能

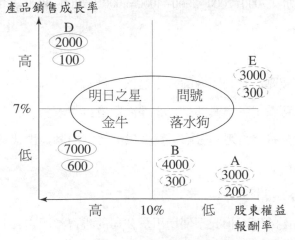

資料來源:伍忠賢,「三效合一的策略規劃辦法－舊瓶裝新酒的BCG」,《統領雜誌》,1991年11月,第72頁。
說明:小圓圈代表當年淨現金流量;大圓圈代表長期淨現金流量;實線代表獲利;虛線代表虧損。

當採取併購方式來成立E事業部，由表2-5可看出，併購E，公司短期虧100萬元，似乎不重，而且負擔得起；但長期來看，則可能淨虧損1000萬元，真是偷雞不著蝕把米。濟業電子便是個例子，而宏碁也僅是五十步和百步之差，都因為併購前策略規劃階段，公司人員看到短期只賠300萬元，長期可能賺4000萬元，但卻忽略風險管理的基本精神便是「作最壞打算」。因圓圈內數字可能為「悲觀情況」、「最可能情況」或「悲觀、最可能和樂觀情況的加權平均」，但不應該是樂觀情況下的期望值。

對於主張營運併購、強調併購綜效的人來說，似乎不能單看E的盈餘，而應考慮是否加入公司，有助於D發育、能讓C延壽，同時使A和B反敗為勝。要是不考慮這些外溢效果，容易犯了放棄太早的錯誤。如同前段所述，那麼如何衡量併購E後對現有事業部的綜效呢？可把各事業部損益表置於電子試算表上，把E對四個事業部的營收增減或成本升降的函數關係設定好，如此便可觀察併購E後對各事業部、公司的短期長期策略地位的影響。

表2-5　併購E公司前後的公司風險

單位：萬元

期　　間	併購前 C+D−A−B	併購後 C+D−A−B−E
短　期	600+100−200−300=200	200−300=−100
長　期	7000+2000−3000−4000=2000	2000−3000=−1000

㈢資金供需

就資金調度的觀點，各圓圈內的數字是依會計應計基礎計算而不是現金基礎，至少從盈虧的結果可看出各事業部是資金淨貢獻者或需求者。若有必要，也可依現金流量表上的數字，另外繪製一張顯示資金供需的BCG圖，也就是實用BCG也具有圖示資金供需的功能。

㈣三效合一綜合運用

由此看來，修正的BCG模式不僅適用於公司的投資部門審核新的投資案，更能作為投資組合的管理（即規劃、執行、控制）。針對目前公司在BCG圖上的布兵圖，無論是內部（例如工資上漲）、外部（例如利率或產品售價變動）環境變化，可立刻

使用Excel的事業部損益連結試算表進行「情節分析」(senario analysis)，如同動態的兵棋（沙盤）推演。針對風險管理的考慮，圓圈內的數字可為「樂觀」、「悲觀」、「最可能」或「三者之加權平均」。更進一步的需要，則還可以進行「敏感分析」，如貸款利率變為7%、6.5%或6%時，對公司各事業部的影響。

如此，企業在轉型期間可先針對未來可能出現的策略態勢，採取先控的策略管理，而不致於像宏碁電腦、濟業電子因國際收購失利反而危及臺灣母公司的生存。

咸信此三合一、電腦輔助的策略管理工具，能很容易延伸至DPM。公司經營者不會再視策略管理方法為書生之見而不適用於實務，而高階幕僚也不致視策略規劃為耗時費事的苦差事了。

三、對企業管理的涵義

實用BCG不僅董事會用得上，連各管理階層也可發現它的妙用。

(一)對集團企業控股公司的涵義

站在集團企業控股公司的立場也是一樣，只是分析單位由「事業部」升級為「子公司」，以及一些變動罷了，例如由於股東關切的是權益報酬率，因此我們把BCG的橫軸改成淨權益報酬率。為了撇開轉投資所流失的資本和所帶進來的損益，以清楚地判斷該子公司本業損益對股東財富的貢獻，因此在計算該子公司恆常（或常態）的「淨權益報酬率」時必須進行下列處理：

$$淨權益報酬率 = \frac{盈餘－轉投資收支－處分固定資產收支}{淨資本額}$$

淨資本額＝年初資本額＋年中增資－（實支轉投資金額＋年中轉投資現金增資）

分　子＝盈餘－轉投資收入－處分固定資產收支
　　　＝營業純益＋營業外收入（不含轉投資收入和處分固定資產利益）
　　　－營業外支出（不含轉投資損失和處分固定資產損失）

其中，考慮轉投資公司除息、除權，對該公司淨資本額的影響，必須作下列處理：

1.子公司除息：母公司領到所分配的轉投資收益，列為當期盈餘，視為投資之收回，對母公司淨資本額有增加的效果。

2.子公司除權：不論是正或負（即減資）除權，由於母公司資本額和實支轉投資金額同方向、同金額變化，因此對母公司淨資本額毫無影響。

對於急切想應用本法的讀者，我們建議您拿本書個案集中的國巨集團來分析。從國巨持續併購的過程，您將會發現副董事長陳泰銘夠格稱得上是優秀的企業策略家，套句口語形容：「他打得一手好牌。」

㈡對事業部主官的涵義

一個事業部可能有許多產品線，最好有老、中、青的產品組合，以免青黃不接。

㈢對業務主管的涵義

業務主管統轄的業務代表也可依實用BCG分為四類，落水狗階段業務員可能得改調後勤單位，對於新成立的壽險公司，要是全招些新手，大家都從「問號階段」出發，如果公司財力不足，可能就被員工拖垮了，最重要的是市場可能就拱手讓人了。最明顯的例子是，有些新壽險公司動輒以千萬年薪去挖南山人壽的超級業務員，其目的便是立刻把部門弄到明日之星甚至金牛階段，否則連賠五年，哪位業務主管不會慌、不會急呢？

同樣地，業務代表也可以依本法把客戶分類，以了解自己的客戶結構。

㈣對產品經理的涵義

產品經理的任務必須同時兼顧營收和獲利，但各通路對應在BCG上的階段不同，對製造商來說，例如量販店處於明日之星階段，超商、百貨公司處金牛階段，超市、經銷商處於金牛偏落水狗階段。

要是產品經理只追求營業額成長，那就應多著墨於量販店；要是想提高獲利，則宜進攻超商、百貨公司。產品經理的任務之一便是作好通路組合，例如把通路業務代表中，二成配置於進攻量販店、三成主打超商等。

◆ 本章習題 ◆

1. 以台積電為例，套用圖2-1（跟聯電比較）、圖2-4，看看哪種分析方式會比較得心應手？

2. 表2-1是傳統智慧，但是你同意「BCG上各階段不必然跟產品生命週期一一對稱」的說法嗎？

3. 由表2-3中，你還想到什麼更好的獲利率指標？

4. 找一家公司的產品，以圖2-5為底，畫出1997～2001年各年的相關位置。

5. 找一家公司（例如第一章個案國巨），以圖2-10為基礎，分析它會採取什麼成長方向、方式以達到公司目標。

6. 以聯華食品公司（股票代號1231）為對象，利用圖2-4為基礎，畫出1997～2001年各年的相關位置。

7. 以一個上市公司集團為例（例如亞東），套用圖2-4畫出各子公司在圖中位置，即亞洲水泥、遠東百貨、遠傳電信、遠東商業銀行、宏遠各在哪一階段。

8. 以一家上市公司為例（例如華碩），利用圖2-4為基礎，畫出各事業部在圖中位於哪一個位置。

9. 以一家消費品公司為例，利用圖2-4為基礎，畫出單一產品各通路（量販店、超商、超市、傳統市場）在圖中的位置。

10. 以圖2-4為基礎，把你的三項技能標示在相關位置。

第三章

公司策略規劃第一步：成長方向 —— 兼論企業轉型

　　優秀的領導者，首重為公司掌燈，照亮去路。領導者必須能夠掌握環境變動，適當調整公司彈性應變，並且替公司規劃出兩種策略：一種是三至四年內能令公司快速成長的策略；另一種則是替五至十年後的公司播種，能供公司長期賴以生存的策略。

　　——尹鍾龍　韓國三星電子公司總裁暨執行長

　　EMBA世界經理文摘2001年9月，第72頁

學習目標：

了解公司策略的涵義，這跟一般所了解（主要是事業策略）的是兩碼子事。

直接效益：

企業轉型是1998年以來臺灣企業的顯學，本章第四、五節畢其功於一役的解答轉型所需回答的5W1H問題。

本章重點：

- 公司多角化的動機和其可行方案。表3-1
- 諾利的三種經濟效益。圖3-1
- 多角化的方向和理論上效益。表3-2
- 經營可行性。§3.2
- 第五級領導人。§3.2四
- 實用企業家經營能力量表。表3-3
- 管理可行性。§3.3
- 對外來管理團隊的評估因素。表3-4
- 實用總經理、事業部主管管理能力量表。表3-5
- 公司、事業部經營轉向、調整的類型。表3-6
- 企業轉型的決策流程。圖3-3
- 垂直整合的介入點。圖3-4
- 善用資源進行產品升級、企業轉型。圖3-5

前言：遠離策略管理的詞彙叢林

唸策略管理書籍時，常會被一大堆五花八門的某某策略搞得頭暈目眩，其實這只是詞彙叢林，長庚大學管理系教授陳恆逸以巴黎時裝的興替來比喻管理理論推陳出新的速度，甚至當公司還在評估昨天剛採用的策略管理工具時，今天又有新理論推出，令人目不暇接。

我們比較支持法國社會學者波迪安(Bourdieu)在 *Homo Academicvs* 一書中指稱學術名詞的推陳出新，是因為學術界採用「修辭策略」(rhetoical strategy)來打響作者的知名度，書籍（名詞）本身是應該被燒掉的。

我們認為一堆「某某策略」的用詞，其實只是策略內容的一部分，例如多角化「策略」、成長「策略」(growth strategy)，談的只是公司成長的方向，但並未回答成長的方式、速度、組合方式。有些人用詞更加含糊，例如「經營策略」，令人搞不懂它究竟是指公司策略或事業策略。

任何「策略」必須是完整的理論，它必須能回答「策略內容」(strategic content)的三個成分：

1. 成長方向：這可類比為5W1H中"what"，公司要往哪裡去？做什麼行業？

2. 成長方式：這可類比為"how"，如何達到目標，是自己做？還是借重外力？

3. 成長速度：這可類比為"when"，主要是「多快」；至於什麼時候做，將在第六章和第十二章第四、五節「時機的抉擇」中討論。

有些美國學者還額外加上「成長的組合和管理」，把成長方向、方式、速度加以組合，便可得到無數方案，去除不可行的，剩下的則為備選方案(alternatives)。當然，還可以用X軸、Y軸、Z軸三度空間加以表示，但是看不清楚，所以此處不列出。經營者再從備選方案中挑出A計畫（最佳方案）、B計畫（次佳方案）等。

或許你會想修正我們的看法，認為成長方向和成長速度是一對一的對應，所以到最後策略「構想」中只有成長方向、成長方式搭配來選擇。可惜前述對應關係是不存在的，譬如在產業衰退階段（即成長速度減緩）是否只能採取退縮方案、無關多角化（成長方向之一）呢？有許多位居產業衰退階段的公司，透過成長方案（成長速度之一）如擴大經濟規模，以擠掉邊緣廠商；或把同業併購後關廠，以減少產

業的產能過剩，此種反向經營方式也有成功案例。

　　本章的重點為如何提出可行、致勝的策略構想。「策略構想」是策略布局背後的理由和想法，也是策略的基礎。其中「策略構想的理由」大抵包括：掌握新商機、追求綜效、風險分散等。

　　策略構想有助於回答策略5W1H的問題，例如本章第一節中說明公司為何要多角化？為什麼把某些產品歸屬在同一事業部？以公司策略構想來說，則可以比喻成交響樂團中指揮家的樂譜，它可避免各樂器分部（如打擊樂、弦樂）各奏各的調。

第一節　公司成長的動機 ── 兼論多角化的原因

　　「我該往哪裡去？」可能是企業最難下的策略決策，這決策下了後，接著是採取什麼方式、依什麼速度去走，本節先回答策略決策的第一個問題：成長的方向或多角化的程度。

一、成長的好處

　　1990年代，企業減肥(down sizing)、企業再造(reengineering)之風大為流行，但是根據葛茲(Gertz)和拜逖士斯塔(Baptista)在 *Grow to be Great: Breaking the Down Sizing Cycle* 一書中所強調，從資本市場股價的反映來看，同樣是淨賺1塊錢，來自營收成長的股價反映會比降低成本的股價上漲高30～50%，此點可證明成長的價值。

二、多角化的動機

　　站在財務學者的角度，企業追求的最大目標，其實只有一個，即追求風險平減後(risk-adjusted)的權益報酬率「最大」（或滿意水準）。而此一總目標又由利潤提升或（和）風險減少二項中目標所組成，公司採取不同成長方向以達成目標，詳見表3-1。至於有些學者提出琳瑯滿目的動機，只能歸類於小目標，無庸贅述。

表3-1　公司多角化的動機（目標）和其可行方案

總目標	中目標	成長方向或多角化程度			
		相關多角化		不相關多角化	
		水　平	垂　直	同心圓	複合式
風險平減後的股東權益報酬率「最大」（或「滿意水準」）	1.利潤增加 (=收入−成本)				
	(1)收入增加	∨	∨	∨	∨
	(2)成本減少	規模經濟	交易成本降低	範疇經濟	管理費用降低
	2.風險減少				
	(1)事業(或經營)風險	最高	高	中	低
	(2)財務風險	高	高	中	低

　　站在股東的立場，公司似乎沒有必要為降低公司風險而進行多角化，因為股東可透過持股多角化以降低公司風險。然而，公司適度多角化以降低公司風險，將有利於內部權益人(inside equiter)降低股東所要求的必要報酬率，後者是資金成本一大部分，因此企業的資金成本可望減低。

三、三種經濟效益

　　美國學者諾利(Noori)於1990年把產品種類、產量和可能產生的經濟效益，三者間的關係以圖3-1表示。其中規模、範疇經濟有部分會自然發生，但是整合經濟效益比較需要介入管理才會發揮，否則量多、品項雜，反倒因管理不善以致成本大增。

(一)規模經濟的效益

　　美國波士頓顧問公司於1970年代實證結果指出，當企業生產規模提高一倍，則製造費用、管銷費用將下降一至三成。這是對「規模經濟」效果最具說服力的一項研究，時過境遷，這篇報告已被人遺忘，但是「規模經濟」如鐵律一般，成為管理者視為理所當然的法則：「規模越大，成本下降，競爭力越強。」所以不少人迷信「數大即是美」，一味追求工廠、公司規模的擴大。

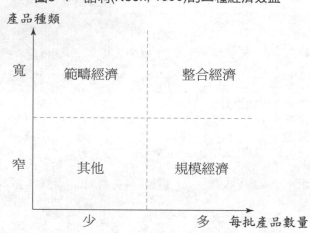

圖3-1　諾利(Noori, 1990)的三種經濟效益

產品種類

寬	範疇經濟	整合經濟
窄	其他	規模經濟
	少	多　每批產品數量

(二)範疇經濟的好處

「一兼二顧，摸蛤仔兼洗褲」這是對「範疇經濟」(economies of scope)最通俗的描述，它是指因為營運範疇擴大，而有正面外溢效果所帶來的經濟效益。舉幾個例子說明：

1.五十年前大陸農村，養豬排泄物流到水池又可養魚，水塘旁種桑樹又可做水土保持、避免水分蒸發，桑葉又可養蠶，抽絲後蠶蛹又可餵魚；至於含有養分的水則可灌溉桑樹，養豬、養魚、養蠶便發揮很高的範疇經濟。

2.天下文化公司和遠流出版公司最大差別，在於前者多了份天下雜誌，可以把雜誌上的文章彙編成書，甚至連打字費都省下來了。

四、非相關多角化的動機

此外，公司進行非相關多角化，還可依是否為了轉型而分為下列二種：

1.攻擊性多角化：人往高處爬，企業往賺錢的地方去，例如投資敏感度較高的和信集團成立中信證券，1997年台塑宣布進軍小汽車、半導體等。

2.防禦性多角化：基於單一產業風險太大，甚至有些已瀕臨黃昏產業階段，因此不少食品、紡織、營建類股公司積極轉型。

這二種分類對經營上的涵義為，防禦性多角化是勢在必行，今天不做，明天就要後悔，是公司生死攸關的事，需要有遠見才能有足夠時間去做轉型。至於攻擊性

多角化，公司可做也可不做，差別只是賺多賺少罷了，所以比較不需要跟時間賽跑。

五、追求假成長的動機（製造假業績的目的）

至少有二個動機誘使經營者把公司業績或盈餘灌水。

㈠股票上市、上櫃的目標

1986年以來臺灣股市熱潮，使得許多公司追求股票上市（含上櫃），有些等不及業績或盈餘水到渠成，便動手灌水（即製造假業績或盈餘）。

僥倖因此而股票上市，但之後東窗事發，股票上市後又被拉下馬，例如國勝電子公司。不幸撐不到股票上市的，也因為作帳而多繳了不少營業稅、營所稅，可說是偷雞不著蝕把米。

㈡向銀行貸款用

針對信用貸款部分，一旦借款公司出現虧損，銀行可能會兩中收傘。所以有些欠缺資金的公司，只好打腫臉充胖子，硬靠作帳把公司弄到小賺，繳點營所稅，以換來舉債空間，看起來至少比向地下錢莊借錢還要划算。

六、多角化的分類

一般來說，公司策略成長方向有二大類，每大類中又有二中類，詳見表3-2。

㈠相關多角化(related diversification)

這可分為二類，如果是採取併購的成長方式，則又稱某某整合，例如「水平整合」(horizontal integration)。

　1.水平多角化(horizontal diversification)：其實水平發展不應歸為多角化，應該稱為「集中」(concentration)；策略著眼點在於追求規模經濟。

　2.垂直多角化(vertical diversification)：此成長方向的經濟效益為降低上、中、下游的交易成本。

㈡無關多角化(unrelated diversification)

無關多角化即俗稱的「多角化」，可分為二類。

表3-2 多角化的方向和理論上效益

大分類	中分類	定義和理論上效益
相關 (related) 多角化，或稱集中策略 (concentration strategy)	1.水平(horizontal)	在同一行業 (產業下) 擴充，追求規模經濟；例如太平洋百貨一直開新店
	2.垂直(vertical)	在同一產業的上、中、下游發展，可分為順流、逆流二種方向，追求交易成本降低(透過內部化)
	(1) 前向垂直 (forward) 或前向整合	向產業下游發展，例如製造業 (如統一) 發展零售業 (如統一超商、家樂福)
	(2) 後向垂直 (backward) 或後向整合	往產業的上游發展，例如位居石化產業中游的台塑，成立七輕 (臺灣第七座輕油裂解廠)，往上、下游發展
無關 (unrelated) 多角化，或稱多角化策略 (diversification strategy)	3.同心圓 (concentric)	主要為發揮範疇經濟效果，例如富邦集團是完整的金融集團，橫跨銀行、證券、投資信託、保險 (壽險、產險)、 投資顧問，唯仍缺乏證券金融行業
	4.複合，也有「集團」的意思(conglomerate)	踏入風馬牛不相干的事業以追求公司營運風險降低、盈餘成長。例如生產火柴的臺灣火柴公司投資證券 (如永利)、銀行(玉山)、營建

1. 同心圓式多角化(concentric diversification)：行業雖然不相干，但產業可能相同，例如富邦金融集團，策略著眼點在於追求範疇經濟。

2. 複合式多角化(conglomerate diversification)：公司內盡是些風馬牛不相及的事業部，策略著眼點主要在轉型（如從衰退產業中逃生）、降低公司風險（事業投資組合）和賺錢。

1999年起，新經濟逐漸成形，高科技類股（尤其是TMT，科技、通訊、媒體等）吃香喝辣；舊經濟類股（常跟傳統類股畫上等號）在股市中可用深宮怨婦一詞來形

容，不僅股價跌破淨值，而且成交零星，現金增資時乏人問津，就連取得資金也成問題，這跟網路類股公司（例如像三大固網業者募資2000億元）的「錢不是問題」，可說是天壤之別。

不要說股市中投資人「大小眼」，連上班族也是「人往錢多處爬」，這是許多企業「撈過界」從事無關多角化最顯而易見的理由。

第二節　經營可行性分析──實用企業家經營能力量表

許多處於成熟（例如食品、紡織）、衰退（例如營建、水泥、鋼筋、汽車）階段的業者，亟思透過多角化來力挽狂瀾，然而既期待又怕受傷害，深恐撈過界而摔個大跤，那真應驗了一動不如一靜。

的確，行船三分險，唯有知己知彼，才能少輸多贏；然而過度保守的人反倒低估自己的能力，以致錯失很多商機，甚至因此不求圖變，以致本業日薄西山，而自己也被潮流淘汰（例如臺灣的毛巾業）。那麼，要如何才能了解自己公司的能力，進而決定公司發展的策略（方向與方式）呢？

一、腦筋靈活與否決定輸贏

「沒有那樣的胃就不要吃那樣的瀉藥」，這句話充分顯示公司須具備怎樣的能力（或資源）才能選擇哪一種公司策略。

假設財力、技術、勞力和土地等投入要素都不成問題，剩下的問題便是公司（尤其是董事會、總經理）是否具有策略管理能力來從事多角化。基本上的想法來自經營者須具備觀念、技術、人際關係三種能力，上述策略管理能力主要屬於觀念能力。有些學者主張組織結構設計能力是策略管理能力的一部分，而且這跟公司業務的複雜性（即本書的公司多角化程度）關係頗高，本書假設這部分管理能力沒有問題。

二、隔行如隔山的二個例子

你相信「隔行如隔山」這句話嗎？或者至少覺得它有些道理呢？1995年以前，

我比較不相信這句話有什麼道理，唯一的例外可能是高科技行業。但是直到有二次經驗，才體會到隔行如隔山的道理。

　　1.香水、化妝品等時髦產品有倒V字型現象，橫軸是時間，縱軸是營收，一開始引進新品牌時，由於消費者喜新厭舊，所以業績一、二年內很快爬升。但等到新奇感褪色了，業績也就溜滑梯了。不明白這個現象的人，看到別人起高樓，便盲目跟進，但卻不知道別人為何吹熄燈號。

　　2.1997年7月，我受好友之託整頓一家年營業額3億元的雙元制傳銷公司。11月時，有位年營收3億多元的義大利鍋代理商，想拓展通路到傳銷，這位留美企管碩士認為憑藉薄利多銷，一定可以在傳銷市場打出一片天地。我告訴他，傳銷通路的關鍵在於高比率佣金（零售價的六成），而且商品要易於攜帶、運送。要是無法給予經銷商高業績獎金，鐵定乏人問津；但是當把佣金提高了，零售價變成天價，消費者不會想買。他聽我的話打消了念頭，要是我沒在傳銷公司待過，大概無法體會薄利多銷在傳銷業是票房毒藥的道理。

　　上面只是造成「隔行如隔山」原因中的一部分——產業專業知識部分，本節還會說明另一部分，即經營者策略能力。

三、你相信麥克‧波特的主張嗎？

　　雖然，美國策略管理大師麥克‧波特曾經說過：「我最核心的發現是：如果你能發財，你就能在任何一個產業發展。你身在哪一個產業並不重要，重要的是你在那個產業裡如何去跟他人競爭。」但是不少初生之犢不畏虎的經營者和學生，比較參不透這個道理，自以為啥事情只要花時間便可以學會，況且管理不是沒有產業界線的嗎？

　　但是有經驗的經營者會體會到自己策略管理能力的限制，舉例來說，素有「臺灣經營之神」尊稱的王永慶，事業範圍涵蓋石化集團、長庚醫院和電子等，似皆集中於「成本導向」為關鍵成功因素。因此對於需要走差異化的辦公家具業，便似乎格格不入，這也是1987年時台塑集團旗下新朝公司關門的原因之一。可見不是每一個經營者皆擅長成本領導、差異化或集中策略的觀念能力。而這很難透過下面的人（例如總經理）來補強，終究球員還是得聽教練的話。

一般投資可行性方面的書籍，著眼於市場、技術、財務等可行性，較少探討經營、管理可行性。謹慎的經營者考慮一項新事業投資案時，其思考邏輯如圖3-2所示。

圖3-2　設立新事業部的經營、管理可行性分析

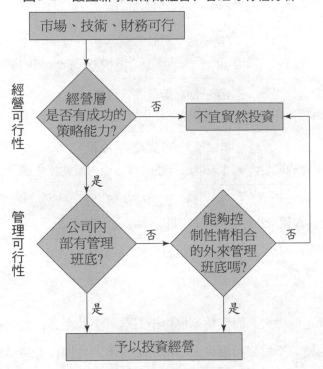

四、升級當第五級領導人

在下一段說明企業家能力量表之前，我們想用一篇文獻來做此表的理論基礎之一，有關道方面的片斷報導很多，這篇文章雖然沒採取嚴謹的假說驗證，卻很具有戲劇的說明力。

以《基業長青》一書聞名的管理學者詹姆斯・柯林斯(James Collins)在2001年1/2月《哈佛商業評論》上的一篇文章，從人格特質理論出發，研發二十餘家企業，歸納出公司領導人的能力可分為五級，詳見圖3-3。**第五級領導**(level 5 leadership)位於企業管理能力層級的最高層，也是企業從平庸走向偉大的必要條件。但在第五級之下，由第一級到第四級，還有各具要領的四級能力。想要成為第五級領導人，除了要有第五級的特質之外，其他四級能力也都必須具備。

圖3-3　公司管理者的五級能力

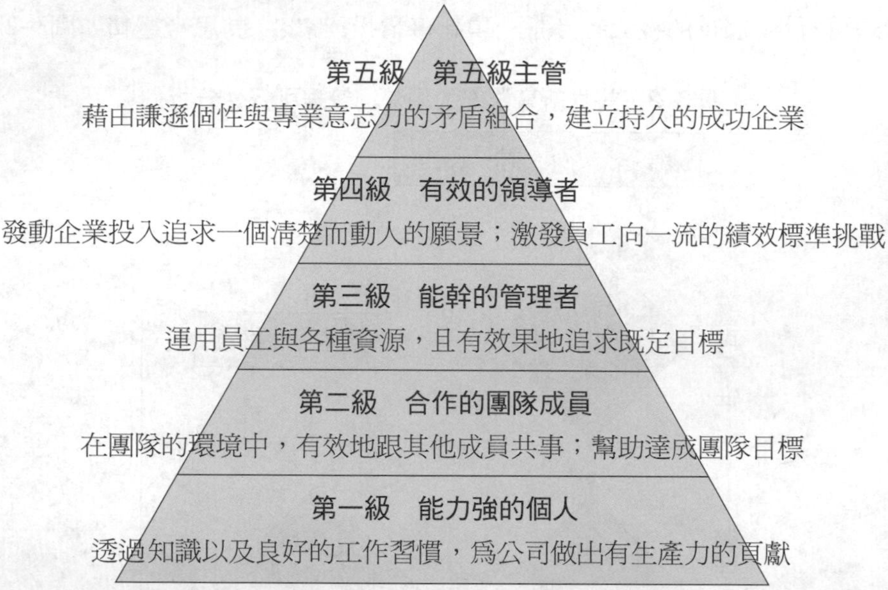

第五級　第五級主管
藉由謙遜個性與專業意志力的矛盾組合，建立持久的成功企業

第四級　有效的領導者
發動企業投入追求一個清楚而動人的願景；激發員工向一流的績效標準挑戰

第三級　能幹的管理者
運用員工與各種資源，且有效果地追求既定目標

第二級　合作的團隊成員
在團隊的環境中，有效地跟其他成員共事；幫助達成團隊目標

第一級　能力強的個人
透過知識以及良好的工作習慣，為公司做出有生產力的貢獻

資料來源：吳怡靜，《第五級領導》，2001年3月，第256頁。

㈠謙受益

　　能夠由平凡走向偉大，而且持續成功十五年以上的企業，它們的高層主管全部有如一個模子打造。不論公司規模大小，不論是陷入危機或保持穩定，消費品產業或工業，提供服務或賣商品，這些企業在進行轉變時，都有第五級領導人掌舵。他們具有雙重人格特質：謙虛（不居功）又頑固（專業意志）、羞怯又大膽。

　　這項研究結果不僅出人意料，也跟傳統觀念大相逕庭。一般總認為，企業從平庸變偉大，需要艾科卡或魏爾許之類，形象強烈的明星級領導者。

　　第五級領導人「無我」的投入，他們總是能夠找到傑出的接班人。他們希望看見企業能在下一代的領導下，更加欣欣向榮，卻絲毫不在意外界是否知道，成功的種子當初是由他們所奠下的。相反地，第四級領導人往往無法為企業奠定持續成功的基礎；對這些領導人而言，公司如果在他們離開之後土崩瓦解，不正足以證明他們的偉大？

　　他們的研究發現，在超過四分之三的對照組企業，高層主管所挑選的接班人，不是在後來失敗，就是表現軟弱平庸。

(二)滿招損

另一方面，他們在這些成功企業的對照組企業裡，完全找不到第五級領導人，反倒是許多追求個人知名度的最高主管。

金百利的對照企業史谷脫紙業當年的總裁鄧萊普，向來喜歡到處宣傳自己的功績。做完十九個月的任期，他告訴美國《商業週刊》：「史谷脫的故事將會在美國企業史上永垂不朽，成為有史以來最快速、最成功的轉敗為勝代表作，讓其他企業的轉型相形失色。」他在任內為史谷脫增加了1億美元獲利，大部分來自於裁員、削減研發預算，以及為了求售而美化營收成長率。在賣出史谷脫、迅速賺進數百萬美元以後，鄧萊普出版自傳，在書中吹捧自己是「穿西裝的藍波」。

史谷脫紙業的故事並不是唯一的個案，超過三分之二的對照組企業中，都見到自我膨脹的高層主管影響企業走向平庸，甚至衰敗。

(三)你也可以變成其中一分子

藉由適當的情境催化，例如自省、教導、父母親、生命經驗（如大病初癒）、虔誠的宗教信仰等因素，第五級領導能力就會開始萌芽發育。

五、你是全方位的企業家嗎？

每年總有許多單位票選十大傑出企業家、金爵獎等，但有時會令人懷疑這些人夠格嗎？於是引發了如何評估企業家能力的問題，如果光從營業額、獲利來看並不公平，因為涉及歷史因素。

那麼有什麼指標可以判斷企業家能力的高低呢？我們建議採用「實用企業家能力量表」(Practical Entrepreneur Management Competence Rating Table)，見第84頁之表3-3，各項詳細說明於下。

(一)市場佔有率

我們把市場佔有率（market share，市佔率）擺在第一位，倒不是認為它最重要，但至少背後假設規模經濟（甚至範疇經濟）效果存在；而這也是獲利率的必要條件，所以擺在獲利率之前。

在評分時，由於各行各業市佔率不同，所以我們不採取絕對數字（例如統一超

商市佔率42%)，而只採取名目尺度，即第一、第二名等。

(二)獲利率

經營者向股東負責，而至少要對得起股東的荷包，此即權益必要報酬率(hurdle rate)：

$$R_e = R_f + 8\%$$

R_f：risk free rate（無風險利率）

以2002年4月，臺灣銀行一年期定存利率2.3%來代表無風險利率。

$$10.3\% = 2.3\% + 8\%$$

此題中，我們取三年平均權益報酬率(ROE)在於有個轉圜，以免一年（例如2001年）景氣盪到谷底，而更重要的理由是，不能單看一年。

(三)多角化程度

從事風馬牛不相及的複合式多角化，其經營複雜程度遠高於垂直多角化、水平多角化；這也是王永慶為何被尊稱為「臺灣經營之神」的原因，因為其事業涵蓋石化、紡織、發電、醫院（長庚）、大專院校。反之，要是宏碁電腦董事長施振榮跟王永慶同時成名的話，此令名可能還是非王永慶莫屬。原因是施振榮建立的電腦王國，僅限於電腦資訊產業，離開這些產業，施振榮是否能再造另一個王國，那可說不一定。

(四)國際化程度

一個卓越的企業家必須打遍天下無敵手，而不是「關起門來做皇帝」。依照這種標準來看，中信證券事業版圖橫跨南韓、香港、大陸、泰國，亞洲布局相當寬廣，可說是少數能走得出去的金融業。

(五)事業策略種類

修正版波特事業策略（第十三章第一節中）我們以難度依序分為：差異化、差異化集中、低成本和低成本集中四種，一般經營者最普遍具備的能力為：找個利基市場、低價取勝（即低成本集中策略），因為差異化策略需要創意。惟有具備該行業所需的策略能力（即策略群組觀念），事業才會走對方向、用對味的總經理。

四種事業策略所需的觀念都不一樣，再加上決策者、執行者可能都出現功能固

著的死腦筋現象，也就是只擅長某項事業策略觀念，對於其他則不願嘗試、學習。

能兼具四種能力，即旗下一個產品採取四種策略打入四個市場，或四個產品各採取不同事業策略打入一（或更多）市場，那可真像孫悟空能七十二變。其次是只以三種能力皆打贏，再其次是二種能力。

(六)成長方式

一般來說，外部成長（策略聯盟、併購）的經營自主性低於內部成長，由此看來，國巨電子副董事長陳泰銘六次併購，其中有二家因而股票上市，可說是相當具有能力。

(七)公司壽命

許多企業家常有「一而盛，再有衰，三而竭」的現象，不免令人有「小時了了，大未必佳」的感覺。或是因緣際會而成功；要是能歷二、三十年而企業業績仍能蒸蒸日上，則可見他確有能耐挺得過數次經濟衰退、蕭條，景氣時賺錢沒什麼了不起，不景氣時還能獲利才是「真英雄」。

富不過三代，要是能數代經營而不衰，則可見第一代創業家有百年大計，例如慶豐集團黃世惠可說是第三代，而郭元益也是百年老店。相形之下，許多企業傳到第二代時便不成形，甚至吹熄燈號；這樣的第一代創業家只能說明哲保身，無法福澤後代。

(八)加分題：從創新角度來看

漢堡是傳統食品，麥當勞把它企業化經營，再加上連鎖化管理，終成為全球最大速食體系。從創新角度來看，大部分企業家都不及格，他們是創業了，可是卻不見得是創新（此處偏重策略創新）。例如，以加盟、連鎖這個觀念來說，本來就適用於絕大部分服務業。

至於跨國的創新移植，是否算得上創新，則有待進一步分析。例如日本宵夜小酌居酒屋「養老乃瀧」在臺灣大行其道，甚至想以臺灣成功的經驗 —— 市場重定位為午、晚餐的正餐餐廳，來拓展國際加盟，成功或許，但創新則不必然。策略創新有時可遇不可求，所以作為「英雄造時勢」企業家的「紅利」（加分題）。

表3-3 實用企業家經營能力量表

評分方式	0	1	2	3	4	5	6	7	8	9	10
1.市場佔有率 (排名)	11	10	9	8	7	6	5	4	3	2	1
2.獲利率 (三年 ROE 平均)					5%以下	6%~10%	11%~15%	16%~20%	21%~30%	31%~35%	36%以上
3.多角化程度 (產業專業能力)				水平		垂直		同心圓式		複合式	
4.國際化程度					–	2國	3國	4國	5國	6國以上	
5.事業策略種類 (策略能力)				1種		2種		3種		4種	
				(主要是成本領導)							
6.成長方式				內部發展		策略聯盟		收購		合併	
7.公司壽命				10年以下 (曇花一現)	11~21年 (不及一代)	21~30年 (一代)	31~40年	41~50年 (二代)	51~60年	61年以上 (三代以上)	

推論：	極差	差	及格	佳	優
	30 以下	31~40	41~50	51~60	61~70

第三節　管理可行性分析 —— 實用總經理、事業部主官管理能力量表

　　謹慎的經營者在跨入新領域（包括國際水平多角化），除了會檢視自己經營能力是否足夠外，還會考慮「管理可行性」(manager availability analysis)。經營者首先會清點公司內部人才庫，看看管理團隊是否存在？是否有意願接管？對於駐外或高風險的新事業，不見得每個中高階管理者都會有意願去接手。

　　其次，要是內部無法提供全部（或大部分）管理團隊，那麼公司是否願意挖角、接受跳槽？有些公司不願意，因為擔心新人跟企業文化不合、空降主管易陣亡、跳

槽的人公司承諾較低等等。像這樣不願接受楚材晉用的公司，只好自行培養人才，以免因人才匱乏而放棄新事業投資案。

要是經營者都是這麼謹慎，就不會掉入過度多角化的決策陷阱；但問題是，對於有些沒有吃過虧、繳過學費的初生之犢，比較不會在意管理可行性，以為事在人為、機不可失。的確，事在人為，但不是任何人皆可為。

接著，我們將說明面對下列情況時，如何評估管理可行性。最後，我們再說明如何評估總經理、事業部主官的管理能力。

一、昨天還沒打贏，怎樣打明天的仗？（如何判斷你公司管理者素質）

企業進行多角化不易成功主因之一，在於派很差的管理團隊去應戰。有些上市公司連本業都作得不好，還高談闊論想成立工業銀行，甚至成立創業投資公司，這種連昨天的仗都還沒打贏，怎麼去打贏明天的仗呢？

套用第二章第二節當中，我們用純益率、投資報酬率等來衡量在該產業中公司事業部管理團隊素質的高或低。撇開事業部剛成立時不說，當已站穩腳步時，優勢的管理團隊獲利能力應該超過產業平均值，甚至在產業的前25％以內。

二、國內跨行多角化時

一般來說，公司內往往缺乏跨行管理人才，此時，只好多花一、二年儲訓人才。在儲訓期間看起來比較沒有生產力，但是養兵千日用在一時，儲訓人才可以擔任新事業部籌備經理，從籌備中學習。不過，也有可能到最後投資案不做了，但機率應該是零，除非是市場已不可行了。

三、海外多角化時

海外水平多角化可說是最常見的國際化方式，此時管理可行性評估的重點不在於專業能力，而是跨文化的管理能力，至於語言能力往往不列入重要考慮。

除了管理能力外，另外的考量便是意願問題，大部分人都不喜歡離鄉背井，尤

其去治安差、生活條件差的落後地區。公司必須誘之以高薪（駐外津貼）、厚祿（未來較快升遷機會），否則有可能只會找到去混「外島資歷」的人，那麼海外子公司的經營績效怎麼會好起來呢？

四、引進外來管理團隊時

當公司內部缺乏人才時，只好借重外來和尚。一般公司選將依序考量的因素如表3-4所示。

表3-4　對外來管理團隊的評估因素

序列問題	判斷方式
一、能力強嗎?	
1.有獨立績效時	稅前息前純益率
2.沒有獨立績效時	看其主管、同行評語和薪水等
二、可信賴嗎?	
1.操守	徵信調查、身家調查、以往雇主或同事調查
2.公司承諾	又稱「忠誠度」、「忠心」
(1)跳槽者	了解其是否被迫離職，不是能力、操守不佳而被資遣的問題
(2)被挖角者	了解其是為追求高薪厚祿還是自我實現
三、跟企業文化相容嗎?	我們認為「企業文化」是否相容，至少需考量下列因素:
1.跟老闆	
(1)經營理念	
・誠信 vs. 無商不奸	看其過去老闆們的人格型態便可知，良臣擇主而侍
・保守 vs. 積極	
・節儉 vs. 肯花錢	
(2)領導型態	有些管理者不願當哈巴狗，更不願為五斗米折腰
獨裁 vs. 授權	
2.會不會被老員工排斥	當公司歷史越久、主管絕大部分直升，那麼空降主官(主管)陣亡的機率非常高

(一)勿把馮京當馬涼

管理者的素質好不好，其實不難看出來。1997年11月，有一個銅箔基板合資案，發起人為某新興電子集團，該公司為電子業中下游廠商，想往上游整合，除了自用

外，也認為「上游風險較小，利潤較高」。該公司並無此方面人才，技術團隊擬由臺灣業界龍頭台塑集團南亞公司銅箔基板廠（1998年3月獨立為南亞電路板公司）一票跳槽人員為骨幹。

在沒有對電腦印刷電路板的主體銅箔基板這個行業作任何了解，我建議我的客戶不要投資這個案子。理由很簡單：技術團隊素質不夠、規模不夠，元件屬於工業用品，品質、價格是成功的關鍵因素，而此投資案產量只及南亞的十分之一，成本勢必遠高於南亞。

依下列二個邏輯來看，品質可能會比南亞差：

1.這批技術人員，級職最高的只到課長；依邏輯推論頂多只是南亞的二軍，還不夠稱得上一軍。此外，該電子集團旗下某股票上市子公司Y，成立時間比對手X股票上市公司早，但卻處於虧損狀態。而X公司大賺特賺，品質可說是世界級水準。這二家公司的董事長和核心技術團隊皆來自宏碁，但X公司董事長是師父級，而Y公司董事長只是徒弟級，徒弟怎能跟師父比？可見這個電子集團公司董事長似乎缺乏識人之明。

2.此外，沒有找顧問、技術合資夥伴來強化此新設事業的技術水準。

身為決策者、策略幕僚、投資銀行業者，不見得對每一行、每一種技術都了解，就如同臺灣經營之神王永慶不具醫生資格，但照樣可以使旗下的長庚醫院成為水準一流的高獲利醫院。重點在於用對管理團隊，而由中、高階管理者的學經歷大抵可以判斷其能力。

(二)可信賴嗎？

除了品德操守外，另一項重點就是忠誠度是否夠。一般人比較不想用經常換工作的人，尤其是為了每個月多幾萬元就跳槽的人。這種人比較缺乏「公司承諾」(corporate commitment)，但是有些老闆敢用，很快就把他的功夫壓榨光。

(三)跟企業文化相容嗎？

空降主管水土不服是正常現象，因為職位較高，所以新人跟企業文化是否相容就格外顯得重要。常在報上看到總經理跟董事長經營理念不合，其主要內容仍是表3-4中的三1項。

　　此外，會不會被老員工排斥也很重要。歷史越久且強調內部晉升的公司，空降主管（含總經理）陣亡的機率也較高，這點我有切膚之痛的經驗。在這方面，不得不欽佩宏碁集團董事長施振榮適度外升的作法，他表示，宏碁對主管職位，三分之二留給內升，三分之一外升；以子公司總經理職外升來說，用一個外人，同時二個副總經理中可能有一人會心存不滿、認為升遷無望而離職，趁機又擠掉一個人，創造出不少升遷機會。

　　「問渠那得清如許，為有源頭活水來。」公司也宜如此，否則沒有外來文化的衝擊，久而久之，大家都被同化了，吹的都是同一個調，比較容易犯「集體思考」的決策錯誤。此外，也比較傾向於維持現狀、抗拒公司變革 (organizational change)。

㈣如何判斷主將有無衝勁

　　有個管理可行性的問題比較容易疏忽，那就是主將有沒有衝勁，這可由下列三點來判斷：

　　1.即將退休的人缺乏鬥志：這種人比較想騎著老馬欣賞黃昏，而不會想騎著小公馬追逐朝陽。不過，對於黨政系統退休下來的，不少集團任用這些人擔任子公司董事長，比較偏重於「頭臉人物」(figure head) 功能。

　　2.擁有雙重國籍，而且妻小在國外定居：這種俗稱「臺獨」的人士，新竹科學園區的經驗法則之一是，由這類人士創業的大都失敗，因為他沒有破釜沉舟的決心；而且三天兩頭往美加跑，也不會全心全力衝刺事業。

　　3.只想領高薪，不敢要紅利、入股：這種「一鳥在手，勝過九鳥在林」的人，冒險心較弱，比較適合守成、當副座，不適合縱橫沙場、開疆闢土。

　　只要具備上述一項屬性，衝勁便大打折，要是三者皆具，那可能衝勁全無。我曾經建議一位老闆，不宜聘用一位「年60、移民美國十五年且妻小皆在美國，月薪要13萬元外加4萬5千元的房屋津貼，而且不要紅利或入股」的人當總經理，這位老闆迷信於他的資歷，卻忘了能力要用出來才有價值；果然，只作了三個月，這位老闆就請這位「等退休」的總經理走路了。

㈤敢賭才表示對自己有信心（兼論高階管理者的薪資結構）

　　由管理者要求的薪資結構，也可以看出他對自己有沒有信心，要是願意接受「績

效—薪資連結」(performance-pay aligment) 的經理，可說是敢賭的人。

例如1997年3月19日《紐約時報》報導，美國IBM總裁葛斯納(Gerstner) 1996年的報酬價值477萬美元，其中底薪150萬美元，其餘是30萬股的股票選擇權。不過，這選擇權有二年凍結期，也就是要到1999年才能行使認購股票權利。屆時，要是IBM一蹶不振，股價遠低於認股價格，那麼這選擇權可能一文不值。此種薪資結構不僅可以刺激公司管理階層追求公司長期利益，而且可以看出管理者的信心和勇氣。

五、管理能力量表

跟表3–3一樣，我們可採表3–5「實用管理能力量表」(Practical Manager Administrative Competence Rating Table) 來評估，其中第1、3、4的觀念跟經營能力量表的第1、3、4是相同的，本處僅針對新增項目說明。

表3–5　實用總經理、事業部主官管理能力量表

評分方式	0	1	2	3	4	5	6	7	8	9	10
1.獲利率 (三年ROE平均，跟產業平均比)		前41~50%		前31~40%		前21~30%		前11~20%		前10%	
2.獲利能力 (三年ROA平均)						6%~10%	11%~15%	16%~20%	21%~25%	26%~30%	30%以上
3.多角化程度 (行業範圍)			1個		2個		3個		4個以上		
4.國際化程度				–		2國	3國	4國	5國	6國以上	
5.救援成功經驗 (擔任復甦管理)				–		1次		2次		3次以上	
6.卸任後獲利持續				–		1~2年		3~5年		6年以上	

	極差	差	及格	佳	優
推論：	20以下	21~30	31~40	41~50	51~60

(一)獲利能力

總經理應為運用資產的效果而負責,而不應為減掉利息之後的權益報酬率負責,因為負債比率(另一邊是自有資金比率)高低是股東決定的,總經理只能「有多少錢做多少事」。簡單的說,總經理該為資產報酬率負責,及格標準(即必要資產報酬率)計算方式如下:

必要資產報酬率: $\mathrm{WACC} = \dfrac{D}{A} R_d (1-T) + \dfrac{E}{A} (R_f + 8\%)$

A: 資產

D: 負債, $\dfrac{D}{A}$ 即負債比率

E: 權益, $\dfrac{E}{A}$ 即自有資金比率

R_d: 貸款利率

T: 營所稅率(臺灣為25%)

假設2002年4月,企業平均貸款利率為5%,則

$$\mathrm{WACC} = \dfrac{D}{A} \times 5\% \times (1-25\%) + \dfrac{E}{A} \times (R_f + 8\%)$$
$$= 0.4 \times 5\% \times (1-25\%) + 0.6 \times (R_f + 8\%)$$
$$= 7.68\%$$

當資產報酬率大於 $R_d(1-T)$,此時至少借錢投資划算,稱為「正的財務槓桿」。加權資金成本(WACC)是指負債、業主權益二種資金成本,以本例來說為7.68%,其中權益資金必要報酬率之計算請參見本章第二節之公式。

(二)救援成功經驗

2001年11月在臺北市舉行的世界棒球賽,中華隊投手張誌家穩定前場敗於美國隊的軍心,打敗日本隊,成為全國英雄。1980年代,艾科卡扭轉美國克萊斯勒汽車公司頹勢而反敗為勝的故事,快變成跟瑞士15世紀神射手威廉‧泰爾射蘋果的故事一樣有名。

臨危不亂、採取快準狠方式振衰起弊的康熙皇帝,比起養尊處優般的乾隆皇帝,二者功力終究有所不同。如果有三次復甦管理成功經驗,可說身經百戰,可得10分;若只有一次,也算及格了。

(三)卸任後獲利持續期間

蓋棺還不能論定，為了避免「一將功成萬骨枯」情況，一位「好」主官不僅自己強，而且要能「強將手下無弱兵」，就像美國奇異公司董事長魏爾許下臺後，江山代有才人出，所以我們以主官卸任後獲利持續期間來看，繼任者至少要有「蕭規曹隨」能力，至於「青出於藍而勝於藍」則是可遇不可求。

◆ 第四節　企業轉型

企業轉型或轉行 (corporate transformation) 在策略管理的教科書、學術文獻中並沒有吸引很多注意，這跟初創業的企業並沒有多大不同。不過，企業轉型是2000年以來臺灣企業的熱門話題，如同1995、1996年時的企業再造和1997、1998年的第五項修練一樣。這個問題的嚴重性受新經濟、舊經濟和跨世紀等因素影響，似乎舊經濟企業不轉型就會「向下沉淪」（最明顯的就是股價跌破淨值），惟有轉型才能「向上提升」，本節將採取5W1H的架構（詳見導論表0-4）來說明。

一、什麼是企業轉型？

就跟演員「轉行」唱歌一樣，企業要是轉行成功便稱為「轉型」。嚴格地說，企業轉型成功是指：企業由A產業跨入B產業，來自B產業的盈餘佔總盈餘比重第一，且時間維持在一年以上。

轉型是指轉產業，不是指換行業或是產業升級，也就是跨入標準產業分類碼的前二碼不同的產業，而不是只是後二碼不同的「行業」罷了，所以轉型、轉機、產業升級是不同的，不能混為一談，詳見表3-6。我們把「老店新開」（例如做小家電的燦坤改行為3C通路商）稱為轉型，至於產業升級、市場延伸，皆沒有「毛毛蟲蛻變成蝴蝶」的「變臉」效果。

「轉型」最具體的判斷標準便是股票上市公司改類，從A類股轉到B類股。其中以1972年成立的久津公司來說，由於受食品業前景有限影響，只好轉業，2001年底，電子將佔營收的六成，預計2003年公司可以改類，換到電子類股中。

產業升級的例子如：紡織業中的力麗朝向透氣、不縐等高級布料發展，甚至透過國際服裝秀，想走出自己的品牌。同樣的，聯華實業集團的聯華氣體公司，也是朝向半導體製程中所需的特用氣體發展。

表3-6　公司、事業部經營轉向、調整的類型

分　類	定　義	例　子
一、公司經營方向：轉型	1.由一產業改行到另一產業 2.單一產業變成多角化	普大由合成皮轉到電子 力霸百貨改類爲綜合類股
二、公司經營績效：轉機	轉虧爲盈，即復甦管理 (turnaround management)	合發、津津重整成功
三、事業部門層級 (一)市場重定位 　　(市場區隔)	1.部分市場到全部市場 2.內銷導向 vs. 出口導向 3.某市場區隔換至另一市場區隔	家電業逐漸把產品轉向 3 C 、娛樂功能
(二)(產業)升級	1.低價位至高價位 2.低技術水準至高技術水準，產品總產量擴充	化工類股轉生產電子所需化工材料，又如台塑進階彈性纖維；華碩由主機板製造，1997年底生產筆記型電腦
(三)產品多元化	由單一產品變成多種產品	

(一)開發閒置土地不算轉型

有些食品、紡織類股上市紛紛變賣祖產，走上營建這條路，把閒置廠房土地拿來蓋房子。這樣子不能算轉型，因為這不像營建類股，靠養地、營建銷售來過活。

這類兼差賣祖產家當的公司，一旦閒置土地開發光了，也可說是山窮水盡了。開發閒置土地的效益不持久，所以不能視為「轉型」，更不夠格稱得上「轉機」；只能視為資產重建，其目的在救急，但不能救窮，可說是殺雞取卵。對投資人來說是短多長空，試想台灣紙業公司大肚廠土地真的開發出了，以後台紙還能維持60元以上的高股價嗎？

(二)轉型成功的標準

轉型是否「完成」要看盈餘，而不能看營收；這是因為能夠維持公司生存的，在於公司是否有盈餘，絕非「營收大但虧損」。而且來自新產業事業部的盈餘必須維持一年以上，如此才可見新事業部已站得穩，而不是一時偶然的暴起，暴起也容易暴落。

像合成皮起家的上曜塑膠、普大興業也都棄守本業，另謀他途。普大朝半導體流通事業發展，2001年時改掛電子類股，恐怕不少投資人要以「士別三日，刮目相看」來形容這類如「麻雀變鳳凰」的故事。

二、誰應該轉型

無須對產業有深入研究，只要從上市公司的股價便可推論哪家公司、哪個行業應該轉型。

(一)每股盈餘持續低於1元以下的公司

每股盈餘1元可說是股票投資的最低必要報酬率，這是套用美國華爾街股市的經驗法則：以無風險利率（臺灣習慣用一年期定存利率）再加八個百分點來作為股票投資的必要報酬率。

「持續」低於1元，是指連續二年以上每股盈餘低於1元，這顯示公司獲利能力已在走下坡（或是股本膨脹太快），公司空頭趨勢已形成。以股市合理本益比20倍來說，再乘上每股盈餘1元，得股價20元。也就是說在沒有人為操縱下，股價長期低於20元的公司皆應設法轉型。

(二)需要轉型的產業

當一個產業中，有一半以上（上市）公司股價低於20元，這樣的「夕陽」產業可說有需要轉型。以BCG模式來說，成熟期末段的產業皆應轉型，衰退期產業（例如夾板）則應淘汰。至於處衰退期的財務危機公司，那已不只是轉型問題，而且還加上復甦管理，詳見第十八章第四節，那是轉機問題。

轉型不見得只有悲情的情況，如同第一節所談，除了防禦動機外，也有積極動機，也就是力求上進。

中小型公司「窮則變，變則通」似不足以成為新聞。連一向是傳統產業「基本教義派」的產業大老，包括台塑集團王永慶、奇美實業許文龍、統一集團高清愿，也都幡然改圖，衝刺高科技產業。例如王永慶在1999年6月10日首度公開表示，高科技是臺灣未來產業的重心，台塑集團將在半導體（例如南亞科技）、電子材料（例如臺灣小松）、電動車（例如台朔汽車）領域衝刺；至於傳統塑膠加工業只能冀望開發離島加工特區才能留在臺灣，否則將加速外移到大陸。

㈢不轉型或轉型太慢的後遺症

臺灣企業也跟上美國企業的流行，1990年代末吹起併購風潮，尤其是建設公司扮演買方的借殼上市。這些公司是名副其實的禿鷹、掠食者，整天觀察有哪些體弱多病的公司可成為獵物。

以臺灣股市來說，傳統產業中獲利不佳的中小型公司最容易被盯上，所以不轉型或轉型太慢的公司，其公司派還得飽嚐敵意收購者的威脅，不見得能睡得安穩，否則公司就會易主。

㈣勿臨渴而掘井

在007電影「縱橫天下」中，英國情報局武器專家K告訴詹姆士‧龐德二個要訣：

1.永遠不要讓自己流血。

2.永遠要有逃生計畫。

電影為了使劇情緊湊起見，往往沒有把007情報員勘察地形的準備工作拍出，只見他像泰山般的神勇，再危險都逃得掉。其實，事前的權變計畫(contingency plan)、準備功夫往往遠超過精彩情節時間的百倍、千倍。

同樣的，企業家也有點像情報員，總是應該能預先避免讓企業涉入險地，也就是早在行業落入衰退階段便轉進其他前景看好的行業。

三、何時轉型？

即將掉到落水狗階段的公司，在轉型方面更要有遠見，否則青黃不接，縱使公司沒垮掉，但也可能因為連續二年虧損以致股票被降類（上市、上櫃公司被降為管理股票），至少銀行可能不再給予新貸款，而且甚至雨中收傘。

　　企業轉型跟開車很像，在市區道路開車，往往只需注意前面一輛車；但是在高速公路上開車，往往得注意前面四輛車才來得及反應。簡單地說，至少在公司開始虧損的二年前，經營者便需開始進行企業轉型，誠如《朱子家訓》所說：「勿臨渴而掘井。」

　　企業轉型可說是第二次創業，雖然比初創業者多一些資產，但也多一些負債（例如員工轉業訓練），所以所需要的時間相差不多。不過，舊企業還有一些義務（包括既有員工、股價維護），所以轉型起動時機的彈性較低。

(一)倒算，何時該轉型

　　如果以每股盈餘1元作為公司轉型與否的分界點，那可能為時已晚，因為轉型（成立新事業部或子公司）往往需要三年才能見成效，無法立竿見影。例如依現況來估，如果公司2002年每股盈餘1.4元、2003年1.2元、2003年1.0元，那麼轉型的第一時間就是2002年，而不是2003年，這是盈餘規劃觀念的運用。

(二)再加一倍的緩衝時間

　　前面係假設一舉中的，但這是如意算盤。台灣大哥大的母公司太平洋電線電纜公司董事長孫道存是使公司轉型的關鍵，從成熟期產業轉進導入成長階段的通訊產業。而在1990年代初，他已多年嘗試，例如介入二哥大、衛星通訊（投資摩托羅拉的銥計畫），雖然損失不貲，但卻累積了通訊產業致勝的關鍵因素。當外界羨慕他1999年以來轉型成功，卻不知他至少已花了十年的心血。

　　這就如同我們開車去陌生的地方，原本預估車程需30分鐘，你不妨再加計一倍時間，以免迷路了。也就是在計算轉型所需的前置時間時，最好再加上一倍作為緩衝時間——這包括政府營運執照的核發。

(三)折衷替代方式——直接併購

　　前面是指自行發展，要是緩不濟急，那只好跟種花一樣，跳過育種、培苗階段，直接到花市買現成的盆花，但是代價是讓別人賺一手（即併購溢價）。對於想轉行的企業來說，不宜併購績差公司，否則很容易撈過界而被拖垮，寧可貴一點的併購績優公司，而且要設法把靈魂人物留下來。

(四)「退出障礙」限制轉型的速度

有時企業無法立刻把形同雞肋的事業部關掉，並且把資源移轉到新事業部，常見的理由是有退出障礙(exit barrier)，例如：

1.企業家尚未找到轉型標的，離此一步，即無安身之地，失去揮灑的舞臺。

2.有責任感的老闆還會考慮員工的出路，不會輕言關廠。

3.原事業尚有獲利，繼續經營可撈回一些沉入成本。

4.其他政府或契約規定，即中途解約有很高的罰則。

所以有時有些該轉型的企業還是老牛拖破車，繼續撐下去。

四、尋找艾科卡

企業轉型就是改行，而「隔行如隔山」；登高山要找嚮導才不會發生山難，同樣的，想順利轉行，即「做什麼，像什麼」，總經理最重要。

直接的說，便是「把事情做好」(do the thing right)，關鍵在於「帶頭大哥」，即策略執行中的「用人」(staffing)，所謂「兵隨將轉」就是這道理，最擔心「問道於盲」。

(一)美國惠普為何用菲奧莉娜?

1999年美國惠普(HP)公司陣前換「主帥」，改聘公司外的菲奧莉娜 (Carly Fiorina)擔任總裁，她上臺後著實令人對矽谷的第一老牌公司「耳目一新」，不僅營運方向由硬體產品（主要是印表機）產銷，轉向網路服務（例如跨國資訊處理、印刷）；甚至連HP的CIS主體都換了顏色，真是改頭換面。

董事會聘用她的主要二個原因為：

1.更寬廣的視野：外人沒有歷史（含人事）包袱，可以自由思考，不致在原地打轉的「新政府舊政策」，惟有「新人」才會有「新政」。所以當初應徵總裁的十人中，有六人是老惠普人，統統落選；董事會背後的考量，用一句俗語來形容最貼切：「老狗學不了新把戲」。

2.能力：菲奧莉娜在全球網路設備領導廠商朗訊的赫赫戰功，縱使在大公司中也掩不住她的光芒。

(二)新人新氣象

我們透過惠普的例子突顯出「變法者」(change agent)的重要性。「老店新開」一

詞最足以形容此結果，美國3M公司，原先只是明尼蘇達州的礦業公司，而瑞典的諾基亞原本只是木材公司，因為本業越走越累，只好被迫改行。

最後，值得一提的是，最須提防吝嗇（不願高價挖角，土法煉鋼自己摸索）和傲慢（即以前成功會帶來以後的失敗）的心態。

第五節　企業轉型何去何從

2000年，當不少傳統產業公司向政府呼籲「救救傳統產業」時，有更多企業卻體會到「自助而後人助」的道理，但問題是「該怎麼做」呢？

美國蒙面魔術師范倫鐵諾破解各種魔術,並歸納出魔術的竅門在於「眼明手快」。同樣的，企業轉型的關鍵成功因素跟任何（新創）公司一樣，仍是「做哪一行比較好」。這屬於策略管理中的策略規劃，以找出「我該往哪裡去?」的答案。

所以，企業轉型最基本的問題還是產品和服務（尤其是服務業），本節將有系統的運用策略管理觀念，提出企業轉型的策略方案。

一、越轉越差的前車之鑑

1999年6月，慶豐集團傳出財務困難，主要是慶眾汽車、慶豐半導體(做導線架)、陸利（主要代理德國海尼根啤酒）每年虧損50～60億元，這些問題兒童把金牛事業部（機車、汽車）拖累了。由此可見，慶豐集團董事長黃世惠有先見之明想轉型，只是轉錯方向（孤軍踏入啤酒，誤陷商用車市場）、找錯人。

這個例子突顯出企業轉型要務：「正確的開始，成功的一半」。否則便會像英國倫敦商學院教授Donald N. Sull 在1999年7/8月號《哈佛商業評論》上一篇名為"Why Good Companies Go Bad"文中，所強調的盲從妄動的結果跟原封不動一樣，他稱為「積極慣性」(active inertia)，結果可用「由熱鍋中跳到火中」來形容。

二、你有哪些路可走?

你的汽車力道不足，可能有許多原因；同樣的，企業會發生狀況，原因也很多。

當你體會到營收、盈餘事與願違，就應該追本溯源進行缺口分析（見圖3-4），一關一關往下看。

圖3-4 企業轉型的決策流程

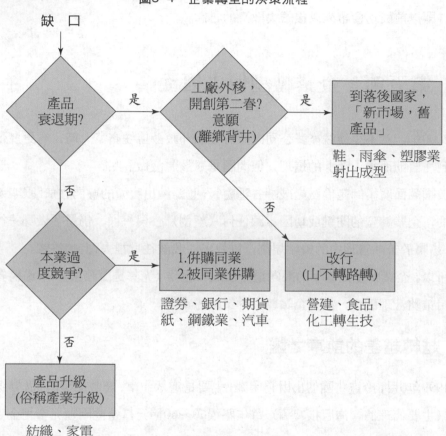

在以下兩種情況下，企業還有機會：

1.產品升級：例如電視機由傳統電視升級為數位電視，不過這種由低到中、中到高的產品升級，本來就是企業的本分，實在算不上是公司轉型。

2.改行：「士別三日，刮目相看」這句話最足以形容公司轉型，最順理成章的是化工公司跨足生物科技。而昌益建設從2000年改名昌益開發科技，2001年時生產光電通訊元件（主要是STD-LCD，即大哥大、PDA、IA產品的面板），可說是比較戲劇性的案例，2002年時將轉類為電子類股。

(一)短期作法：靠山吃山，靠水吃水

轉型最簡單的短期作法，依序是：

1.產品發展：為了因應加入WTO後，進口乳品所造成的威脅，第一大鮮乳公司光泉牧場從1997年便引進日本朝日啤酒（以名主持人胡瓜作廣告代言人），對營收貢獻很大，大部分消費者可能都不曉得光泉也賣啤酒呢！反之，台鳳代理福斯汽車可說撈過界了！

2.市場發展：例如在臺灣飽受休閒食品業停滯（產業成長率不超過2%）之苦的聯華食品公司，1995年起即進軍大陸，2001年時，來自大陸的獲利已超過臺灣，可以說是「舊產品，新市場」的模範生。

簡單地說，還是做同一行，背後的想法是「是什麼，做什麼」的資源依賴理論。學術味稍濃地說，便是只做SWOT分析中的SW分析（又名內部分析，相對於OT的外部分析）。

不過，「做自己熟悉的」、「不要撈過界」應提防下列二個問題：

1.衰退產業容易坐吃山空。

2.成熟產業到異地開創第二春（即國際化），長期來說，只是「逃性命」，如果沒有源源不斷地進行產品升級（消費品）、技術升級（工業品）的話，逃得過今天，但終究逃不過明天。

㈡長期：山不轉，路轉

企業發展固然需要量力而為，但在長期，能力是可以培養的；那麼，連青蛙都可能變成王子，「癩蛤蟆吃天鵝肉」的話倒不見得成立。像太電集團，在董事長孫道存領軍下，成功踏入大哥大產業，即台灣大哥大；但在之前，也付出不少學費，尤其是二哥大(CT2)、衛星通訊（美國摩托羅拉公司的銥計畫）。

我們特別以這個電線電纜傳統產業公司跌跌撞撞轉型成功的案例，來說明轉型不見得一帆風順，往往必須負擔失敗的代價，這些在轉型前規劃時，皆必須納入考量，以免把老本輸光了！

三、企業該往哪裡轉型？

除非是衰退產業毫無退路，否則一般企業都可以在策略大師波特的「價值鏈」

上，前後整合，以增加附加價值（見圖3-5）。

圖3-5　垂直整合（產業一條龍）的介入點

後向整合　　　　　　　　　　前向整合

典範＼價值鏈	研發		製造			行銷	
	產品	製程	零組件	組裝	自有品牌	銷售	售後服務
車燈：堤維西							
通訊：台灣大哥大							※
家電：聲寶	※				※	※	※
汽車：裕隆							

楚河漢界

(一)建構可維持的競爭優勢

從代工(OEM)升級到委託設計(ODM)，這是臺灣企業1970年代後期走的路，最佳代表是車燈出口的堤維西，主動為國外車廠像福特、豐田設計適配的車燈，而不是被動的等訂單或仿製其他企業的產品。而光寶集團把手機研發費用佔營收比提升至2至3%，也是基於同樣的考量。如此一來，企業便可逃離代工廠永無止境的削價戰惡夢。

(二)產品成熟，服務潛力最大

至於以內需市場為主的耐久品，企業就有很大的發展空間，尤其是產品普及率高時。像2000年汽車已達240萬輛，平均三戶就有一輛，因此，裕隆汽車在7月以「行遍天下」為招牌，大舉進軍汽車售後服務，包括汽車保險、貸款、旅遊、救援拖吊等，和泰、三陽也積極進軍中古車交易市場。

另外，家電產品可說已達高度成熟期，但維修服務需求扶搖直上，因此聲寶斥資3億元把家電維修部獨立成子公司，透過自負盈虧的壓力來承接維修業務。

(三)最忌隔島躍進

在圖3-5中有條無形的楚河漢界，其中最大的誘惑來自零組件廠在逐漸缺乏競爭優勢時，一時心慌，轉作自有品牌，而直接跳過組裝廠階段。代表性例子是一些

監視器廠、主機板廠也打自我品牌的電腦，完全落入波特所說「卡死在中間」的策略陷阱（詳見第十三章第一節）中，再加上因為沒有代工量把產量撐大，成本不夠低廉，而且缺乏研發底子，產品差異化也不夠，前景堪慮。

四、以本錢及本事量力而為

企業在做轉行的策略規劃時，比起初創業時往往好一些，因為這段時間累積了一些策略性資源，包括兩大部分：一是資產，也就是俗稱的「本錢」（最狹義的就是資本）；二是能力，俗稱「本事」。

如何看出企業的本錢、本事適合做哪一行呢？答案可能出乎意料——企業必須倒過來看，也就是看哪一行業的關鍵成功因素用得上企業本身擁有的資源，及其所能支持的競爭優勢，詳見圖3-6。

圖3-6　善用資源進行產品升級、企業轉型

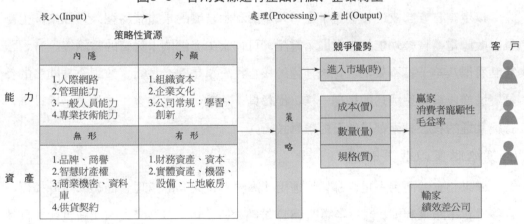

(一)成本領導

對於許多工業品市場、消費品中的業務用市場（例如汽車零件）和標準品，價值是消費者下決策的首要因素。以下兩個製造業案例都是以成本領導為主。

台塑集團2000年7月進軍加油站市場，當年內打算開一百家店，致勝關鍵因素為售價低、服務好（變相減價）。此外，台塑還在2001年推出2000cc的房車，技術移轉來源為韓國車廠，背後理想算盤仍是「俗擱大碗」。

統一集團決定進軍購物中心，但其先前旗下的零售業，不管是量販店（家樂福）、

超商（統一超商）、藥妝店（康是美），大都是「消費者自助型」的（低涉入），2003年朝差異化導向的購物中心發展。（工商時報2002年2月18日，第14版。）

同樣的，臺灣最大的地主台糖，曾經推出一坪6萬元的住宅，2001年又進軍物流業、生技（主要是種蘭花），主要仍是利用稟賦優勢──地的取得幾乎不用錢。

有些資產比較容易看出用途，像生產波蜜果菜汁聞名的久津實業，已成為臺灣最大的飲料代工廠，專賺代工錢。相形之下，同樣是殺不出定位陷阱的津津，由於機器設備用途的限制，無法走跟久津同樣的路。

㈡無形資產比較難立刻想到答案

無形資產及能力豐富的公司，很難立刻想到轉型的方向，下面的兩個例子中，大康只能算產業升級，而裕響電子則是轉行。

從傳統鐵工廠往機械業內升級很容易成功，例如大康實業是臺灣最大的織襪機供應商，而且以自有品牌打開市場。

以生產音響起家的裕響電子在1998年順利由音響的家電業轉型入通訊業，生產具有收聽電臺音樂功能的來電顯示電話、可在家中上網刷卡付費的電話等。音響跟電話看似八竿子打不著，但背後共通的核心技術還是聲音技術。這跟全球聞名的餐具製造商康寧轉型成功的道理一樣，從餐具、玻璃到太空陶瓷、液晶顯示用玻璃，背後共通的核心技術都是礦石的熱融技術。

㈢策略聯盟以截長補短

如果心有餘而力不足，那只好運用「團結力量大」的道理。像2002年3月5日，台積電宣布跟飛利浦、意法半導體 (ST) 策略聯盟，共同發展65奈米和新世代製程技術，以降低12吋晶圓的進入障礙。（經濟日報2002年3月6日，第2版，陳令軒、黃昭勇）

同樣的情況也出現在網路教學，天下文化公司擁有行銷（主要是團購）、知識生產（即作者、編書能力），趨勢科技公司則是全球掃毒軟體的知名廠商，二家合資於2000年4月成立天下趨勢網路公司，二強皆不自滿，而能虛心合作進軍全球華人學習市場，成功機會自然大增。

◆ 本章習題 ◆

1. 以表3–1為基礎，在各種多角化動機中各找出一家上市公司。

2. 以圖3–1為基礎，在圖中三種狀況各找一家公司。

3. 以表3–2為基礎，在各種多角化方式各找一家公司。

4. 以表3–3為基礎，以張忠謀、高清愿、施振榮、王永慶為對象來評分（衡量其經營能力高低）。

5. 經營、管理是「一通百理通」嗎？產業專業能力不構成問題嗎？

6. 以表3–5為基礎，衡量7–11、聯強國際和威盛電子等公司總經理的管理能力高低。

7. 以表3–6為基礎，找出在各種經營轉向、轉型的公司（不含表中的例子）。

8. 以圖3–4為基礎，找出一家公司（例如久津、昌益電子），看看當時董事長怎麼下轉型決策。

9. 以圖3–5為基礎，在同一產業各找出一家未越過及已越過楚河漢界的公司，比較其獲利績效。

10. 以圖3–6為基礎，找一家公司為例，說明其如何善用資源去作好產品升級、企業轉型。

第四章

成長方向專論：少角化

經營哲學是要做到「悲天憫人」，又要有「壯士斷腕」的決心。好的主管應懂得照顧員工，了解部屬苦處，才能激發士氣，但是面對經營困境時，則需果斷的裁員減薪。有時候，事情不能兩全，使我陷入天人交戰的苦思，惟有多一分理性，才能克服情感上的困擾。

——何恆春　聲寶公司總經理

經濟日報2001年11月10日，第12版

學習目標：

了解企業成長的動機，並診斷是否撈過界，要是過度多角化，則只好採取企業再造、重建方式來拉回正題。

直接效益：

企業再造是1994～1997年的顯學，1998年以來則是企業重建，在本章中將有完整而深入的說明，連到外面企管顧問公司上課的時間跟費用都省下來了。

本章重點：

- 多角化對財務績效的影響實證研究。表4-1
- 企業成長階段和策略制定程序。圖4-1
- 企業多角化程度衡量方式。表4-3
- 企業多角化程度判斷標準。表4-4
- 複合式多角化最佳行業組合。圖4-3
- 企業再造。§4.4
- 企業再造、重建、重整的異同。表4-5
- 縮編(downsizing)。§4.4四(二)
- 外包(outsourcing)。§4.4四(三)
- 企業重建。§4.5
- 公司事業部是否值得繼續經營決策流程。圖4-4
- 企業重建的方式。表4-6

前言：貪心不足蛇吞象

「十八般武藝樣樣稀鬆」，可說是過度多角化的描寫，撈過界的結果是管不來，以致東漏西漏，不僅沒達到「多角化分散經營風險」的目的，甚至誤涉險境，這是本章第一節的重點。第二節則深入說明為何「貪多嚼不爛」。

「事前一針，勝過事後九針」，第三節說明怎樣預防過度多角化。要是不小心木已成舟，那只好採取第四節企業再造、第五節企業重建的方式來扭轉頹勢。

第一節　過度多角化的結果

有些書畫蛇添足，把公司多角化、併購策略規劃各弄出一個圖，其實這些只是策略規劃中成長方向、方式的備選方案，談不上獨立弄個多角化策略規劃流程圖的必要。

在第三章第一節我們說明了企業多角化的目的，但美夢是否成真呢？本節將依序說明企業多角化的財務績效，第三節說明如何診斷和預防過度多角化；至於怎樣撥亂反正，詳見第四、五節如何處理過度多角化。

一、少角化好還是多角化好？

多角化不必然是百利而無一弊，由表4-1可看出；此外，許多實證也指出業務專精是世界成功企業共同成功因素之一。

二、專精是企業成功之道

1993年法國一家顧問公司Rolond Berger & Partner，針對世界上最大的375家公司所作的調查，美國、歐洲、日本各佔三分之一，得到下列結論，那就是成功企業大都具有下列特色：

1.業務範圍專注，沒有太分散的業務，但是此專長的範圍比較寬廣。例如法國的GTN建設公司利潤數倍成長，其專門業務是蓋停車場、管理，以及各種相關的高科技建築等。反之，日本的東芝利潤衰退數倍，就因只要跟電有關產品的都生產，

舉凡從電燈泡到發電廠無所不包,產品太雜、太散了。1993年,日本的《東洋經濟週刊》對企業的調查,發現日本企業未因多角化享受到風險分散的好處,反倒患了肥大症,各個事業部搶奪資源,以致稀釋了企業的資源。

2.管理方式差不多,大都採取分權,公司有彈性,適應力高。反之,獲利不佳公司的特色便是單一決策者,也就是只有一個大老闆。

表4-1 多角化對財務經營績效影響的近年實證研究

研究者	研究對象	研究期間	多角化衡量指標	績效指標	主要發現
林育助 (1993年)	89個集團企業	1986 ~ 1990	魯梅特分類方式、產業分類碼、Berry分類方式、Varadarajan分類方式	投資報酬率、資產報酬率、淨值報酬率	不同多角化策略之下,無顯著差異
陳振昌 (1994年)	83個集團企業	1988 ~ 1992	魯梅特分類方式	毛益率、資產報酬率、權益報酬率	不同多角化策略之下,無顯著差異
廖文宏 (1994年)	79家上市公司	1984 ~ 1993	產業分類碼	投資報酬率	無顯著差異
Lang & Stulz (1994年)	1468家公司	1978 ~ 1990	以銷貨和資產計算 Herfindahl Index、部門數	托賓Q	多角化公司之績效低於單一公司
Comment & Jarrel (1995年)	2085家公司	1978 ~ 1989	以銷貨和資產計算 Herfindahl Index、部門數、產業分類	累積超額報酬率	公司集中程度越高,績效越好
Berger & Ofec (1995年)	16181家公司	1986 ~ 1991	產業分類碼	以部門資產、銷貨和營收,計算其公司理論價值	多角化公司的理論價值比實際價值少了12.7%,多角化使得公司價值下降

資料來源:摘錄自黃伸生,「多角化對公司價值影響之實證研究」,中山大學財務管理研究所碩士論文,1996年6月,第26~27頁表2-3。

・美國企業的作法

美國企業最流行併購,不過,如果你仔細觀察,1991年以來企業「反併購」(de-merge),反倒是賣方的主因。也就是許多大企業,例如ITT、通用汽車、百事可樂、

諾華藥廠(Novartis)、赫斯勒(Hoechst AG)、西屋等，都體會到「多角化可以降低風險和提高利潤」的觀念不再管用，主要限制在於「經營企業是項專業行為，跨太多行反倒管不來」。

所以越來越多的集團企業相繼解體，採取「專精作法」，把不擅長、不賺錢的子公司或事業部拿到公司控制市場賣掉。企業經營的金科玉律已改變為「成為一家好公司比成為大公司更重要」及「建立擁有自己特色的企業」。

這股「反併購」的企業解體風潮，預期將會持續下去；所以當你看到德國賓士汽車、英國家庭用品(AHP)、荷蘭飛利浦、法國里昂銀行等世界級大集團企業在解體出售，也不要感到意外，這對臺灣不少追求複合式多角化的企業應該有很大意義。

◆ 第二節　過度多角化引發負綜效解析

凡事適可而止，否則吃太飽也可能脹死；同樣地，過度多角化為什麼會引發一加一小於二的負綜效(negative synergy)呢？依多角化的型態不同，其原因（其實可說是多角化預期效益沒出現）也不同，詳見表4-2，以下將詳細說明。

一、不同多角化方向下的成長危機、動力

如果我們套用公司組織成長圖，再加上一些多角化方向的假設，便可以得到如第111頁之圖4-1的結果。其中重點在於：

1.多角化的演進：一般公司大都依循「水平→垂直（或跨國水平）→同心圓式→複合式」多角化的發展過程，而這又跟公司成長階段若合符節。

2.控制型態：在相關多角化越高時，控制型態越可能傾向於行政控制；當複合式多角化程度越高時，比較可能採取財務控制或文化控制。

二、第三階段的危機：過度集權

縱使再有制度的公司，但只要老闆大權在握，那麼最後仍然會因為來自經營者能力上的限制，進而造成規模不經濟(diseconomies of scale)，也就是出現「大而不當」

表4-2　過度多角化不利於公司價值的原因

「負綜效」(1+1<2)來源	說　明
1.規模不經濟 (diseconomies of scale)　(1)來自經營者	a.分身乏術 b.經營能力不足(詳見§3.2經營可行性) c.公司恐龍症出現，付出的代價則為「官僚成本」(bureaucratic cost)
(2)來自各子公司（或事業部）整合	
2.範疇不經濟 (diseconomies of scope)　(1)財務面	柯曼和傑瑞爾(Comment & Jarrell, 1995) a.無法共同舉債 b.內部資本市場無效率
(2)非財務面	貝格和歐費克(Berger & Ofek, 1995)認為各事業部間或公司和事業部之間的「交叉補貼」(cross-subsidization)和過度投資
3.其他 (1)被敵意併購機率高 (2)代理問題	過度投資

的情況。主要有二項原因：

　　1.經營能力不足。

　　2.時間不夠用、分身乏術；其結果是公文處理時效差，決策品質（時效、水準、數量）下降，此種現象稱為「累積的控制漏損」(cumulative control loss)。

　　為避免經營者管不來，只好走上授權，此時開始建立事業部，進入公司成長第四階段；新組織設計解決了舊問題，但卻可能帶來新問題。

三、第四階段的危機：官僚化

　　在事業部建制下，事情有人管，但事業部主官由於缺乏名利誘因，所以頂多只是擔任經營者的「分身」，但絕對不會像「本尊」那樣拚命衝事業。

　　這可說是公司採取財務控制的第一階段,事業部策略有大部分仍是上級指定的,也就是策略制定程序採由上往下方式,不過程度上已經不像公司成長第三階段那麼

集權。此外，由於此階段多角化方向可能已經涵蓋跨國水平或同心圓式多角化，有些事業部已經獨立成為子公司，子公司經營者更曉得盈虧情況，但是，那些未獨立為子公司的事業部呢？請注意此時成長危機來自缺乏創業精神的官僚化。

圖4-1　公司成長階段和策略制定程序

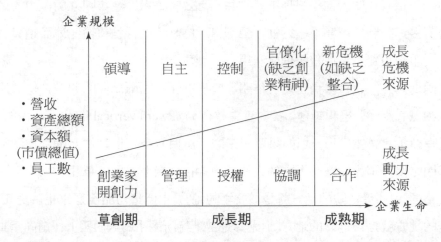

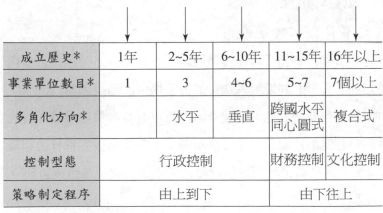

	第一階段	第二階段	第三階段	第四階段	第五階段
成立歷史*	1年	2~5年	6~10年	11~15年	16年以上
事業單位數目*	1	3	4~6	5~7	7個以上
多角化方向*		水平	垂直	跨國水平 同心圓式	複合式
控制型態		行政控制		財務控制	文化控制
策略制定程序		由上到下		由下往上	

說明：*只是舉例。

　　為便於討論，這裡假設此階段因進行垂直多角化或同心圓式多角化未蒙其利先受其害。

(一)垂直多角化情況（財務面以外的範疇不經濟）

垂直多角化不見得會降低交易成本，主因如同美國賓州大學教授柏格(Berger)和紐約大學教授歐費克(Ofek)於1995年的研究結果（詳見表4-2）指出，造成非財務面範疇不經濟的主因有二：

1.各事業部間互相補貼，以致吃虧一方不甘再拼命，佔便宜一方缺乏自給自足的誘因，後者在吃大鍋飯心理下，往往缺乏效率。以慶豐集團來說，由於員工出國洽公者多，乾脆自己開家旅行社，但卻出現自家的旅行社報價比外面還貴。

2.重複投資，造成資源低度利用。

除此之外，垂直多角化還可能引發管理上「一國兩制」的問題，例如原本工廠實施機械式組織、過程管理，後向垂直整合(backward vertical integration)後，設置了研發單位或實驗室(lab)，但如果要把工廠「一個命令一個動作」的管理型態搬到研發部門來用，那麼願意待下來的人員，也許在創意上就大打折扣。

俗語說：「最危險的地方就是最安全的地方。」但這句話倒過來也許更正確：「最安全的地方就是最危險的地方。」尤其是當進行所謂「製販同盟」、「前向垂直整合」(forward vertical integration)時，有幾家製造業起家的公司介入零售業時還做得很好？統一企業成功了，但是其他的呢？

(二)小心製販同盟不符合零售業邏輯

製造業往零售業發展，這種「取得行銷通路」方式可說是傳統垂直多角化的主張。但是許多公司往「製販」同盟發展卻可能得不償失。這是因為：

1.站在零售業的立場要跟其他同業競爭，自然沒有非高價進母公司貨的道理，這也就是甚至連統一超商都沒有義務讓母公司統一企業商品優先進貨的道理。更公事公辦的是，當母公司商品如果連續三個月掉入該零售業銷售業績倒數5%名單內，照樣會被下市，汰換其他商品。

少數製販同盟是逆向的，即先有零售再有製造，像屈臣氏、頂好超市都有推出自有品牌。但這不必然表示非得自己做不可，零售業的競爭優勢之一來自彈性，隨時尋找物美價廉、供貨穩定的供應商，而自行生產不見得最恰當。

2.站在製造業的立場，除非是專賣店（像電腦、通訊設備），否則在一般零售業

（超商、超市、量販店、百貨公司等），縱使像統一企業這樣的大廠，所生產品項也只是佔一般零售業的一小部分。所以，站在母公司的角度，踏入零售業對銷貨的貢獻不大。以光泉成立萊爾富來說，動機固然為避免自己的產品被其他超商排擠；但站在萊爾富的角度，能夠享受的好處主要只有夏天缺鮮奶時光泉優先供貨給萊爾富。以上光泉和萊爾富聯合行銷的主因，對雙方皆不構成顯著重大影響，更甭提泰山在1990年投資福客多超商，到1997年勉強損益兩平，而過去所累積近3億元的虧損，完全不是製販同盟的綜效所能彌補的。泰山銷貨給福客多的比重未達1%。在這情況下，介入零售業頂多只是替自己找到試銷的據點罷了；但話又說回來，如果只為了偶爾的試銷，值得動用大筆資金介入零售業嗎？

　　由此看來，製販同盟的先決條件是：

　　1.銷售通路是獨占的、寡占的；否則，在完全競爭情況下，對製造商來說，綜效將很低。

　　2.母公司製造商品品項要很齊全，所以比較適用於專賣式零售店，不過這時候可能又出現另一個問題，其他零售通路可能會排斥賣你的貨。

㈢同心圓式多角化情況（財務面的範疇不經濟）

　　在同心圓式多角化，財務綜效可能是綜效最主要的來源，而財務綜效則來自於：

　　1.對外共同舉債，享受數量折扣的貸款利率等，但是有時如意算盤可能打不響。

　　2.對內，公司扮演著「公司內銀行」(in-house bank)角色，然而此「內部資本市場」(internal capital markets)可能因為公司內權力鬥爭等因素而缺乏效率，尤其當財務資源是依權力來分配，而不是依獲利貢獻時。

　　這也就是美國羅徹斯特(Rochester)大學教授柯曼(Comment)和證管會官員傑瑞爾(Jarrell)於1995年採大樣本研究（詳見表4–1）所得到的結果之一，即財務面的範疇不經濟造成多角化公司價值反倒比專精公司獲利來得低，公司於是進入公司成長第五階段。

㈣降低交易成本的多角化

　　有不少企業把後勤部門相關業務也獨立成一家公司，想法很單純即「肥水不落外人田」，除了自己的錢自己賺外，搞不好還可以撈點外快。例如：

‧長榮集團以前成立長榮證券公司。

‧慶豐集團成立海渡旅行社。

‧中國鋼鐵公司1998年1月成立中鋼保全公司，不僅承接自己駐衛保全業務，而且還要往外擴充商機。（工商時報1998年2月7日，第7版）

這些打著「降低交易成本而內部化」的如意算盤，卻往往事與願違，因為「喜歡吃牛肉麵而去擺麵攤，甚至開牧場」，那可真是匪夷所思。此種目的無關多角化，只適用於下列二情況：

1. 給予自謀生計的壓力：否則吃大鍋飯心態濃厚，往往不敵市場競爭，到最後連長榮證券都得吹熄燈號。反倒是長榮旗下營造公司長鴻營造（店頭股票代號5506），經營不錯，甚至於1998年股票上櫃，原因在於自謀生計壓力夠大。

2. 不需要太多的固定成本：例如成立「專屬保險公司」(captive insurance company)來承接自己集團的產險，以節省保費支出──大部分風險皆透過再保而移轉出去。此類特殊目的公司(special purpose vehicle, SPV或SPE)只是一個工具，不需要多大的固定成本，營運風險幾乎不存在。

四、第五階段危機：缺乏整合

採取利潤中心制的公司常常會形成山頭主義──「日頭赤炎炎，隨人顧性命」。最極端情況是在採取財務控制情況下，公司策略只不過是各事業單位的加總罷了。也就是說，公司策略制定方向是由下往上。在政治上稱為「邦聯」，宏碁集團採取的「主從架構」便很像邦聯制，結果是缺乏整合。董事長施振榮1997年才增聘專人擔任董事長顧問、副總裁，專司集團內企業資源整合。

不過，邦聯情況並不常見；另一極端反而是「企業聯邦」，即查爾斯‧韓迪(Charles Handy)於1992年提出所謂的「企業聯邦主義」(federalism)，此種平衡中央和地方權力的組織結構，透過聯邦制的二個主要精神──共同目標和信任，使得大企業各事業單位團結一致，藉文化控制以避免兄弟鬩牆，可說是大企業最佳的組織設計。

企業越大，所需要的組織管理能力也就越高，可惜，絕大部分公司皆處於上述同床異夢和同舟共濟兩個極端之間；而且或多或少由於業務重疊，造成自己人砍自己人、缺乏整合的結果，自然出現負綜效。難怪政治大學企管系教授管康彥會說：

「大師（級）策略，組織畢其功。」如果此時再引起一部分中央集權，其結果可能開倒車，又退化回到公司成長第四階段；既然已經「企業內部工業民主」，就很難走回頭路；恰如美國林肯總統所說：「一半奴役，一半自由，不能同時存在一個屋簷下。」此時，誰能夠提升公司管理能力，來解決公司成長第五階段的危機，這個企業就會持盈保泰，否則將如同蒙古帝國的滅亡，有部分原因是各大汗間同室操戈。

五、管理上的涵義

看了上述的結果，我們並非要你不要做多角化，尤其是防禦目的複合式多角化，那是「今天不做，明天就會後悔」的，而是建議你在進行多角化時宜做好下列事項：

1. 在多角化之前：介入新事業、進行國際化和併購可行性分析時，宜特別把經營可行性、管理可行性列入考量；第三章第二、三節中即說明如何進行。

2. 在多角化之後：尤其是無關多角化時，不宜抱持著「放牛吃草」(let alone)的心態，否則誠如資誠會計師事務所合夥會計師薛明玲所說的：「許多老闆只懂投資，不懂管理。」多角化經營絕對不像你的懶人植物，不需照顧也可以活得很好，奇美實業的完全授權經營方式是理想，但那也得集團企業站穩了，在此之前，經營者全心投入以提升公司管理能力是絕對必要的。

第三節　診斷和預防過度多角化

過度多角化就跟人不知不覺中越吃越胖一樣，除非對肥胖有警覺，事先有採取預防措施，經常檢查體重，否則要是已經吃胖了，剩下問題就是怎樣健康減肥。

本節仍將以如何處理企業過度多角化為對象，來探討怎樣避免大部分的策略決策陷阱。

一、診斷公司多角化程度

最普遍用來衡量公司多角化程度的方法，當推美國學者魯梅特(Rumelt)的分類方法，不僅在實質意義上和標準產業分類碼(standard industrial classification system, SIC)

十分接近，而且在策略上較具意義；此外，經過實證，此方法也適用於臺灣地區。

　　魯梅特的分類方式係依據四個比率，參見表4-3。不過，針對各比率中所指業務相關性的判定，主要參考產業分類碼(SIC code)的分類標準，然而分析者主觀判斷也佔重要地位，以彌補產業分類碼此法涇渭分明的缺點。

表4-3　企業多角化程度衡量方式

多角化程度	英　　文	定　　義
相關核心比率	(related-core ratio, RC)	$\dfrac{\text{最大核心(技術、優勢或資源)業務收入}}{\text{總收入}}$
相關比率（產業依存度）	(related-ratio, RR)	$\dfrac{\text{最大相關業務收入}}{\text{總收入}}$
專業比率	(specialization ratio, RS)	$\dfrac{\text{最大單項業務收入}}{\text{總收入}}$
垂直比率	(vertical ratio, RV)	$\dfrac{\text{最大垂直業務收入}}{\text{總收入}}$

資料來源：張景溢，「集團企業多角化策略形態對內部上市公司每股盈餘與股價報酬之影響」，政治大學企業管理系碩士論文，1991年6月，第17~19頁。

　　根據這些比率，可以把企業依多角化由淺到深分成四大類（參見圖4-2）、七小類（參見表4-4）。其中「集中」(constrained)是指任何業務均跟主業務和其他業務有關，「關聯」(linked)是指某一項業務只跟另一項業務相關。

　　如同經營者每月都了解公司財務狀況一樣，同樣地，經營者每月（至少是季）皆應了解公司多角化程度，以了解是否往目標成長途徑(growth path)前進。企業的健康是靠預防、保養而來的，只憑治療（甚至手術），那可能得付出昂貴的代價，終究「事前一針勝過事後九針」!

二、預防過度多角化

　　要完全預防經營者策略決策錯誤不太可能，雖然很多人也許都知道德國鐵血宰相俾斯麥的名言：「愚者從自己的失敗學習，智者從別人的失敗學習。」但是許多經營者不知不覺中自以為自己不可能是最後一隻老鼠，因此而栽了跟頭。

　　一如危機處理準則一樣，企業預防經營者掉入策略決策陷阱之道，在於透過下

列方式建立一套機制，當經營者自控能力不足時，便尋求外來能力的補強。

圖4-2　企業多角化程度分類方式圖解

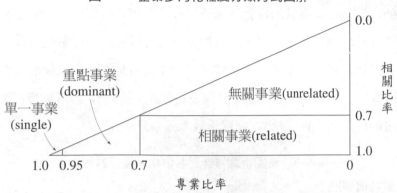

資料來源：Richard P. Rumelt, "Strategy, Structure, and Economic", *Harvard Business Classics*, 1986, p.36。

表4-4　企業多角化程度判斷標準

分類方式 大類－細類	英文名詞	區分標準
1.單一事業	single business	RS>0.95
2.重點－垂直	dominant-vertical	RV>0.7
重點－集中	dominant-constrained	0.95>RS>0.7, RC>(RR+RS)/2
重點－關聯無關	dominant-linked- unrelated	0.95>RS>0.7, RC<(RR+RS)/2
3.相關－集中	related-constrained	RS<0.7, RR>0.7, RC>(RR+RS)/2
相關－關聯	related-linked	RS<0.7, RR>0.7, RC>(RR+RS)/2
4.無關事業	unrelated business	RS<0.7, RR<0.7

㈠最佳事業組合藍圖（避免不按牌理出牌）

　　為了避免被機會式的成長機會像小公馬一樣馱著你狂奔，公司宜對遠景有點主見，知道自己要打的是什麼牌，才不會拿一手不成牌的爛牌。這可從以下二個方面來訂標準：

　　1.行業種類：從控制幅度有限的觀點，公司所涵蓋的行業種類不宜太廣，甚至站在分散營運風險的考量，集團只要分散在七個不同行業，便可以使公司加權貝他係數（β，用以衡量股價的系統風險）趨近於1。由於係從事無關多角化，因此綜效

的主要來源為財務等支援活動方面。公司所涵蓋的行業如果太窄，例如只橫跨二種行業，雖然比較容易管理，但可能綜效不易完全發揮，而且比較不易達成分散經營風險的目的，因此公司涵蓋的行業過猶不及都不合適，有賴各企業適應性調整。

2.行業性質：為了充分發揮各方面綜效，公司宜在同一行業價值鏈核心活動上尋求垂直多角化，以發揮生產、管理綜效。在支援活動方面，如果能成立金融財務公司，再選擇性成立營造公司、運輸倉儲公司，詳見圖4-3，則可以發揮全面綜效。當然是否自給自足（即內部化），則繫乎成本效益分析。

圖4-3　集團企業複合式多角化最佳行業組合

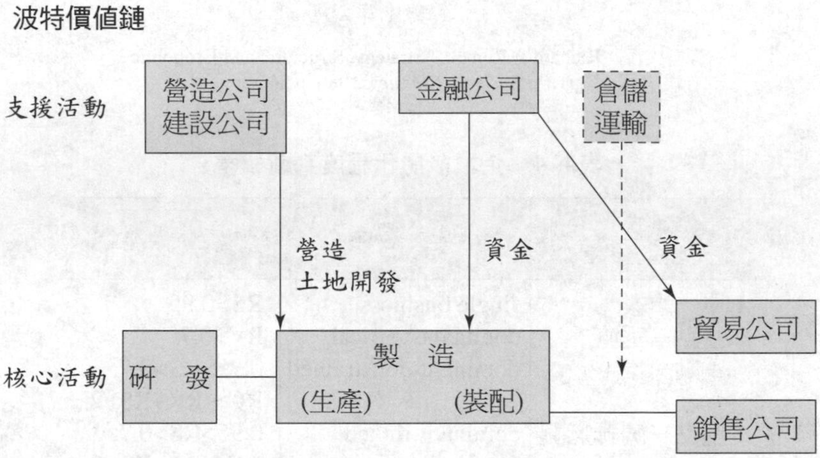

波特價值鏈

（二）以目的來檢驗手段的必要性

衝動性購買不僅會出現在個人身上,貪小便宜的盲目大採購買些不需要的東西,而且也有可能會出現在企業中，終究老闆也只是個凡人，也有七情六欲。

避免衝動性投資的先決條件，是前述明瞭自己想往哪裡去，其次企業成長的途徑有很多，在能達到同樣目的之前提下，必須冷靜思考策略目標跟工具的配合。就以引進國外技術來說，是否除了併購外別無他途呢？能夠不花錢便能辦成的（例如契約型策略聯盟），便不值得多花1塊錢；能夠1塊錢做到的（例如技術移轉、少數股權投資、合資），更無須花10塊錢（例如併購）去做。

（三）新手進場

根據美國*M& A*雙月刊1997年的一項調查，國際併購經驗越豐富的企業，國際併

購失敗率越低。因此，針對初次從事國際併購的臺灣企業，在拙著《國際併購》第七章第一節「中小企業國際併購的風險管理」中，建議依序採取下列步驟來從事國際併購：

　　1. 商業往來。

　　2. 國際策略活動，如單一項目合作、少數股權投資、合資。

　　3. 國際收購。

　　套用金融投資的觀念，新手進場宜採取下述步驟，以1992年臺灣臺翔公司擬投資美國麥道航空公司為例：

　　1. 新手試盤：臺灣航太工業發展小組主任祝如竹1992年6月15日建議，可先採試驗性訂單(trial order)，以了解麥道MD12的品質。

　　2. 短線進出、熟悉盤面：1992年5月18日，臺翔答應成立租賃公司採購二十架MD12，但先決條件是麥道先得到三十架確實訂單。

　　3. 長線進出、加碼進出：最後俟臺翔了解麥道的事業風險後，才考慮20億美元的權益投資。

　　同樣道理不僅適用於國際併購，也適用於新事業部，例如你想在臺灣推出一項新產品（事業部），不妨先進口二個貨櫃試驗一下市場的反應(test the market)，進行市場調查，最後再設生產線。上上之策是先有市場再投資，否則極易犯了太早有先見之明的毛病。

(四)攤平法的垂直整合

　　有種垂直整合的動機跟投資股票被套牢時本能反應一樣，為了降低成本以減少損失，於是只好逢低又買進的「攤平法」，這是個嚴重錯誤的投資觀念，因為容易判斷失當而導致連環套。

　　同樣發生在企業界最常見的，例如：某食品類上市公司生產飼料，由於產能不大，價格較缺乏競爭性，只好用契作方式跟雞農預購，以保障雞農免於「雞賤傷農」的衝擊。但問題又來了，契作雞缺乏價格競爭性，賣給誰呢？於是有幕僚建議，那就學臺灣最大的養雞公司卜蜂，來個飼料、養雞、電宰、二次加工的「一條龍」全線垂直整合吧！但是卜蜂月宰1500萬隻雞，最廣大的規模，純益率也才3%而已。

像是雞飼料這種保護性產業，2002年臺灣加入世界貿易組織(WTO)，美國雞肉源源不斷進口，臺灣每年雞需求量為3億隻，2004年時將可進口4.6萬公噸，佔需求二成，2005年市場完全開放進口後，養雞業將成艱困事業，連帶雞飼料業者更沒有好日子過。眼光看遠一點，該公司應檢討的是是否還值得生產雞飼料？如果不做，該事業部如何轉型？硬要採取赤壁之戰曹操的連環船方式，雖然可免於士兵暈船，但一碰到火攻就要一起死了。

對於已到成熟甚至衰退階段的產業，再來從事垂直整合，那可說是從熱鍋跳到火坑，不得不慎防「一張倒、全排倒」的骨牌效應。

🔶 第四節　如何處理過度多角化 ── 兼論企業再造

一旦發現多角化衝過頭了，只好踩煞車、開倒車進行少角化。一般來說，少角化的策略規劃跟進行多角化時相似，即透過成本效益分析，以了解少角化是否會比多角化更好。常見少角化的思考方向如下所示。

一、小型化不見得能解決問題

各事業部皆有其最適規模（主要指員工人數），當逾此規模，只好採取組織分裂方式，另成立子公司。面對子公司林立，難免罹患公司恐龍症。一方面，各事業部、子公司可能彼此競爭，以致抵消了一部分力量；一方面，有些未完全獨立的事業部將因未獲得足夠授權，以致有志難伸。

隨著公司事業部增加或業績成長，公司大型化的後遺症就是1994年以來開始流行的「恐龍巨大症候群」、「恐龍公司」，美國南加州大學兩位教授羅勒和高伯瑞(Lawler & Galbraith)於1995年的專文中，提出「恐龍症候群」的九點症狀。

有些專家主張以下列方式來解決：

(一)頭痛醫頭，腳痛醫腳

大型企業會出現反應遲鈍的現象，而在美國一片不景氣聲中，卻有數以百計的中型企業脫穎而出，而且業績蒸蒸日上，有些專家稱之為美國企業界的小巨人，它

們的年營業額皆在2至10億美元之間。雖然賺錢，但這些小巨人卻拒絕無限制成長。它保持精簡的方式為，一旦公司的營業額到達20億美元時，便把公司分解成幾個小公司；公司成橫向成長，而不是像大企業般組織層級無限制的拉長。

這只解決了每個小公司不發生公司恐龍症，但卻把問題丟給了集團母公司，也就是母公司管理幅度擴大，以前也許只要管三個子公司——下轄九個事業部，現在可能得直接管九個事業部。縱使每個事業部皆採取利潤中心制，但仍會出現第二節中公司成長第五階段危機「缺乏整合」。

㈡大企業「小」心態

有些專家主張有時企業規模大是不得不的——例如生產規模經濟的需要，所以只要能避免公司僵化，採取下列二種組織架構之一，也能保持小公司的彈性：

　　1.打破事業群功能部門的集權。

　　2.矩陣管理方式。

即同時有事業直線（例如子公司）、事業群功能部門，不過這並不是好主意，矩陣管理不見得是權責分明，反而可能形成雙頭馬車。於是有些學者主張應採取文化控制，但「說得容易，做起來卻不簡單」，此外，文化控制並不是常規的控制型態，此外，對組織設計也不見得有直接的答案。

二、最適內部化水準

有不少學者主張公司的業務複雜度（以多角化程度衡量）、規模（以員工數）、地理分布（以全球化程度）衡量，都不可能是漫無限制的，而應該有個 最適水準。例如美國學者瓊斯和希爾(Jones & Hill) 1988年主張多角化有其「最適內部化水準」(optimum level of internalization)。

三、少角化的二種作法

既然已出現過度多角化的後果，只好進行「少角化」，可行方法有二，參見表4-5，底下將詳細說明。

　　1.企業再造(reengineering)。

2.企業重建(restructuring)。

在詳細說明之前，可借用美國羅伯‧基德爾(Robert W. Kiedel)在其《透視組織模式》一書中，來釐清企業再思（重新思考；rethinking）、企業再造、企業再建的關係。「企業再思」強調企業上上下下應該思考企業的定位和特性；所以《第五項修練》、「核心能力」都是其內容。其管理手段包括控制、員工自主、部門合作三方面的平衡。

在概念廣度和管理手段上，企業再思最寬、其次是企業再造，到最後是企業重建。企業重建比較偏財務管理領域，和併購同屬策略財務 (strategic finance) 二大內容，但在臺灣比較不流行，所以有些人錯譯為「重整」，其實重整(reorganization)是指瀕臨破產公司所進行的事，不宜混為一談，詳見表4-5。

表4-5　三個策略管理流行語的內容

	再 造 (reengineering)	重 建 (restructuring)	重 整 (reorganization)
精 義	透過流程(process)重新檢討，以減少不必要的組織（層級、部門）、活動和人員，讓企業小而美	透過資產負債表上三大類的調整，以改善財務體質，少部分具有策略涵義，詳見下述，否則大部分皆為財務作為	狹義定義：公司破產前申請重整
主要內容	組織扁平化 (delay)，對人員則「授能」(empowerment) 企業減肥(downsizing)主要指裁員，其次才是資產減肥 外包 (out-sourcing) 企業專精 (focus)	資產重建：七大項中，購併、資產出售影響大 負債重建：二大項 權益重建：八大項中，公司分割、權益割讓、spilt-off、spilt-up影響大	組織重建：減少（如合併）部門為主，其次才是減少層級 人事重「組」：走馬換將，除非更具有策略影響力，應譯為「人事改組」

四、企業再造

1993年漢默和錢辟(Hammer & Champy)合著《改造企業：再生策略的藍本》，和1994年漢默和史達頓(Hammer & Stanton)合著《改造革命手冊》，二本書掀起企業流

程再造(business process reengineering, BRP)的風潮。

企業再造的基本精神可以說是工業工程、生產管理中的流程改造，即透過重新思考工作流程，以排除不必要的工作（活動）。一般來說，企業再造結果如下：

(一)合理化

在撤資前，宜考慮先執行下列行動：

1.使產品線、市場範圍更合理化。

2.關閉某些事業部、個別產品線或設備。

3.降低成本，包括縮編、工作流程更嚴格控制、減少外界支出。

4.提供公司動力(organization enpowerment)，例如引進救亡圖存的總經理(turn-around manager)大刀闊斧帶領公司反敗為勝；或是提供誘因給員工，以激勵士氣。

5.跟利害關係人有效的磋商，尤其是請供應商、債權人繼續提供信用，經銷商、消費者儘早付現。

(二)縮編(downsizing)

這包括二項企業減肥措施：⑴減少組織層級(delaying)、組織合理化，組織設計傾向於扁平化，即從企業核心流程(core process)的角度來重新設計組織，以建構一個以顧客為導向、具高度競爭力的流程或公司；⑵裁員(people reduction)。

1.組織扁平化的極限：

組織扁平化屬於組織設計的範疇，其精神在於利潤中心。然而如果不聘請組織管理專業顧問來提供意見，而貿然進行組織層級縮減，其結果可能創造出一群本位主義濃厚的小單位，彼此抵消力量、短視近利。為避免此問題，政治大學商學院院長吳思華教授建議，利潤中心制的要求層級要慢慢往下降，而且應先加強資訊系統的能力，以作為網路組織溝通的基礎建設。

此外，企業再造改的不只是作業流程，需要配套修改的還包括思考方式、組織結構、員工技能、權力分配、價值觀和管理制度等。

2.避免裁員後遺症：

裁員後遺症包括一些知識資源（或經驗）也跟著流失、楚材晉用跟原公司打對臺、在職員工人人風聲鶴唳而降低對公司的忠誠等等。就以一部在1997年12月HBO

播出名為「愛情假期」的電影中，男主角傑克(Jack)為西北大學企管碩士，奉命來研究位於內布拉斯加州艾森市的工廠究竟要裁多少員工，女主角艾瑪(Emma)對他說：「裁員很容易，但解決問題很困難。」他接受她的建議，把市場、產品重新定位，即「把產品小型化(downsizing)，而不是把工廠縮編」，推出小農也買得起的經濟型農業拖拉機、掃雪機，但卻不需要進行流血的裁員。

這些只是指出要對因下藥，否則盲目裁員（例如各部門等比例裁員），就跟行銷策略中對降價的評語一樣：「降價非英雄」，這是因為降價比較不像其他行銷策略那麼須要動腦筋。同樣的，再笨的經營者都知道裁員可以降低成本，但業績、生產力呢？

企業再造本來就是任何想持盈保泰的企業例行之事，但如果硬成立總管理處（增加一個組織層級）或事業部（部主管稱總經理，公司改為總裁制），則跟組織扁平化反其道而行，而不屬於企業再造。因業績縮水，不得不裁員，而生產、業務流程卻沒變，這也不算是企業再造。

麥肯錫顧問公司在一份針對美國、歐洲和亞洲二十家公司的再造工程研究中指出，其中再造工程比較成功的企業（成本下降18%），再造的範圍和深度要比其他再造績效普通的企業深入許多，是指針對有提升顧客價值的活動進行深度再造。再造工程必需跟組織結構、員工技能、薪資紅利和主管績效配套處理，更重要的發現是所有再造成功的企業，都是高階主管全力支持，並由公司優秀人才負責執行，尤其重點絕不是裁員，而應該是迅速處理毫無附加價值的工作內容和流程。

㈢支援活動外包

企業再造的產物之一便是「組合企業」(modular corporation)，就像樂高積木或組合房屋一樣，除了保留極有限的核心活動外，其餘支援活動或次要核心活動（例如零件製造）都可以外包（或稱外部資源管理，out-sourcing），藉此以創造出下列二項競爭優勢：

1.單位成本降低和投資較少，新產品開發時間大幅縮短：例如美國康柏 (compaq) 電腦公司從1995年春天開始，把部分廉價個人電腦的開發和製造業務外包給臺灣的電腦公司，自己只賺行銷利潤。康柏的著眼點在於用外包方式搶（或買）時間，

早在1990年初即規劃企業再造，所以當IBM和蘋果電腦都在慘淡經營之際，康柏仍能快速成長獲利，皆拜企業再造之賜。

2.有限的資源可以再集中(refocusing)用於已建立優勢的領域：以核心技術作為多角化的基礎，主要的著眼點在於發揮研發、生產、人資綜效。例如美國的康寧(Corning)公司核心競爭力在於陶瓷及玻璃技術，但卻可以運用在不同的產業中，從傳統的碗盤、電視映像管，到光纖、液晶顯示用玻璃，每一次的應用過程，在在強化了康寧的核心能力，也促使該公司願意投下更多資源在「陶瓷、玻璃的製程技術」上。美國3M的作法也一樣，頗值得借鏡！

換另一種說法，美國RPI管理學院院長約瑟夫·莫龍(Joseph Morone)在1993年「高科技市場致勝之道」(Winning in High-Tech Markets)一文中，主張公司內部策略的一致性，以及一般管理上的要求，才是高科技公司持續領先其他廠商的關鍵。他認為競爭優勢根植於集中策略焦點於企業最擅長的領域，以最低的成本、最高的品質，製造最先進的產品，以求在該領域中建立全國領導地位。

五、東元集團的作法

我們以東元集團為例，來看看企業再造的實際情形。東元集團為WTO入關積極備戰，為健全體質，半年多來集團事業體強力瘦身整頓，展現強勁魄力進行企業再造。

母公司東元電機，因2001年家電業營運不佳，一口氣認賠出清所有家電的存貨，目前已提列的虧損高達7、8億元，並結束監視器廠。過去十年共計虧損高達60億元的東元資訊，裁員72%並關掉一條生產線。

東友科技2000年原本獲利2.6億元，但因數位相機和掃描器事業部虧損1.7億元，使原本每股稅後盈餘還有4元，反被稀釋至剩下為1.6元，這二個部已被清理掉，轉向高獲利的多功能事務機。

台安公司也關閉印尼的配電盤零組件廠，因關廠等動作，2001年虧損1.3億元，是成立以來首度的虧損。董事長黃茂雄認為，經過今年的「流血革命」，解除集團的包袱，明年即可展現高獲利，旗下每家公司都會是「金母雞」。(工商時報2001年11月28日，第16版，杜惠蓉)

💠 第五節　企業重建

企業重建是指公司採取資產、負債或權益重建的方式，藉以提高公司價值。並不一定得在公司出現問題時才進行，不過不少是在反虧為盈時才實施的。其中以部分資產重建(asset restructuring)和權益重建(equity restructuring)跟「減少多角化」（或稱少角化）比較有關，說明如下，參見表4-6。

表4-6　企業重建的方式

資產重建 (asset restructuring)	負債重建 (debt restructuring)
1.處置閒置資金 　(1)併購 　(2)發股利 　(3)買回股票 2.收購 　(1)融資買下(LBO) 　(2)非融資買下 3.房地產管理 4.資產出售(sell-off) 　(1)整批出售 　(2)分批賣：資產清算 　　(liquidation)	1.發行新債(例如轉換公司債)，以降低負債比率 2.融資以買回股票，又稱負債融資的再資本化(debt-financed recapitalization)
	權益重建 (equity restructuring)
	1.買回股票 2.雙級再資本化 3.融資員工入股(leveraged ESOPS) 4.公司分割(spin-off) 5.權益割讓(equity carve-out) 6.分離(split-off) 7.分裂(spilt-up) 8.改股份制為有限合夥制，以節稅，較適用於不動產開發

資料來源：伍忠賢，「企業突破－集團財務管理」，中華徵信所，
　　　　　1994年7月，第216頁。

一、放棄分析

基於偏好無關原則，經營者宜不摻雜個人感情、定期或不定期評估各事業部、公司的價值。要是事業部間強硬綁在一起經營，則弊多於利，不妨透過成立獨立公司方式，讓大家保持安全距離，多一點發揮空間，少一點掣肘絆腳。透過此「放棄分析」(abandon analysis)，由圖4-4可看出在各種情況下應採取的行動。

圖4-4 公司事業部是否值得繼續經營決策流程

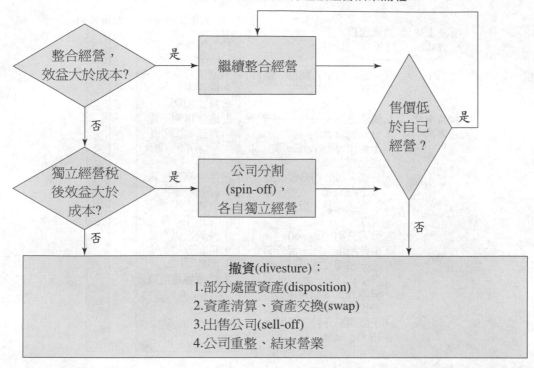

二、資產重建

為達到圖4-5的最後目的，中介目的第二項處置獲利不佳資產（部門或子公司），可採取的資產重建方式有：

1.整批出售：例如統一企業出售其旗下的自立晚報系，是因該報系不賺錢而被迫出此決策。

2.分批出售：不過關廠並不包括在資產重建範圍內，例如1997年5月台塑董事長王永慶在股東大會中表示，投資台化宜蘭龍德PTA廠失敗，可能於六輕第一期PTA廠順利運轉後關閉。

而由於資產出售是扮演併購賣方的角色，所以又稱「反併購」。

圖4-5　專精經營的資產、權益重建方式

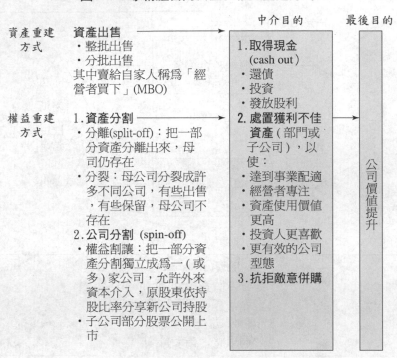

資產重建方式	**資產出售** ・整批出售 ・分批出售 其中賣給自家人稱爲「經營者買下」(MBO)

中介目的　　　　最後目的

1.**取得現金**
(cash out)
・還債
・投資
・發放股利
2.**處置獲利不佳資產**(部門或子公司)，以使：
・達到事業配適
・經營者專注
・資產使用價值更高
・投資人更喜歡
・更有效的公司型態
3.**抗拒敵意併購**

公司價值提升

權益重建方式
1.**資產分割**
・分離(split-off)：把一部分資產分離出來，母司仍存在
・分裂：母公司分裂成許多不同公司，有些出售，有些保留，母公司不存在
2.**公司分割**(spin-off)
・權益割讓：把一部分資產分割獨立成爲一(或多)家公司，允許外來資本介入，原股東依持股比率分享新公司持股
・子公司部分股票公開上市

資料來源：同表 4-6，第 217頁。

三、權益重建

　　權益重建中跟企業再造比較有關的便是「公司分割」(spin-off)，也就是把事業部成立一家公司，讓它有獨立盈虧，如此公司經營者、高階管理者才會努力向前衝；此外，經營管理自主權也相對提高。因爲此時傾向於採取財務控制，母公司逐漸退化爲控股公司。

　　像1998年1月7日，家電公司聲寶把維修服務部門獨立出來，成立資本額1億元的誠寶科技公司，希望使原本賠錢的部門，因自負盈虧，員工入股(開放15%股份給員工)，而能提升經營效率，預計一年後可達損益兩平。此外，2月份還把保全產品事業部也獨立成子公司，未來將陸續把銷售部門獨立成爲銷售小公司，藉以提高經營效率，至於聲寶公司將以家電產品製造爲主。

　　對於「貪多嚼不爛」的過度多角化，就跟單眼相機對焦不當一樣，相片模糊不清，只好「重新對焦」(refocused)，大抵是回歸本業。

◆ 本章習題 ◆

1. 表4–1是1996年的文獻，請查閱最近的相關研究論文看看結論是否不一樣。

2. 以圖4–1為基礎，找一家上市公司為對象，看看是否程序相符。

3. 以表4–3為基礎，找二家多角化公司來計算其多角化程度。

4. 以表4–4為標準，判斷第3題二家公司其多角化的種類。

5. 圖4–3中的主張是否過於理想化？

6. 以表4–5為基礎，各找出一則用詞正確、錯誤的新聞報導。

7. 縮編、減肥、裁員有什麼不同？

8. 外包要到什麼程度才畫一條界線？（即什麼情況才外包）

9. 以一家公司為例（如東元資訊），說明其在圖4–6的決策流程。

10. 以表4–6為基礎，找一家公司看它們進行哪些重建方式。

第五章

公司策略規劃第二步：成長方式

　　一般人講領袖，通常是講怎樣領導統御，這些是比較技巧的東西。可是我覺得我們做未來的領袖，對於人生，人從哪裡來、哪裡去，以及我們的文明從哪裡來，要往哪裡去，像這些大的問題如文明、科技、生態，我們應該有基本的了解。

　　　　——曹興誠　聯華電子公司董事長

　　　　經濟日報2001年11月27日，第40版

學習目標：

企業成長方式是企業經常面臨的重大決策，本章透過實證文獻、觀念架構，讓你可以綱舉目張的了解其意義。

直接效益：

策略聯盟、企業併購、技術移轉是外部成長三大方式，在本章中我們仔細說明其適用時機，而不致歧路亡羊的to be or not to be。

本章重點：

- 公司成長的方式。表5-1
- 企業成長方式圖解。圖5-1
- 策略聯盟。§5.2
- 策略聯盟分類方式。表5-3
- 企業併購。§5.3
- 併購類型和舉例。表5-8
- 買賣方公司經營績效對併購績效可能影響。表5-9
- 技術移轉。§5.4
- 技術移轉的分類。表5-10
- 影響技術移轉績效的因素。表5-11
- 影響公司吸收能力的因素。圖5-2
- 內、外部成長方式的成長速度和控制程度。圖5-3
- 技術生命階段的策略聯盟、企業併購作為。表5-15

前言： eat in or eat out?

「在家裡吃，還是叫便當?」這是許多上班族、家庭每天皆得處理的生活大事。在公司何嘗不是如此，最簡單的便是究竟是自行生產還是外包，如果選擇自行生產，接下來的問題是慢工出細活的自行設廠，還是借力使力的策略聯盟，抑或是撿現成、付高價的企業併購? 如何在這二種、三類成長方式中挑出最適合的，恐怕是僅次於「挑對行」以外，第二重要的策略決策問題，也是本章的核心。

◆ 第一節　公司成長方式

跟家庭吃飯方式一樣，分為自己煮、買現成的（含外食）；同樣的，公司成長方式只有二大類，一是從頭做起(green field)的內部發展(internal development)，一是借重外部發展(external development)，詳見表5-1、圖5-1，表中內容以下各節將深入討論。其中你可以把第一欄表視為座標中的縱軸（Y軸），越往上走，取得成本越高、速度越快。

一、舉一反三

事情不同但目的相同，那麼作法也往往相似；舉一反三的來看，以知識管理中的焦點之一知識取得來說，知識取得(acquisition of knowledge)方式一如企業成長方式。自行發展知識稱為知識創造(knowledge creation or building)，借助外力稱為知識槓桿(knowledge leveraging)。

二、公司分殖（公司的繁衍）

公司分殖(proliferation)是指公司經營者利用公司內某些資源另成立一新公司，並且跟原公司處於相關產業內,例如相同或相關產品或以相關產品為企業核心活動。

公司分殖跟「公司分割」的成長方式有點類似，二者最簡單的區別在於公司分割後形成集團企業，而公司分殖後形成關係人企業，這些企業的老闆或許都是同一個人，但彼此間並沒有控股、隸屬關係。

表5-1 公司成長的方式

大分類	中分類	細分類
一、外部發展 (external development)		
(一)併購 (mergers & acquisition, M&A)	1.收購 2.合併	・資產收購 ・股權收購 ・技術移轉 ・吸收合併 ・設立合併
(二)策略聯盟 (strategic alliance, SA)	1.股權式 (即合資， joint venture, JV) 2.非股權式 長期契約協議 (或合作經營，con- tractral agreement)	・公司佔大股 ・公司佔小股，例如 創投公司 ・交易，如技術授權、 工業合作 ・協調活動，如技術 開放 ・共享活動，如產能 交換(capacity swap)、 技術交換 ・複活動
二、內部發展 (internal development)	1.非內部創業 2.內部創業 (internal ventures)	如直接設廠 (de novo construction) 或稱 intrapreneurship

圖5-1 企業成長方式圖解

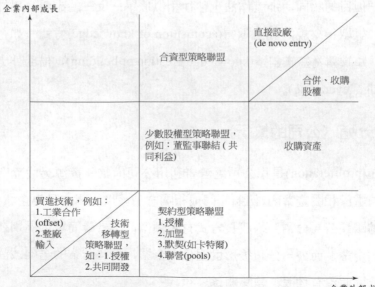

◆ 第二節　策略聯盟

　　如果說生化武器是窮國的「核子武器」，那麼策略聯盟(strategic alliance, SA)被視為中小企業快速成長的捷徑，也就不足為奇了。相形之下，企業併購往往被視為多金的大型企業才玩得起。

一、策略聯盟的動機：團結力量大

　　策略聯盟是種新的策略思考方向，以「合作策略」強化「競爭策略」。這也就是美國學者康翠特(Contractor)和羅倫吉(Lorange)1988年認為在全球化過程中，競爭和合作是二條可相互為用的途徑。競爭來自於企業採取「內部化」，也就是樣樣事情自己來，自行發展；合作體現於外部化和市場，通常以合資、授權許可等型態出現。

　　企業間合作只要能管得來，總能截長補短，甚至同是競爭對手，但也可以「統戰」一下──聯合次要敵人，打擊主要敵人(俗稱遠交近攻)，出現「既競爭又聯合」的「競合」情況。美國卡內基美隆大學政治經濟學教授班耐特・哈里森(Bennett Harrison)於1995年出版的 《組織瘦身──二十一世紀跨國企業生產型態的蛻變》一書中，指出自1970年以來，在全球競爭壓力下，全球企業紛紛透過策略聯盟等方式建立跨國的中衛體系，以維繫其全球競爭優勢。

二、策略聯盟的定義

　　策略聯盟是企業跟其他企業重大(material)合作，藉以降低經營不確定性，以求共同利益。由表5-2可見，採取「實用組織層級─期間表」來看，企業間合作可分為策略、戰術、戰技三種，只是後二者比較不為一般人所知。拆文解字來分析策略管理的定義，比較容易清晰地抓住它的精神。

　　1.不相聯屬企業間：「打虎親兄弟，上陣父子兵」這句俚語說明一家人的好處，因此，在同一集團企業內，對母公司來說，左手、右手握手本來就是「一個命令，一個動作」，為理所當然的。因此遠東百貨跟遠東商業銀行合發聯名卡，不能算策略聯盟。

表5-2　企業間三種層級的合作

期間＼組織層級	短　期 (1年以內)	中　期 (1~3年)	長　期 (4年以上)
公司			策略聯盟
事業部、功能部門		戰術合作	
小組（group、team 或 project）	戰技合作		

2. 長期：一年半載的合作不足以造成石破天驚的影響，因此往往得長期合作才夠格稱得上「策略的」(strategic)。

3. 重大合作：「重大」(material)是套用會計學上的涵義，指（未來）對公司獲利貢獻二成以上。由於事關重大，所以策略聯盟簽約時，大都由雙方董事長、總裁代表；戰術聯盟簽約時大抵為部門主官（一般為副總級）；至於戰技合作，大都由協理以下主管簽個備忘錄，連合約都省了。

(一)戰技聯盟

2001年11月26日，華僑銀行跟中華電信、富爾特科技公司共同舉行「新三通」記者會，宣布該行已經繼彰化銀行之後取得財政部新種業務執照，12月1日起於五十七家分行銷售中華電信的行動電話如意卡和儲值卡、國際電話e-call卡、網路撥接Hi-net上網包，以及申請ADSL寬頻上網等各項服務。(工商時報2001年11月27日，第9版，洪川詠)這種企業間對營收「不無小補」的合作就是戰技聯盟的例子。

(二)策略聯盟一詞被濫用了

隨著公司對曝光度的飢渴度日益上升，加上各種記者會眾多，事件本身不夠有分量的記者會，很容易就被淹沒在各式各樣的訊息中，因此最能吸引媒體記者眼光的策略聯盟，也就成為提高曝光率的手段之一。近期最常見的策略聯盟是某某公司導入某某公司的ERP，隨著無線通訊方興未艾，某廠商採購某某國際大廠的手機解決方案，也可以技轉結盟之名，大開香檳慶祝。

照這種方式定義下去，全世界每一樁牽涉到買賣與技術支援、售後服務的商業行為，都是策略聯盟。看來，未來真正的「策略聯盟」，可能得換個新名字才能以正視聽了。(工商時報2000年11月22日，第15版，吳筱雯)

(三)搞錯了的範例

浩鑫自2000年底跟精英電腦達成策略聯盟關係，把主機板業務交給精英位於大陸深圳的鑫茂廠生產。浩鑫指出，精英月產量達150萬片，浩鑫透過「搭便車」的方式跟精英聯合採購，生產成本明顯降低，每片代工價格2到3美元，低於在臺生產的成本7到8美元；而且也比主機板同業在大陸生產價格5美元來得低，浩鑫的代工成本比原先下降一半以上。(工商時報2001年11月22日，第21版，李洵穎)

三、策略聯盟的分類方式

分類的目的在於協助我們了解複雜的事物，以簡馭繁。策略聯盟的方式看似千變萬化，但是只不過是表5-3中三方面的排列組合罷了。我們作表跟作圖一樣，背後往往有Ｘ軸、Ｙ軸的觀念，表中三種分類方式內的中分類順序，由下往上排列，代表單方對聯盟控制程度由低到高，以結盟範圍來說，單一企業活動的結盟比複企業活動結盟容易掌控，因為事情簡單、不會什麼事都攪在一起，真是應了「簡單就是美」這句話。

表5-3　策略聯盟的分類方式

結盟範圍 （企業活動）	結盟方式 （控制程度）	結盟成員數 （聯盟規模）
一、單一企業活動	一、股權式(即合資)	一、雙方
1.核心活動		
2.非核心活動		
二、複企業活動	二、非股權式	二、多方
1.核心活動	1.長期契約協議	
2.非核心活動	2.默契	

四、結盟範圍

　　企業間任何企業活動都可以合作，依波特的企業活動分類方式，至少可分為核心活動、非核心活動。既然對企業獲利要有大影響，那麼結盟範圍大都集中於研發、生產、行銷等核心活動上。至於非核心活動的結盟因影響較小，所以也比較少見，尤其是媒體較少報導。

　　此外，結盟範圍可分為單一、複企業活動二種，除了跟需求有關外，也跟交情（互信程度）有關，交淺不言深，結盟範圍比較窄。

　　多年來，談起勤奮、注重細節和低成本量產，總是令人聯想起日本廠商。但近來這些特質卻不再只是「日本製」的同義詞，反而更常用於描述大陸、南韓和亞洲其他地區。

　　數十年來，日本公司以「製造」取勝，但近來日本廠商卻發現，他們推出新產品和新服務的速度竟然不夠快，以致沒能領先對手。

　　亞洲對手競爭加劇、半導體跌價和911恐怖攻擊事件加速全球電子業景氣沉淪，已造成日本頂尖電子公司深陷鉅額虧損的窘境，只好藉有限度的結盟加快新產品上市時程，此舉將成為大勢所趨，詳見表5-4。

表5-4　2001年日本大型企業策略聯盟案例

時　間	結盟雙方	結盟範圍、方式	目　標
5月	松下、日立 松下、恩益禧	研發 研發	開發數位電冰箱、洗衣機 第三代手機
10月	松下、東芝 新力、易利信 夏普、三洋電機 富士通、美樂達	合資 — 研發 合資	液晶顯示器(LCD) — 消費性電子產品 彩色印表機

　　新力(Sony)公司發言人說，有限度的聯盟優點在於「快速和機動性」，優於通常「笨拙且緩慢」的全面聯盟。（經濟日報2001年11月19日，第8版，湯淑君）

(一)研發活動聯盟

　　日本富士公司跟手機製造商諾基亞(Nokia)公司達成策略聯盟協議，富士將開發跟行動電話相容的數位相機，跟諾基亞合作開發無線藍芽(blue tooth)影像服務。諾基亞打算從2003年之後每一款新上市手機，都把影像傳輸技術的MMS服務列為基本功能。透過影像傳輸服務，諾基亞預估行動簡訊商機將從全球每月150億則，成長至每月1500億則，如果每則以平均1.8元的傳輸費用計算，行動簡訊商機未來至少可替全球所有電信公司帶來3000億元以上的商機。（工商時報2001年11月23日，第3版，林淑惠）

(二)生產活動聯盟

　　由於全球動態隨機存取記憶體(DRAM)供過於求，競爭激烈之餘，業者紛紛尋求合併。德國億恆公司(Infineon)跟日本東芝公司(Toshiba)的DRAM事業部合併，也就是在2001年12月合資成立一家新公司，全球市佔率將達16%。（經濟日報2001年11月25日，第4版，陳智文）

(三)不可靠的「夥伴」——默契型聯盟

　　美國蘋果電腦的iBook在一片低迷景氣中獲得市場好評，其唯一的代工夥伴精英電腦直接受惠。初估，連同其他零星訂單，精英2001年度的總出貨量可望突破100萬臺。（工商時報2001年11月27日，第13版，周芳苑）上述報導原文中，「精英電腦」原為致勝科技，已於2001年12月15日併入精英。

　　大陸的筆記型電腦本土龍頭大廠聯想在建構自身的研產銷一元化架構之餘，仍持續加碼對臺下單，2001年10月份起，委託仁寶代工的訂單出貨量已經追加至單月1萬臺以上，直逼大眾電腦替聯想的代工規模。聯想的筆記型電腦代工夥伴一直以大眾為主、仁寶為輔。（工商時報2001年11月27日，第13版，周芳苑）

　　這二則報導皆使用代工「夥伴」這個親密的友情用詞，看似默契型的策略聯盟，但見利忘義的情況在代工業屢見不鮮。

五、結盟方式

(一)股權式結盟

　　最簡單的股權式策略聯盟是"50：50"（持股各佔五成）的合資，但常見的仍有大、小之分。至於最大股東持股佔絕對多數（即持股佔股數三分之二），只要出席，連重大決議也可以過關，此情況不能算股權式策略聯盟，只能視為內部發展的一種變形。

　　由表5–5可見，合資企業的經營權至少可因合夥的貢獻（持股）、技術而分成四種情況。像裕隆汽車（股票代號2201），日本日產汽車持股只佔25%，但裕隆車型卻只能「忠於日產原味」。

表5–5　合資企業經營權的歸屬

		合夥人的技術(skills)	
		不相似	相　似
合夥人的貢獻	不相等	一方主導或分散經營	可能由一方主導
	相等	分散經營 (split control)	共同經營 (共享決策權)

(二)非股權式結盟

　　此種聯盟關係的建立並不是靠合資或企業間的交叉持股，而只是靠一紙契約，常見的有下列四種方式。

　　1. 交易聯盟(trading alliance)：企業間優先買賣技術資訊、商品或勞務，例如廠

商交叉授權(cross-licensing)。

2. 協調活動聯盟(coordinated-activity alliance)：企業間共享資訊、協調企業活動，常見的是研究聯盟，各企業僅負責研究發展中的一部分。例如：2001年11月全球最大手機製造商諾基亞總裁歐里拉在美國秋季電腦展(Comdex)中宣布，將整合手機製造商摩托羅拉公司、行動電話服務供應商日本NTT DoCoMo、英國伏得風(Voda-phone)等十多家國際知名公司共同合作，並承諾開放行動電話架構平臺，現有泛區域行動電話(GSM)、整合封包無線電服務(GPRS)，甚至第三代行動電話(3G)，都能透過開放式行動電話架構平臺，提供手機製造商不同原件和智慧型手機(smart phone)的軟體平臺，以統一行動裝置的規格，此舉預料會為手機市場掀起一場革命。

（工商時報2001年11月27日，專刊第1版，林淑惠）

3. 共享活動聯盟(shared-activity alliance)：企業間共同努力以達成某共同目標，例如技術領先廠商可透過轉包(subcontracting)方式，擴大技術在產業的普及度。

4. 複活動聯盟(multiple-activity alliance)：企業間針對行銷、製造、研究發展等活動，各訂定聯盟協議。例如聯華氣體公司跟英國氧氣公司策略性聯盟，英國氧氣公司藉此打入臺灣市場，而聯華免費獲得十三個世界級研究中心的支援。

1991年4月10日，旺宏電子跟日本第二大鋼鐵廠——日本鋼管公司(NKK)宣布結盟五年，開啟中日半導體業首樁複活動策略聯盟的序幕，合作範圍包括：

⑴技術移轉：NKK以1000萬美元代價，自旺宏移轉「光罩式唯讀記憶體」(mask rom)的設計技術。

⑵研究發展：雙方共同開發mask rom，產品層次將由400萬位元推進到3200萬位元。

⑶生產製造：旺宏成為NKK的8吋晶圓OEM廠商，NKK於1991年4月派遣製程工程師進駐旺宏，協助其在科學園區的次微米工廠的興建工程。

⑷市場聯合行銷：旺宏可藉NKK的行銷通路與品牌、形象，順利打入日本市場，銷售IC產品。

一般來說，此類聯盟的基礎建立在彼此的互信、互相需要上，一旦雙方意念改變，結盟關係的穩定性、持久性較合資、併購為低。

㈢非股權式結盟的特例

公平交易法第七條規範之「聯合行為」，是指「事業以契約、協議或其他方式之合意，與有競爭關係的其他事業共同決定商品或服務的價格，或限制數量、技術、產品、設備、交易對象、交易地區等，相互約束事業活動的行為」。聯合行為主要是指同業間接（水平）的合縱連橫，行為方式詳見表5-6。

- 垂直限制：例如加盟、獨家經銷、中心衛星工廠體系。
- 生產合作：例如統一採購、專利共用、技術合作、生產配額、聯合投資設廠等。
- 行銷合作：例如聯合促銷、統一銷售、銷貨配額。

表5-6　企業聯合行為的種類

種　類	說　明
卡特爾 (cartel)	一、完全卡特爾(產業內全部廠商參加) 　1.聯合利潤極大化的卡特爾 　2.分配市場的卡特爾 　　(1)非價格競爭協議 　　(2)配額協議 二、不完全卡特爾(產業內部分廠商參加)
市場分割 (market division)	1.地域市場分割 2.消費者市場分割 3.產品類型的市場分割
價格聯合行為	1.聯合定價 2.聯合折扣 3.職業薪資標準 4.交換價格情報 5.關於貸款和其他交易條件的合議 6.關於供給與需求的合議
聯合杯葛和其他拒絕交易的行為	一、杯葛 (boycotts) 二、其他拒絕交易的行為 　1.成立商業團體，以設定「開業許可」等進入障礙 　2.設定產品品質標準 (product standards) 　3.阻斷獲取關鍵設備的管道 三、商業工會 (trade associations) 四、合資行為，包括直營

資料來源：整理自范建得、莊春發 (1992年)，第 219~230 頁。

六、多方結盟情況──工業局推動多成員的研發聯盟

2002年起，經濟部工業局的技術處業界科，專門協助產業界成立企業研發聯盟，增加先期研究期間的行政經費補助，以鼓勵企業界成立常態性的研發聯盟，強化企業的研發能力，以提升產業國際競爭力。

企業研發聯盟的補助方式採取二階段，第一階段是聯盟育成期，有意成立研發聯盟的廠商可以申請育成補助款，上限為70萬元。第二階段為技術先期研究期，聯盟公司可針對未來共同開發技術進行市場或技術的先期研究，並試行研發聯盟運作，補助款最高可達500萬元。

補助對象不限特定產業，凡是有意整合產業上中下游廠商、跨領域廠商，或是同業間結合研發能量，進而成立長期且常態性研發聯盟的廠商，都可以提出計畫向工業局申請補助。其中工具機業將由台中精機主導，鈦合金業由容岡公司主導，遊戲軟體業由智冠公司主導，每一個研發聯盟預計有三至四家業者參與。（經濟日報2001年11月27日，第15版，黃玉珍）

七、策略聯盟適用時機

策略聯盟不見得只有利、沒有弊，最重要的是慎選合作夥伴，否則下列情況屢有所聞。

1.少數股權的策略聯盟：大股東有時會欺負持股較少的股東，縱使第二大股東佔有總經理席位來跟佔董事長席位第一大股東對抗，其結果往往兩敗俱傷。難怪有不少公司一聽到合資型策略聯盟，而自己最多只能當第二大股東，往往興致便少了一半，除非當第一大股東的公司素有寬厚之風，才會近悅遠來。

2.非股權式的策略聯盟：以委託代工式的生產策略聯盟為例，往往沒有做好保密的情況下，反而培養出一個競爭對手來，可說是「養老鼠咬布袋」。

3.結盟成員數目的影響：「二個和尚抬水喝，三個和尚沒水喝」，這句格言大抵適用於策略聯盟，結盟跟溝通很像，七嘴八舌很難凝聚共識。

夫妻會反目成怨偶，同樣的，對策略聯盟不要抱太浪漫想法，對方未必抱著「雙贏」(win-win)的想法，也有可能懷著「囚犯兩難」的心態，尤其是到緊要關頭時發

生「割袍斷義」的憾事。神通電腦集團董事長苗豐強在其《雙贏策略》一書中用找結婚對象來比喻企業的策略聯盟，在結盟之前，必須存有「居安思危」的意識；除非你不怕娶錯老婆、嫁錯郎！

🔹 第三節 企業合併與收購

喜歡喝牛奶，結果不僅養了牛，而且也把牧場買下來，可說是日常生活中常見對企業併購的形容。在1998年10月本土型金融風暴以來，很多（上市）公司撐不下去，只好被迫出售(forced seller)，沒什麼「寧為雞首，不為牛後」的道理。於是，公司控制市場(corporate controled market)便逐漸成形，不會再有買方找不到對象的情況，現在有許多公司等著出售，買方倒可精挑細選，金控公司挑成員便是一個具體例子。

一、併購的動機

關於併購動機可以寫一本書，然而「多金」的公司考慮採取併購方式常見情況有三：

1. 搶時間，例如要拿到衛生署（尤其是美國FDA）新藥核准，至少需五年，還不如買現成藥廠比較快。

2. 自己做不來，尤其是有秘方、專利權保護。

3. 在成熟行業，避免增加新進廠商而造成產能過剩。

2001年11月底，香港股票上市公司Tom.com收購臺灣商周網路媒體集團(Home Media Group)案，情勢底定，交易金額約16.5億元，雙方近將簽約。後者包括電腦家庭(PC home)、城邦文化、商周和尖端出版社等，可望成為臺灣最大的雜誌出版集團，並計畫在香港股票上市。香港和記黃埔集團旗下Tom.com公司的策略雄心是打造全球最大中文媒體平臺的構想。（經濟日報2001年11月27日，第15版，劉惠臨）這個交易可說是兼具上述三項動機。

併購代價至少有二：

1. 比自己發展來得貴，跟上館子比較划不來很像。

2. 可能因為企業文化不合等因素，以致管理不來。

(一)集團內合併實質上不能算合併

併購、策略聯盟本質上是外部成長，所以集團內企業合併，法律上是合併，但實質上不能算是合併。

由表5-7中的三個例子，大抵可看出此情況下的合併效益，以聯電「五合一」合併案來說（2000年1月3日生效），順便可以把聯誠、聯嘉、聯瑞夾帶上市，許多公司都慣採這種「先求上壘，一個拉一個」的股票上市做法。基於股票上市考量，也有許多集團企業在上市前先合併，以符合股本、營收、獲利能力等要件。

集團內合併的直接效益是管銷費用降低，更易整合（例如聯電集團合併前有五位總經理，合併後只剩一位）。但從公司成長階段來說，這是從第五階段開倒車回第四階段，所付出的代價為：公司恐龍症、官僚化（缺乏創業精神），可惜這代價不像前述管銷費用的減少那麼好衡量。

表5-7　集團內企業合併效益舉例

宣布日期	存續公司	消滅公司	合併效益
1999.6.14	聯華電子(股本556億元)	合泰(106億元)、聯誠(167億元)、聯嘉(150億元)、聯瑞(150億元)	1.對外：財務透明，有利股價上漲 2.夾帶上市 3.對內：方便整合各公司
1999.11.25	東榮工業旗下三家投資公司		
	東雅(1億元)	立榮(0.4億元)、東棉(0.4億元)	減少會計師簽證費與相關作業
2002.5.11	長榮國際儲運(52.18億元)	立榮海運(53.82億元)	貨櫃調派和後勤系統合一，降低經營成本

(二)教育性併購

教育性併購(educational acquisitions)是指買方對此行業熟悉，但對技術（或服務）不熟悉，因此透過併購方式，讓自己來取得技術，也讓被併購公司更加了解本行。

代表性例子為1987年時，宏碁電腦公司以2億元併購生產迷你電腦的美國康點 (Counter Pointer)公司。詳見拙著《企業購併聖經》第七章附錄所述宏碁收購美國康點案。

二、併購的定義

(一)公平法上的結合

收購合併是現成的、最快速的企業成長方式，跟公平交易法第六條所稱「結合」(combination)所規範的大抵相同，即下列三者：

1.與其他事業合併，即法定結合（statutory merger或consolidation）。

2.持有或取得其他事業的股份或出資額，達到其他事業有表決權股分或資本總額三分之一以上者，即股份收購(acquisition of stocks)。

3.受讓或承租其他事業全部或主要部分的營業或財產，即資產收購(acquisition of assets)。

此外，比併購的定義更廣的是，公平法還把結合的規範範圍延伸到下列二款：

1.他事業經常共同經營或受其他事業委託經營；例如1999年12月，潤泰集團旗下大潤發流通公司跟興農集團旗下大興農量販店簽訂合作經營契約。由大潤發以「包底」（此例為每年固定金額的權利金）經營的方式，主導大興農斗南店的營運、採購。

雲林斗南店是興農集團最南邊的店，物流補給線太長，不符合經濟效率。由於大潤發目前已跟大買家、東帝士量販店等有類似的合作模式，興農集團才會跟大潤發洽談合作。大潤發量販店分店家數已達十四家，包括：大潤發量販店的六家、亞太和大買家量販店各三家、東帝士和大興農各一家。這當中，大潤發和亞太是自有品牌，其餘的大買家、東帝士和大興農的合作，著重在聯合採購所產生的利益。（經濟日報1999年12月10日，第38版，黃秀義）

2.直接或間接控制其他事業的業務經營或人事任免。最大差異在於，母子公司關係企業併購也屬於公平交易法適用範圍，不像一般併購是指併購關係企業以外的公司。

(二)併購的定義和分類

併購(mergers & acquisitions, M&A)包括收購(acquisitions)和合併(merger)等二種不同法律特性的行為，收購的方式常見的有資產、股權收購；合併的方式有吸收、設立二種，詳見表5-8。

表5-8　併購類型和舉例

承包委託經營	收購	合併
大潤發量販店接受亞太投資委託經營	1.資產收購 (1)證券業的營業讓與，如2002.5日盛證券取得頭份證券 (2)出售資產 (3)出售事業部 2.股權收購 (1)1999年11月，國際證券買下法華理農投信公司七成股權 (2)2002年4月，中華開發買進大華證券六成股權	1.吸收合併 2000年3月，元大證券吸收京華證券，合稱元大京華證券 2002年4月，美國惠普合併康柏電腦 2.新設合併

(三)金融控股公司以異業合併為主

為了便於金融業內的異業併購，2001年6月通過金融控股公司法，並於2001年11月生效，28日財政部核准第一批六家金融控股公司名單，包括中華開發、華南、建華、中信銀、富邦和國泰金融控股公司。

其申請程序為：公平會通過結合案後，財政部再核准設立，經核准後拿到許可函的公司，即可辦理公司登記和申請營業執照。十五天後就可正式設立，2001年12月底即有第一家公司出現並上市。(經濟日報2001年11月27日，第1版，邱金蘭)

三、流行併購的產業

企業合併或收購，最常出現在下列二個產品壽命階段的產業。

1.成熟產業：例如紙、航空、金融等，所以才會有元大、京華證券的大合併，富邦、群益證券也都流行五合一，很像日本16世紀末的織田信長、武田信玄、毛利元就等的合併競賽。合併的目的反倒是減少殺價競爭（透過消化產業內過多產能）、降低成本；代表性現象是大併大，大併小的效果有限。

2.成長產業：通訊（含連鎖店）、媒體、網路等新興科技產業，企業併購的動機大都是為了獲得客戶、擴大市佔率。所以代表性現象以大企業收購小公司為主，合併較少。尤其值得說明的是產業聚集式的併購。

(一)網路產業的併購特色

大吃小的併購就跟大魚吃小魚一樣不是新聞，但是小魚間併購而能影響產業的規格，這種現象稱為「產業聚集」(roll-up)，美國代表性案例為思科(Cisco)，十餘年的併購，竟然股票市值居全球之冠，超過微軟、奇異。第二個案例為組合國際，二十年前王嘉廉藉由併購三十家以上公司而快速成長，在商用軟體業僅次於甲骨文。

這現象在臺灣越來越明顯，尤其在新興的網路軟體通訊等產業，1999年以來，代表性案例有二大行業。

1.企業間電子商務(B2B)：2000年4月，臺灣B2B龍頭汎倫跟宇博等四家同業合併，改稱汎宇電商公司。如同台積電、聯電的併購競賽一樣，汎倫的對手啟台也在1999到2000年合併十二家同業，並籌募1.5億元資金，專肆快速併購成長。

2.網路內容業者(ICP)：臺灣前三大網路內容業者、入口網站——電腦家庭(PC home)、雅虎奇摩(Kimo)、蕃薯藤，大部分是藉由吃下其他的入口網站，而一步一步朝向美國雅虎、美國線上(AOL)的百貨公司型網站發展，以滿足網路族的一切需求。

(二)導入期產業較少併購

至於導入期階段的產業（例如生物科技），有些行業前景能見度低、公司能力難以評估，在「人人有希望，個個沒把握」的情況下，併購動機也就比較缺乏。

(三)衰退期產業

衰退期階段的產業，大多連正常利潤都賺不到，業者大都持「日頭赤炎炎，隨人顧性命」的想法，小廠能轉型就轉型，只有大型業者會想透過併購來消化產業多餘產能——併購後關廠、減產。

四、併購適用的時機

除了前述併購動機外，從事併購也得看買賣雙方的體質，詳見表5-9。其中「健康公司」(healthy company)是指財務健全（即有盈餘）、管理階層素質好、市場地位

（指品牌或通路）穩。

表5-9 買賣方公司經營績效對併購績效可能影響

買方 ＼ 賣方	虧 損 (不健康公司)	獲 利 (且爲健康公司)
虧 損	不宜介入，對買賣雙方均十分不利，也極有可能加速惡化	有「教育性併購」的味道，買方可能藉此增加一甲子的經營管理能力
獲 利	買賣雙方最好是同行，尤其是買方有艾科卡級反敗爲勝人物時，打贏機率便越大	可說是「公主跟王子」、「金童與玉女」的門當戶對企業聯婚

第四節　技術移轉

從國外大廠移入技術是臺灣電子業茁壯的主要動力之一，其他還包括代工、委託設計等。

一、技術移轉

到道館學跆拳道就是簡單的個人之間技術移轉的常見情況，也就是繳學費學技術。

1.技術移轉的分類：技術移轉可從很多角度來了解，表5-10是常見的幾種分類方式。

2.技術移轉的相關用詞：雖然技術移轉是個歷史悠久的觀念，但英文用詞常隨作者的強調重點、習慣而有「七嘴八舌」的現象，詳見表5-11。

3.交互授權：交互授權本質是種物物交換、資產交換，所以有些人使用知識交換(knowledge swap)來形容，雙方公司交換的標的物是知識。

表5-10　技術移轉的分類

方　向	技術層次、技術績效
1.技術引進 2.技術移出	1.管理、策略 2.產品 　(1)多樣化技術 　(2)高級化技術 　(3)專門化技術 3.製程 　(1)提高精密度 　(2)節省能源 　(3)節省生產費用 　(4)軟體 　(5)生產管理

二、影響技術移轉績效的因素

　　影響技術移轉績效的大分類因素早已成為常識，詳見表5-11，可粗分為操之在我（如技術移入廠商的吸收能力）、操之在人（如技術移出廠商的意圖）和彼此互動的三大類因素。剩下的是如何「小題大作」，也就是拿放大鏡甚至顯微鏡把單一因素再細分。

表5-11　影響技術移轉績效的因素

管理程序 對象	投　入	轉　換	產　出
移出廠商	1.契約內規定 2.合作夥伴的透明度 3.非志願性技術移轉的策略企圖		
廠商互動	1.雙方互動關係 2.傳遞管道(transmission channels)		
移入廠商	1.吸收能力 　(absorptive capability)， 　這又受自身技術能力 　(indigenous technology 　capability)影響 2.管理：技術取得 　管理(technology 　acquisition management)， 　在合資時稱聯盟管理技巧	留才能力 (rententive capability)	技術能力提升 (technology capability enhancement)

在此處，先針對三項因素說明。

(一)知識基礎互補vs.相似

夫妻間個性互補或相似才比較適配，這一直是男女之間交往的焦點。在技術合作時，這往往是熱門的研究主題，結論都大同小異，美國印第安那大學商研所教授Lane & Lubatkin (1998)的研究結果很具有代表性。

1.先有底：理工系畢業生來唸企管碩士班時，由於基礎不好，因此比較累，同樣的，進行技術合作時，移入廠商人員的基本知識就是這基礎。

2.專業知識宜互補：合作廠商的專業知識(specialized knowledge)差異較大較好，因為互相可以激發火花。

(二)透明、開放

透明(transparancy)或開放(openness)，這是美國密西根大學企管所教授Kale等三人於2000年的實證指出。

1.在技術移轉時：透明是指技術移出廠商單向懷疑移入廠商會包藏禍心，因此故弄玄虛。

2.在技術合作時：透明是指彼此「坦誠相見」，不會彼此懷疑對方會偷雞摸狗。

影響夥伴間互信前提，倒有點「一朝被蛇咬，十年怕草繩」的惡性循環，反之也會有良性循環。

(三)非自願技術移轉

在技術移轉活動中，契約以外知識傳播的活動和機會稱為「非自願性技術移轉」（involuntary technology transfer或expropriation），本質上是知識外溢。

1.外包時：在製造聯盟中，委託廠商對於代工廠商在製造過程中的協助即為一種非自願性技術移轉，代工廠商往往能透過這種知識傳播的管道提升自身的技術能力。

2.在技術移轉時：技術移出廠商有意（半買半送）、無心的多露一、二手給移入廠商，後者免費多學二、三招。

(四)雙方互動

合作雙方的關係特性，包括下列二種：

1.公司間互動：訓練、技術和管理協助的提供，對於在合資中從夥伴身上得到知識的程度呈正向的關係。合作夥伴間的溝通會影響他們之間互動的品質和內容，並進一步會影響聯盟的績效。企業和研發機構間溝通愈多則技術移轉績效愈佳。

2.公司間差異：夥伴間技術的互補程度對策略聯盟是否成功非常重要，企業間特定屬性的比較性差異會導致阻礙企業間一起工作的效率和能力。

三、舉一反三

技術移轉、中衛體系、研發合資公司的本質幾乎可用同卵三胞胎來形容，雖然各類研究看似洋洋灑灑，但以簡馭繁的關鍵在於，其交集皆是技術移轉，只是依產業（例如生技）、國家（或稱區域）策略有不同罷了，詳見表5-12。

表5-12　影響中衛體系、研發合資績效的因素

公司間關係	中文字類比	影響績效因素
中衛體系	已	互信以外，還加入知識協助機制
研發合資公司	已	額外強調互信，即「關係資本」
技術移轉	己	詳見表 5-11

四、吸收能力

吸收能力常令人就近取譬，「沒有那樣的胃，就不要吃那樣的瀉藥」，這是指人胃的吸收能力。個人學問的吸收能力常是指「看得懂八九成」。不過，公司（對知識）吸收能力(organization's absorptive capacity)倒沒有這樣膚淺，有關此方面，大都以Cohen & Levinthal (1990)的研究為主。

(一)吸收能力的內容

美國印第安那大學商研所教授Lane & Lubatkin (1998)對公司知識吸收能力的定義最寬鬆，一言以蔽之，就是知識轉換能力，詳見表5-13。重點是吸收能力以是否用得出來才算，不只是像參加背書比賽那樣，他們稱為「被動學習」(passive learning)，反正就是把「看得快，懂得多，記得牢」看得很淺，差的只是沒有慧根（指知識取得）。滿腹經綸（公司員工學歷、訓練時數）但經營績效卻乏善可陳（指知識

運用)，這種「少根筋」照樣算吸收能力不及格。所以廣義的吸收能力、技術取得管理都有著「送佛送上天」、「好人做到底」的涵義，不只是「師父領進門，修行在個人」而已!

表5-13　知識吸收的內容

知識轉換	投　入	處　理	產　出
一、能力種類	選擇性注意、記憶的能力，稱知識基礎 (know-what)	把知識化成能力的處理程序 (know-how)，兩個衡量公司知識系統的代理變數	把知識商品化的能力 (know-why)
二、內容	即科學知識 (scientific knowledge)	1.鼓勵發表、申請專利的薪資制度 2.公司 (尤其研發部) 比較不集權(research concentralization，或稱 lower management formalization)	Prahalad & Battis (1986)稱為「支配邏輯」，包括： 1.在已知合作案規模、風險水準、規模時，對專案的偏好 2.依產品生命週期、市場地位、關鍵成功因素，而決定策略的內容

資料來源：整理自 Lane & Lubatkin (1998) , pp.465~466。

㈡影響吸收能力的因素

Cohen & Levinthal (1990)的研究指出影響吸收能力的因素 (詳見圖5-2)。令眾人跌破眼鏡的是，像Pennings & Harianto (1992)的研究指出，經驗（知識存量豐）比知識資產投資還重要；套用阿基米得的名言：「數學之途，無君王之途。」君王沒有數學的底，而且又不用功，花大錢請家教的效果也是有限。美國麻州理工學院、哈佛大學商學院，這些名校或許校舍老舊，但是強的是一脈相承的老經驗。

㈢狹義：學習能力

狹義的吸收能力是指俗稱的學習能力(capacity to learn)。

㈣個人知識基礎

個人能不能學得來(technology acceptance)、用得出來(adaption)，都得看個人知識基礎(individual knowledge base)有沒有底，否則不具備必要知識(requisite knowledge)，學起來就比較吃力了。

圖5-2 影響公司吸收能力因素 —— 以知識為例

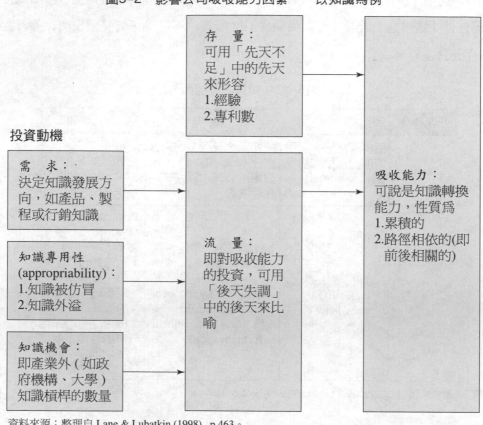

投資動機

需　求：
決定知識發展方向，如產品、製程或行銷知識

知識專用性
(appropriability)：
1.知識被仿冒
2.知識外溢

知識機會：
即產業外（如政府機構、大學）知識槓桿的數量

存　量：
可用「先天不足」中的先天來形容
1.經驗
2.專利數

流　量：
即對吸收能力的投資，可用「後天失調」中的後天來比喻

吸收能力：
可說是知識轉換能力，性質為
1.累積的
2.路徑相依的(即前後相關的)

資料來源：整理自 Lane & Lubatkin (1998)，p.463。

第五節　成長方式決策 ——兼論新設公司策略定位

　　七個優點的成長方式不見得優於四個優點的另一種成長方式，反之，缺點少的也不見得具有「少輸就是贏」的優勢。這又不是作文比賽，四個優點很容易隨時膨脹到八個、十個。

　　本節擬透過線性規劃、資本預算的觀念，說明企業如何挑出最佳成長方式，而每個投資案的結果可能都不一樣。

一、熟悉度矩陣出局

　　各種成長方式適用的時機，類似「國際市場進入策略」，有些人用熟悉度矩陣，

把Y軸（市場）、X軸（技術或服務）依熟悉程度各分為三等分，然後決定「最適進入方式」(optimum entry mode)。例如技術本位（即非常熟悉）和對市場本位情況下，適合採取內部發展方式。

我們倒不這麼認為，就熟悉度矩陣上任一方格（情況），難道不適合採取外部成長中的長期契約、策略聯盟嗎？實務上，各情況下皆有公司採取各種成長方式。所以，我們不擬花篇幅介紹熟悉度矩陣和最適進入方式。

二、成長方式的決策

公司成長以追求公司價值極大化為目標，這跟線性規劃求解一樣，只能在可行區域內找最佳解，其限制、求解方式如下。

(一)限制條件

成長方式受限於下列三項限制：

1.經費限制：即財務可行性(financial feasibility)，沒錢難辦事，資金是常見的限制。

2.吸收能力限制：成長方式跟吃東西很像，都得考量人的吸收能力(absorptive capacity)，尤其在技術移轉或策略聯盟（特別是技術共同開發等學習型聯盟，learning alliance）時。雖然有些論文討論此主題，但不論個人吸收能力、公司學習能力，皆跟我們的常識認知沒有差別，例如吸收能力具有累加性，即知識基礎越廣越深，吸收速度越快。

3.建構策略性資源的考慮因素：至於企業是否願意付出高額代價來建構資源（例如知識管理），還需考量資源所具有的「競爭成果特性」，也就是下列三項特性：

(1)專享的，有些公司不願花錢併購人才為主的公司，便是擔心人力資源往往不是公司獨享的，因為人會用腳投票。

(2)公司的。

(3)耐久的，然而高科技產業內資產的折舊速度最快，一般來說，「能力」比「資產」耐久。

㈡成本效益分析

成長方式的成本很容易計算，但是效益則不容易量化。在強調價值經營(value-based management, VBM)的今日，大都採取淨現值法(NPV method)計算出各成長方式的結果，並在財務可行範圍內，依序挑淨現值報酬率的成長方式。

㈢為什麼沒談時效考量?

企業採取併購其他公司方式成長,成長代價較高(如同上館子比在家吃貴一樣),著眼點在於搶時效,那麼為何不單獨把時效作為成長方式的目標呢? 時效可採取兩種方式處理,無須單獨列為目標。

1.限制條件: 例如自行發展緩不濟急,那麼只好外購。

2.放到公司價值極大化目標中: 自行發展可能會反映在成本居高不下、收入無法達到預期,也就是時效會反映在獲利上。

三、成長方式的掌控

各種成長方式的效益比較難評估的主因在於「操之在己」的掌握程度,換以貨幣方式表示,掌控程度可說是獲利落袋的機率,由圖5-3 Y軸可見,我們把內部發展

圖5-3　內、外部成長方式的成長速度和控制程度

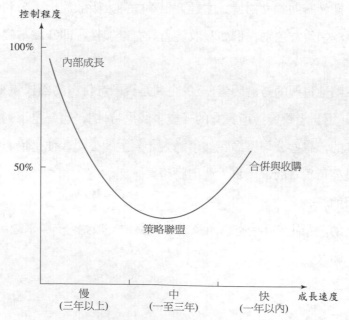

視為控制程度九成以上；併購其次，約七成，至少是指併購後半年內此一過渡期。至於策略聯盟的掌控程度最低，縱使是"50：50"的合資，也可能出現雙頭馬車的失控情況。

　　另一方面，如果把成長速度標示於X軸，我們可以依照經濟學中消費者的無異曲線，畫出經營者對控制程度、成長速度的無異曲線，很可惜這條曲線無法作到精確。

　　最後，如果已知預算線，預算線跟經營者成長方式無異曲線切點便是最佳方案。

(一)就近取譬說明控制程度

　　陌生、複雜的觀念，如果能用生活中的例子來比喻，常使人容易快速了解、方便記憶。在介紹企業間合併和收購之前，我們想用表5-14中的男女關係來說明企業併購，奧妙之處在於表中有一條虛擬的縱軸，用以衡量可控制程度，不用說，「男女朋友」時彼此沒名沒分，所以彼此（或一方對另一方）間控制程度最低，再看到最上面，「花錢娶」（無異「買」）越南新娘情況，丈夫對太太的「控制」（至少按婚姻關係）程度最高，至於其他的男女間關係則介於這二極之間。由這個例子來看併購、策略聯盟是不是比較容易了解？

表5-14　以男女關係來比喻企業間的併購控制程度

控制程度

高

男女關係	企業外部成長方式
一、男女結婚 　1.男女結婚 　　(1)「買」老婆，如越南、印尼新娘 　　(2)男女結婚，男(或女)人採經濟大權 　2.男女結婚，採共同財產 　3.男人「養」小老婆、女人「養」小白臉 二、男女婚前 　1.同居 　2.男女朋友	一、合併與收購 　1.收購(acquisition) 　　(1)資產收購 　　(2)股權收購 　2.合併(merger) 　3.委託經營 二、策略聯盟 　1.合資(含少數股權)式 　2.非股權(如聯合研發)

低

(二)高科技業策略聯盟跟併購間的抉擇

　　美國麻州理工學院史隆學院技術管理教授Roberts和所羅門美邦證券的Liu

(2001)研究結果指出， 策略聯盟跟併購孰優孰劣， 取決於技術生命週期(technology life cycle)，他們以個人電腦、微軟為例，得到表5-15的結論。他們的結論也適用於傳統產業，結論也符合常識，在技術（連帶也是產品）成熟期，邊際廠商不支倒地；技術不連續期（指的是舊的不去，新的不來），可說是產品衰退期，很多廠商撤資；所以這二階段當然是策略聯盟比企業併購優先採用。 反之， 在技術導入期(fluid phase)、技術過渡期(transitional phase)，市場供不應求，企業併購比策略聯盟優先採用。不過這不是零與一的抉擇，也得看對象而定。

表5-15　技術生命階段的策略聯盟、企業併購作為

技術階段 / 企業作為	導　入 (fluid)	成　長 (transitional)	成　熟 (mature)	不連續 (discontinuity)
一、階段特性 1.技術特性 2.市場成長率	技術未定型 165%	產品定型 69%	產品升級 45%	舊技術漸過時 32%
二、策略聯盟	多家公司聯盟 建構產業規格	聯合研發、 行銷面策略聯盟	策略聯盟優於併購 製造聯盟、 聯合研發、 行銷面策略聯盟	行銷面策略聯盟
三、企業併購	併購優於策略聯盟 成熟技術（產業）公司收購初成立但技術性佳的新公司	擁有主導性 (dominant)技術的公司收購其他競爭對手	產品互補的公司 間（水平）合併	進軍新技術領域， 收購技術利基公司

資料來源：部分整理自Roberts & Lin (2001), p.29。

四、新設公司策略定位

　　新設公司該採取怎樣的成長方向、成長方式和財務策略的搭配，才能跨出正確的第一步，而對外（金融機構、投資人）又有足夠的吸引力呢？美國一些實證研究結果似乎值 得參考，詳見表5-16，其中值得說明的如下。

　　1.成長方向：一般來說，由於資金有限，因此創業初期大抵以擔任代工(ODM)、設計代工(OEM)為主，等待羽翼豐富，才自創品牌。由於新設公司早期階段比較依賴內部資源，特別是把內部研發、生產能力運用於產品功能的增強和擴展。一般來

說，公司創業團隊中必須要有一人是技術人才；此因技術授權不易取得，縱使可取得，所費不貲，還不如將其內部化，給予技術人才乾股（俗稱技術股）。對於市場的開拓，則透過合夥、合資來取得通路、大顧客。

2.資金來源：除非創業團隊力有未逮，或想分散投資風險，否則一般專業機構投資人（例如創投公司）很少投資於創立階段(seed stage)的公司，因此早期資金來源多以自有資金為主。等到公司已 確定能夠存活（成立一年後），甚至有盈餘時，銀行才願意錦上添花地給予或擴大信用貸款額度，機構投資人才敢投資。

表5-16 史密斯等(Smith etc.)新創事業的技術、成長、財務策略

壽命階段 / 決策項目	創立期	成長期	成熟期	衰退 / 重生期
成長方向	產品功能增強 →	產品功能擴展 → (含水平整合)	垂直整合 → 多角化進入新事業領域 → 新產品創新 →	
成長方式		授權 → 公司合夥 →	合資 → 內部創業 → 併購 → 被併購 →	
財務策略	內部資金 → 舉債 →	股票私下募集 →	股票公開發行 → (上市上櫃)	

◆ **本章習題** ◆

1. 以一家專精經營企業為例，套用表5-1、圖5-1，觀察其何時、何地採取哪一種成長方式。

2. 以表5-3為基礎，以一產業為例，在每類策略聯盟各找出一家公司，並分析為何採取不同結盟方式。

3. 再以表5-3為基礎，以同一公司為例，在每類策略聯盟上各找到一個案例，分析其為何「見人說人話，見鬼說鬼話」。

4. 以表5-8為基礎，各找一個最近併購的案例。

5. 以表5-9為基礎，找實例來驗證表5-9對或錯。

6. 以表5-10為基礎，在各種技術移轉各找一個案例。

7. 找一（或幾）篇關於技術移轉績效的研究論文，體會表5-11是如何歸納出來的。

8. 以圖5-2為基礎，分析一家公司知識吸收能力的高低，你可以把此圖化成量表嗎？

9. 你認為圖5-3有什麼理論根據？

10. 以表5-15為基礎，找一個產業（例如銀行、行動電話系統公司）作表分析1997～2001年的（某一公司）作為。

第六章

公司策略規劃第三步：成長速度——公司成長的風險管理

我相信只要態度夠謙遜，對於商業行為背後的動力具有好奇心，就像俄羅斯娃娃一樣，只要一層層打開，就會貼近公司的核心與靈魂。

——崔修(Michael Treschow) 瑞典易利信(Ericsson)董事長

2001年11月

學習目標：

風險管理一直是財務、投資人員在金融投資訓練課程中的重點之一，同樣精神也可用在策略管理（尤其是直接投資）。

直接效益：

投資應注意「安全性，獲利性，變現性」，實用策略規劃評估表讓你可以具體操作，用於直接投資案的評估。

本章重點：

· 各產業生命階段的財務風險管理之道。表6–1
· 風險管理的五種手段。表6–2
· 二階段收購舉例。表6–3
· 公司策略態勢和管理。圖6–3
· 停損點。§6.3 三(一)
· 致命的投資觀念 —— 攤平法。§6.3 三(二)
· 策略彈性。§6.4
· 增加公司經營彈性的作法。表6–4
· 財務肥肉。表6–5
· 企業肥肉的功能。表6–6
· 風險理財。§6.4 四
· 實用策略規劃評估表。附錄

前言：管理風險，別讓風險管理你

西方兵聖克勞塞維茨在其名著《戰爭的藝術》中強調，在介入戰場前就應該明瞭在什麼情況須退出戰場。如果把這原則運用在企業經營上，一方面表示要見好即收（例如：股票上市、出售公司），一方面也顯示在虧損到達何種程度便須急流勇退，以免全軍覆沒，後者在企業經營便是風險管理。

企業風險管理的重要性可用一句話來形容，即「賺錢時以（投資金額）百分比計算，損失時以倍數衡量。」因此，在企業進行成長的策略規劃階段，風險管理至少扮演下列二種角色：

1.要做還是不做(to be or not to be)？回答這問題的方法，不在於以貨幣為衡量單位，而應以效用為衡量單位，也就是不在於賠多少錢，而是經營者（尤其是多數股東）的感受。

2.如果要做，那麼如何管理可能遭遇的風險，尤其是怎樣把風險控制在可接受的範圍。

第一節擬提綱挈領說明風險管理五大手段。

第二、三節，我們運用財務管理中的投資組合理論，來說明公司如何控制營運風險在可接受的範圍。第四節說明出險後的風險理財。

第一節　公司風險管理快易通

一般人（可能大部分老闆也在內）一想到風險管理，最先想到的是買保險；股票族的風險管理主要是持股比率，也就是不要發生「（全部）現金寄股市」的情況，其次是「不要把所有雞蛋擺在同一個籃子」的持股分散。買保險是狹義的風險管理，只是風險管理的五種中分類手段之一（詳見表 6-2）；至於股票投資人所指的風險管理，也只是五種中分類手段之一組合的運用罷了。也就是還有三種中分類手段，而一般人、股友族可能不熟悉，這也是本節希望「三兩下清潔溜溜」的讓你有個全面觀。

一、風險管理跟賺錢一樣重要

你有沒有靜下心來想過下列二種情況:

1.以超商來說,純益率約3%,營業成本約67%,簡單的說,一件商品(例如電池)被偷,得辛苦賣出22件商品才能勉強打平。

2.銀行放款利率6%,扣除成本4%(資金成本假設為一年期定存利率),純益率頂多才二個百分點。一旦有一筆100萬元的呆帳,得靠五十筆100萬元的放款才補得回來。這也難怪從2000年起,銀行採取保守經營以免多作多賠。

由上面可見,公司賺錢一年皆只有百分之幾的利潤,例如台積電董事長張忠謀認為世界級晶圓代工廠的及格權益報酬率是20%,也就是10元認股的股東,以算數平均(或未考慮貨幣價值)來說,需五年才可以還本,第六年以後股東才有賺頭。然而一不小心,一旦虧損,一年可能把資本額賠光,股東可能就血本無歸,股票變成壁紙。

賺錢大都是小錢,賠錢卻通常是天文數字,因此企業在精力的分配,不應全副精神用於踩油門的衝刺,也該左顧右盼、踩煞車的作好風險管理;只要稍微花點時間,效果卻很驚人。

二、風險種類

風險有許多種分類方式,在公司、事業部層級來說,套用財務管理上的分類:

公司風險(含事業部) ＝ 營運風險 ＋ 財務風險
(corporate risk)　　　　(business risk)　(financial risk)

㈠營運風險

營運風險是指零負債公司作生意時所遇到的風險,較常見的營運風險依序如下:

1.曲高和寡,甚至完全抓不住消費者的心,俗稱生產導向,「報人辦報」比較容易出現此問題。

2.景氣衰退時創業,可說是屋漏偏逢連夜雨,結果常是「壯志未酬身先死」。

3.市場一窩蜂，而且跟的速度很快，一下子就供過於求，1996年的天津狗不理包子、1999 年的葡式蛋塔便是很好的例子，中、後期介入的業者很容易血本無歸。

本章探討的焦點在此，尤其是涉及投資（設廠）、增資時。

(二)財務風險

什麼人不會得香港腳（病）？這不是腦筋急轉彎問題，答案是「沒有腳的人」。同樣的，（狹義的）財務風險是指貸款後無法還本還息，以致抵押品被銀行查封、法院拍賣的風險，「倒閉」(bankruptcy)一字就是這麼來的。

那麼，在各產業、公司生命階段，公司宜以表6-1方式來管理財務風險，不要讓財務問題拖垮公司，尤其是周轉不靈的藍字倒閉更是划不來。

表 6-1 各產業生命階段的財務風險管理之道

產業壽命階段\財務風險	導 入	成 長	成 熟	衰 退
負債比率 (長期償債能力)	20% 以下 （以免本業虧損下，屋漏偏逢連夜雨，而被債息拖垮）	60%	50%以下	40%以下
速動比率 (短期償債能力)	1 以上	0.8~1	1.2以上	1.2以上

三、風險管理的手段

風險管理跟養生一樣，可分為事先的預防、事後的治療二個時期。

(一)出險前

風險管理的手段如表 6-2 所示，我們從風險管理的五種手段，可以把繁花似錦的併購風險管理方式予以分類，以收提綱挈領之效，這是我們一向強調的「回復到基礎」(return to basis)的主張，接著，我們以企業併購為例詳細說明表 6-2 的內容。

一般來說，買方係依表 6-2 中「小分類」的措施順序來管理風險，首先是「隔離」，以免沾了一身「腥」，接著是組合……。當然，這並不是單選題，而是複選題，

即同時可以採風險分散中各項措施，再搭配風險移轉措施。

　　風險移轉中二大措施有點替換關係，當賣方願意提供償債擔保，此時買方就可以不必（或減少保額）買併購保險。

㈡出險後

　　風險既已發生，除了設法將損失降到最低外，例如第四章第五節的企業重建中如何把（子）公司、事業部賣個好價錢，另一關鍵問題是如何補漏，這是風險理財的事，詳見第四節。

表 6-2　風險管理的五種手段

大分類	風險分散			風險移轉	
中分類	隔　離	組　合	損失控制	迴　避	移　轉
投資前	1.以產品來說，推出戰鬥品牌，不要掛家族、公司品牌 2.以子公司做為公司信譽的防火巷	1.產業(或持股)分散，即複合式多角化 2.地區分散 3.時間分散，即三階段投資	1.投資前停損點 2.專屬保險	跟別人合資投資	保險，主要是營運中斷險
投資後：風險理財	風險自留，所以需要有企業肥肉 (organizational slack)，尤其是財務肥肉 (financial slack)來挹注				

四、五種中分類手段

㈠風險隔離

　　風險隔離跟「危邦不入」道理一樣，常見的有下列三種方式，第一、二種方式適用於併購前，第三種方式適用於併購後。

　　1.以資產收購取代股權收購：當賣方資訊不透明時，尤其像背書保證金額、民

間負債不清不楚的，買方可能傾向於採取「門前清」的資產收購方式，而不願去承擔股權收購時「概括承受」賣方公司的負債。但資產出售的售價往往比股權出售低三成以上，輪到賣方會質疑「跳樓大拍賣」是否划算，是否還有其他路可走。

2.排除風險高的資產：如果買方擔心賣方某項資產（主要是某個廠）可能有無法評估的環保風險，那可能乾脆在跟賣方交易時就把此項資產排除在外，除非賣方堅持「整賣」!

3.利用子公司來作為防火巷：許多書皆建議買方可以採取「併購子公司」（例如投資公司）來成為形式上買方，以當做併購後公司（位階如同買方的孫公司）跟買方間的防火巷。

(二)透過投資組合觀念來管理風險

投資組合須透過二種「分散」來落實。

1.合資收購：合資收購情況的好處在於：

⑴產業分散，買方不把所有雞蛋擺在同一籃子內。

⑵發揮合夥人的互補效益，以擴大綜效。

⑶當（財）力有未逮而又勢在必得時，只好找人一起投資。

2.二階段收購：二階段收購是時間分散原則的運用，但真正的用意不在於像正三角型買進持股，而是怕遇人不淑，先「友」後婚，如表6-3所示。

表6-3 二階段收購舉例

項目 ＼ 階段	第一階段	第二階段
日　期	2001.7.1	2002.1.1
股　權	20%	31%
股　價	15元／股	公式價格
董事席位	20%	51%
目　的	取得董事席位，以免資訊不對稱，而高估賣方	取得相對多數股權

第一階段持股比率高低不那麼重要，但必須能至少佔有一席董事，參與營運，以知道公司內部有無弊端（例如有沒有重大「五鬼搬運」的代理問題、掏空公司資

產）。這跟男女訂婚、試婚比較像，勉強可用少數股權的策略聯盟來形容此段關係。

第二階段再收購更多股權，以取得相對多數（51％以上）或絕對多數股權（66.7％以上，即特別決議的門檻）。

二階段收購的代價是，一開始雙方簽訂的收購契約中，買方無異取得一個選擇權，在有效期間（一般為半年）內，買方得以公式價格來購買31％（本例）股權。而這權利金會灌在第一階段的價款中，即僅收購20％股權時，股價14元；但在第二階段收購時，額外每股加1元權利金，變成15元。

二階段收購比較適用於初學乍練的買方，或是賣方資訊不透明時。此外，顯而易見的，當買方一時阮囊羞澀時，也會採取二階段收購方式。

(三)損失控制

損失控制可分為事前的盈餘規劃所算出的最高投資金額，和事後動態修正的停損點——例如併購後公司虧損達買方併購金額的三倍，便「見壞即收」的撤資。

因賣方不實「陳述和保證」所造成買方的損失，損失前風險理財之道有二種：

1.風險自留：除了準備金（類似股票投資損失準備）外，買方專屬保險的自留額也算。

2.風險移轉：出險（例如環境污染的罰款）的理財資金來自保險公司。

(四)風險迴避

風險移轉可分為二種對象，一是交易的對方（併購時為賣方），一是第三者（主要是保險公司）。前者稱為風險迴避，主要有三種方式：

1.公式價格，即獲利能力價金條款。

2.付款方式，分期付款（尤其是尾款）的現金收購或混合付款方式。

3.併購契約中損害賠償條款，再加上賠償準備金（例如寄存基金）。

(五)保　險

透過保險方式來移轉風險，是狹義的併購風險管理方式。

第二節　產業分散 —— 成長方向的決策

財務管理中的投資組合理論，不僅適用於金融投資，而且也適用於實質（或直接）投資。投資組合主要功能，在於控制投資風險於可接受的範圍，至於建構投資組合的產業（或稱持股）、時間的分散，底下將簡單說明。至於地區分散在第三章第二節及本章第三節中皆有討論。

一、透過產業分散，以分散公司風險

(一)景氣循環的平滑

為分散公司風險，企業常採複合式多角化，例如依「景氣領先」、「景氣同時」、「景氣落後」的產業特性，適度生產不同產品或投入不同產業。此方法的缺點為企業往往缺乏經營不同產業的能力，以致事與願違的造成更大風險，可說是防弊之弊甚於原弊。因此，許多企業採取在不同地區從事同樣產業，即地區的水平多角化，以免撈過界了。

(二)平滑淡旺季

對於季節性明顯的行業，往往希望透過淡旺季的平滑(smoothing)來達到提高產能利用率等目的。例如，1996年時臺灣雀巢集團旗下的福樂公司擬併購金吉利公司，原因在於前者產品主要為乳品、冰品，銷售旺季在夏天；而後者產品為冷凍調理食品，旺季在冬天（尤其是其中的火鍋料系列）。

(三)動態調整事業組合

調整事業組合的方式之一便是「換股操作」，換股操作適用於當產品出現趨勢性的衰退走勢時，雖然放棄太早可能少賺一、二年盈餘；但是放棄太晚，可能連機器設備也幾無殘值可言，連本都賠進去了。因此美國的基金經理對於後市不明朗或盤低時，大都主張降低或出清持股，退出觀望。至於如何因應循環性的產業景氣循環，將在下小節中討論。

1992年6月，友力鋼鐵股票慘遭降類處分，報紙形容為「其來有自」，主要為全

球經濟不景氣、再加上韓貨傾銷，使資本額7.5億元的友力連續四年稅前純益可說羞於見人：1988年2500萬元、1989年1800萬元、1990年賠1億元、1991年虧1400萬元。而此又不得不歸咎友力本業依存度太高，不符合投資分散原則。

尤有甚者，在連續三年的虧損下，友力不僅不「換股操作」，而且還加碼買進，大幅投資以擴大楊梅廠的產能，希望能提高市佔率、降低成本，冀望反敗為勝。除非友力對後市預測是對的，否則逆勢（尤其是韓貨傾銷不是短期可了）而為，著實犯了股市投資的大忌。輪胎業、工業用紙業、合板業殷鑑不遠，這麼多產業都難逃衰老病死，某些鋼鐵業又怎能置身其外呢？

友力的本業競爭激烈，但從連年虧損採技術分析看來，1991年虧損較少，可能是空頭市場的B段，友力宜利用此難得的逃命線以逐漸「換股操作」，例如加速進行汐止廠的房地產開發。

二、金額上的分散（聯合投資的運用）

合資的代價是讓別人分一杯羹，但站在風險管理的角度卻可能是「必要之惡」，企業可以把原本獨資時必須孤注一擲的資金，一分為二、三，甚至四，不需要把所有雞蛋擺在同一籃內來個同生共死。

在這方面，下列三個案例值得推崇，難能可貴的是，這些屬於大型集團企業並不驕縱。

1.1989年12月，和信集團、神通電腦、臺灣聚合公司以2.7億美元收購美國慧智科技公司。

2.1994年1月，和信、禾豐、潤泰集團企業，共同出資1.9億美元，配合美國希爾頓飯店，以近2億美元聯手收購夏威夷凱悅(HYATT)飯店。而且併購後，飯店的管理由希爾頓負責。

3.因從事國際收購，而一再敗北的宏碁電腦終於學乖了，董事長施振榮強調，宏碁已徹底揚棄人財兩空的百分之百併購作法！而在全球各地找人合資，他戲稱此分散資本和風險的方式是開連鎖餐廳，此種「股權本土化」（來自地主國的資本佔多數）的方式也被稱為「速食連鎖（店）式擴張」。

另外需注意的是，不要把速動比率維持在1這個剃刀邊緣，稍微寬鬆一點，例如

1.2。或許稍微留一些「資金預備隊」，看似有點資金閒置、資金運用效率比較差。但不要忘記，這些「閒錢」的資金成本可能只有8%左右，但一碰到缺錢時（尤其是風險狀況發生時），此時求助地下錢莊的代價可能慘不忍睹。如同沙漠行走的旅人，每人至少會留一袋救命水，不到生死交關時不會拿出來喝，往往也就因為一袋水而多撐二天而救回一條命。

第三節　時間分散、停損點——成長速度的決策

許多人都喜歡開快車的刺激，但是一旦出車禍，連賓士600也都會車毀人亡，經營企業也是如此。有些人好大喜功，先蓋個大廠再去衝業績，可能事與願違，一個不景氣，便被利息拖垮了。上上之策當然是先有訂單，再來設廠，先立於不敗之地；但是這麼好的事不是每個人都能碰到的。那麼中策是什麼？套用投資組合的觀念，透過時間分散，以分散直接投資風險；就成長速度來說，這有點像定時定額小額信託投資於共同基金。

一、時間的分散

除了產業分散外，時間的分散也是風險管理的工具。例如，家具廠商豐邦公司總經理黃吉星認為，鑑於大陸原料缺乏、投資風險大，業者到大陸發展宜採「市場合作、技術合作、投資設廠」循序漸進的方式。不僅海外設廠如此，其他企業成長方式也應如此，美國眾信(Deloitte & Touche)聯合會計師事務所副總裁蓋德(William G. Gaede)建議臺灣企業，開始對外投資或併購時，不要盡全力去取得對方的經營權，僅須購買少數股權，取得董、監事席位，藉此策略性地位(strategic position)了解合作對象的技術、行銷通路等，以先友後婚的方式避免買到爛蘋果。當然這只是理想情況，而且必須以階段性的併購加以配合，否則買方的如意算盤仍難以實現。

換句話說，「一見鍾情」式的衝動併購並不足取。誠如男女結婚般，如果在婚前能透過戀愛（例如：契約型策略聯盟、技術移轉）、訂婚（例如：少數股權的策略聯盟）、試婚（例如：合資），則婚後後悔的可能性便比較低。就以全友電腦併購美國

滑鼠公司 (MSC)來說，便是採取先友後婚的方式，雖然介紹人（例如：國際創投和美國Walden創投公司）眼光不錯，但是全友仍採取二階段併購方式：1989年3月先購買美國滑鼠公司20%的股權；6月再購買31%的股權，取得經營權，並未買下100%的股權。

　　不過，時間分散(time diversification)不見得管用，美國楊百翰(Brigham Young)大學企管所財務教授托雷(Thorley)於1995年對金融資產的研究得到上述結論。前提是這個行業必須不處於衰退階段，否則分散投資時間也只是抱薪救火，薪不盡，火不滅。

　　時間的分散，至少有下列三種方式：

㈠正三角型進貨

　　除非有必要，否則不要一下子太鉅額投資，針對同一投資案宜採漸進方式，以避免事前誤判，這方式跟其他方法的最重大差別為投資額為漸進的，而不是維持不變。例如由圖6-1(1)看來，在產業景氣呈V型反轉時，宜採正三角型方式，逢低擴大投資額，如此當景氣來臨時便能吃下大額訂單。然而誰又有十足把握一定是V型反轉，而不是圖6-1(2)、(3)迴光返照的B段呢？如同大部分的線圖分析都是事後聰明，為了避免事前過度樂觀造成擴充太快的缺點，圖6-1(4)指出當對復甦勁道不確定時，最好採小幅擴充。在C、D段確定景氣不是反彈而是真突破，此時才宜逐漸大幅擴充。

　　針對A、B段也可能成為(1)的V型反轉，企業可依序採取：外包契約採購、委託代工、租用機器、共用設備廠房，無須冒大而不當、擴充太快的風險，而且又不會錯失景氣復甦的獲利良機。當然，擴充投資所須的時間越短，企業越可以等景氣復甦站穩（一般為景氣指標上揚三個月起）後，才開始動工；在此等待期間，則可作好擴充投資的準備工作，例如詢訪機器設備售價。

　　那麼，如何穩健的撤資呢？依據「倒金字塔出貨」方式，參酌上述的推理原則，當可八九不離十。

圖 6-1　四種景氣走勢與投資策略

（1）Ｖ型反轉

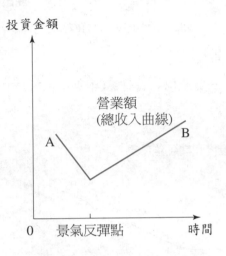

（3）頭肩底（Ｗ型）

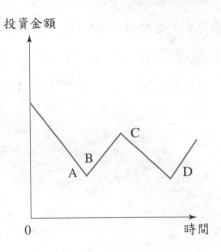

（2）空頭走勢

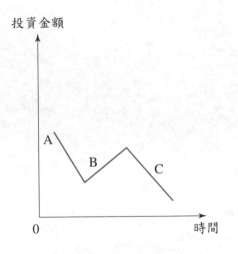

（4）雙正三角型以因應Ｗ型

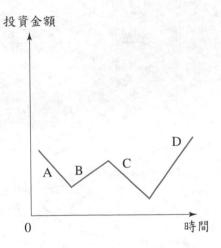

說明：陰影部分表示投資時機、金額。

（二）不必擴廠就能增加產能（選擇權觀念的運用）

對於沒有把握長期趨勢是否已形成，但又想追求業績成長，於是新型外包觀念便透過選擇權觀念應運而生。簡單地說，就是透過公開招標方式來取得委託代工廠

商，委託人付給代工廠商權利金，至於是否給予訂單則操之在委託人。委託人藉此取得儲備產能，不必擴廠。例如1994年美國田納西水利管理局便公開招標，提出購買電力的選擇權，即買進一個「契約生產」(contract manufacturing)買權。

㈢階梯式成長型態（成長速度要適當不要太快）

這樣的觀念，在1994年拙著《企業突破──集團財務管理》(中華徵信所)中已經提出，參見圖6-2。

圖6-2　二種不同成長速度和其可能結果

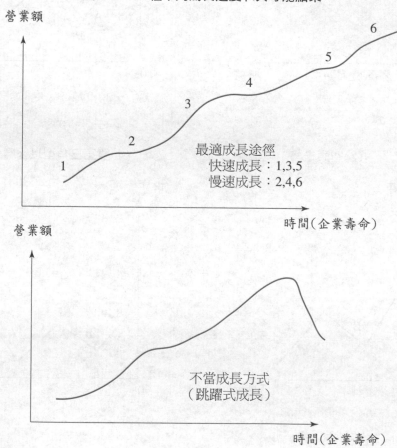

營業額

最適成長途徑
快速成長：1,3,5
慢速成長：2,4,6

時間(企業壽命)

營業額

不當成長方式
（跳躍式成長）

時間(企業壽命)

資料來源：伍忠賢，企業突破－集團財務管理，中華徵信所，
　　　　　1994年7月，初版，第202頁，圖8-3。

公司如果成長太快，就跟人快速發福一樣，很多問題（例如心臟不堪負荷）跟著而來。同樣地，公司成長速度要適當而不要太快。1996年第四季《麥肯錫季刊》

(*The McKinsey Quarterly*)上面一篇名為"Staircase to Growth"的文章，中文譯為「拾級而上——階梯式成長策略」，麥肯錫公司巴海(Baghai)等五位同仁研究全球四十家領導成長公司，例如美國迪士尼、澳洲CCA、香港和記黃埔集團等，得到的結論之一為，這些公司不採取大步躍進，而是採取階梯式的成長型態，以降低經營風險。

二、實用BCG的運用

實用BCG在事業投資策略的涵義為，當企業僅有一產品（事業）處於金牛階段，因產業前景有限，而企業現金充裕，因此宜往問號（或稱問題兒童）、明日之星的產品發展，以延續企業的生命，避免有一天落入連「狗」都不如的衰退階段。反之，要是處於問號或明日之星階段，為了充實發展所需的資金，宜併購多金的金牛公司。

實用BCG的精神在於介入不同產品生命期階段的產品，不僅隱含著考慮各事業部財務互通有無，以降低財務風險，而且更可以使公司營收、盈餘均勻化，降低公司事業風險；一石二鳥的降低公司風險。

當企業進行一項巨額的投資（尤其是併購），由於資金流出、負債比率提高、新事業營運未步入正軌；簡言之，財務風險、營運風險俱增，因此二者結合的公司風險自然有增無減，就像螃蟹換殼時，可說是最脆弱的時候。

(一)公司策略地位之管理

以圖6-3來看，公司原擁有A、C、D三個事業部，依獲利額加權後得公司在實用BCG上的地位為W_1，顯得整個公司日薄西山。假如公司的策略地位是T點，此時最好引進明日之星或金牛階段的事業部，否則從頭發展問題兒童階段的事業部可能緩不濟急。假如公司採取併購方式進行成長，買進處於B點的事業部，在接管時，公司的策略地位可能變為W_2，營收成長率、獲利率都有起色；但也可能因為併購金額太大、併購後管理不善，而使公司策略地位急速惡化而退居W_3，此現象較易發生在併購後的過渡期。

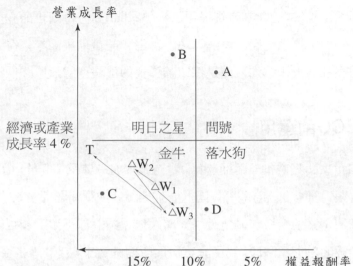

圖 6-3　公司策略態勢和管理──實用BCG為基礎

㈡過渡期不宜太過急躁

在W_3時，並不保證公司必然會朝向T點邁進，尤其是許多公司常誤認過渡期為短期現象。不僅不以為意，反而大膽冒進，急躁的採取打帶跑策略，再度大幅投資，如此極可能使公司的策略地位向下沉淪為落水狗階段。原因往往有二：其一、負債金額（或比率）太高，一旦產業不景氣，立刻被債息壓得喘不過氣來。其二、公司現金因連續巨額投資而阮囊羞澀，縱使產業景氣不變，一旦競爭對手趁虛展開攻擊渡河中的集團，例如採取中長期的削價或巨額廣告攻勢，公司可能無力長期反擊。

㈢放慢成長速度進行調整

許多企業在轉型過程中，往往太躁進，未採取穩紮穩打措施，常常有小錢便加碼投資，擬乘勝追擊，如同股票投資者一樣的貪婪。較穩當的做法是，當進行巨額（例如超過現有總資產20%）投資時，宜採取「投資─整理─再投資」的步驟。在整理階段，瑞安大藥廠股份有限公司總經理章修綱提出了很好的詮釋，他認為在經歷一段（例如五年）大幅投資、快速成長後，公司應整理一年，但並不是停滯不前，而只是放慢成長的速度，好好進行下列整理：

1.事業部（或產品線）的資源重新調整，該減肥的減肥、該增胖的增胖。

2.產能可能已充分利用，是否該擴廠？

3.通路結構調整，例如委託銷售等複管道行銷，因為鋪通路道也需要一段時間。

4.組織結構、人力資源也可能需要調整，在這整理階段，財務控制必須確實執行，包括限制資本支出，專案核准的巨額支出，而且巨額支出的核准程序也須明白宣示，並立即執行。等到企業站穩W_2六個月以上，且朝T點邁進時，再進行新的巨額投資。

三、損失金額的控制

㈠下方風險的避免：停損法的應用（權變規劃，contingent planning）

如同股票投資人捨不得認賠殺出(cut loss)，在策略控制方面的涵義值得警惕。也就是一再向下修正盈餘目標，經年累月的虧損可能侵蝕企業的根本。如何避免此種「太晚放棄」(go error)的錯誤，方法之一是在策略規劃階段，已作好「下方（風險）規劃」(downside planning)，擬定董事會層級的權變計畫(across the board contingency plans)。俟策略執行後，一旦碰到產業蕭條，則依權變計畫作為類似股市「程式交易」(program trading)的準則，採取公司重建、退出(exit)等策略。其中最重要的是退出策略的預定條件一觸及，公司更應施鐵腕、慧劍斬情絲，以避免因採攤平法越賠越多，或文過飾非。

1992年4月《日本文摘》雜誌，針對日本大企業在積極投入多角化經營之後，由於體會擴張主義所付出的成本及努力，並沒有相對比例的回收，因此逐漸醞釀「捨」的哲學，從枝幹型事業撤退，回歸到「選擇重點，集中戰力」的思考上。

雖然事業撤退的管理制度，會因公司的經營理念及業種而有不同，但共通的基本態度是，以平常心正視。撤退經營是企業必要的決策之一，不是以打敗仗的心態去收拾殘局。由於撤退方式的優劣也影響企業日後的經營實力；因此，如何制定一套完善的撤退策略，將是企業未來要進軍新事業之前所必須面對的管理問題。

許多企業進行成長活動時，往往發現好似掉到「大魔域」這個繼續擴大的黑洞，損失金額往往是原投資金額的二倍，真是始料未及。像宏碁電腦、濟業電子來自國際收購造成的損失，以致慘遭股票市場失敗，也就是股票從第一類股降為第二類股。為了避免損失如脫韁之馬，無論是事前擬定的權變計畫，或是事後的危機管理，皆

應及時採取停損法(stop-loss method)以確保最大損失金額。

常見可行的停損點基準例如：

1. 損失金額達原（或累計）投資金額的五成。

2. 損失金額將使公司每股淨值連續二年降到面額以下。

3. 股東權益報酬率連續三年低於一年期定期存款利率。

由宏碁、濟業電子遭受國際收購失敗的例子來看，宏碁案顯示停損點訂得太高，有訂跟沒訂沒兩樣，而濟業則有過之而無不及，7億元的虧損累及本業，使每股淨值跌到只剩5元。而謝來發沒替濟業、GTI訂停損點，只好自己被「斷頭」，1992年3月時董事長寶座因而易主！1991年4月時，他的豪語：「我將再起！」已隨風而逝。

(二)致命的企業投資觀念──攤平法

攤平法是致命的投資觀念，不僅報酬率低於停損法，而且風險也比較高。

1. 跨國投資不必然會分散經營風險：以南僑化工為例，1989年到泰國設廠從事水果、餅乾、蛋捲等加工製造買賣業務，資本額1.5億元，一直虧損。1991年初，只好辦理減資，6月時再增資2.5億元，累計投資金額超過5億元。10月時，取得貸款3.57億元，赴泰國設立南僑（泰國）公司，經營各種產品買賣、經銷、代理進出口和不動產投資、租賃等業務；南僑在泰國投資金額超過7億元。

上述似可說南僑採取攤平法原則，尤有甚者，南僑的泰國投資案並不符合投資組合理論。對外的二個投資案即佔股本（1992年時為15億元）的一半，可以說把一半雞蛋放在一個籃子裡。其後果為，1991年6月《聯合晚報》已形容南僑海外投資為無底洞；1992年5月，南僑董事長陳飛龍公開表示：「投資泰國不會錯。」言猶在耳，6月初南僑慘遭降類，從第一類股降至第二類股。

2. 不要在財務壓力下做決策：當事業風險隨固定成本遞增而提高時，南僑卻採取負債融資方式以從事擴充，平增財務風險，極可能冒著「老壽星吃砒霜」的風險。如同投資人為求加速翻本，冒險使用太高的融資成數──融資、標會、股票質押，往往被沉重的債息壓得缺乏行動自由，只好被迫從事「（預期）高報酬、高風險」的投資。這便是融資決策不當而影響投資決策的最佳寫照，也是許多臺灣中小企業陰溝裡翻船的原因。

相形之下，1987年收購菲律賓某輕油裂解廠的臺灣聚合公司，在菲廠連年虧損後；1990年擬現金增資2億元，募集12億元以挹注菲廠。1991年時雖因不堪繼續虧損而結束菲廠，共損失2.21億元。連帶也變更增資計畫，但至少在融資決策方面比南僑健全些。南僑的正確融資之道應為儘速發行特別股，既沒有利息負擔，短期內也不會稀釋股本。

第四節　策略彈性 ── 兼論風險理財

晴天為雨天作準備，未雨綢繆是常見的風險自留管理方式，這涉及：

1. 事前：保留一些實力以備不時之需，指策略彈性，企業肥肉只是其中之部分。

2. 事後：出險後的風險理財(risk financing)。

一、策略彈性

就跟汽車的備胎一樣，為了應付不確定、多變環境，公司也常保有一些「過多資源」(excess resources)以備不時之需（例如臨時插進的一個大訂單），像策略聯盟便有助於提供策略彈性(strategic flexibility)，跟其他多數策略管理的用詞一樣，只是加上「彈性」一詞，這是個1980年代的老觀念了。

(一)策略彈性的分類

策略彈性有許多種分類方式：

1. 依企業活動分類：例如研發彈性(product development flexibility)，物流和行銷彈性(distribution & marketing flexibility)，詳見表6-4。

2. 依資源性質分類：在本書第十一章的圖11-1中，資源分為資產、能力二大類，美國伊利諾大學香檳校區商業管理學院教授Ron Sanchey（1995）便畫蛇添足的把資產彈性(asset flexibility)稱為資源彈性、把能力彈性(capability flexibility)稱為協調彈性。策略彈性是資源彈性、協調彈性二者的乘積（即二者相乘的結果），就如同「武力＝武器 ×士氣」一樣。

表 6-4　常見增加公司經營彈性的作法

組織層級、企業功能	作法、說明
一、公司	(複合式) 多角化
二、企業功能	稱為「公司肥肉」(organizational slack)，作為因應風險的緩衝 (buffer)
核心活動	
(一) 研發	1.老二主義，以免當老大投資太大，一旦失誤則很慘 2.多種技術來源
(二) 生產	1.彈性工廠 (flexible factory)，跟多功 (能) 機 (器) 道理很像 2.外包、備用供貨廠商
(三) 行銷	1.存貨 2.第二品牌、戰鬥品牌
支援活動	
(四) 人資	・備用中高階幕僚以備公司意外快速擴大，詳見§9.3
(五) 財務	・財務肥肉 (financial slack)，留些救命錢，避免資金周轉不靈
(六) 資訊管理	・電腦主機、檔案備份，且置於不同地點
(七) 其他	・企業大樓租而不買

註：slack 大都譯為「剩餘」，愚意「肥肉」較傳神。

⑴資源彈性(resource flexibility)：資源彈性可說是資源在實體面、本身的彈性，最常見的是「一物二用」，在採購學的運用中，最常見的是價值工程，也就是用同樣功能但更便宜的材料來取代。以機器來說，彈性製造工廠便是「生產彈性」(production flexibility)的典型例子，常常只須換個模子，就可生產不同產品。

⑵協調彈性(coordination flexibility)：「戲法人人會變，各有巧妙不同」，人之可貴，在於很擅長運用工具，套用第十一章第一節有關資源的定義，前述資源彈性指的是「資產」，而協調彈性指的是人的「能力」。最生活化的協調彈性例子，便是一輛德製金龜車可以擠進多少大人？金龜車的空間就那麼大，剩下的是怎麼有技巧的「塞人」，答案是十三人，看了令人不可思議：「這麼小的車竟然能擠得下這麼多人！」

3.依第一、第二預備來分：行政院預算中有第一、第二預備金二道防線，以備天災人禍救急之用，這是貨幣銀行學中三大貨幣需求動機中預防動機的運用。同樣的，公司的策略彈性也可依第一、第二「預備隊」來區分，在財務肥肉方面便很明確，詳見表6-5。

表 6-5　財務肥肉的第一、第二預備金性質

行政院	財務肥肉（以貸款為例）
第一預備金	未動支的貸款額度（以聯華食品為例），貸款額度 5.2 億元，實際需要額度1.2億元，其餘未動支額度 4 億元，此部分稱為過度貸款 (excess borrowing)
第二預備金	除了現有的貸款額度5.2億元，最多還可以再舉債1.6億元，假設以總資產40%（負債比率 40%）來設算舉債能力

㈡策略彈性的成本效益分析

保有彈性常必須付出明顯成本，但大多數是機會成本，最明顯成本是取得貸款額度，但針對未動支額度部分有些銀行會要求貸款戶支付承諾費，例如0.25%，也就是若有1億元未動支貸款額度，貸款戶須支付25萬元承諾費給銀行。

但是保有彈性的效益是什麼？用選擇權來看策略彈性，把彈性、策略視為公司擁有一個「進可攻」的買權，那麼接著就可以使用財務管理中的選擇權定價模式來評估其價值，美國亞利桑那州Thunderbird大學國際管理研究所財務教授Timothy A. Luehrman (1998)在這方面有幾篇重要文獻。

觀念並不難，屬於實體選擇權(real options)的觀念，不過，我們也只能談到這邊，這屬於公司鑑價、選擇權等財管或企管碩士班進階課程，有興趣者可參閱相關書籍。

二、持股比率的考量（預留「資金預備隊」）

一般來說，企業成長起步時的初始投資金額，往往只佔投資總額的六成，投資後仍需投入資金以供營運周轉之用。以投資組合管理的角度來看，此無異同時考慮

到持股比率和正三角型進貨法，也就是逐步增加投資金額。

以嘗試建立自我品牌的公司來說，總資產周轉率約為1.5倍，主因之一在於必須準備相當的存貨。要是一開始便把大部分資金、舉債能力皆用於支付初期投資款，極易面臨因後續營運資金無著落，以致遭到「巧婦難為無米之炊」、「屋漏偏逢連夜雨」的窘境。1988年時，光男公司想收購美國大經銷商Prince，後來放棄的原因乃基於其財務力有未逮。慶幸的是，該公司至少可逃過「貪心不足蛇吞象」的自作孽。

同樣地，基於風險管理的考慮，在公司股票上市之前，公司宜從事經營自主性高的內部成長或耗源較少的策略聯盟。俟股票上市後再從事併購，一方面融資能力大增，一方面也無須擔心併購後前二年績效較差，以致拖累母公司而耽誤了股票上市的大計。

財務資源也是公司資源的一部分，它的功能類似血液之於人體。「一文錢逼死英雄好漢」的情況不僅出現在一般人，在公司則可能因周轉不靈而出現藍字倒閉。晴天時替雨天做準備方式之一，便是預留一些「企業肥肉」。

三、企業肥肉在企業轉型時的功能

棒球比賽採取打帶跑方式往往是不得已的，因為很容易被雙殺。同樣地，企業如果已到山窮水盡才被迫轉型，在時間壓力下，很可能鋌而走險，去拼「(預期) 高風險高報酬」的事業。

轉型有如寄居蟹換殼，往往是公司最脆弱的時候，此時最可能因青黃不接而發生藍字倒閉。所以唯有平時未雨綢繆，透過企業肥肉 (企業剩餘或寬裕，organizational slack) 來分散風險。就如同積穀防飢一樣，企業在平常就應累積一些儲蓄，特別是想要轉型時，除了轉型所需投資金額外，最好還預留表6-6中所列的企業肥肉。

(一)財務肥肉

「財務肥肉」的功用除了提供類似政府預算中的第一預備金的功能外，最重要的是，其中的股票投資，往往是上市公司用來彌補盈餘缺口的工具。一般都是到了第四季，眼看離公司預定盈餘目標還有一段距離，只好處置一些轉投資股票，獲利了結透過財務利潤來美化帳面。

表 6-6 企業肥肉的功能

大分類	中分類	功　能		
		挹注盈餘	提高每股淨值	取得資金
1.金融資產 　(財剩務餘， 　financial slack)		類似第一預備金，來自未分配盈餘、現金增資		
	(1)現金和票(　　債)券			∨
	(2)未使用貸款 　　餘額			∨
	(3)股票投資 　　a.一般投資 　　b.轉投資	∨	∨	
2.實質資產		類似第二預備金		
	(1)土地 　　a.重估增值		∨	
	b.開發後出售	∨(為主)	∨	∨(為輔)
	c.原地出售	∨		∨
	(2)房屋或閒置 　　機器設備 　　a.出租	∨(為主)		∨(為輔)
	b.出售	∨	∨	∨

　　至於過度貸款(excess borrowing)是指比自己實際所需多借一些額度，以備不時之需，這可說是機會成本最低的「財務肥肉」(financial slack)。

㈡實質資產

　　當第一預備金不夠用了，只好動用第二預備金，也就是處置實質資產。但如果還需要資金，那可得採取下列方式。

　　1.跟大股東買賣土地，假私濟公，以支撐股價，這是「本益比套利」原理的運用，因為上市股票本益比常在二十倍以上，遠比未上市股票值錢。

　　2.要是沒有大股東願意跟公司「對做」，那只好走上處置閒置土地一途。開發土地最賺錢方式當然是蓋好後才出售，但從申請建照到蓋好，往往需要二年。要是公司沒有這麼遠的眼光，情急之下，只好賣土地，利潤比較少。例如股票上櫃的中美聯合實業公司，為了彌補染料本業「意外」的大虧損，只好在1997年底把中和市的土地賣掉，獲利僅9100萬元。該公司原本希望開發成廠辦大樓後再出售，預期獲利2億元以上。但急售無好價，只好忍痛賤賣。該公司正轉型往胡蘿蔔素生產，但最快

也得1998年才能有盈餘挹注。(工商時報1997年11月19日，第19版)

由此可見，由前述「前置時間」可知，由於開發土地至少需要一年以上，所以必需有足夠時間，例如新東陽旗下的昇陽建設位於臺北市信義路五段的昇陽國際金融大樓，經多年的養地，惜售後，1997年12月終於以45億元高價賣給股票上市公司國巨電子，此案可見建商的耐力往往跟利潤成正比。(工商時報1997年12月20日，第2版)

㈢墊檔業績

轉型過程中可能出現「新的不來，舊的不濟」的情形，企業儲蓄只能美化盈餘，至於業績目標維持成長，有時得靠短打的墊檔生意，已於第二章第三節中說明，此處不再贅述。

四、損失後理財

風險理財的財源，分為損失前、損失後。在表6-2中，主要是損失前理財，其中保險理賠金係來自外部資金，(責任)準備金、專屬保險公司保險理賠係來自內部資金。

損失後理財的來源有二：

1.內部資金：現金、有價證券。

2.外部資金：貸款(含票券、公司債)、現金增資。

◆ 本章習題 ◆

1. 以表6-1為基礎，找最近剛上市（櫃）的電子股公司，分析其如何管理財務風險。

2. 以表6-2為基礎，找一家公司（例如中華航空和長榮海運皆有風險管理部）分析其如何做風險管理。

3. 以表6-3為例，找一個採取二階段收購的併購案。

4. 以圖6-3為基礎，找一家最近轉型成功（例如大億）的公司，畫出其1997～2001年的策略態勢。

5. 續第4題，找一個「不認輸，繼續攤下去」的直接投資案，分析是否為「錢坑」（無底洞）。

6. 許多公司投資認賠了事（關廠或出售），累積虧損大都是初期投資額的三倍，為什麼有這魔術數字出現？

7. 以表6-4為基礎，找一家公司列出其各種企業肥肉，再跟對手比較一下。

8. 找出聯華電子公司最近的資產負債表，計算其現有多少財務肥肉。（曹興誠對外一直宣稱現金400億元）

9. 以實用策略規劃評估表為基礎，找最近公布一個（或二個）投資案的公司，評估其得分，看看是否明智。

10. 以實用策略規劃評估表為基礎，評估在臺灣或美國唸碩士二種方案的得分。

附錄：實用（併購）策略規劃評估表

　　公司在評估新投資案時所進行的策略規劃評估，針對各評估項目，其實可依李卡特的五等分區間尺度加以評分；評估項目可依投資三原則「安全性、流動性、獲利性」加以歸類。由附錄中的評估表可看出代表風險管理的安全性、流動性共佔六成，而獲利性只佔四成。可見此設計比較偏重投資的風險管理。反之，如果想注重獲利性，則可把此項比重提高至五成以上。

　　該表已把大部分重要策略因素皆直接、間接列入考量，舉例來說，看似未直接考慮產品生命週期、產業競爭或罷工等因素，其實在第4題「預期最高可接受損失金額現值」中已把這些因素的影響化成實際數字了。同樣的，賣方或買方是否有足夠的專業知識、管理能力，已在第1、2、8、9、10題中分別考量。

　　另外，本評估表採加總計分方式，而不採取以單一項目（例如經營地區多角化）來作為「要或全部不要」(all or nothing)的判斷標準，以免犯了一葉知秋而放棄太早的錯誤。

　　最後，眼光銳利的讀者當可發現，本評估表很容易便可適用於「實用BCG」；此外，本評估表適用於公司所有的投資案，甚至包括契約型策略聯盟。實用（併購）策略規劃評估表（釋例）有關此項投資案（例如併購）的性質，請依序填寫於下。

一、安全性（即風險管理）四十分滿分

1.跟目前核心事業相比，屬於哪種多角化？（屬於經營可行性與生產可行性）

複合式		垂直		地區		同心圓		水平
0	2 3		4 5		6 7		8 9	10

2.跟目前核心事業相比，經營地區在哪裡？（屬於管理可行性）

其他		歐美日		東協		大陸、香港		臺灣
0	2 3		4 5		6 7		8 9	10

3.預期總投資金額現值（即財務可行性）

9億元		8億元		7億元		6億元		5億元以內
0	2 3		4 5		6 7		8 9	10

4. 預期最高可接受損失金額現值

5億元	4億元	3億元	2億元	1億元以內

0　　　　2　3　　　　　4　5　　　　　6　7　　　　　8　9　　　　10

二、流動性（變現性）

5. 預期產生盈餘的速度（投資金額回收的速度）

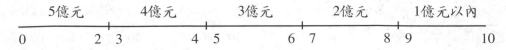

5年	4年	3年	2年	1年

0　　　　2　3　　　　　4　5　　　　　6　7　　　　　8　9　　　　10

6. 撤資的速度（一年內，撤資金額佔投資額比率）

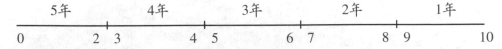

41%-60%	61%-70%	71%-80%	81%-90%	91%-100%

0　　　　2　3　　　　　4　5　　　　　6　7　　　　　8　9　　　　10

三、獲利性（與風險降低）四十分滿分

7. 預期可接受投資報酬率（即市場可行性，也是獲利分析並可據以進行損益兩平分析、敏感分析）

15%-19%	20%-24%	25%-29%	30%-34%	35%以上

0　　　　2　3　　　　　4　5　　　　　6　7　　　　　8　9　　　　10

8. 綜效的來源（屬於管理可行性）

經營	研發	行銷	生產	財務、後勤

0　　　　2　3　　　　　4　5　　　　　6　7　　　　　8　9　　　　10

9. 公司經營風格（即企業文化，如冒險或保守）是否與目前外界成功公司相同？（即標竿策略屬於經營可行性）

極不同	有點不同	一半相同	有點相同	極相同

0　　　　2　3　　　　　4　5　　　　　6　7　　　　　8　9　　　　10

10. 事業部門策略（即差異化、集中化成本、優勢）是否與目前重大事業相同？（屬於經營可行性）

極不同	有點不同	一半相同	有點相同	極相同

0　　　　2　3　　　　　4　5　　　　　6　7　　　　　8　9　　　　10

四、得分小計與是否進入董事會決策評估階段

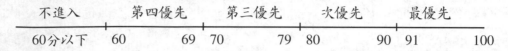

不進入	第四優先	第三優先	次優先	最優先
60分以下	60　　69	70　　79	80　　90	91　　100

第二篇

決策與組織設計

第七章

決策心理學——克服能力、性格缺陷，提高策略品質

智慧與定力，是成功掌理國家大政的兩大必要條件。
唯其有智慧，乃能在重大考驗之際掌握關鍵，觀照全局；
唯其有定力，乃能在變幻無常之時始終如一、心不動搖。

——社論：「以智慧及定力走出決策困境」
工商時報1999年1月3日，第3版

學習目標：

決策科學、決策心理學一直是決策的重心，本章從心理層面出發，分析企業家「為何不按牌理出牌」，以及知道為何犯錯是避免犯錯的第一步，進而提出作對決策的措施。

直接效益：

個性決定命運，企業決策往往感性會凌駕理性，如何讓自己頭腦清楚，市面上相關書籍多如牛毛，閱讀本章能讓你一覽全局，節省時間和購書成本。

本章重點：

- 經營者眼界和所需能力。圖7-1
- 經營者決策品質不佳的原因和改善之道。表7-1
- 創新管理的內容。表7-2
- 自己、部屬不適任的原因。表7-3
- 預防彼得原理犧牲者出現方式。表7-4
- 功能固著的原因。表7-5
- 反學習公司。§7.2 六
- 策略創新。§7.2 八
- 典範。§7.3 三小字典
- 典範破壞到典範移轉。表7-8
- 自卑、自傲的特徵。表7-9
- 經營者性格缺陷造成策略品質不佳和解決之道。圖7-4
- 哪有功高震主這檔子事。§7.5 三
- 成功企業積極慣性的原因。表7-10
- 自傲企業家在策略方面的驕兵現象。表7-11
- 四種決策過程紀律。表7-12

前言：要想怎麼收成，先得那麼想

2001年12月，最新發表的實證指出，人的感性往往會超過理性；對企業來說，經營者的策略決策不見得是最佳的，原因詳見表7-1，本章目的就如同豐年果糖的廣告詞一樣：「讓你變得更聰明」。

表7-1　經營者決策品質不佳的原因、改善之道和本書相關章節

原　因	說　明	解決之道	本書章節
一、笨(理性不夠) 　(一)經驗、智慧	有限理性(bounded rationality)	外部董事 專業顧問擔任魔鬼批評法	
1.沒有遠見			§7.3
2.缺乏創意	類比式推理、垂直式思考	水平思考、創意思考	§7.2
3.功能固著	一葉落而知秋、刻板印象、抱殘守缺	訓練、反學習	
4.時間不夠			§7.1
5.能力不足			chap.15
(二)資訊不足		策略規劃幕僚相關部門會簽	§9.3
二、個性(感性太多) 　(一)驕兵必敗			§7.6
1.自傲(或自大)	Richard Roll (1986) 的傲慢假說，控制幻覺	1.適當決策過程 　(due process) 2.強調決策紀律	
2.自尊心太強	無法接受不同意見		§7.5
3.資訊饜足	有效理性		
(二)失去自信			§7.4
1.不下決策	盲從、集體思考(group thinking)、權威崇拜	心理（醫生）治療，性格重塑，以恢復信心	
2.太慢下決策			
三、貪(利令智昏)── 　代理問題	目標替換，尤其是自私自利	避免權益代理問題	chap.8

企業要往哪裡去，大都決定於董事會，經營者所造成的經營績效不彰，主因如表7-1所示，本章將著重在如何使經營者變聰明的策略思考方法，包括適當的決策程序，第九章則討論確保策略品質的機制（組織設計），以免偏離思考方向。錯誤的策

略（尤其是成長的方向），可用「錯誤的開始，失敗的一半」來比喻，更嚴格一點的說：「這場戰爭還沒打就知道輸定了」。

不過在此之前，先讓我們看五個瀕臨消失的美國知名消費品牌的案例，先體驗前車之鑑，接著再來讀本章就會有「事有關己」的感覺。

一、不進則退

有些超過半世紀之前風行的美國消費者品牌，都已在時代潮流的演變下走入破產或瀕臨消失的命運。零售業的挑戰通常都是時代，一個零售品牌的熱度只能維持幾年，而後消費者會將興趣轉移到另一種產品或廠牌。市場專家表示，這些過時名牌的境況所代表的意義是，即使是百年老店也必須學習新的經營方式。

(一)汽　車

一直到1980年代，美國家庭的最愛一直都是雪佛蘭(Chevrolet)、龐迪克(Pontiac)、別克(Buick)或凱迪拉克(Cadillac)等通用車款。傲世莫比(Oldsmobil)建立的高級車形象，深植在美國人心中，成為一種品味的象徵。但1980年代在日本車的競爭下，通用開始以傲世莫比的底盤製造其他車款以節省成本，此舉損傷了傲世莫比的獨特性，造成消費者無法區別產品的差異。

(二)洗衣粉

奧克多洗衣粉(Oxydol)的沒落，在於產品本身沒有隨著時代潮流改變。當其他廠牌開始製造液體洗衣劑的同時，寶鹼(P&G)並沒有推出液體的奧克多。到1990年代，洗衣粉的市佔率僅剩下0.3%，寶鹼在1997年被迫停產奧克多，把這個75年的老品牌賣給Redox Brands Inc.。

(三)百貨公司

重大策略錯誤和競爭集中化是蒙哥馬利華德(Montgomery Ward)消失的主要原因。首先，該公司從郵購零售商轉為實體零售店的腳步過慢，讓敵手施樂百公司(Sears, Roebuck)搶佔最熱門的地點。1980年代，當華德還無法決定走一般或專門商品的路線時，蓋普(GAP)等新興品牌，已經成功抓住青少年的心。

1982年成立的蒙哥馬利華德，在1997年聲請破產，並於1998年12月結束營運、清算資產。

二、要怎麼收穫，先得那麼想

對於不曾擔任過高階管理的人而言，可能無法深刻體會經營者對企業成敗的影響力。以我自己本身來說，大學學了不少企業管理課程，但仍然搞不清楚在兩軍作戰時為什麼要千方百計地把對方部隊長暗殺掉。直到服役時，在師對抗的演習中體會到師長運籌帷幄的神機妙算；這才明瞭楚漢相爭中兵多將眾但有勇無謀的項羽，為何會敗給重用謀士張良、蕭何的劉邦；也能體會美國為什麼對上校晉升將軍訂有智商及格標準，就跟臺灣的預官考試一樣。

三、人人都想談

創意可說是2001年以來企管的焦點，主因在知識經濟時代，必須靠創意才能差異化，公司「以智取勝」，上班族「智者生存」（達爾文的適者生存）。風潮帶動之下，此題目也變成企管研究所入學考的熱門題目，本來只是在大三廣告管理、碩一研發管理和知識管理才討論的題目，好像其他書不談便跟不上時代似的。為了避免戰線拉太遠而備多力分，本書將跟其他二本拙著適當分工，詳見表7-2，策略管理書中特別強調策略創新。

表7-2　三本拙著對創新管理的涵蓋內容

5W1H	大一 管理學	大四 策略管理	大四、碩一 知識管理
一、定義 (what)			§13.1 創新的分類
二、why (一)起因		§7.2 功能固著 §7.6 自傲	
(二)重要性			§1.3、§9.1 創新的重要性
三、how (一)創意的企業 文化		§4.3 塑造分享、創新的 企業文化	§6.3 塑造分享、創新的企 業文化
(二)創意方法		§7.2 反學習 §7.3 創意、遠見 §15.2、§15.3 策略才能 發展	§9.2 創意過程 §9.4 創意方法
(三)特殊領域		§7.3 偏重策略創新 §11.5 知識管理在策略 管理的運用	§13.2 知識的策略運用 §13.3、§13.4 處理新產品發展 §13.5、§13.6 處理技術創新

四、又是「己已巳」問題

常常有些觀念單獨來看很清楚，二個擺在一起有些令人混淆，三個放在一塊就更令人迷惑了。由圖7-1可見：

- 反學習(unlearning)沒什麼大功能，它只是要人隨時檢討，不要活在過去，「知之為知之，不知為不知」，比較像預算制度中零基預算的歸零精神，也是心理學中的對「選擇性記憶（庫）」定期篩檢，進行「選擇性遺忘症」。
- 創意管理是在今天的認知之上，發揮創造力以作出創新，最好是石破天驚的策略創新。
- 如果是有洞察力，能夠利用創新來英雄造時勢，此時便是典範移轉。

圖7-1　經營者眼界和所需能力

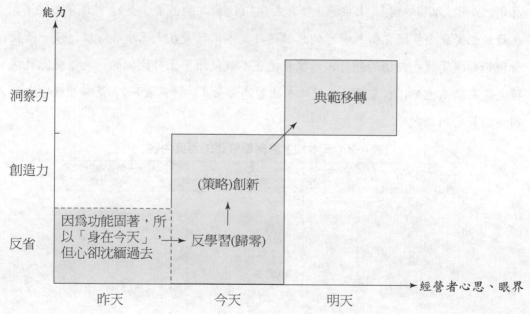

◆ 第一節　能力不足

「管不來」是策略決策績效不佳最基本的原因，尤其涉及企業轉型時，隔行如隔山，單只電子業就一堆專有名詞，要熟悉就得花一些時間。

一、不適任的原因

管理者不適任的原因請見表7-3，第1欄也是跟表7-1的格式一樣。可見單就一個「不適任」，卻可能是由九個以上的原因造成的。以第一大項「笨」來說，第1、2二項講的是自己不適任，第3、4項說的是由於自己笨（智慧不足），以致找了一群能力不夠的人來作事，結果當然極不理想。

表7-3　主管、部屬不適任的原因

不適任的原因	說　明
一、笨 (理性不夠) 　　1.學歷差、不知學習	・自己先天失調，後天又不足，但偏又含著金湯匙出世，以致三流主官領導一流人才
2.時間不夠，忙不完	・不懂授權，以致把自己忙垮了，事情卻沒做好
3.耳根子軟	・喜歡拍馬逢迎的「和珅」之流，不喜歡「劉羅鍋」之才
4.目光如豆	・自己沒有知人之明，以致所託非人，這是難免的
二、個性 (感性太多) 　　重視革命情感	・不論是前朝遺老、本朝大臣 (如康熙身旁的納蘭明珠)，惟「情」是用
三、代理問題 (私心) 　　1.下級賄賂 (即買官)	・以致中高階層充斥一堆「金錢政治」下的草包
2.強將弱兵的私心	・讓副主管弱到無法威脅、取代自己職位，以致部屬皆是平庸之輩
3.結合成派系	・提拔下屬不以才是論，只問是不是「自己同陣營的」，有如康熙皇帝時，索額圖、明珠二名大臣各自結黨

二、經營者能力不足的原因

公司事業部主官能力不足可說是彼得原理的犧牲者，即員工擔任到與其能力不符的位置。標準的例子之一是第二次世界大戰時，素有「沙漠之狐」之稱的德軍非洲元帥隆美爾，有些戰爭史學者認為他的能力頂多只能當個領導三個師的軍長罷了，

但他卻是希特勒親自提拔的人。

1980甚至1990年代，高階管理者能力不足主因在於學歷低，許多學歷較不足的中年「老臣」，隨著老闆創業打拼，自然而然就晉升到協理、副總職位，要讓他們管理具碩士、博士學歷的部屬，有時還相當吃力。

1990年代以後，隨著高等教育的普及，碩士、博士如過江之鯽，大學學歷已變成基本要求。此階段高階管理者能力不足原因，便成為表7-4中第1欄的其他原因了。

表7-4　預防彼得原理犧牲者出現之方式

原　因	解　決　方　法
一、性　格 1.技術官僚性格 2.事務官性格	‧直線、策略幕僚交叉晉升方式
二、能　力 1.時間不夠 2.缺乏上一階層能力 3.缺乏其他部門的能力 4.學歷低	‧組織扁平化、授能、組織分割、增聘副手 1.職務代理、實習主官訓練 2.直線、策略幕僚交叉晉升方式 ‧交叉訓練、輪調 ‧在職訓練，如上EMBA課程，即「回流教育」

三、能力不足的內容

以成本優勢根深蒂固的經營者若涉入須以差異化策略掛帥的B企業，常會扞格不入，第一個出現的癥狀是B公司總經理以經營理念不合而掛冠求去。

第二個能力不足是來自專業能力方面，許多行業牽涉相當深度的專業知識，一旦經營者有「管理是一通百事通」的幻覺，貿然涉入，最後才發現，如美軍打越戰，前蘇聯打阿富汗，深深為傲慢（驕兵、過度自信、輕敵）所害。

第三個能力不足來自經營者分身乏術，縱使經營者觀念、專業能力再強，但個人時間卻是無法突破的限制。縱使透過授權、策略幕僚協助，但最後的決策仍須由經營者下達，無法假手他人。然而由於經營者須扮演好明茲柏格(Mintzberg)所指的管理者十大角色，每樣角色都須佔用不少時間，其結果是一身難二用，以致決策品

質下降，甚至決策嚴重錯誤，而產生規模不經濟的現象。

四、換了位置就應該換腦袋

2000～2002年臺灣政壇的流行語之一是「換了位置就換腦袋」，例如以前在野時「反對政府救股市」，但執政後卻拼命作利多。不過，在公司裡，可得「換位置就該換腦袋」，最標準的是有些「事務官」晉升到「政務官」，結果事必躬親的習性還是沒變，大小事一把抓，甚至經常衝到前線拜訪客戶，對於策略規劃反倒無心、無力去「兼」顧。

這種「只重細節，不顧大局」的行為，固然跟個性有關，但是個性也是後天養成的，也可以移風易俗的。

◆ 第二節　功能固著 ── 兼論反學習、策略創新

6500萬年前，恐龍大滅絕的導火線在於彗星撞地球，引發灰塵蔽日，以致植物死亡，太冷、缺食物，大型動物紛紛死亡，歷時一千年便全部絕跡。這個例子，Discovery頻道一演再演；反倒是小型哺乳動物（例如老鼠）「要的不多」，因此逃過一劫。

環境改變了，自己渾然不知、來不及因應，其中很重要原因之一，在於「假設今天跟昨天一樣（或沒什麼不同）」。但是換另一角度來看，這跟心理學上所說的「功能固著」(function fix)有什麼不同呢？當我問你：「筷子有什麼用途？」而你回答：「不就只是吃飯唄！」這就是功能固著，也就是「不做經驗以外的思考」，俗稱死腦筋、一根腸子通到底、孔子說的「君子不器」中的「器（皿）」。這些都是核心能力的反向操作，也就是核心能力僵化，可說是企業的「老人痴呆症」。

一、觀念問題

我們強調經營者觀念對決策品質重要性的原因，來自於20世紀經濟學大師凱因斯在其1936年鉅著《一般理論》自序中的一段話：「造成一些政策未被採取的原因，主要不在於既得利益，而在於決策者成為觀念的奴隸，不知道還有其他更好的政策。」

美國總統羅斯福採取「政府應採取政策以解救市場失靈」的主張，實施新政，終於挽救了1929年以來的經濟大恐慌；凱因斯的總體經濟學也跟以往的個體經濟學平起平坐，號稱凱因斯革命！

(一)認知能力

　　企業經營者對環境的假設、思維方式稱為典範(paradigm)，時代在變、企業經營思維方式也須與時俱進；反之，傳統智慧「以不變應萬變」的結果大都是「坐以待斃」！詳見圖7–2。

圖7–2　經營者的認知能力對策略的影響

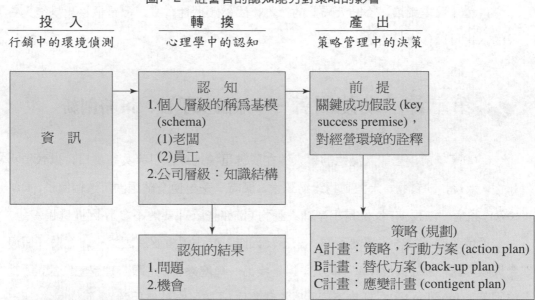

投　入	轉　換	產　出
行銷中的環境偵測	心理學中的認知	策略管理中的決策

(二)刻板印象

　　王鼎鈞在其名著《人生試金石》中曾說：「前人的信仰，今人的迷信。」有些人不明就裡而有先入為主的看法。在策略管理中常見的刻板印象：

　　1.水平多角化必能享受規模經濟效果。

　　2.垂直多角化或同心圓式多角化最能發揮範疇經濟效果，所以進行上、中、下游整合是很符合邏輯的推論。

　　3.複合式多角化可說是降低公司風險最浪漫的想法，「想像」(image)一個橫跨食衣住行育樂的企業王國遠景，光是「想像」就令不少老闆high了起來。

但事實上，這些都只是預期、憑邏輯推理，事實不必然如此。範疇經濟此一傳統智慧，美國企業1980年代完全覺醒，體認「多（角化）而無當」的害處，紛紛走上少角化、專精(corporate focus)，企業再造的觀念也是在此一體認下，才被提出而得以盛行。

㈢代表性偏見

「不用講了，我已經知道你下面要說什麼。」這句話是代表性偏見最佳描述，在企業策略決策中最常碰到的便是「追隨篷車效果」。例如，1994年時某上市食品公司踏入冷凍調理食品事業，所持的依據只是因為市場夠大，整個市場100億元，國產佔六成。市場夠大，再加上資訊不充分——冷調業沒有一家股票上市，而其中大廠如奇美、龍鳳、金吉利看起來做得好好的。於是就這樣一頭栽下去，結果賠得奇慘無比。

許多老闆下決策只看市場夠不夠大，只要自己不當第一個，那可見就可以做。根據聯碩國際公司總經理黃丙喜的經驗，臺灣有許多大企業經營者還有小企業老闆的習性，為了省錢不捨得找人做投資可行性評估。有家中概股電子公司，1990年代在墨西哥設廠，老闆前後只去過二次，也沒找幕僚做未來五年的財務預測，便下決策投資。

直覺、經驗固然是決策不可取代的因素，但是如果只是光憑一葉落而知秋，那可能會太早有先見之明。

二、產業典範移轉

產業典範(industry paradigm)指當時的最佳管理實務及常見的經營方式，典範移轉則意味著隨競爭環境的變化，決勝的因素也隨之變化。在新的競爭條件下，以前的最佳管理實務遭到淘汰，被新的最佳管理實務取代。

21世紀新的產業典範是如何運用網際網路創造新的經營方式，重新塑造新的競爭環境。幾年前的關鍵成功因素很快地成為關鍵存活因素(key survival factor)，企業不能再依照過去的經營方式來經營目前的企業，必須從成本導向轉向價值導向，企業家主要思考的不應是如何再降低成本，而是如何提高產品的價值，技術創新、行

銷創新、經營創新、國際化、資訊資源運用蔚為管理主流。

三、提防戀舊妨礙創新

轉型最大的障礙來自「放棄太早」的謬誤，也就是自認西線無戰事，以致錯失良機。

㈠梭羅舉的例子

美國麻州理工學院著名經濟學教授梭羅(Leister Thurow)，在2000年6月臺北的「2000年科技大會」的精闢演講中，以實際個案舉出「故步自封」的例子。

1.第一個發明大哥大電話的是全球最大的電話公司美國電話電報公司(AT & T)，但由於擔心無線電話搶走自己的固網業務，所以沒大力推廣，反倒讓瑞典諾基亞、易利信等有機可乘。

2.最早發明電晶體的是美國通用電子公司，但因擔心妨礙自己在電視、收音機中真空管的業績，所以沒有擴大市場，反倒讓德州儀器等半導體公司有機可乘。

因此他呼籲企業要有「破壞性創意」，套句俗語就是「除舊布新」。

㈡IBM大意失荊州

國際商業機器公司(IBM) 1981年8月發表第一部個人電腦時，沒有人預料到這部機器竟使整個世界為之改觀。

由於IBM信譽備受肯定，當年起價1565美元（目前價值3039美元）的個人電腦廣受企業和消費者青睞。IBM早期個人電腦工程師狄恩說：「沒有人想像得到會如此成功，我們當時認為，個人電腦這種產品如果能賣到20萬臺就很了不起了。」

IBM後來表示，第一款個人電腦淘汰以前即賣出大約300萬臺。而據買特納迪訊公司估計，2001年個人電腦銷售量可達1.4億臺。

IBM推出首款個人電腦不久，一群自德州儀器公司出走的經理成立了康柏電腦公司。他們向微軟採購軟體，向英特爾採購硬體，開始先針對IBM用戶推出可攜式機型，首款個人電腦則於1984年問世。十年後，IBM失去在個人電腦市場的龍頭寶座，由康柏取而代之。2001年IBM名列第三，落居戴爾電腦和康柏之後。（經濟日報2001年8月8日，第8版，劉忠勇）

㈢臺灣經驗不見得都對

統一企業這二十年國際化，前一個十年是透過代理等方式引進外國產品，第二個十年則是跨出臺灣，進入大陸、東南亞等市場的國際化。

早期到大陸市場考察，發現不拓展大陸市場不行，但是統一早期進入大陸市場時，做了一件不是百分之百正確的決策。總經理林蒼生說，統一企業是由飼料等起家，到大陸自然會以臺灣經驗經營大陸市場，但是大陸對於民生用品採取管制，不可能創造利潤，為此緊急把方向調整為生產方便麵，但已經比頂新集團的康師傅方便麵晚了四年。(經濟日報2001年11月28日，第4版，何世全)

四、造成死腦筋的原因

人是習慣的動物，只消一段時間，便可以戒菸，反之，也可養成抽菸習慣。由表7–5的這些原因，不知不覺的，積久成習，連公司經營者都會養成一些「我執」、「我必」、「我固」的習慣，只是有些擺在潛意識中連自己也沒有警覺到。

表7–5　功能固著的原因

成　因	說　明
一、時間	日積月累，習慣成自然，這可說是功能固著的必要條件
二、標準作業流程 (SOP)	企業標準作業流程推波助瀾，造成個人的習慣養成
三、成功	這是功能固著的充分條件

五、典範稽核來診斷你是否故步自封

屢戰屢敗的挫折當然會讓公司反省自己哪裡觀念出問題，如果想事先就了解決策者、執行者心中的典範，則可以採取克蘭費爾德企管所(Canfield School of Management)策略管理教授兼策略管理暨組織變革中心主任傑瑞·強森(Gerry Johnson)在1992年提出文化觀點(cultural perspective)的「文化稽核」(culture audit)，藉以了解員

工視為理所當然的假設（即典範），而最方便的工具便是「文化網」(cultural web)；各管理者用其語言描述公司的典範、權力（結構、來源）、組織（設計）、控制系統、儀式和常規(rituals & routines)、重大事件(stories)和符號(symbols)。這種類似語義分析的方法，可藉以了解公司為何對環境會選擇性注意、記憶或遺忘，是否是故意的或是成員缺乏清明的理智。

除了靜態的語義分析外，也可針對其特定部門、問題來了解此公司的認知結構或機制，並進而了解其盲點、毛病。旁觀者清的道理也適用於文化稽核，外聘的新執行長、非主流的員工、顧問等比較容易一目了然，看清公司不自覺的典範內容。

六、遺忘曲線跟學習曲線一樣重要

如何改變經營者的思考方式呢？如美國密西根大學教授普哈拉等人強調：「遺忘曲線跟學習曲線一樣重要。」因此：

1.技術上來說，舊記憶佔用大腦記憶空間（類似把人腦比喻成電腦的CPU），因此「舊的不去，新的不來」。

2.更重要的是從決策心理來看，沉湎於往日成功往往不求進步，一旦過去經驗無助於解決今日（甚或明日）問題，那麼便會「（過去）成功滋生自己的失敗」(Success breeds its own failure.)。為了避免「裝滿水的瓶子無法再倒入更多的水」，宜養成「掏空」的習慣。

這是心態的問題，只要認定事業成功是一連串過程，而不是單一時點的現象（即強者恆強），那麼自然會隨時學習（適應環境），不至於時時提當年勇！記憶得花心思，相反的，「遺忘」則簡單多了，不去記（含回憶）就得了，久而久之便淡忘了！

(一)反學習

學習的目的是為了記得，那麼「反學習」(unlearning)的目的便是把舊知識丟棄，去舊才能布新，這觀念在1970年代便已蔚然成形。

破解核心僵化，一如避免死水一樣，惟有「問渠那得清如許，為有源頭活水來」；在公司裡最常見的作法之一，是美國哈佛大學教授Dorothy Barton在《知識創新之泉》書中所強調的公司學習概念，認為企業要有創意地解決問題，實驗新作法和新知識，

並且對內有一套能執行創意的作業方法或工具，向外輸入知識。

㈡反學習公司

有許多人認為故步自封扼殺創造力，強調創造力來自「先破壞再建設」的反學習，也就是要如同歌手薛岳名曲「機場」中所說的「過去的記憶是我沉重的行李」，把過去所知所學擺一邊，以開放心胸來接納新知。甚至像英國的Organica顧問公司執行董事Dennis Sherwood (2000)還指出反學習公司的十二項特徵，詳見表7-6，不過這並無特殊之處。他提出反學習的五個步驟，但是連他都承認這些步驟很簡單，他認為多用幾次就會喜歡上它；不過，我認為這跟問題解決步驟相同，無庸贅述。

表7-6　反學習公司的特徵

過程	特徵
一、投　入	1.力求突破現狀，堪用、滿於現狀是不好的 2.突破是唯一的經營原則 3.聆聽 4.分享 5.多說「是」，少說「不」 6.不以例行工作煩忙為由，而放棄思考、探索、冒險
二、轉　換	7.不急於下結論 8.管現場和管專案小組皆擅長 9.能妥善管理風險 (主要指創新案失敗) 10.知所取捨，明所進退
三、產　出	11.把勇於創新列入績效評估項目 12.不原諒「疏忽」，但卻不處罰依計畫的實驗失敗

資料來源：Dennis Sherwood (2000), pp.34~35。

七、當作不存在時的歸零思考

就跟零基預算的想法一樣，避免「沉湎過去」最革命的作法便是像尤爾根・許勒在《突破你的極限》(聯經出版, 2002年1月, 徐筱春譯) 的建議一樣：「首先想像一下你的企業並不存在，然後繼續想像，你現在正要在一張白紙上寫下你的設想，如何創建你的企業。你在什麼基礎上建立企業？你要在哪些方面加以改善？你要作什麼改善、

改變？為什麼你的顧客願意在你的企業，而不是競爭對手那裡購物？」

八、策略創新

本書不談創意方法等戰術人員處理事情，只討論扭轉乾坤的策略創新。

(一)策略創新的定義

策略創新(strategic innovation)是指企業以新的經營方式(business model)，且不見得須以新技術出現，改變原來產業競爭的法則，重新塑造新的遊戲規則。這些公司的經營方式目前看似無奇，創業當初，可是跌破專家眼鏡。他們把原來產業的價值鏈重新組合，建立獨特帶給顧客價值的方式。由於價值創造的方式獨特，再加上具有首動（first-mover，詳見第十二章第五節）利益，通常不容易被競爭者模仿。

漢默主張，經營方式應包括：核心策略、策略資源、顧客和供應商網路。企業可以在任何策略環節上進行創新，而有別於其他企業。簡單的說，經營方式就是企業創造價值的方式，是否成功端視其創造價值的方式是否贏過其競爭者。（湯明哲，「利用策略創新，創造競爭優勢」，遠見雜誌，2000年9月，第163頁）

(二)不同於功能創新

就跟管理依組織層級來分一樣，公司創新（corporate / organizational innovation）也可以同樣來分類，由表7-7，至少可見策略創新不是侷限於一項企業功能的創新，而是跟「策略」聯盟中的策略一詞有相同意義。接著我們再來看策略「創新」中後面二個

> **充電小站**
>
> **策略大師：漢默**
>
> 漢默(Gary Hamel)自從美國密西根大學拿到博士學位後，赴英國倫敦商學院任教。但跟大多數企管博士走不同的路，他不在嚴謹的學術期刊發表論文，他認為這是花最大力氣給最少人看得懂的事，而只替《哈佛企管評論》寫文章。
>
> 從1988年開始，漢默開始嶄露頭角。（跟普哈拉）以一篇「核心能力」(core competence)的文章挑戰傳統的策略管理思維，隨後又發表「策略雄心」一文，又出《競爭大未來》一書，強調企業應該採取主動的策略，創造對自己有利的競爭條件，在市場上策略重定位(strategic repositioning)，而不是如同SWOT所說隨波逐流的消極因應市場趨勢擬定策略。
>
> 2000年，出版《領導革命》(Leading the Revolution)這本書並不教政客如何革政府的命，而是教企業領袖如何革產業的命，利用

策略創新(strategic innovation)，重新塑造競爭規則，創造優勢競爭地位。成名之後，漢默辭去專任教職，擔任專職管理顧問。根據過去數年管理顧問的經驗，漢默寫了許多企管名著。(修改自湯明哲，「利用策略創新，創造競爭優勢」，遠見雜誌，2000年9月，第162～163頁)

字的意思。

(三)策略創新的例子

1.帥奇錶：　瑞士原為高級錶的產地，　帥奇錶(SWATCH)將手錶重新定位，強調戴手錶不再只是為了看時間，而是比其他飾物更能代表個人個性的延伸。SWATCH因此將手錶定位成親密的個人飾物，飾物就有流行，流行就有設計，於是結合法國、義大利設計家，在每年春、秋推出新錶款式，成為時尚的一部分。

表7-7　創新類型跟企管課程

組織層級	創新類型	企管課程
一、公司層級	策略創新 (strategic innovation)	策略管理
二、企業功能 　(一) 核心活動 　　1.產品 　　2.製程 　(二) 支援活動	技術創新(technical innovation) 1.產品創新 (product innovation) 2.製程創新 (process innovation) 管理創新 (administrative innovation)	行銷、研發管理 研發管理

2.聯邦快遞：　聯邦快遞(Federal Express)創辦人史密斯在耶魯大學經濟系念書時，寫了一篇有關「隔夜快遞」的報告。他認為，貨運在晚上作業，而客運在日間，二者需求不同，但當時空運小型包裹都是由航空公司利用客運班機承運，成本高又浪費時間，如能利用晚間空運包裹，次日即送達，必能大有作為。

然而，教授把這篇報告評為丙下，認為沒有隔夜快遞的需求。但史密斯不為所動，畢業後立即創辦聯邦快遞，以輻軸運送系統(hub and spoke)，大量利用資訊技術，二十五年來已成為年營業額110億美元的公司。(湯明哲，「百年老店不敵策略創新」，天下雜誌，1998年5月，第91頁)

3.CNN、戴爾電腦：戴爾電腦以直銷電腦方式起家，和其他廠商透過零售的銷售方式完全不同，近來績效大放異彩。CNN則看中二十四小時新聞播報市場，在一

片不看好聲中打下天地。

4.台積電：在美、日半導體大廠上下游垂直整合的傳統做法下，沒有創造晶圓製造的技術，卻發明了晶圓代工模式，能獨具慧眼看中代工業務的前途，以新的經營型態切入半導體產業，成功地建立臺灣半導體代工在全球市場的地位。（工商時報2001年6月19日，第4版，毛遠誠）

其他包括星巴克咖啡、麥當勞也都算得上策略創新。

四怪怪的不見得不好

強調（策略）創新的公司，對中高階管理者的選才條件也必須改弦更張，在心理分析層面，由聘用「好管理者」轉到「好創新者」(good innovators)，因此類似《笑傲江湖》中令狐沖般「浪蕩不羈」的人，反而是迫切需求的人才。此外，重用X世代、訓練創造力等配套措施也該一併採行。

◆ 第三節　缺乏遠見 ── 兼論典範移轉

有些人抱怨臺灣業者喜歡一窩蜂，做吃的不說，連高科技產業都是如此，1999年大家一股腦開網路公司，2000年4月以後幾乎全掛；2000年大家趕忙募款200億元以上籌設TFT-LCD廠，以致友達光電、瀚宇彩晶、奇美電子、中華映管四家全球十大業者的全球市佔率達25.2%（工商時報2001年12月8日，第9版，陳涵函），這些可說是近期跟風的例子。由於產能快過剩，削價競爭在所難免，2001年新加入廠商、舊廠擴廠的現象已比較少見，臺灣快速跟上速度，令世界刮目。上一個一窩蜂現象出現在晶圓代工業，每五年總得歷經一次經濟學上的「蛛網定理」，迫使連聯電都得把8吋晶圓廠賣到大陸。

一、高瞻遠矚的好處

「早起的鳥兒有蟲吃」，這句話最足以一語道破高瞻遠矚企業家的收益。早期介入市場的，競爭對手少，往往可以高價，賺取「準租」（消費者稱貴得離譜的部分為「暴利」）；後來的人只能賺取正常利潤，晚來的人甚至會虧損。

管理者才需要專業背景，經營者就不那麼需要了。企業領導人需要有遠見，經營者若無遠見，企業就沒有策略方向。

(一)企業轉型更須高瞻遠矚

冷水鍋中的青蛙，因水溫逐漸加溫，不以為意，不知不覺地被煮熟了。同樣的道理，衰退產業中的企業也往往只知大環境的「漸」變，只能逐漸體會到「生意越來越難做了」。

企業轉型最大的考驗不在於「做什麼」，這有經營顧問可以提供意見，也不在「找誰做」，這也可透過挖角解決，而在於企業家有沒有足夠的「遠見」(visionary)看出三、五年後的「遠景」(vision, prospect)，而預先採取因應之道。因為轉型需要時間，最怕「新的不來，舊的不濟」的青黃不接情況，餓肚子還好，最怕後繼無力因而掛了。

臺灣許多有遠見轉型的企業家，例如華新麗華電線電纜公司，在1987年時營收下降、盈餘快速縮水，自覺必須另謀發展。鑑於以往轉投資失敗經驗，本身又是聯華電子的董事，於是選定投入IC半導體業。十年後，母公司華新麗華的盈餘中有九成以上是來自轉投資子公司華邦電子的收益，不僅是母以子貴，而且還再造集團第二春。(卓越雜誌1997年11月號，第28至31頁)

(二)企業家的遠見能力

以開車來比喻總經理的職責，在市區開車，重點在於保持適當間距，不讓後者追撞（像台積電）、不追撞前車（大部分採老二主義的廠商）。至於董事長的職責比較像戰鬥機的機師，由於速度快，因此反應的前置時間也要快一些；否則等看到山頭時，十之八九就已撞上。也就是管理者「解決今天的問題」，企業家「預防明天出問題」。

以常態分配、消費者對新產品的使用行為的架構來看企業家的眼界，由圖7-3可見，有遠見的企業家能高瞻遠矚，因此企業能持盈保泰（每股盈餘常保1.2元以上）。有遠見的創業家只佔16%，大部分(68%)還是逢凶化吉的，至於每天忙著救火的老闆也不少，至少也有16%以上。

圖7-3　公司經營者高瞻遠矚的能力

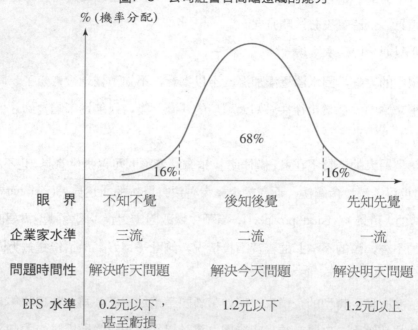

眼界	不知不覺	後知後覺	先知先覺
企業家水準	三流	二流	一流
問題時間性	解決昨天問題	解決今天問題	解決明天問題
EPS 水準	0.2元以下，甚至虧損	1.2元以下	1.2元以上

(三)張忠謀的洞察力

洞察力(insight)是透過足夠的知識基礎，經過苦思的過程而達到的。台積電董事長張忠謀說：「我的一生中最重要的洞察力就是建立專業晶圓代工這件事情，這是我對日本半導體業發展經驗、老朋友的創新和副業代工品質不佳的觀察，形成知識，經過苦思，而得到的洞察力。」(經濟日報1999年10月29日，第3版，曹正芬)

(四)陳田文的領先三年眼光

1988年，政府開放設立證券公司之後，陳田文募集了3億元創立群益證券，並且在開業第一天就成立研究部。

當時許多人譏諷，反正股票都會漲，成立專業的研究部也沒多大用處。但是陳田文認為，當證券市場不再是齊漲齊跌的狂飆時期之後，就必須依賴基本分析，來找尋最佳的投資標的。他說：「領導人的眼光要有本事領先市場三年，我們看的是未來。」他的遠見，使群益證券從1997年起連續四年獲得《歐元雜誌》評等為臺灣最佳證券公司。(天下雜誌，2000年9月，第202～203頁)

二、一窩蜂的原因

高瞻遠矚的人老早就介入，後知後覺的人才會一窩蜂，但是人為何會湊熱鬧呢？連最應該有己見的共同基金經理，仍呈現明顯的從眾心理，180支股票型共同基金，有六成是高科技基金，這些基金持股大都相同（如台積電、鍊德），甚至買進時機都一樣，中華投信等大投信買進，其他小投信就跟進。許多碩士論文研究此現象，基金持股叢聚的原因依序為：

1.站在資訊經濟學角度：撿現成的最省錢，荷銀光華投信最多雇120位研究員、中華投信雇90位以便選股；有些小投信，只雇1位研究員，根本不夠。於是只好搭順風車，跟著大投信進出。

2.缺乏自信：集體會帶來安全感，草食動物擔心被掠食，大都採取這樣的自保措施；落單讓人覺得沒有安全感，「千山我獨行」更容易讓人懷疑「是不是走錯路了」。

3.缺乏創意：沒能力與眾不同。

三、高瞻遠矚的表現：典範移轉

高瞻遠矚的人能見人所不能見，也就是造成產業遊戲規則大改變，稱為典範移轉(paradigm shift)。若用生活中的例子來說明典範，就像五十年前「媒妁之言，父母之命」，這是當時婚姻的典範，現在則是自由戀愛。

(一)典範破壞

典範移轉就跟革命一樣，是結果，但「舊的不去，新的不來」的過程，稱之為「典範破壞」(paradigm destruction)，其目的是為了建立新典範。底下我們以少數銀行夜間、假日營業跟戴爾電腦以直銷方式為例，他們都還是非主流，但戴爾電腦已成氣候，有樣學樣的人變得越來越多，直到有一天「長江後浪推前浪，前浪死在沙灘上」，那就是典範移轉了，詳見表7-8。

1.從前絕大多數銀行週一到週五都統一在下午3時30分結帳時間關門打烊，自2001年6月起：

(1)三點半不打烊：萬泰銀行、渣打銀行等銀行選擇性延長營業時間，有的到

表7-8 典範破壞到典範移轉

說明 ＼ 典範	現　狀	典範破壞	典範移轉
改變幅度	—	小幅度，出現非主流、新舊並陳	全面，除舊布新，非主流變成主流
例子	以前銀行業的「漏規」：貸款以360天計息，存款以365天計息	1.夜間、假日銀行 2.以實際 check-in 起算24小時算1天的旅館收費方式 3.電腦直銷 4.冬天賣冰	1.夏天吃火鍋 2.一元手機或廉價手機政策

⚡ 充電小站

策略管理小字典

　　paradigm這個字跟context一樣，在策略管理中不易明瞭，但主因在於講「產業典範」時漏寫了產業二字，因典範有二種用法。此外，有時說某企業是產業典範（模範生），更是混淆了用法。

- paradigm：典範。公司經營者對於經營環境的假設、思維方式，來自於經營者個人的基模(schema)，進而明文化成為詮釋經營環境時的「關鍵成功假設」。
- industry paradigm：產業典範。是指整個產業大多認同的經營方式。
- paradigm destruction：典範破壞。指舊典範遭挑戰而逐漸衰微。
- paradigm shift：典範移轉。指整個產業經營方式改變。

下午5時，有的則延長到下午7時，主要是為因應上班族下班時可趕辦金融相關事務。

　　⑵假日不打烊： 中信銀先選擇二處據點假日營業， 假日對外營業時間從上午10時30分到晚上7時。(經濟日報2001年6月17日， 第2版，謝偉姝) 同樣打破營業時間的經營方式， 還有2001年12月開幕的臺北市京華城， 強調跟統一超商一樣24小時營業， 打破一般營業時間10:00 am～10:00 pm的常規。

　　2.戴爾電腦成功不是偶然：

　　戴爾電腦(Dell Computer)是全球第一大電腦銷售廠商，素以直接銷售（direct sale）聞名，也就是不假手經銷商，接單後生產(built-to-order, BTO)再交貨，營運成本比對手低了50%。

1965年出生的創辦人、董事長兼執行長戴爾(Michael Dell)於1984年創立公司，據市場調查公司愛迪西表示，戴爾在美國市佔率為26%，遠高於1996年的6.8%。戴爾雇有超過5000名銷售人員，不斷向大型企業客戶詢問其採購計畫，以及他們考慮向競爭對手採購的項目。(工商時報2001年6月8日，第6版，蕭美惠)

戴爾電腦致勝關鍵在於直銷方式，讓公司可迅速對市場變化採取因應之道，例如零件降價可馬上反映到電腦售價上。此外，戴爾電腦集中火力於獲利較高的企業市場。1990年代，年營收每年平均成長60%（桌上型個人電腦佔2000年營收48%、筆記型電腦27%、企業用系統17%、其他產品8%），並行銷第三方製的周邊產品與軟體，2001年7月宣布進軍網路轉換器市場。(經濟日報2001年7月29日，第3版，官如玉)

為什麼戴爾能屹立不搖？主因在於它比企業客戶還要了解客戶的（潛在電腦）需求，因此客戶很信賴戴爾銷售工程師的提案。簡單的說，戴爾的作法是量身訂製，甚至是「委託設計」。戴爾成功之處在於它的銷售工程師簡直是客戶老闆、資訊長肚子裡的迴蟲，知道客戶到底需要什麼產品。

㈡典範移轉例子：廉價手機

1999年少數手機業者推出「一元手機」方案，消費者趨之若鶩，其他業者被迫跟進，因此「廉價手機，以通話費收入補貼手機銷售」就成為通訊系統業者的促銷手法。同樣作法，寬頻(ADSL)業者也是「賺服務的錢，不賺硬體的錢」。

四、不要怕被別人批評為「瘋子」

企業家有了洞察力，還要具有相信自己洞察力的勇氣，自己對自己的洞察力要勇敢地相信。你要將你的名譽、錢及未來的時間，賭在這個洞察力上面，這需要勇氣。但光是相信自己的洞察力是不夠的，企業家要說服團隊一起來實現、驗查你的洞察力。

所有那些在自己的生活中取得成功的人都有兩個共同點：他們有著一個夢想並有足夠的毅力來實現這個夢想。當華德‧迪士尼(Walt Disney)產生創建娛樂園的念頭時，所有人──包括他的弟弟羅伊(Roy)──都認為他瘋了。但他卻十分自信：「我將建造這個巨大的娛樂園，全世界的人都會蜂湧而來參觀這個娛樂園。」

全世界的人都認為他瘋了，因為在當時人們買的都是單項票，即玩一次買一次票，而不是買一張昂貴的門票玩上一整天。銀行也不相信他的想法，他被拒絕了301次，直到第302次，銀行才對他的計畫說了「同意！」

也許你認為迪士尼瘋了，大多數人也會回答說：「是的。」因為如果一個人在達到目的前曾三百多次踏進銀行的門檻，那他似乎真的是瘋了，然而事實也證明，迪士尼成功了。(經濟日報2001年11月29日，第44版，徐筱春譯)

五、警告(remark)

「先天下之憂而憂」的人大都會得憂鬱症，反之，「後天下之樂而樂」想法的人比較會變成「最後一隻老鼠」，只能分享市場僅存的一點剩餘利潤，過猶不及都不好。同樣的，高瞻遠矚而要能成功也有條件，簡單說明於下，詳細說明於第十二章第五節時基策略適用時機，不會建議你一味的「強出頭」！

(一)避免一葉落而知秋

有一則伊索寓言寫道，一個年輕人把祖產耗盡，僅剩一件禦寒的外套，偶然看見一隻未依時節先到的燕子飛過池邊，青年心裡想著夏天即將到來，旋即賣掉唯一的外套，不久，霜雪漫天蓋地而來，他發現那隻不幸的燕子死在地上，嘆道：「不幸的鳥兒，你怎麼未到春天就先出現，不但害死你自己，並且也造成我的滅亡呢！」

這則寓言告訴我們，燕子雖然應該在春天才出現，但是世事難料，偶爾也會有「未依時節」先到的燕子，若不觀照全局，單憑一隻燕子的到來就「賣掉外套」，是極危險的事情。

臺灣景氣春天的燕子到了沒?從2001年5月台積電董事長張忠謀說他已看到了春天的第一隻燕子後，旋即引發熱烈討論，有人說只來了一隻燕子，有人說要拿望遠鏡才看得到，讀了前則的寓言，我們更應引以為戒。

(二)避免太早有先見之明

「來得早，不如來得巧」，這句話不僅適用於日常生活中找停車位，也適用於策略創新（跟第十二章第四節先發制人策略視為相同）。Clay Christensen在其書*Innovator Dilemma*中指出此「舊的不去，新的不來」的掌握介入時機之困難，以預估2002

年每吋成本降至日圓1萬元的電漿電視而言，2003年將量產130萬臺大螢幕電視，但2001年9月，台塑集團以產業前景不明為由暫緩200億元的擴廠計畫。

同樣的情況也出現在資訊家電，像網路冰箱已開始在電視上打廣告，但功能有限、售價太高，銷量很差。

第四節 性格缺陷

許多公司的策略決策皆繫乎一人（董事長、總經理），縱使是集體決策的董事會制，策略規劃最關鍵的步驟在於「決策」，不下決策、下錯決策皆會使企業處境每況愈下。

本節從決策心理學出發，分析董事長的性格缺陷，造成他（或她）舉棋不定（結果當然是政策朝令夕改）和踟躕不前。並建議如何克服自己的負面心理，提升決斷力。

策略規劃的關鍵往往不在縝密的分析或完美的構想，因為這些都可以委託專業顧問，克盡厥職，反倒是經營者的一念之間，特別是經營者性格上的缺陷，主因在於經營者生性保守再加上「有限理性」(bounded rationality)，往往只是故步自封或孤芳自賞，不敢大刀闊斧的全方位發展，造成決策總是錯失良機，甚至對許多新事業投資案都裹足不前。如此，縱使如亞父范增之於西楚霸王項羽、諸葛孔明之於西蜀劉備，有再棒的軍師提出絕佳的策略構想，只要經營者不採用，好構想也可能贏不了競爭對手二、三流的策略（即經過抉擇的策略構想，且付諸執行）。所以當全國上下皆推崇魏徵為貞觀之治的大功臣時，沒想到平常不拍馬逢迎的魏徵卻回答唐太宗說：「各朝各代都有很多像魏徵之才的，但真正能施展所長，還須仰賴陛下天縱英明聖斷（即策略決策）。」

一、自卑和自傲，過猶不及

著名歌手陳淑樺的歌「亞瑟潘跟她四個朋友」，指的就是每個人性格上的缺陷，其中之一便是驕傲。自傲的另一極端便是自卑，由表7-9可見，由日常智慧來說明這

些人的人格特質。自卑的人可說是缺乏自信，或許你認為企業家、中高階管理者都「應該」不像哈姆雷特那樣優柔寡斷，依據「創業精神」的定義，其特性之一是「勇於冒險」，那必須要「藝高人膽大」，但可能只是指興業家初創業時「初生之犢不畏虎」，一旦功成名就，也可能好逸惡勞而不敢輕涉險地，這跟自卑的人有什麼差別？

表7-9　自卑、自傲的特徵

性格 說明	自 卑	謙 虛	自 信	自 傲
1.對自己能力	覺得一事無成、一無是處，未戰先敗	不替自己打分數，像海綿一樣吸收學問	頂多90分，仍有進步空間，經常學習，但思慮清楚，無懼未來	自認100分，無需再學習，主觀且我執強烈，甚至逐漸無知
2.對別人能力	有多位顧問，且經常詢問他人意見，「長他人志氣，滅自己威風」	聘請顧問	肯定強者(包括對手)，聘用專業顧問以備諮詢	目中無人，把別人踩在腳下，不聘顧問，不聽部屬意見
3.對自己犯錯	耿耿於懷，「一朝被蛇咬，十年怕井繩」	有功給別人，有過自己扛	公開認錯，而且獎勵批評自己錯誤的人	死不認錯

二、經營者的決策黑箱

在對高階管理所做的研究中，比較不為人知的地帶便是董事會決策過程中的政治行為——合縱連橫、利益交換等，因為很少公司會長時期讓外人（縱使是顧問）全程參與董事會，以免軍機、家醜外揚。同樣地，因經營者性格缺陷所導致的決策品質惡化，除了公司內幾個高階人員能了解一部分外，外人（包含企管學者）大都只能霧裡看花。

三、不下決策的機會成本

我曾經替數家股票上市公司董事長服務過，了解他們在專業內常自信滿滿，但一碰到隔行如隔山的新事業案，他們往往跟常人一樣，尤其是跟股票投資人一樣，詳見圖7-4中的第二欄，其結果在第三欄，也就是發生策略品質不佳、惡化的情況。

對新事業案太常說「不」或猶豫不決，其代價（機會成本）主要是少賺，這跟第二節中因經營者觀念錯誤以致貿然下了「要做」的代價不同，做錯事業的代價在

於「多賠」。然而「少賺」看起來企業並沒有流血，所以往往掉以輕心，但其實跟「多賠」的結果並沒有很大差別。接著，我們將詳細說明圖7-4中的第三欄。

圖7-4　經營者性格缺陷造成策略品質不佳與解決之道

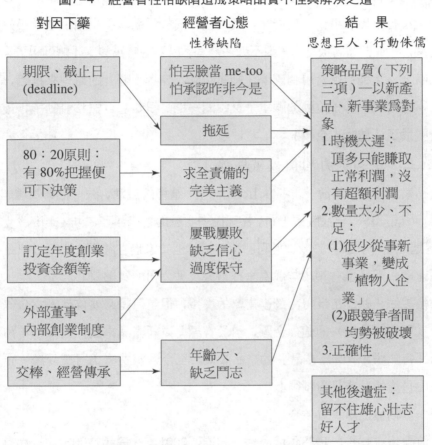

(一)結果一：小心成為最後一隻老鼠

在第十二章第三節中，我們將說明依廠商進入新市場、新產品的順序，可分為先進者、早期進入者、晚期進入者。很多人都擔心一馬當先而變成烈士，但如果沒擠進「早期進入者」，當別人都已跑得不見人影，自己還在爭辯到底要不要跑，那只好淪入「晚期進入者」。一般來說，晚期進入者可說是產品生命週期的成長末期、成熟期，比較沒有超額利潤，賺的只是正常利潤。最糟的情況是，看到大部分同業都下場了，自己才下場，很容易跟股票投資一樣成為最後一隻老鼠，不僅正常利潤沒賺到，還被套牢、賠一缸子。

(二)結果二： 小心變成「植物人企業」（動者恆動，靜者恆靜）

經營者的行為積久成習，上行下效，蔚為企業文化，我們看過不少成熟期階段的食品業上市公司，從上到下的員工都抱持著「當一天和尚撞一天鐘」的心態。或者因太久沒有推出新事業、新產品，於是逐漸安於現狀，不拒絕但也不必然喜歡新事業提案，經營者傾向於把「一動不如一靜」、「以不變應萬變」、「船到橋頭自然直」等掛在嘴上。這種情況套用物理學「動者恆動，靜者恆靜」的原理來推論，不禁令人擔心，經營者一陣子沒動就跟車子久沒開一樣，很難甚至無法發動了，最後整個企業就變成了「植物人企業」。

(三)結果三： 小心勢力均衡被破壞掉了

食品業中素有「南統一、中泰山、北味全」這樣的說法，統一企業為後起之秀，成立於1967年，1987年底股票上市，甚至比老字號的泰山早了二年（泰山成立於1960年）。經過三十年，統一營收、獲利已遠遠把其他二家拋在後面，它不甘只是臺灣食品業的龍頭，而且還有2020年成為全球最大食品公司的策略雄心。

雖然說統一快迅苗壯得力於臺南幫的奧援，但這只是必要條件，充分條件還是經營者（例如高清愿）的強烈企圖，勇於嘗試。以新產品來說，在1985年前公司內部有項「每年推出20%新產品」的產品政策，至今，消費者仍可感受統一企業在食品業包山包海的「產品海戰術」。

統一更積極從事垂直整合：

1. 前向垂直整合： 1978年成立統一超商，2001年底已達2700家店，市佔率42%以上，另「統一麵包」則居第三。其餘如1991年時成立家樂福量販店，2001年市佔率27.35%，已超越萬客隆。

2. 後向整合： 例如1982年時跟大成、長城、華泰、總源公司等合資成立沙拉油的提油廠（類似石化業中原油提煉）大統益公司，並於1996年股票上市。反觀泰山、福壽、福懋、嘉食化等中部四家上市公司，集資10億元成立中聯油脂公司，1998年4月才開始生產。同樣的投資，統一比泰山早了十五年，而且規模大四倍，是東南亞最大提油廠。

此外，統一也於1969年向上游成立製罐廠的統一實業公司，並於1991年股票上

市,在1997年7月統一超商股票上市之前,統一實業一直是統一企業皇冠上最大明珠。

「路遙知馬力」,企業的競賽何嘗不是如此,在起跑時或許沒有差多少,雖然不見得「十年河東、十年河西」,但是「十年生聚,十年教訓」,句踐照樣可以復國。

統一、味全、泰山一起賽跑了三十年,不論從營業額、獲利率來看,統一可說是十倍於其他二家。關鍵在於統一有像全球最大食品公司雀巢一樣的旺盛企圖,雀巢是家荷蘭公司,小國的公司照樣可以成為全球第一,誠如美國電影「聖誕夜未眠」中男主角的一句名言:「沒有夢想,哪來美夢成真呢?」

在企業的競賽中,就跟馬拉松賽跑一樣,久而久之,領先者跟落後者的距離越拉越遠。一旦均勢被破壞,如果沒有立即挽回,則將越來越難挽回;領先者會形成良性循環,包括好人才都會投效;除非他自己犯大錯──大投資案連連失利,否則很難被扳倒。龜兔賽跑不僅不是個寓言,而且更適用於企業經營,只要時間夠久,想拿第一的烏龜有可能跑贏自大、苟安的兔子,這也是廣達林百里的烏龜哲學。

(三)結果四:小心戰將跟人跑了

你不下決策投資,也許可以避掉經營失敗所帶來的虧損,但同樣地,也不會有任何收穫,甚至還會有損失呢!一些雄才大略的經理不堪久候,帶槍(投資企劃書)、帶人投奔曹營,這時對手可能進一分、你退一分,差距變成二分。

「識時務者為俊傑」的從業人員不僅只有戰將型的中高階管理者,連基層人員也可能群起倣效。例如汽車業中,有不少業務員會「西瓜倚大邊」,專挑競爭力強、好賣的品牌賣,這種業務員被稱為「候鳥」。

四、決策時機的掌握——經營者如何克服決策性格缺陷

看過方基墨主演的「蝙蝠俠第二集」的人應當不會忘記,大壞蛋雙面人常下不了決定,所以常丟銅板來作抉擇。男主角蝙蝠俠看穿雙面人的弱點,戲劇化地丟硬幣到海裡,雙面人本能反應地撲去撿,終於葬身海底。性格上的缺陷卻成為致命的原因,看似戲劇,但有時只是反映出人生。

接著將說明如何矯正,對於以後想當老闆的人,也有他山之石可以攻錯之效。

㈠三思就夠了：訂期限以免拖延

資訊永遠不完整、事情常常有利弊得失，為了避免陷入哈姆雷特王子「要做還是不要做」(to be or not to be)的猶豫以致折磨自己和一群人，建議您三思就夠了。

「三思足矣」，當思考太久，也不可能發現有重大因素漏考慮。但怎樣才算夠了呢？一個是適當程序，這在第六節中將說明；另一個是適當期間，期間長短如何拿捏呢？當適當程序所提供資訊擺在你桌上，等待下決策，此時縱使再大的投資案，考慮的期間不宜超過三個月，頂多不超過六個月。連1990年5月統一企業耗資86億元去併購美國第三大餅乾公司，前後約只花了半年。只要找對人做投資企劃，沒有幾個投資案非得花個一年半載做評估；同樣地，如果明知道自己舉棋不定，那就給自己訂個期限(deadline)，屆時縱使決定不做，也可以把公司注意力移到下一個案子。

就跟買股票一樣，股價下跌時還希望有更低點買進，上漲時總擔心只是反彈、主力作騙線。同樣地，新事業投資時也有很多負面因素存在。但重點是要給自己一個參考點，例如：

1. 當死對頭做時，我就跟進，以維持勢均力敵。

2. 當產業中有25%廠商這麼做時，我就跟進。

3. 訂了決策截止日，要做或不做都得做個決定，否則遲疑不決，有損你在員工、股東心中的形象；更重要的是不要連自己都懷疑自己的決斷力。

㈡不求完美，只要足夠

公司經營層完美派總是期望萬無一失，但行動派則希望奇襲致勝，對於成長的方向、速度的衝突，最容易引起經營層、高階管理者的路線之爭，有時，派系就不知不覺形成。

讓克萊斯勒公司反敗為勝的艾科卡，曾對他在福特汽車公司的繼任者卡威爾總裁提出忠告：「你的問題就是你讀過哈佛企管研究所，他們教你一定要等到所有資料到手後再採取行動。你已經有了95%的資料，為了拿剩下5%資料可能得等六個月時間。但是等六個月以後，你現在的資料已經過時了，因為市場一直在變，人生最重要的就是時機。」

高學歷、幕僚出身的經營者傾向於像做學問般的來做公司投資決策，但最好不

要為了做好規劃而耽誤下決策。只要有八成把握，這個投資案就不妨做了，另外二成，等新資訊進來再邊做邊修改就可以了。要等到資訊一百分時才下決策，可能已無利可圖，提供前台糖董事長汪彝定嘉言「求全責備，一事無成」給您參考。

(三)贏多輸少就很好了

你知道下面二個魔術數字嗎？

・美國的全壘打王馬怪爾打擊率多少？三成二，也就是上場十次，才有三支安打。

・籃球天王麥克・喬丹的投籃命中率多少？五成二，也就是每投二球，就有一球摃龜。

打球是如此，打仗也是如此——「你可以輸掉一千場戰役，但卻可能贏得戰爭」，這句話替「勝負是兵家常事」作了最佳註解。作股票也沒有常勝軍，但贏多輸少就好了。

詹姆斯(James)和傑利(Jerry)在 《基業長青——企業永續經營的準則》 (*Built to Last*)一書中，研究十八家、平均92歲的公司後，對具有遠見的公司(visionary company)提出十二項迷思，並舉事實予以駁斥，其中迷思如「偉大的公司靠偉大的構想起家」，這一些長青樹公司草創時，並沒有決定性的收入來源，甚至失策連連，都是靠日後從失敗中形成有效的經營方針。

再如「極為成功的公司最佳行動都是來自高明、複雜的策略規劃」，然而長青樹公司的部分成功案例是經過不斷實驗、嘗試錯誤，甚至靠機運而來。事後回過頭來觀察企業的傑出事蹟，您將發現，現在認為具有遠見的事前規劃，其實是因為當時不斷創新嘗試，才保留到最後獲致成功的項目。當初策略規劃不見得能夠達成所有目的，一紙使命宣言(mission statement)也不是長青樹公司能夠成功的關鍵。

這些生活、企業的例子告訴我們不要怕失敗，我的格言是：

1. 只要輸得起，便敢賭。
2. 寧可失敗，也不要輸掉勇氣。

對於怕失敗的管理者，可以從作好小案來累積信心，不要因為怕失敗而裹足不前。恰如伯朗咖啡的廣告詞所說：「出去走走！」出去才能看到不一樣的風景。

㈣強迫投資，征服自己

擁有屢敗屢戰堅強毅力的人畢竟不多見，一般人在歷經多次挫敗後，比較傾向於「不做不錯，多做多錯」。一家營業額超過百億元食品零售業的家族企業，負責人從不考慮任何合資案，因為經營者個人曾與人合資時吃過虧，所以連家族企業也拒絕跟他人合資，以免再被騙。另有家資本額20億元以上的上市食品公司，自從1993年第一次出現虧損以來，不僅不敢投資設立新事業部，甚至連新產品也很少推出。這二個例子，只是來說明屢戰屢敗會讓經營者對自己的決斷力失去信心。

這種「一朝被蛇咬，十年怕井繩」的心理問題不易解決，除了經營者自覺外，不妨採取「強迫投資」方式逼迫自己走出去。

「強迫投資」的方式例如每一年以去年盈餘的十分之一強迫自己一定要花掉，用於新產品、新事業，用類似股票投資程式交易的方式來「強迫」自己下決策。

無論多麼反對賭博的人，去韓國華克山莊或美國拉斯維加斯，總會玩個幾把，賭資則控制在一、二百美元以內，反正好玩嘛！同樣地，針對小金額的新投資，也不必太嚴肅看待，可授權內部創業或新事業部負責人決策。縱使是自己下決策，只要推定最壞情況還是賠得起，那就不妨一試；不揮棒，哪會有全壘打呢？還有，商場上是沒有四壞球保送的。跌倒了，再選擇比較有把握贏的地方再站起來，寧可失敗，也不要失去勇氣；一隻沒膽的獅子還算萬獸之王嗎？同樣地，一個不敢嘗試的老闆還夠格稱得上企業家嗎？

㈤做好傳承，永保企業年輕

55歲以上的經營者大都處於守成的半退休狀態，但個人缺乏鬥志的代價是使公司忘了成長。但是他又捨不得提早退休、第二代又太年輕，如同「國王的新衣」一般，員工、同業早已感受這家公司已隨著經營者年老而邁入「休火山」階段。

為了避免自己老年缺乏鬥志、第二代又青黃不接，宜培養高階管理者做好管理傳承，首先必須讓出總經理職位，但不要骨子裡仍是董事長制，否則總經理只是淪為董事長的執行長（即執行副總）罷了，若第二代肯做又有能力做，那不妨在他35歲時傳位給他，超過40歲還當小老闆的人會逐漸缺乏鬥志，這好比查理50歲還在當英國王子，如果這事發生在你兒子身上，你怎麼想？

㈥透過內部創業和外部董事避免經營者安於現狀

人性本來就好逸惡勞，第一代企業家（或稱興業家）也不例外，尤其白手起家創業一般皆需要歷經三年五載的打拼期，一旦小有所成，可能就安於現狀。要是公司小、利基好，那問題可能不大，我認識一家小企業老闆，作衣服塑膠配件出口，工人二十餘人，公司六個人，他每天只上班二小時，他也不想把業績做大，退伍就創業的他，已屆四十歲不惑之年，非常滿意現狀。

少跟企業家接觸的人有時很難體會企業家也是人，一旦事業達到滿意水準，他或許就會踩煞車；因為再去弄新事業，多賺的錢對自己生活意義不大，而且「新事業」跟麻煩、困難、加班是同義詞。當有一位退伍後就白手創業的企業家，利基好、時機佳、夠努力，三年有小成，到他30歲時，個人年收入已有2000萬元，他是他大學同學中第一位開賓士300高級車的。在32到38歲這七年間，他固定巡視旗下二家公司每週各二天，其他時間則打高爾夫球、插花作點轉投資（開董事會），公司則處於高原期。

但是如果公司大、利基不穩，經營者稍一鬆懈，很可能中高階管理者跑出去創業，或是競爭者加把勁遠遠把你拋在後面。1996年時，一家營業額4億元的醫療器材公司，請我規劃內部創業制，主因在於董事長28歲創業，衝了十四年，公司已有四個事業部、共八十人，工廠四百餘人，已經不是他跑全場可以盯了；此外，他也有點倦了，所以想讓中階管理者延續他創業精神，就跟接力賽一樣。

1.透過內部創業讓年輕人衝第二、三棒：企業要能承續經營，不能全靠創業家跑全程，還須借重內部創業，點燃中高階主管的創業精神，詳見第十六章第三節。

2.引進鞭策你的專業外部董事：關起門來做皇帝的企業家耳根清靜，但難免變成睡獅。還記得「吳越之爭、句踐復國」的故事嗎？吳王闔閭攻打越國時，被句踐所敗，傷重而死。繼位的吳王夫差為報父仇，但重整軍經武又不是一、二年內辦得到的，他唯恐決心不強、毅力不夠，所以下令殿前衛士在換班時大聲叫出：「夫差，難道你忘了句踐殺父之仇嗎？」暮鼓晨鐘，再加上臥薪（史學家考證，臥薪的是夫差，嚐膽的是句踐），終於打敗句踐。大部分企業家都有「臥床之側豈容他人鼾睡」的習性，只有少數企業家有遠見，有雅量引進機構投資人（像創投、開發公司）在董事會中來扮演烏鴉角色，時時鞭策你不要睡著了。

❖ 第五節 資訊饜足、自尊心太強

「性格決定命運」，雖然看似俚語，但在Discovery頻道中，卻以專輯報導心理學者如何透過大樣本研究來驗證此假說。在企業中，高階管理者的性格往往嚴重影響其決策，而自己卻不知。本節依序討論限制理性造成的資訊饜足、自尊心太強，把自傲（狂妄）留到第六節仔細說明。

一、控制幻覺

有「控制幻覺」(illusion of control)的人，傾向於高估自己控制事情的能力，下列三種經營者容易有此種現象：

1.資訊饜足感（information satiation），這種問題大家較少注意，症狀是一旦下了決定（縱使還沒開始執行），對於新資訊會視而不見，這種抗拒新資訊、執著於先入為主的早期決策，稱為策略僵化或既定論(determinism)。這個看似不合理的決策行為在日常生活中卻可能經常發生，例如證券分析師誤判、醫生誤診。而在併購中，原因則來自併購前買方覺得已搜集到足夠資訊來研擬併購後經營策略。因此形成一種假象的安全感，而把併購後經營所碰到的落差，歸咎於例外、意外，殊不知正逐漸偏離營運正軌。

2.未識愁滋味的企業第二代，他們認為成功本來就是理所當然，他們的字典中沒有「困難」、「失敗」二個名詞。

3.連續成功且未嚐大失敗的人，這種人如果再加上媒體吹捧，往往喜歡別人「叫我第一名」，便茫茫然的飄上天了，美國加州大學企業管理研究所教授理查·羅爾(Richard Roll)1986年稱此為「傲慢假說」(hubris hypothesis)，成功的經營者認為管理一通百理通、成功經驗可以無限複製。

二、三人行，必有我師

為避免經營者傲慢而造成的過度多角化，美國一家國際性管理顧問公司總裁麥

克・羅伯(Michael Robert)在1993年曾提出這樣的建議：董事會在碰到本身不熟悉的投資機會時，應把投資案送到各部門過濾。不過，我覺得他的建議在臺灣實用性不高，因為許多中高階管理者早已習慣當個聽命行事的乖寶寶(Yes man)；此外，許多經營者才不願意把「機密」先洩漏給中高階管理者，以免夜長夢多。

美國通用汽車公司總裁史洛安，主持高階層的幹部會議時，到了議案將作最後決定時，一定會問大家有什麼問題，如果與會者都不提出問題，他立刻宣布今天的會議結束，等大家回去把議案再作深入研究，能提出問題時，再開會作決定。因為他認為，沒有問題的議案，表示大家對問題不夠關心或沒有深入的了解，他的決策哲學正是「沒有問題的決策，正表示這個決策的問題重重，與其未來蒙受重重問題的困擾，不如現在就把可能發生的問題提出來討論解決」。

如果當部屬的都是「鼓掌部隊」，那公司何必出高薪去聘請管理者（尤其是策略幕僚）呢？那就跟選舉時一樣，每小時100元去聘請鼓掌部隊就可以了，看起來很風光，問題是選得上嗎？

三、裡子比面子重要——哪有功高震主這檔子事？

有些主管不喜歡部屬提好建議，那是因為擔心：

1. 部屬看起來比自己聰明，相形之下，主管就被比下去了。

2. 接納部屬的建議，功勞就給了部屬，主管擔心有朝一日部屬功高震主，爬到自己頭上。

這是眼光如豆的人的看法，同一件事，換種角度來看，可能全是好事：

1. 部屬學歷（如博士）、智商比你高，這是改不了的，然而，你的經驗贏他，至少有件事你比較高明，況且「世上常有千里馬，但不常有伯樂」。

2. 不用擔心部屬功高震主，部屬立了大功，代表你有「識人之明」、「用人之智」，水漲船高，基於行政倫理，你也會升官，所以多個強人部屬正可替你打出事業江山。縱使部屬越級晉升爬到你頭上，至少會感謝你的知遇之恩。反之，明明是人才，你卻壓制他，不讓他表現，一旦他調單位或換公司，有一天還是會超過你。

如此，你反而該擔心如何激勵員工「知無不言，言無不盡」，創意、點子越多，你越會升官，那麼被言語刺傷（忠言逆耳），也就不那麼重要了。

(一)部屬的天職之一：找碴

我們常用一句話來形容企業者和管理者角色的差別：「企業家看到的都是機會，管理者常看到的是問題。」也就因為企業家傾向於樂觀、自信，所以要有人替他踩煞車，以免衝太快，弄得車毀人亡。所以不要討厭烏鴉，也不用去喜歡拍馬逢迎的喜鵲，好聽的話固然聽了窩心，但如果於事無補，那還不如聽實話。

(二)營造肯說真話的企業文化

公司在成長、規模擴大之後，權力距離加大，制度主控了彈性，政治權力的官僚作風瀰漫。中低階管理者多已見聞先烈們雖終身努力卻因為忠言不見容於當道的前車之鑑，使說真話的人反成了瀕臨絕種的動物。

大部分員工基於基層、下屬關係不敢說真話，有些企業家因此特別花錢請「諍友」當顧問，每遇重大決策前先請其吐真言，以免誤作決定，但卻忘了問下一步該如何做。所以企業家應在公司中營造「百家爭鳴」的環境，讓員工不會因人微言輕而自我設限，上層對於有益公司發展的言論既應尊重更需獎勵。藉由實問實答的企業文化，補強中高階管理者在視野上的不周延性。

(三)培養被批評的雅量

「良藥苦口利於病，忠言逆耳利於行」，真話有時很刺耳，尤其是有損自己顏面時，但是與其「今天顧了面子，明天失去裡子」，不如「今天苦臉，明天光彩」。否則，今天為了顧及面子，就如：康熙皇帝第一次攻臺大敗，不承認自己錯，反倒找當時福建總督姚啟聖當代罪羔羊，他認為「皇上的權威比做對做錯還重要」。沒四個月，還是被迫重新啟用姚啟聖，因為事情還是沒解決。

另一個例子是：雍正皇帝當年急於追討庫銀（即把王公大臣向國庫借款追討回來），套用今天說法便是降低銀行催收款。匆促之下，誤信山西巡撫諾敏能夠在半年內把300萬兩全部追回，遠低於二年期限。龍心大悅之下，在朝堂上，他頒「天下第一巡撫」匾額給諾敏。後來發現諾敏採借私銀來充數的偷天換日作風，他不顧自己丟臉，還是判諾敏欺君之罪，在早朝時，他走到乾清宮門外，向著天萬民跪下，他認為「跟社稷蒼生比，朕的面子不重要」。

「臉是自己丟的，面子是別人給的」，喜歡「一言堂」的管理者，今天看似英明，

但立刻「丟臉」，就如國王的新衣，連三歲小孩都知道是自欺欺人。寧可要裡子，而不要面子，最後成功了，終究還是掙得回「面子」。

📖 第六節　驕兵必敗

三國時期，蜀國關雲長的「大意失荊州」是軍事上驕兵必敗的典型例子。同樣的，看電影學管理，HBO頻道2001年12月8日播出的「決戰時刻」(Patriot)，由Mel Gilbson飾演美國獨立戰爭時民兵上校班傑明・馬丁，在1781年南方決戰時，利用英軍集團軍司令康瓦里斯自傲（看不起烏合之眾的民兵）而打敗英軍。在商場上，這樣的例子不勝枚舉，可惜的是，眼睛長在臉上，容易看到別人，卻不容易看到自己，這也難怪會有那麼多驕兵必敗的歷史重演，這個道理本來就是常識。企管來自生活，能夠稱得上學問，便是因為採取有系統方式去歸納、驗證，以嚴謹的專門名詞來取代日常用語，在本節中可以看得很清楚，本節我們依序說明如何避免驕兵必敗的方法。

一、成功滋生未來失敗

「好的開始是成功的一半」，然而「（過去）成功滋生（未來）失敗」、「福兮禍所倚」倒也令人詫異。究竟為什麼會造成「福無雙至」的結局呢？英國倫敦商學院教授Donald N. Sull (1999)在《哈佛商業評論》上"Why Good Company Go Bad"一文中，以許多家全球企業由盛轉衰、錯失良機，來反覆說明「原有的思考和營運方式曾經為公司帶來成功，但是公司也因此容易沉溺其中，不可自拔；當環境發生變化，過去帶來成功的萬靈丹，可能反而成為失敗的毒藥」。而且更恐怖的是，這些企業看起來並不怠惰，還是生龍活虎，只是忙錯邊了——以最有效率方式犯錯，有效率但卻沒效果，他稱為「積極慣性」(active inertia)。在物理學上，「慣性」指的是物體維持現行軌道移動的傾向。積極慣性是指公司沿襲既有行為模式的傾向，即使處於劇烈的環境變遷中亦然。由表7-10可見積極慣性的成因，由於公司過去就是因為採取這些既有的思考和經營方式，而成為市場上的領導者，所以對於各種已有成功先例

的措施深信不疑，一旦遭逢變局，自然迫不及待重施故技，原本以為因此可自困境脫身，結果反而愈陷愈深。積極慣性在中文裡有類似的用詞，例如「蕭規曹隨」、「前例可援」。

表7-10 成功企業積極慣性的原因

原　因	說　明
1.策略思考架構	妨礙公司拓展視野的盲點、「眼罩」，即「選擇性」注意，甚至視而不見
2.價值觀 (或企業文化)	刻板印象、食古不化、故步自封的教條、慣例 (或傳統)
3.標準作業程序	失去彈性、不知變通
4.人際關係網路，跟員工、顧客、供應商、經銷商、股東的聯繫	即包袱太重，原來的關係變成羈絆，以致要轉變都難

資料來源：整理自林佳蓉譯，「不要讓你的企業冥頑不靈」，《遠見雜誌》，
2000年10月，第148頁。

二、自傲企業家的癥狀

高空彈跳、飆車，這些都是具有冒險性格的外在生活表現。同樣的，自傲企業家在策略方面的驕兵現象，也是有跡可循的，詳見表7-11。

表7-11 自傲企業家在策略方面的驕兵現象

策　略	現　象
一、成長方向	過度多角化，即「撈過界」，手上一堆爛牌，以致「外行管內行」
二、成長方式 　1.併購金額	敢比競標者出更高價，例如控制溢價高 (比股市股價高五成以上)，因為自認能賺得回來
2.併購對象	連虧損累累的「不健康公司」(unhealthy company) 也敢買，因為自信有艾科卡「反敗為勝」的能力
三、成長速度 　1.新產品 　2.設廠	大踩油門，馬力全開，好大喜功

㈠張忠謀的看法對嗎？

台積電董事長張忠謀一向主張強勢領導，在1999年8月《天下雜誌》上，有完整說法：「有一句話聽起來相當武斷，但是我很相信。這句話就是，幾乎所有優秀的領導者都是強勢領導者。強勢領導者不一定是獨裁者，而且絕對不是獨裁者，他會聽大家的意見。但不見得就是大家投票往哪個方向走，這絕對不是好的領導者。好的領導者是已經有主見，他完全肯定要走這條路，所以要聽聽別人的意見。當然也可能聽了別人意見以後，他會改變一個方向，大部分時間他聽別人意見，只是把問題再想通一點，還是照原來的想法。

領導如果是要聽大家的意見往什麼方向走，為什麼要你當領導？要有一個堅定的主張，領導者的信條雖然很困難，但還是要走下去，毅力也非常重要。」

㈡官大學問大？

「青出於藍而勝於藍」、「只有狀元學生，沒有狀元老師」、「當仁，不讓於師」，這些俗語皆在說明「後生可畏，焉知來者不如今者」。如果當董事長事先一定得知道往哪裡去，那也就不需要那麼多幕僚、顧問了，所有員工只是在已知的方向上，去追求執行效率，但一旦方向錯了呢？

三、王永慶不立傳

1999年3月，因寫書之故，跟臺灣第二大企管叢書出版公司遠流董事長王榮文討論，得悉素有「臺灣經營之神」美譽的台塑集團董事長王永慶不願立傳，他的理由是：「我還在做」，簡單的說，還沒有到「蓋棺論定」的時候，還不確定台朔汽車能不能作得起來（註：2000年12月底，首次推出2000 c.c.車台塑1號）、福建漳州電廠2001年是否會轉虧為盈（經濟日報2001年11月29日，第3版，簡永祥、邱展光），而擺脫「損失千億元的大陸失敗案」的惡名。的確，這些都有待時間來驗證，恰如球場名言：「球是圓的，不到最後一分鐘，不知勝負。」

「勝不驕，敗不餒」，要做到真不容易。企業家奮鬥過程中每年的勝利，只能算打贏一場戰役(battle)的小勝，直到最後算總帳時，才能知道「戰爭」(war)的輸贏，積小勝才能成大勝，否則先勝後敗也是「一世英名毀於一旦」。企業如台塑集團之大，王永慶尚且自謙不立傳，那麼還有幾人夠格呢？

四、正確過程避免經營者錯誤決策 ── 經營者開放學習、決策紀律

再天縱英明的經營者照樣會有「仙人打鼓有時錯」的時候，而要是「墨菲定理」應驗，可能恰巧一步錯就全盤皆輸。所以正確決策過程比光靠經營者天縱英明還重要，尤其不少臺灣家族型上市公司講究倫理領導，董事會變成一言堂。

如何避免經營者錯誤想法，限制理性所造成的策略決策錯誤，下列機制值得大家參考。

㈠開放的學習意願

董事長學習意願顯而易見，由圖7-5可見，上策是大智慧的「先知先覺」，不必犯錯，無須付學費。中策是「見微知著」，行銷中包括焦點團體、試銷等，以免押錯寶，那可虧大了；研發部門中也有類似的實驗學習(experimental learning)，像白老鼠等動物實驗或量產前的先導測試(pilot run)。

圖7-5　公司（經營者）學習意願簡易判斷方式與相關章節

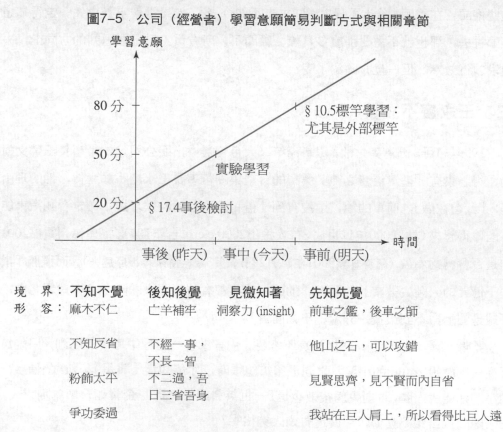

境　界：	不知不覺	後知後覺	見微知著	先知先覺
形　容：	麻木不仁	亡羊補牢	洞察力 (insight)	前車之鑑，後車之師
	不知反省	不經一事，不長一智		他山之石，可以攻錯
	粉飾太平	不二過，吾日三省吾身		見賢思齊，見不賢而內自省
	爭功委過			我站在巨人肩上，所以看得比巨人遠

　　至於「後知後覺」那已是下策，不過至少學費沒有白費。下下策則是「不知不覺」，不願意承認錯誤，那麼當然也就無法從失敗中記取教訓，那麼二過、三過，一錯再錯也就惡運連連。連付出極大代價（例如新產品上市慘遭滑鐵盧）的失敗，都不知記取教訓，那更不用說付點學費延聘講師、顧問了。至於學費最便宜的標竿學習，也跟海倫仙度絲洗髮精的廣告一樣，「（頭皮屑）很久都沒聽過」。

(二)第三流企業家寅吃卯糧——解決昨天問題

　　不知不覺的企業家（尤其虧損公司）不是不了解公司坐困愁城的境遇，就是缺乏因應之策。把公司虧損的責任推給大環境，最常見的理由便是「景氣衰退」、「政局不穩」。周處除三害，還是得先體會自己也是一害；同樣的，環境不好，一如「山不轉路轉」所說的，企業可以透過轉型來度過。6500萬年前的彗星撞地球，造成恐龍的大滅絕，但已有三億年歷史的烏龜、鯊、鱷照樣活得好好的，可見只要「窮則變，變則通，通則久」；反之，「耍賴」只會遭致跟恐龍同樣的結果。

(三)最基本的學習：認錯

　　一個空的杯子可以注入美酒，反之，一個裝滿廢水的杯子，什麼也再倒不進去。認錯，看似丟臉、承認自己無知；但仙人打鼓有時錯，不認錯，就表示自認為是上帝。承認失敗，代表自己還有改善的空間，這是多麼令人高興的事。否則，無異表示自己、公司已到達巔峰，樹再高也長不到雲！

　　追求卓越的人不會覺得忠言逆耳，因為永遠怕好點子不夠多；也不會擔心部屬比自己聰明，反正最大榮耀還是屬於自己。接著讓我們來看幾個知恥近乎勇的例子，至於夫差的臥薪、句踐的嚐膽則是家喻戶曉的故事了。

　　1.歷史上的例證：

　　　(1)漢唐盛世，漢武帝、唐太宗的驚人武功，幾乎都來自雪恥的念頭。突厥大軍壓境，舉國譁然；唐太宗李世民自知短期內力有未逮；又怕自己得過且過，因此學習吳王夫差臥薪、越王句踐嚐膽的精神，每日在宮中跟五百士兵習武操兵，其實只是藉此以強化自己雪恥圖強的決心罷了。

　　　(2)俄國彼得大帝開創帝俄盛世，他為改善帝俄的積弱，派出大臣搭船赴外國考察，他則假扮成水手一同前往。

⑶反之，宋徽宗沒有岳飛「靖康恥，猶未雪」的覺悟，因此只想逃避、否認，
　偏安江南的結果僅換得北宋滅亡。那麼有再多「撼山易，撼岳家軍難」的
　岳飛、文天祥，也是於事無補。

　2.知恥，近乎勇：

　1989年起，宏碁集團海外投資開始出現每年7億元以上的巨額虧損，1992年則是
倒數計時，進入股票降類保衛戰（當時集中市場分為一、二類股），1月，董事長施
振榮向董事會提辭呈，被慰留；4月，他要求減薪三成。雖然1993年5月，證交所核
定宏碁降類，但不消一年，因施振榮的勵精圖治，宏碁反虧為盈。

㈣四種決策過程紀律

　　正確決策過程的落實方式之一便是「一切照步驟（標準作業程序，SOP）來」，
其中有些會詳述如表7–12中的（決策）過程準則(process discipline)，他山之石可以
攻錯，公司可藉此檢視自己屬於何種決策紀律。

表7–12　四種決策過程紀律舉例

決策紀律	範例
1.訂出併購價格上限，逾此，則放棄此案，此價格稱為「走開價格」(walk away price)，此價格應低於買方的「綜效價植」(synergy value)	如 Hutchison Whampoa、Allied Signal 等公司
2.對負責併購談判的管理者 (negotiating manager)，應該限其出價上限，而且應低於上述走開價格	如 Hutchison Whampoa、Allied Signal 等公司
3.以報酬率來自動授權	例如 Interpublic Group of Companies (IPG) 把決策權下授給事業部，只要求併購後 5 至 7 年投資報酬率 12%以上的案才可作，該公司在過去 15 年正進行 400 件併購案
4.當有董事說：「基於策略考量，我們來作吧！」決策紀律是其他董事就說：「太貴了。」	荷蘭銀行 (ABN AMRO)

資料來源：整理自 Eccles etc., (1999), pp.145~146。

五、外界顧問──遠來的和尚會唸經

登聖母峰，你會找嚮導；但大部分的山難卻發生在大眾路線的小山，甚至是一個人輕裝入山，犯了登山大忌。溺斃的人，大都是會游泳的人，因為對水失去戒心。面對不是自己拿手的問題（例如環保、法律、租稅），建議延聘獨立客觀專業的專家提供意見，並且把此意見書作為決策的附件。

流沙致命的原因在於它看起來不像流沙，同樣地，當你要進行一項新投資案時，不要被它平易的外表所矇騙了──尤其是日常消費品。連素以茶葉聞名的天仁茗茶公司，1997年初也不得不把茶飲料部門關掉，茶葉和飲料是二個不同行業──光看超市的貨架就知道了。

不設防栽跟頭反而栽得凶，與其屆時賠千百萬元，倒不如事前花數十萬元聽聽產業專家顧問的意見，至少走起來會比較踏實、睡覺時比較安心一些。我們比較建議當碰到新事業投資案，最好聘請外界適任的經營顧問（不是管理顧問）提供意見。他們重視的是公司長久信譽，不會為了賺顧問費而去投人（委託人）所好。

(一)你就是當事人

好的決策過程需要客觀態度，不僅必須引用思考工具，還需了解自己是否就是執行程序的適當人選。決策者面臨狀況衝擊時，正如一句老話：「事關己則亂。」當管理者處理的對象太靠近以致失去距離時，客觀性變得遙遠，容易讓情緒凌駕客觀判斷之上，災難也隨之而來。

縱使是企管博士，我照樣建議替公司聘請專業、適任的經營顧問，所謂「善醫者不自醫」，或許別人不如你成功，但至少比較客觀、超然，甚至專業。荀子云：「用師者王，用友者霸，用徒者亡。」試問我們自己是屬於哪一級的經營者呢？

(二)信任顧問的專業

多數管理者比較像全科家庭醫師，他們自認無所不通，正如眾人所期望。然而，多數家庭醫師不希望涉入賭上病人生命的心臟手術，他們受的訓練就是判斷何時該放手，交給專科醫師接手，也將此視為工作的一部分。

然而一些公司管理者卻直接跳進這種拼上整個公司的賭局，認為自己坐領高薪，

理應獨力作出最重要的決定，也相信自己是唯一具備充分聰明才智、可以作出這種決策的人；甚至很多人認為，採信顧問、部屬的意見無異承認自己能力不足。

專家存在的意義不在解決問題或拿主意，其作用在於透過適當的思考程序，協助具備相關專業知識的管理者作出當下最好的結論。專家應該是管理者的盟友，彼此協力形成一個勝利團隊，是勝利方程式中的一個參數；思考程序的專家協助熟悉這種情境，進一步擴大專業決策的效果。

㈢人非聖賢，故須戒慎

1999年11月美國國科院醫療研究所(Institute of Medicine)提出一份以「犯錯是人性之常」(To Err Is Human)為標題的報告，建議美國政府成立類似航空安全局的機構，主導研究醫療失誤發生的原因，設計預防措施並監督、執行。主旨在以積極的態度面對人性的弱點，預防醫療錯誤的發生。再度提醒醫療從業者，要深刻的體認醫療工作攸關生命，必須持戒懼之心去克服人性的弱點，而不能不負責任地以「犯錯是人性之常」作為所有不良後果的藉口。現代的醫療院所更應制定一套嚴謹的預防機制，把醫療失誤的機率降到最低，並以「萬無一失」為我們共同努力的目標。

㈣副駕駛輔佐的重要性

科技的進步，使開波音767民航機時，甚至除了起降外，大部分情況皆可仰賴電腦來自動駕駛，那為什麼除了正駕駛外，額外還得聘請副駕駛，這錢不是白花了嗎？副駕駛存在的主要價值跟醫師、律師的"second opinion"一樣，在於確認機長的決策、處置是否正確，因為機長也是人，有時會因為藥物、健康狀況，甚至趕時間所造成心不在焉而照樣犯錯。犯錯的代價很高──大都是人機俱亡的空難，相形之下，副駕駛的重要性就不言而喻了。

六、外部董事

找外部董事（尤其是機構投資人），以避免董事會一言堂的現象，詳見第八章第三節的討論。

◆ 本章習題 ◆

1. 以表7-1為基礎，找出十家去年虧損的上市公司，看看是哪裡決策出錯。

2. 以表7-3為基礎，由上題的對象，去分析其董事長、總經理適不適任？哪項不適任。

3. 以表7-4為基礎，去看鴻海精密等公司採取哪些預防措施（包括郭台銘的兒子）。

4. 反學習其實只是種歸零心態（包括「知之為知之，不知為不知」），你同意這樣的說法嗎？

5. 你能找到幾家公司稱得上「反學習公司」嗎？

6. 再舉三個策略創新的例子（每個例子用600～1000字描述）。

7. 以表7-8為基礎，再舉三個例子。

8. 以圖7-1為基礎，各項皆找一家公司董事長來舉例說明。

9. 以表7-10為基礎，每項皆找一家公司舉例說明。

10. 以表7-11為基礎，每項皆找一家公司舉例說明。

第八章

公司治理——塑造廉能董事會

「清風兩袖朝天去，免得閭閻話短長」，這是明朝名臣于謙的詩句，于謙進京述職從來不帶禮物酬酢，許多同僚勸他不要空手進京，他笑道：「你看，我這不是帶著兩袖清風嗎?」

對於官場上瀰漫著「一年清知府，十萬雪花銀」的虛偽貪鄙風氣，于謙告誡門下：「錢多自古壞名節。」也正由於這一清廉之風，使得于謙能在1449年的土木堡之變，指揮若定，挽狂瀾於既倒。

——工商時報2001年11月2日，第2版，小專欄「清風兩袖朝天去」

學習目標：

公司治理是2001年上市公司的二大重要議題之一（另一是平衡計分卡），但它只是消極的防弊，本章還有興利功能，所以副標題為塑造廉能董事會。

直接效益：

如何塑造廉能董事會一直是學者探討的重點，本章讓你有系統的一覽全貌。

本章重點：

· 造成董事會「寡廉鮮能」的原因。表8-1
· 塑造廉能董事會的方法。表8-2
· 公司治理的內容。表8-4
· 外部董事效益。表8-7
· 監察人職權。表8-8
· 董監事酬勞計算方式。§8.5四
· 高階管理者的酬勞給付方式。§8.5四(四)
· 財務報表揭露等自我約束方式。§8.6三
· 董事會組成方式。§8.7

前言：成也董事會，敗也董事會

股東太多了，所以只好選出董事來經營公司；董事不見得術業有專攻，只好又聘請專業經理來管理公司。董事、管理者可能會有「人不為己，天誅地滅」的自私想法，因此作的決策不利於全體股東，可說是「家賊難防」，稱為「代理問題」(agent problem)。

策略管理在臺灣，'2001年起，開始注重避免代理問題的議題，本書花一章詳細說明「如何透過制度讓中高階管理者不要圖私利」，如此公司的決策方向才會正確，也就是朝向股東利潤極大的正軌，否則，奢談任何決策方法就以為決策者會大公無私選擇最佳方案，那無異緣木求魚。

一、代理問題分類

代理問題(agent problem)衍生代理成本(agent cost)，如何解決代理問題、降低代理成本稱為代理理論(agent theory)， agent這個詞用得好， 最常見的是旅行社(travel agent)欺騙觀光客。代理理論是財務管理五大理論之一，可以很複雜，但卻不難懂；簡單的說，表8-1俚語皆說明代理問題。站在股東角度，內賊至少有二種人：

1.董事會。

2.管理階層。

表8-1 以俚語說明主理人、代理人

俚 語	主理人 (principle)	代理人 (agent)
1.死道友，不死貧道	道友	貧道
2.叫鬼拿藥單	病患	鬼
3.以私害公或假公濟私	公 (例如公司)	自己 (私)
公 司		
1.權益代理問題	所有股東	董事會
2.管理代理問題	所有股東	管理階層

二、代理成本

「內賊」不見得盡幹些不合法的勾當,有時也採取合法方式來保住職位,這些造成股東獲利縮水,皆稱為代理成本(agent cost),可惜的是,具體數字不易評估。由表8-2可見合法、不合法代理問題所帶給股東的損失。

表8-2　權益、管理代理問題的種類

代理成本	說　明
一、不合法 　　五鬼搬運	1.圖利自己:不合法的自我交易 (self-dealing), 　如股票的內線交易 2.圖利他人:利益輸送等甜心交易 　(sweetheart transaction)
二、合法 　(一)在職消費	1.自肥條款:薪資高於同業水準 2.豪華辦公室和座車、高球證、俱樂部 　會員卡、搭乘商務艙、住總統套房等
(二)衝過頭 　　1.過度投資 　　2.好大喜功 　　3.透過多角化	・追求成長,不重獲利 ・不僅降低公司營運風險,又因太著眼於 　分散經營,導致景氣蕭條而遭「非戰之 　罪」的解雇
(三)投資不足 　　(underinvestment)	・為持盈保泰,避免「多做多錯」,導致 　公司錯失獲利機會。

三、重成長不重獲利的情況 ── 與投資人共舞

迷信兩位數(即10%以上)成長不僅是科技業和電信業,也是歷史悠久、較成熟的傳統產業拼命地追求「成長企業」的稱號,以便讓公司股價的本益比上漲到二十、三十甚至四十倍。

美國哈佛商學院財管教授詹森表示:「1990年代,我們經歷了一段非凡的獲利高成長期,經營者和股票分析師卻輕率地認為那就是常態。」企業管理高層相信,他們能讓一家大公司年復一年地成長20到40%,甚至試圖實現這些目標。事實上,這只

是暫時的現象，許多經營者最後不但沒有提高股價，反而不利於公司獲利。詹森說，以華爾街的獲利預期作為公司設定策略的基準，是最不負責任的作法。

威爾斯資產管理(Wells Capital Management)公司首席投資策略師保森指出，股市對高成長率的迷戀，在1999年達到最高峰，當時標準普爾500種股價指數(S&P 500)，只有前50名公司確實成長，它們成長的比率之高，帶動了整個大盤向上攻堅，但其他450家公司的價值卻呈現下跌。

在這種環境下，年成長8或9%的企業，就必須面對慘遭股市拋棄、股價不振的待遇。為了股價，電力設備公司（例如安隆）把自己改造為「商業能源公司」；高利潤的豬肉製造商變成即食食品公司；經營方式完美的零售商也投入數百萬美元進軍網路業。

過去一年來，隨著網路股和股市崩跌，許多公司經營者、投資人和分析師宣稱他們已經學到教訓，並降低成長目標。但根據專家的計算，目前企業的獲利目標就歷史標準而言依然過高，許多人相信景氣只是暫時喘息，等到2002年又會恢復「正常的」兩位數成長。

不論是有意或無意，公司經營者都有拉高成長預測的誘因。他們大都享有豐厚的紅利、股票選擇權計畫，這些都跟股價上漲直接相關。為了讓股票選擇權有實現的可能，高階管理者必須讓股價至少保持在公司提供的優惠價格以上，因此他們甘冒無法達成預測目標的風險。

自我膨脹也是原因之一，每年都能實現兩位數成長的執行長，最後大多被企管教科書奉為成功範例、登上雜誌封面和電視新聞。他們也被邀請加入其他公司的董事會，或在知名分析師邀宴的投資人會議中發表演講。相反地，無法帶來可觀成長的執行長，只有被迫接受提前退休。

耶魯大學管理學院院長加登，為新著作訪問了四十位知名企業的執行長，他透露，許多執行長了解獲利成長預測經常很不合理，但他們仍必須參與，因為股市會懲罰不願跟隨的人。（經濟日報2001年12月15日，第9版，陳智文）

四、避免戰線拉太長

「人不為己，天誅地滅」，代理問題只要在有人的地方就會出現，因此在許多課

程都會討論此問題，限於焦點、篇幅，本書無法一氣呵成，必須採取跑接力賽方式來銜接，由表8-3可見，這是我們傳棒分工方式。

表8-3　三本拙著對代理問題的涵蓋重點

5W1H	大一 管理學	大二 財務管理	大四 策略管理
一、定義 (what)		§7.1 詳細說明代理理論的延革、圖解三種代理狀況	
二、why 　1.起因	§6.1 所有權、經營權、管理權分立所造成		
2.結果 　(重要性)		§7.2 詳細說明代理成本，包括過度投資、投資不足	chap.8 前言
三、如何解決 (how)： 　1.人格特質 　理論	§10.2 徵才	§7.3 以圖說明三種解決代理理論的分類	
2.代理理論			
3.交易成本 　理論	§7.5 員工入股計畫	§7.3 詳細說明約束、監督成本	§8.1~§8.6 以公司治理為主 §16.3 內部創業制度

第一節　塑造廉能董事會快易通

「既要馬兒跑，又要馬兒不吃草」，這麼美的如意算盤打不響，因此必須設法要讓中高階管理者有德又有能，以「廉」來說，一般的「內控內稽」(內部控制、內部稽核)只能治得了管理階層，對董事可是無可奈何。因此，就有「公司治理」(corporate governance)、會計或財務學者稱為治理結構(governance structure)的機制出現，接著第二至七節會詳細說明各項內容，在本節中先把示意圖擺出來，讓你一窺全貌。

一、你有什麼選擇?

當董事長的人常採取圖8-1方式來考量聘用總經理。

圖8-1　如何塑造廉能中高階管理者

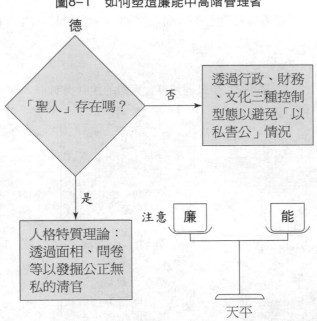

二、聖人可遇不可求

依據人格特質理論,有些人就是剛正不阿、絲毫不取,這是大多數股東夢寐以求的董事成員,很多董事長便透過命相師等的協助,來判斷哪些人可能一介不取,值得託付。不過聖人是可遇不可求的,而且人性是不能試探的,該做的防弊機制還是該實施。

三、代理理論也不是好答案

代理理論的極端主張:「要避免權益代理問題,就得介入日常營運,以免董事會剝削小股東」。以過度投資來說,最簡單的辦法便是把董事會綁手綁腳,即限制其「權衡」(managerial discretion)的範圍,不過往往矯枉過正,此舉可能引發營運上無效率,例如投資不足(underinvestment)、在職消費等。

四、交易成本理論脫穎而出

　　既然人格特質理論、代理理論都黔驢技窮，最後只好靠交易成本理論了。由圖8-2可見，公司治理消極中介目標在於消弭權益、管理問題，好讓公司經營者（董事會制或總經理）不致變為自私貪心的大野狼。積極中介目標，在於提高董事會的心智能力、意願，竭盡全力謀求公司最大利益。

圖8-2　使公司董事會廉能的控制機制

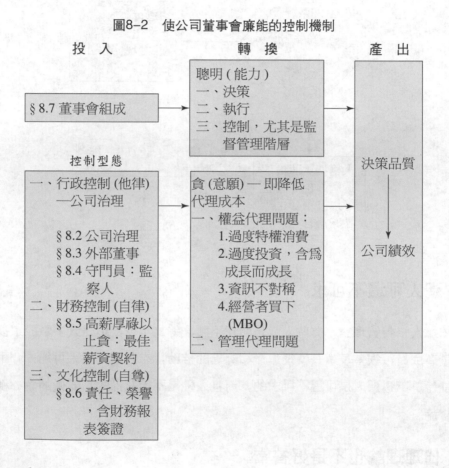

投　入	轉　換	產　出
§8.7 董事會組成	聰明（能力） 一、決策 二、執行 三、控制，尤其是監督管理階層	決策品質 ↓ 公司績效
控制型態 一、行政控制(他律) 　　—公司治理 　§8.2 公司治理 　§8.3 外部董事 　§8.4 守門員：監察人 二、財務控制(自律) 　§8.5 高薪厚祿以止貪：最佳薪資契約 三、文化控制(自尊) 　§8.6 責任、榮譽，含財務報表簽證	貪(意願)—即降低代理成本 一、權益代理問題： 　1.過度特權消費 　2.過度投資，含為成長而成長 　3.資訊不對稱 　4.經營者買下(MBO) 二、管理代理問題	

(一)第一關：行政控制

　　行政控制則可視為控制系統的底線安排，這方面的措施主要偏重於外部控制的監督(monitoring)機制，舉例來說，就像獵人開槍打跑大野狼一樣。最好能避免給別人輕易便能製造代理問題的機會，以免誘人入「罪」。

(二)第二關：財務控制

「倉廩足而後知榮辱」，總得先有財務控制，勉強加上效率薪酬契約假說，董事會已夠飽，會自我約束、自律（bonding），不會想再圖一己之私。

㈢第三關：文化控制

解決代理問題的上上之策，當然是透過企業文化的塑造，讓董事、監察人、高階管理者想都不會想去剝削股東、揩公司的油。

㈣均衡一下

不過，很多決策變數（或稱工具）雖有助於「廉」政策目標的達成，但卻有害於「能」政策目標。所以，不能光靠單一決策變數而想同時達到「廉」、「能」二個目標，惟有靠「工具組合」（或稱配套）才能竟全功。

五、公司章程

如同國家透過憲法來保護人民，以免政府官員越權或變質一樣，公司章程如同憲法，主要是用來約束董事會以保護小股東，也就是透過制度來避免董事會濫權，常見的方式請見表8–4。

表8–4　透過公司章程以解決權益代理問題

股東協議書焦點項目	公司章程	附帶決議與辦法
股權比例	股份 股東會	超級多數條款，讓小股東擁有「敗事有餘」的能力
人事安排	董事會(盈餘分配、預算、人事案) 監察人 經理人	董監事酬勞 經營團隊分紅制度 財務經理、會計經理任用
股權保障項目	1.股本封閉或開放 2.股權轉讓、出售 3.股權變更時申報制	
經營約束項目	1.營業項目 2.轉投資佔資本額比率	1.取得或處分資產處理程序 2.背書保證作業辦法 3.資金貸與他人作業程序
管理措施	會計	1.內部控制制度(財報、營業報告書) 2.簽證會計師 3.企業內陽光法案 4.企業內其他內規(職業倫理)

第二節　公司治理

一、當董監事變成大野狼

董事會代表全體股東經營公司，但權力也可能使人腐化，以致董事會變成大野狼，惡意對付小股東、債權人、客戶、員工等這些小紅帽。證期會發現部分上市公司董事會權限過大，涉及不當經營決策，主要包括：

1.授權董事長投資有價證券的權限過大，例如1994年底中石化董事改補選三分之一後，董事會竟授權董事長20億元投資股票權限，顯然離譜及權限過大。

2.關係人交易的應收帳款餘額過大。

3.董事會決議准許延遲公司收款期限。

4.公司資金貸與他人事宜授權董事長決定。

5.未經評估即設立投資公司。

6.長短期投資評估要領未考量投資風險、資金來源及對公司未來之影響等。

連被證交所、證期會、投資大眾層層監督的上市公司董事會都可能變質，那更不要說非上市公司了。

二、董事長背信的判決案例

2000年12月26日，日月光集團董事長張虔生等人被控背信案，臺北地方法院宣判，承審法官認定張虔生與80多歲的母親張姚宏影共同偽造不實的買賣意願書等私文書，造成宏璟建設公司高達19.3億餘元的損害，依偽造文書罪將張氏母子各判處有期徒刑六年。同案被告宏璟公司財務部經理周家佩也被判處有期徒刑四年，其餘四名被告無罪。

判決指出，1989年12月間，臺橡電子公司位於臺北縣土城市的土地屢遭居民抗爭，急著覓地遷廠，當時任宏璟總經理的張虔生自臺橡負責人張家琥處得知該工業區用地可能變更為住宅區，有大幅上漲獲利空間，竟謀議以張虔生名義購地，本身

不出資金而由宏璟出資，俟地目變更後再將土地賣給宏璟。

法官查出，宏璟董事長張姚宏影指示周家佩，偽以宏璟公司要還款為由，開具金額1.89億元支票，再轉入張虔生戶頭，以此給付臺橡第一筆款項；1990年12月間，張姚宏影再從香港永亨銀行帳戶匯入周家佩及多位不知情的宏璟員工帳戶，再輾轉匯入張虔生的帳戶內，用以支付第二期款。

法官認定張姚宏影、張虔生母子和周家佩於1992年5月盜用監察人胡炘的印文，偽造不實的買賣意願書，並召開董事會違法決議由張姚宏影全權處理購地事宜，再持該董事會記錄和商業本票保管條，向花旗銀行貸款11.5億元，作為給付尾款資金。11月間，張虔生再「一人分飾二角」，批准宏璟向自己購地17%，由宏璟再給付他6.5億元，總計造成宏璟19.3億元的損害。（經濟日報2000年12月27日，第3版，林河名）

三、公司治理

董事會內依是否掌權，可分為大董事（內部董事）或小董事（外部董事），而如果小董事人微言輕起不了影響決策、監督經營的效果，此情況稱為「內部董事主導型董事會」(inside dominate board of directors)；反之則為「外部董事主導型董事會」。在後者情況下，董事會傾向於變為看管型、法定型董事會，也就是董事會的權力大為降低，總經理的權力相對提高，詳見第九章第二節。

但是如果董事會結構設計弄成「外部董事主導」(outside dominate)，也就是外部董事人數佔董事60%以上，應會使外部董事更具有約束內部董事的能力。

(一)誰是外部董事？

外部董事存在於下列三種情況，詳見表8-5。

1. 未公開發行公司時，董事長為內部董事，平常一人領導（尤其當董事長持股比率逾50%時），董事會常不開，大部分董事皆為外部董事。

2. 公開發行公司，當有常務（或執行）董事之職位時，常董們為內部董事（公司法第208條），一般董事為外部董事。

3. 「外部」是指董事不兼任管理職位（例如董事總經理、董事副總經理等）。

表8-5 在不同層級情況下內外部董事的身分

內外部之分	股東層級	董事會	
		小董事會	大董事會
內部股東 (inside equiter)	董事會	董事長 ·在上市公司時，稱為公司派 ·學名稱為內部董事 (inside directors) ·俗稱 (權力) 大董事	執行董事 (含董事長)
外部股東 (outside equiter)	外部股東 暨監察人	董事 ·在上市公司時，稱為市場派 ·學名稱為外部董事 (outside directors) ·俗稱小 (媳婦) 董事	董事

㈡公司內部的反對黨

行政控制焦點在於透過董事會的規劃以達到董事互相監督等讓董事不致徇私舞弊。為了使您更抓得住此公司治理的機制，或許可用政黨政治來舉例類比，詳見表8-6。

表8-6 公司董事職位和政黨政治之對比

對象	公司組織	政黨政治
經營者 （決策者）	董事會 大董事 小董事	執政黨 主流派 非主流派
監督者	監察人 大監察 小監察 小股東	在野黨 最大在野黨 次大在野黨 選民

四、眾建諸侯而少其力

當董事會人數很多（例如超過二十人），透過權力分散、彼此制衡，董事會比較不會徇私舞弊。不過代理理論學者所主張的大董事會雖可解決「物必自腐」的問題，但卻是跟前述David Yermack (1996)的實證結果相矛盾，即大董事會將無法有效監督

執行長、總裁。

五、不要讓董事長一手遮天

要是董事長持股沒有超過百分之五十，董事會仍允許董事長兼任總經理，無異讓董事長更有監守自盜的機會。此時的公司治理設計可說難上加難，而且股東也要更加把勁；否則極易出現「叫鬼拿藥單」的情況。

1995年11月初，輿論對於華僑銀行常董會通過「常董直接督導分行業務」的決議大加攻擊，矛頭則指向新偕中建設董事長、當時僑銀常務董事梁柏薰。此事件引爆經營權（董事會）和管理權（管理者）分際的注意，董事不應以董事身分而行管理者（或使用人）之權，但轉圜之道則為董事兼業務副總經理（甚至總經理），前提是符合任用資格。這也就是為什麼歐洲體系國家通常流行「董事總經理」(director president)一職的原因。

六、其他監督力量

上市公司除了廣大股東的監督外，監督來源還包括下列數項，這些構成外部監督機制。

1.簽證會計師：證期會要求上市公司的簽證會計師必須是「入流的」(ranked)聯合會計師事務所。

2.股票承銷商和信用評等公司。

3.股票投資顧問機構。

4.主管機構：包括證交所、證期會皆會審閱上市公司財報、大股東股票交易（例如內線交易）、重大訊息揭露等。

✤ 第三節 外部董事

「旁觀者清」、「遠來和尚會唸經」這些俚語皆在形容外來客有一定的作用。同樣的，外部董事（或稱獨立董事）對公司也有一定防弊振衰作用。

一、外部董事的功能

外部董事的功能（角色）詳見表8-7，大部分是迫於法令不得不做的，此時外部董事扮演法律角色、外部角色；內部角色只是少數情況。

表8-7 外部董事的內、外部角色和消、積極功能

功　能	說　明
內部角色 (internal role)	一、證期會對上市(櫃)公司要求： 　　1.公益董事，此即法律角色 　　2.避免董事會清一色是同一家族的人 二、機構投資人(如創投公司、工業銀行)要求
外部角色 (external role)	一、積極功能：建立跟環境(主要是政府、金融業)的良好關係，其次是策略聯盟(交叉持股)時董事聯結 二、消極功能：聘用專業人士提供諮詢意見，以強化董事會功能

由機構投資人擔任外部董事，有以下優點：

1.因機構投資人專業、客觀，可比其他股東較有效率地監督公司。

2.外部董事為建立自己在決策控制方面的聲譽，累積本身的人力資本，有朝一日晉升為（其他公司）內部董事，因此會盡全力監控內部董事。

3.外部董事不至於透過利用職位花費(on-the-job consumption)來趁機污錢。

缺點方面主要為有利益衝突之虞，對（準）上市公司來說，機構投資人擔任公司董事，可能利用「向陽花木易為春」的地利之便，來做為進出股票的依據，但如果其遵守證交法第157條之一的規定，此種內線交易的利益衝突情況也不會發生。

二、外部董事的法律角色

家族企業要想股票上市，證期會皆會要求該公司增設外部董事，以加強董事會的獨立性。對於大部分家族企業來說，大都採取應付方式來因應，例如：

1.延聘非我族姓的友好第三人。

2.成立投資公司派人（最多的還是自己）擔任董事長。這仍是換湯不換藥，難

怪實證研究指出此類「外部」董事，並無法提高公司經營績效，這類董事不少是「披著羊皮的狼」。

站在他們的角度，是擔心一旦有外人介入，那麼以後可能董事會中出現異議人士，恐將「人不和萬事不興」。但有時為了追求「好控制」、「人和」，卻失掉基因多樣性，一旦經營環境丕變，公司可能無法適應，就像恐龍一樣逐漸衰微而絕跡了。

· 親朋好友董事會的例子

波士頓人艾根(Richard Egan) 1979年創立EMC，最初銷售辦公室傢俱；1981年改做記憶板，1986年股票上市。並在幾年後跨入資料倉儲事業，且業務快速成長，從1993到2000年成長逾十倍，2000年營收89億美元，是大型資料倉儲業者。EMC的股價從1990到2000年漲了驚人的八百倍。

不過，EMC的營運仍然像家族企業，八個席位的董事會包括創辦人艾根的兒子、小舅子、大學好友；不久前，甚至還包括他妻子，和一位鄰居；艾根本人2001年10月已經辭去董事長職務，出任美國駐愛爾蘭大使。

機構投資人協會執行董事泰斯里克說，親友蟠踞的董事會不必為科技業整體景氣走緩，或資料倉儲價格比2000年下跌50%負責（註：主因請詳見本書第十七章第三節），但較獨立的董事名單可能有助於EMC更有效因應市場變局。他說：「看到像這樣的董事會，就知道遲早會有問題。」EMC的董事會組成是標準普爾500成分公司中最糟的一家。（經濟日報2001年12月1日，第9版，吳國卿）

三、獨立董監事的立法趨勢

臺灣證券交易所跟櫃檯買賣中心合力推動上市、櫃公司設置獨立董監制度，把設置獨立董監列為初次申請上市必要條件，已上市公司則須在最近股東會中，依規定選出獨立董監，人數需佔該公司董監總數三分之一以上。獨立董事、監察人性質和設置目的，類似證交所的公益董事，也稱為外部董事。獨立董監資格方面，必須具五年以上商務、法律、財務或公司業務所需工作經驗，且其中一人必須是會計或財務專業人士，擔任董事期間，在專業知識上，每年仍需進修達一定時數以上，且不得同時兼任五家以上公司獨立董事。

獨立性認定標準包括：

  1.不是公司的員工或其關係企業之董事、監察人、員工，也不是前列人員的配偶或二親等直系親屬。

  2.不是直接或間接持有公司已發行股份總額1%以上或持股前十名之自然人股東，也不是前列人員的配偶或二親等直系親屬。

  3.不是直接或間接持有公司已發行股份總額5%以上或持股前五名法人股東之董事、監察人、員工。

  4.不是該公司有財務往來的特定公司或機構之董事、監察人、經理人，或持股5%以上的股東。

  5.不是該公司或其關係企業提供財務、法律、諮詢等服務的公司的員工及其配偶。

證交所設置獨立董監目的，正面意義是增加上市櫃公司董事會財經法務專業人員，為董事會決策時提供意見；消極功能是加強防堵大股東挪用公款、公器私用、濫用公司資源等弊端。（工商時報2001年11月8日，第22版，許曉嘉）

四、外部董事發揮功效的必要條件

外部董事佔董事會的比重要多高才能發揮作用呢？這問題並沒有明確答案，但是美國許多實證皆指出，內部董事（尤其是董事長）的持股比率如果越高，就越有動機廢掉外部董事，使其無力監控內部董事。

依公司法董事會特別決議相關條文來看，以發行新股（第266條）、重整（第282條）皆需有三分之二的董事出席才能開會，由此看來，外部董事必須佔三分之一以上席位，才能運用否決權（或不出席）以發揮關鍵少數的威力。

此種藉由外部董事來制衡內部董事的作法，尤其適用於公司控制市場機能不彰的時間或地區，由於外界併購不活絡，因此胡作非為的公司內部董事大可以欺凌小股東。為避免此問題，因為董事會中強有力的外部董事的比例應提高，以強大的內部監控機能來取代公司控制市場的機能，此便是美國學者Williamson著名的「替代性假說」(substitute hypothesis)。

五、投資人要求擔任董事

外部董事對公司內部的作用在於事前踩煞車，而比較不像監察人那樣事後控制。在美國，外部董事的確有防止內部董事圖利自己的守門員功用。

(一)監督功能以降低代理問題

美國時代華納公司股價長期低迷，原因之一如同機構投資人協會批評的「董事會跟管理層過從甚密」。股東會便提議引進更多有能力的專業外部董事，來提高董事會的獨立性，並監督董事長兼執行長李文。具體的作法如：1996年紐約銀行執行長貝可等三人獲聘為時代華納董事，1997年又讓希爾頓飯店執行長波倫‧巴克和聯合航空控股公司(UAC)執行長葛林‧華德加入董事會。

其次是縮短董事的任期，由三年一任改為一年，讓董事每年都得歷練股東會的要求。美國銳跑公司於1997年5月股東會也通過同樣的決議，希望每年都能把董事重新篩選，並且讓公司外的企業執行長成為董事，以增加董事會的活力。

董事會最常被詬病的弊端就是自訂很多「自肥條款」，例如被《財星雜誌》點名的朗訊公司(Lucent)，每年董監事酬勞10萬美元，是同業的二、三倍之多；ICN藥廠的董事還領取顧問費，認股權多達15000股，相較同業顯得很突出。為避免這種現象，日本百貨業的百年企業伊勢丹，在董事會設立了「事前審議委員會」，由外部董事擔任委員長，就總經理、核心幹部的待遇和重要議案等，先行討論。

(二)讓債權人放心而讓出董監席位

當公司出現財務危機，而債權人又願意接受「以債換股」(debt-equity swap)的安排，此時公司為了讓新股東放心，常會出讓董監事席位給新股東。例如1996年1月17日，尚鋒出現財務危機，跳票1.4億元，尚鋒於1月19日跟供應商取得延展票期的協議，為回應廠商協助尚鋒度過難關，尚鋒同意由廠商推派代表取得董監席位各一席，以參與公司經營。

六、外部角色的消極功能——提升決策品質

除了監督內部董事外，外部董事還可帶來清如水的活力，因為有其他歷練，更

重要的是沒有歷史包袱。所以外部董事在下列情況下功效頗大：

　　1.家族企業：強調倫理領導，晚輩董事（長）不敢反對長輩總裁，找個外人便無所謂倫理了。

　　2.僵化的企業文化：其症狀不是一言堂，便是經營闖東闖西但卻一直走不出死胡同。此時需要有人旁觀者清，來帶領公司新的方向及重塑企業文化。

　　這二種皆是利用外部董事的角色，希望藉以衝擊董事、總經理的心智模式，給他們當頭棒喝，要他們頓悟。否則，要等他們遵照《第五項修練》來做，那很可能公司早就掛了。

　　最明顯的例子，不少財務併購者吃下上市公司第二多股權，然後「逼迫」內部董事改革——例如開發閒置土地，對財務併購者而言可藉此賺到資本利得。要是內部董事不從，則乾脆來個「逼宮」（外場派鬥垮內場派），發揮公司控制市場的機能——優勝劣敗。

(一)典　範

　　美國知名咖啡連鎖公司星巴克(Starbucks)是連續十年保持獲利成長27%、市值上升二十三倍的績優公司。

　　星巴克高成長的原因，在於同時同等重視股東、員工和顧客的三合一利益，對員工實施股票選擇權。從1985年創設以來，外部董事就佔了一半以上，因為不受公司內部組織權力和企業文化影響，因而能提供客觀看法、正確決策，這一種有形監督機制的存在和無形壓力，是星巴克今日成功的根源之一。

　　成立已經有一百五十年歷史的全球大型藥廠輝瑞公司(Phizer)，營收達290億美元，早自1960年代就已引進外部董事，迄今也是模範生。

　　2000年底，日本朝日啤酒把原有一名外部董事，增為三名，結果效用驚人，董事長瀨戶雄三對外宣稱，這些新董事熱心研究相關的題材，會議上熱烈討論，如此集思廣益，尋找出新的經營方式。

(二)高盛證券的董事會組成

　　2001年11月14日全球第三大投資銀行、美國高盛(Goldman Sachs)集團宣布，台積電董事長張忠謀將於12月起正式加入高盛董事會，成為第六位外部董事，為該會

第一位亞系成員，顯示亞洲地區在高盛集團全球發展的重要性。董事長暨執行長Paulson指出，張忠謀的全球發展策略和科技先鋒角色，以及台積電的成功發展，皆深受股市肯定，未來高盛必可受惠於張忠謀的經驗和真知灼見。

外部董事不直接參與集團日常運作與決策，但董事定期開會，決定重大議題和發展方針，屆時高盛將可倚重張忠謀的個人經驗以及其亞洲背景。（工商時報2001年11月16日，第4版，沈耀華）

美商企業延攬臺灣高科技負責人出任外部董事，高盛並不是第一家，如2000年美商應用材料公司也聘請宏碁集團董事長施振榮擔任董事。美商應材當時宣布這項決定，主要考量這幾年該公司有接近四分之一的營收來自臺灣，因而希望能有臺灣知名企業家出任董事，提供經營團隊不同角度的意見。

七、外部角色的積極功能 ── 政治型董事

有些公司聘請退休政府官員、金融業人士、知名人士等「強化董事會陣容」，大都基於攬業的考量，其次是打通關節，就跟公司牆上掛著董事長跟該國政治領袖合照的用意一樣。

以老牌股票上市公司東元電機為例，1997年5月股東常會改選董事、監察人，媒體稱創業家族第二代黃茂雄董事長藉引進外部董事，把東元集團由傳統家族式的經營，轉型到法人投資、專業經營新紀元。他的安排如下：

1.增加法人董事所佔席位：中央投資公司、富邦產險、中租實業（屬和信集團）皆擔任董事。

2.董事升任常務董事：原法人董事聯華電子、新光集團升任常務董事。

3.新任專業監察人：例如聯電派出敖景山以法人代表出任東元監察人，敖景山曾成功的帶領行政院退輔會旗下的欣興電子反敗為勝。

◆ 第四節 守門員：監察人

一、監察人控告董事長

2001年7月16日，南陽實業監察人張宏嘉向臺北地檢署提出告訴狀，指控南陽實業董事長黃世惠挪用公款10幾億元，並涉及15億元的利益輸送等背信罪嫌。張宏嘉指出，基於監察人的立場，曾多次跟黃世惠努力溝通，且發函給公司敦促黃世惠不得圖利其自己的企業，但黃世惠沒有解決問題的誠意，因此他只好訴諸法律，俾確保南陽公司權益。

告訴狀陳述黃世惠兩項背信事實：

1.黃世惠利用南陽向豐達貿易購買油料契約，挪用南陽資金給豐達貿易共達10幾億元。張宏嘉指出，南陽對豐達貿易每年約有2億多元交易，但1999年時卻違反常規交易，以保證金和預付款名義支付豐達3億多元，2000年更支付高達12.7億元的保證金。直到2000年底南陽還沒有收回的資金達11.47億元。

2.黃世惠明知日本本田汽車的獨家代理權為三陽工業公司所有，陸利公司沒有進口權利，卻在1999年9月間，以陸利公司名義跟南陽簽約，用陸利公司代為進口本田汽車為名，支付陸利預付車款4.3億元。

張宏嘉認為，黃世惠身為董事長卻未作到利益衝突迴避原則，同時沒有把影響南陽經營的契約重要內容在董事會中進行討論，顯有圖利其個人企業的嫌疑。(工商時報2001年7月17日，第6版，張國仁)

這是個監察人控告董事長較近的案例，突顯出監察人守門員的功能。

二、監察人的權限

董事會的組成設計，是公司管制結構能興利防弊的第一層機制；第二層則為監察人，即監察人是股東代言人，以監督公司經營有無不當或不法情事。由表8-8可見監察人的權限。

表8-8 監察人權限、公司法法條內容

監察人權限	公司法法條	法條內容
一、監察權		
1.業務、會計監察權	218	• 監察人得隨時調查公司業務及財務狀況，查核簿冊文件，並得請求董事會提出報告
	219	• 監察人對於董事會編造提出於股東會之各種表冊，應核對簿據調查實況案造意見於股東會
2.通知董事會停止其違法行為	218之1	• 董事發現公司有受重大損害之虞時，應立即向監察人報告
3.其他	274第2項	• 公司發行新股向股東或特定人以財產出資實行後，董事會應送請監察人查核加具意見
	326	• 公司清算人就任務應造具表轉送給監察人審查
	331第1項	• 公司清算之簿冊，送經監察人審查
	419	• 股份有限公司發起設立後，董監事就任15日內，應備妥文件向主管機關申請設立之登記
二、代表權		
1.代表公司跟董事訴訟	213	• 公司與董事鬧訴訟，除法律另有規定外，由監察人代表公司
2.代表公司委託律師、會計師	218第1項	• 監察人辦理公司法第218條之事項，得委託律師、會計師審核之
	219第1項	• 監察人辦理公司法第219條之事項，得委託會計師審核之
3.代表公司跟董事交涉	223	• 董事為自己或他人公司有交涉時，由監察人為公司之代表
三、股東會召集	220	• 監察人認為必要時，得召集股東會

三、對監察人應有的態度

監察人制度不僅保護小股東免受董事（常稱為大股東）之剝削，對董事這群經營者來說，此制度也可降低少數董事、管理者的營私舞弊。因此對董事也有很大的正面貢獻，不宜抱著敵對或廢其武功的態度。

一般來說，專業投資機構入股的前提之一，便是其必須擔任常駐監察人。我們在給予合資方面建議時，也往往建議大股東尊重小股東，由小股東出任監察人。縱使小股東願意當個閉眼閉嘴的沉睡股東(sleeping partner)，當家的人仍宜有大開大放的胸襟，遴請公正清廉專業小股東擔任監察人。

此外，我們也建議公司在其章程中，載明公司得召開董監事聯席會議，此會議記錄不僅有效，而且可獲經濟部准予登記。

1.不論公司章程中是否載明得召開董監聯席會議，公司業務執行仍應由董事會決定，不可改由董監事聯席會議取代。

2.依章程監察人縱使有權主動要求列席董事會，或被動要求列席董事會，監察人陳述意見後，董事會依法得請求監察人離席；監察人本身沒有表決權。

公司法目前還沒有「監察人會」的規範，所以公司依法不能設置監察人會，要是已設立時，依尤英夫律師的看法「將不發生法律上效力」。無論是否成立監察人會，為了使稽核功能更為獨立，各金融機構的稽核部門可以改隸屬於董事會或監察人會議，由監察人直接指揮監督。

四、避免監察人濫權

有些集團對其子公司董事會的功能採取法定型（或頂多為看管型），但又擔心像董卓、曹操等「挾天子以令諸侯」的總經理出現，所以又仿照唐朝派宦官擔任監軍，以監督節度使。但難免出現像高力士之流的監軍，把郭子儀這種良將牽制得難以發揮。

這樣的事當然不會只出現在歷史中，企業界中照樣上演著歷史劇。有一些「能力不足、忠心耿耿」的家臣，集團總裁常會起用這些人擔任子公司的常駐監察人，但是其缺點如同前述處處掣肘外，也有可能因權大而濫權，以圖一己之私。

對於單一公司而言，監察人大都是「花瓶」、「橡皮圖章」。站在防弊的角度，宜讓監察人發揮一些功能。例如：

1.對管理階層的稽核：可以把原隸屬總經理的稽核室改隸監察人（會）。

2.敞開心胸，讓外部人士（尤其是會計師、學者）擔任監察人，不過想圖謀私利的董事會是不可能如此做的。

第五節　高薪厚祿以止貪 ── 如何設計董事、高階管理者的薪資

1996年1月中旬報刊上，外界批評華僑銀行董事酬勞過高，平均年薪達200萬以上。針對公司所有權、經營權分離情況，也就是董事會持股比率低於50%。此時，無論是交易成本理論、代理理論，經濟學者皆認為，宜透過入股分紅等薪資契約，給予經營者誘因，以誘發其拋棄一己之私、追求公司大我之利，如此為別人也就是為自己。例如史蒂文・藍思博在其近著《生命中的經濟遊戲 ── 反常理思考、二十四問》一書第一章中，得到一個結論：不管花樣如何翻新，千古不變的真理是「有錢能使鬼推磨」，誘因確實能影響人類的行為。

的確，縱使使用科學或民俗（例如面相）方法來用人，頂多只能防弊 ── 避免找到「歹鬼帶頭」的人。但是在積極建樹方面，既要馬兒跑又要馬兒不吃草，大概只有聖人、慈善家可以做得到，可惜這二種人皆如鳳毛麟角；與其冀望於不可知之人，還不如透過激勵制度，讓董事、高階管理者有意願向前衝。

一、最適薪酬契約的功用

財務經濟學者主張透過「最適薪酬契約」(optimal compensation contracts)可解決董事、高階管理者的代理問題。其所持理由：

1.避免投資不足：此因高階管理者大都是風險規避者，不願提出「高風險、高報酬」的投資案，以免失敗導致公司、自己職位不保，然而此將無法使公司價值極大。有關薪資連結的激勵計畫，許多美國文章都以通用汽車公司為例，美國哈佛大學教授Dial & Murphy (1995)以國防工業中的通用電力公司(General Dynamics)為個案研究對象，他們的結論證明「有錢能使鬼推磨」，尤其是股票選擇權等獎勵方式比紅利方式的誘因效果更強。

2.避免剝削股東：美國財務學者(例如Jensen和Merphy, 1990)主張，採取股票分紅的薪資設計，會比一般現金薪酬更能激勵經營者、高階管理者追求公司價值之極

大。尤有甚者，少數站在金錢萬能的學者，例如美國波士頓學院Mehran教授(1995)實證指出，公司價值跟公司董事會的組成無關，他的看法是，只要董事有足夠誘因，便會殫精竭慮、提高本職學能，以追求公司績效極大。

二、最適薪酬契約的決定因素

透過白紙黑字的薪酬契約，以創造「績效—薪酬連結」(pay-performance alignment)，經營者、管理者便會自我約束(bonding)，以追求公司價值之極大化。一般來說，財務學者建議的薪酬契約主要是以權益為基礎的薪酬(equity-based compensation)，簡單的說便是股票分紅方式，其中尤以股票選擇權所佔比重最大。以美國來說，2001年，此部分收入佔執行長收入的八成。

如何規劃出最適誘因契約，美國財務學者Lippent E. Moore (1994)認為主要決定因素，詳見表8-9。表中有少數地方值得特別說明的，例如「監督（董事會對經理人員）效率遞減時，此時宜透過薪酬契約以提高經理人員自我約束的動機」，這便是Fama和Jensen (1983)所提出監督和約束存在著此消彼長的抵換關係。

當然，過猶不及都不好，有些學者(例如Paul, 1992; Sloan, 1993)主張，把高階管理者的薪酬都採取入股分紅方式，將會促使他們鋌而走險，反倒有可能不利於公司價值。

三、設計合理的獎勵計畫

透過董事會的獎勵計畫以降低代理問題，常見的方式例如：

1. 對未上市公司，實施經營者紅利。

2. 對於已上市公司，實施績效股或分紅入股制。

無論什麼方式，總是希望轉移董事會的眼光，不要整天想著如何少付小股東、債權人的錢，而是如何賺客戶的錢。不過前提是，此「賺外面人的錢比賺自家人的錢」情況須易於達成，否則難保董事會抱著「一鳥在手，勝過九鳥在林」的心理，吃起窩邊草來了。

以美國蘋果電腦公司董事長兼執行長阿梅利歐為例，其薪資如下：

1. 基本年薪99萬美元，

表8-9　最適薪酬契約的決定因素

變　　數	變數內容	影響方向	說　　明
公司特有風險	1.售價穩定性	－	・營運環境越穩定，越沒有需要採取股票分紅制度
	2.生產技術	－	
	3.市場佔有率	－	
	4.公司規模	－	・降低負債的代理成本
	5.負債比率	－	
	6.成長機會	＋	・代表資訊越不對稱
	7.公司股票報酬	＋	・股票報酬越高，激勵作用越強
	8.財務報告狀況 (公司獲利狀況)	＋	・低獲利公司越會採取股票分紅
	9.變現力	－	・缺現金公司比較會採取股票分紅
	10.公司、CEO、稅率	－	・低稅率公司、高稅率 CEO 傾向於接受股票分紅
內部和外部公司治理	1.董事會組成	－	・外部董事多，管理者持股少
	2.股權集中度	－	・尤其是指家族企業
	3.管制環境	－	・外部管得越嚴，CEO 越不會被採取股票分紅
	4.監督可行性	－	・內部越容易管，CEO 越不會被採取股票分紅
CEO 的特徵	1.持股比率	－	・CEO 持股越少者越喜歡股票分紅
	2.年資	＋	・越接近退休的人，越喜歡股票分紅，此即時間水平假設 (horizon problem hypothesis)

資料來源：整理自 (1) Lippert & Moore, "Compensation contract of Chief Executive Officers：Determinants of Pay-Performance Sensitivity", Journal of Financial Research, vol. XVII, No.3 Fall 1994, pp. 321~323 (2) Yermack, "Do Corporations Award CEO Stock Option Effectively?" , Journal of Financial Economics 39, 1995, pp.242, Table。

2.業績獎金至少150萬美元，

3.配股，當他達成董事會制定的目標，可以無條件分配到一定數量的公司股票，最高可領到100萬股。

4.金降落傘的保護，如果他就任未（或剛）滿一年被解任，則可領到1000萬美元的退職金。

四、董監事合理報酬為多少？

董監事「報酬」不宜過高，否則容易使「外部權益人」有種被「內部權益人」
（即董事會）剝削的感覺。

㈠自肥條款──高階主管高薪值不值得？

2001年5月，一些經營困頓的英國企業董事會相繼演出的戲碼，顯示「企業領導
人重要性如何，他們該獲得多少報酬」這個老掉牙的問題再度被熱烈討論。馬莎百
貨(Marks & Spencer)的范德維德(LucVandevelde)上任十五個月仍無法扭轉企業頹
勢，「企業領導者該拿多少報酬」在董事會引發激辯。

柏克萊股票經紀公司分析師庫克表示，就股東的觀點來看，犒賞經營者的最合
適方式是具有激勵性的股票選擇權和紅利，並不一定要給他高薪。她指出，范德維
德倍受董事會砲轟，主要是因為他的紅利多寡跟績效無關。

馬莎百貨4月底發現，執行長的鉅額獎金跟公司的微薄獲利實在不成比例，而要
求范德維德放棄獎金，以平息員工和董事會的不滿。（經濟日報2001年5月13日，第5
版，官如玉）

㈡合理的制定過程

當公司成立之時，在制定公司章程時，於董事會一章中常會規定董監事報酬的
數額及分配方法。無論是初設立時或是俟後修改此規定，依據公司法第178條之規定，
董監事報酬應由股東大會決定。在股東會議時，由於董監事對於會議事項有自身利
害關係且有害於公司利益之虞，董監事應該避嫌而不得加入表決（即迴避），也不得
代理其他股東行使其表決權。

合理決策過程所追求的是程序正義，也唯有如此，其結果才具有正當性而不易
有爭議。同樣的，要是公司章程中載明「董監事報酬等授權董事會議定時」，依經濟
部商業司1974年之決議，該條文可能失效，仍應由股東會議決定。

㈢合理的報酬水準

依公司法第196條規定，股份有限公司董監事原則上有報酬請求權，至於其名目
則無差別，常見為「車馬費」、「董監事紅利」；根據經濟部1981年的決議，董監事可

以領雙薪甚至三薪，包括:

1.薪給或車馬費: 不論營業盈虧，股東大會得依同業通常水準給予董監事報酬。

2.盈餘分配: 一般公司為獎勵董監事之貢獻，常會給予董監事3～5%的董監事紅利。其分配方式由董事會決定，董監事報酬不必一致，一般皆依職稱的高低來分配。

3.當董事還兼經理職務: 其經理職務薪資無須經股東大會決定，除非公司章程另有規定（參照公司法第202條）。不過當董事兼經理所取得的報酬金額顯然過高，涉及公司法第196條的脫法行為時，股東會自然仍得追究董事的責任。

無論董監事可以領多少名目的薪酬，但薪酬水準絕對要合理，例如為該產業之平均數。

至於「合理水準」也因時間不同而有差異，1994年6月時，聯華電子董事會決議，由於營收、盈餘皆大幅提高，因此董監事酬勞由原訂年度盈餘的5%調降為1%。

(四)董監事酬勞起算期間

在公司初創時，甚至連董監事酬勞對公司都是一筆負擔，有些有遠見的創業家抱持著「賺一時，更要賺永遠」的想法。例如豪佳電子公司董事長陳文豪，他認為在找人合資成立事業時，如果是他擔任董事長，他會建議在公司回本之前，董監事都不分紅，頂多只是開會時實報實銷領車馬費。他的看法是董事與其把時間耗在目前這塊餅如何分，還不如把眼光放遠，如何去把餅擴大，如此反而會賺得比較多呢!

(五)是否簽訂雇傭契約

對於創業時挖角來擔任總經理、研發經理等職，薪資契約其實只是雇傭契約中的部分條款。勞資雙方簽訂雇用契約，對彼此有保障，當然也有限制。常見的資方援引營業秘密法等對勞方的限制為:

1.跟員工簽約，明定智慧財產權的歸屬。

2.競業禁止條款: 針對員工離職後對公司之不正當競爭、侵權行為予以規範，包括損害賠償的違約金條款。

3.守密條款(non-disclosure clauses): 規範員工對跟他人或其他公司合作、授權從事相關交易時應守密，本條款規範守密的範圍、期間、適用對象。

　　資方的目的在於透過契約方式以補強營業秘密法的不足，以避免離職員工以子之矛攻子之盾，此種作法值得參考。

(六)非經營股東之激勵

　　許多公司皆希望股東甚至董事成為公司的超級業務員，但是薪酬制度必須跟得上，重賞之下必有勇夫，對股東、董事替公司招攬業務，宜如同業務員一般，依據其貢獻，訂定「股東業績獎金制度」。

　　至於執行業務董事（例如董事長、執行董事）是否應適用此制度，愚意以為不必，此因當權派肩負達成公司營運目標之義務，除非他不當董事，否則便應善盡善良管理人之責任。

◆ 第六節　自我約束的文化控制

　　跟生涯發展、自我激勵機制相比較，文化控制不屬於壓力的鞭子、也不屬於誘因的蘿蔔，而是耳濡目染、心悅誠服的，以守紀為榮，以做好分內事為職志，戮力追求股東財富的極大。

　　此種「樂於為善、恥於不正」的企業倫理觀、價值感，需要董事會等長期營造，自然能上行下效、風吹草偃；但這是理想，接著我們來看董事的法律責任，這是道德的下限。

一、董事的注意、忠實義務

　　依據商業判斷原則(business judgement rule)，公司董事、行為人只要能證明其決策係基於合理準確資訊或健全管理技巧，便可以之替其具有爭論性、甚至錯誤的決策找到合法的護身符。就以美國判例法(common law)中對董事的要求，要想適用經營判斷原則，董事至少履行下列二項義務。

(一)董事履行「注意（或謹慎）義務」

　　在適用經營判斷原則的保護前，董事必須履行注意義務(duty of care)，也就是董事在作成決定前，應儘可能蒐集各種重要資訊，並且必須處於受完全告知(fully informed)、完全資訊的狀況下，否則便屬於有重大過失(gross negligence)，導致不適用經營判斷原則的保護。

為了證明董事有履行注意義務，宜在併購防禦、處置資產時，聘請獨立專業的投資銀行、法律事務所提供評估報告，如此可以構成董事以善意(in good faith)及盡合理調查(reasonable investigation)的表面證據(prima facie)。

以企業併購為例，法院對於外界顧問(independent adviser)的審查頗嚴格，至少不能是參與目標公司競標的投資銀行，否則公司須另找一家獨立鑑價公司來鑑價。而且公司給付給鑑價公司（或鑑價）的費用必須是無條件的，其涵義包括：

1.鑑價費用不能視目標公司是否有達到特定目的（例如成功抗拒敵意併購）而定，否則鑑價公司便缺乏獨立客觀性。

2.鑑價公司的報告必須不受條件約束，舉凡時效、鑑價方法和鑑價涵蓋範圍、目標公司管理者樂觀的預計(projections)。

外界顧問的鑑價報告並不能作為目標公司董事的萬能護身符，董事須合理熟悉(reasonably familiar)鑑價的相關觀念，否則哪有能力判斷鑑價報告的良莠和限制。

至於投資銀行出具「允當意見書」(fairness opinion)應包括下列內容：

1.投資銀行所使用的評估過程、方法。

2.投資銀行個別驗證和未驗證的項目。

3.投資銀行提供此允當意見書所收到的各項費用收入，以及所有可能的利益衝突點。

由前述彙總來看，由客觀、獨立財務公司提供給公司的「公平意見」，根據美國芝加哥杜夫(Duff & Phelps)財務顧問公司總裁傑斯特‧高吉斯(Chester A. Gougis, 1992)的經驗，允當意見書的用途至少有下列五項：

1.替公司的價值背書保證，公司可用以拒絕出低價的敵意併購者，或證明出售公司並未賣得便宜。

2.證明公司出售的拍賣過程是否允當(adequacy)。

3.證管會雖不要求公司應聘請第三者提供允當意見書，但一旦公司有，則必須公開揭露。

4.就賣方公司來說，應儘早在出售過程時便獲得此公平意見書，以讓公司有機

會檢定意見書上的預估合理價是否準確。

　　5.在公司合併情況時，參與合併的公司皆須提出公平意見者。

(二)履行董事的「忠實義務」(fiduciary obligation)

　　許多法院把董事的忠實義務解釋為包括「誠信（或忠實）」(loyalty)和「適當注意」(due care)，至於「拍賣義務」(auction obligations)，也在1985年的判例中，歸屬於忠實義務的內涵。

　　董事在充分收集資訊的基礎下，應以謀求公司最大利益的宗旨來作決策，而其他的行為須基於合理的經營目的(any rational business purpose)，也就是不得作出跟公司利益衝突(conflict of interest)的決策。尤其針對公司跟董事間（或母子公司間）有密切關係的「自我交易」(self-dealing)的特殊類型，法院為避免董事長圖利自己。因此對董事履行忠實義務的審查基準(enhanced scrunity)也會提高，也就是「本質公正的基準」(standard of intrinsic fairness)，來判斷董事長行為的正當性。

(三)利益迴避的典範

　　2001年10月，著名商情公司彭博資訊公司(Bloomberg LP)董事長彭博(Michael Bloomberg)當選美國紐約市長，2002年2月就任。為了利益迴避——彭博最大客戶是爭相承銷紐約市公債的華爾街證券公司，董事會成證券包含跟華爾街證券公司關係密切的主管，彭博租給紐約市七部終端機，每年收費約10.8萬美元。彭博基於利益迴避原則離開公司，彭博已表示，如何處置彭博公司，會遵從紐約市利益衝突監督委員會的決議，後者不久就會作出裁示。

　　許多跟商界關係密切的政治人物在擔任公職時，選擇把個人投資交付盲目信託，但因彭博持股龐大，且屬於股票未上市的私人公司，盲目信託解決不了問題。（經濟日報2001年11月2日，第9版，湯淑君）

二、高標準的內控和內稽制度

　　許多小股東對公司經營的承諾皆可能把持著「取法其上，僅得其中；取法其中，僅得其下」的疑慮，鑑於皇后貞操不容懷疑，公司證明自己清白的方式之一，便是採行高標準的內部控制和內部稽核制度。簡單的說，以未上市公司來說，便是採行

證期會公布的遵行法令，以已上市公司來說，便是聘請五大會計師事務所等來證明自己有落實的內控制度。

最後，如果能採取證期會的法令修正趨勢，更可證明自己不但採取現行標準，更採取未來的標準，一如環保、ISO標準一樣。鑑於1995年國際票券、彰化四信等內控不良導致的弊端，證期會完成「公開發行公司建立內部控制與內部稽核制度實施要點」修正案，其重點則值得參考。

1.公司內部稽核主管任免，應經董事會過半數通過。

2.公司改選董事後六個月內，應委託會計師專案審查公司內部控制和內部稽核制度，並取具「審查報告」轉證期會備查。

3.首次辦理公開發行公司應自核准日起三個月內建立內部控制和內部稽核實施細則，並經董事會決議通過，六個月內委託會計師出具評估報告，再三個月改善。

4.已上市、上櫃公司應在每年12月底前把下一年度的內部稽核作業年度查核計畫，每年2月前把上一年度的查核計畫執行情形報證期會。並在每年5月把上一年度內部稽核所見異常事項的改善情形，轉證期會備查。

三、資訊揭露、財報提供

正派經營的董事會不會遮遮掩掩，因此樂於透過每月的例行營運資訊揭露、每年財報、重大訊息立即（二日內）揭露，讓股東不致覺得董事會採取黑箱作業。

當股東對董事會越信任，則現金增資（金額和價格）等都比較好談，至少可降低權益資金成本。雖然公司每年須花錢整理出年報、開股東會、每月公布，甚至必須設專人（例如股務室、公關室）來處理跟股東間的公關事務，但這絕對是物超所值的。

1999年3月底，中強電子和尖美建設兩家上市公司突然宣布鉅額虧損的消息，引起股票市場震撼。中強電子1998年所做的財務預測顯示，每股將有2元的盈餘，但不久突然宣布，將虧損33億元，每股虧損5.8元。尖美建設的情形也相類似，1998年預測1999年每股4.7元盈餘，但不久突然宣布，將有26億元虧損，每股虧損7.37元。這種情形引起投資人的不滿，同時強烈質疑兩家公司財務報表虛偽不實。

公司爆發財務報表虛偽不實的情事，正是公司管理鬆散的結果。依現行規定，

財務報表的編製和公布，有其法定的程序。公司的年度及半年度財務報表，必須經會計師查核簽證，並經董事會通過及監察人查核承認後，始得對外公布並向證交所申報；每季一次的財務報告必須先經會計師核閱。此外，如果有發生對股東權益或證券價格有重大影響的事項，或有足以影響公司繼續營運的重大情事，公司必須在事實發生之日起二日內公告並向證期會申報，不得蓄意隱瞞（證券交易法第36條）；如有詐欺或虛偽的情事，公司負責人和簽證會計師都必須接受法律嚴厲的制裁。

從上述規定可知，公司發生財務報表虛偽不實的情事，是公司高階職員、董事、監察人和會計師集體怠忽職責，甚至舞弊的結果。財務報表的虛偽不實如此，其他類型的公司犯罪行為也往往如是。（經濟日報1999年4月6日，第2版，社論）

四、慎選簽證會計師

找外部董事、監察人皆是證明內部董事明人不做暗事的方式，另外就是找五大會計師事務所簽證，由於其非常專業獨立；因此銀行、證期會對其簽證財報的信賴程度頗高。

找家知名的會計師事務所來簽證，簽證費用雖然高了一些，但只要自己行得正，債權人、股東自然近悅遠來。透過一點點的約束成本的支出，可以換來更多的好處。

五、讓出少數董事席位給小股東

為了證明大董事的清白，方法之一便是讓出少數董事席位給小股東代表。不過小股東們的持股太少可能無法當選董事，因此作法如下：適度擴大董事席位，讓人數增加；透過持股比重打折計票方式，讓小股東也能多當選幾席董事，如此大股東自然無法獨霸董事會，這樣可以降低代理問題。

六、先出手表達誠意

為了預防權益代理問題，公司必須採取上述各項措施，雖然付出一些約束成本，但至少可降低權益資金的成本，即股東願意以較高股價來認股，甚至也會使原本小生怕怕的股東心動不如馬上行動。為了避免小股東擔心會被大股東剝削的疑慮，大股東須放棄一些既得利益，惟有捨才有得；也就是必須先讓小股東放心，小股東才

會願意心甘情願地掏出錢來入股。

上述這些措施大部分人都耳熟能詳，然而有些公司卻故意打迷糊仗，每次都要等小股東要求後，才被動接受，甚至一拖再拖地虛應故事一番，其實殊不知嫌隙就在不知不覺中造成。

「在別人要求之前先做好，會被人視為德政、體貼、尊重；做在別人要求之後，那便是應付。」這句話足以為預防代理問題的最高指導原則，有些公司想不透這一點，誤以為這些約束會綁手綁腳，因此故意留下一些模糊空間，以讓自己能便宜行事、掌握商機。但站在小股東的角度，卻可能擔心公司先斬後奏、強迫中獎。

上述原則也適用於「醜話沒講在前面」的入股情況，在有些合資入股案，往往是大老闆們憑交情在杯觥交錯中便「我說了就算」，為了避免先禮後兵的情況發生，上述措施仍須採取，以示自己的誠信，而下列二句名言仍有其不易的價值：「人家給你方便，你絕不可隨便；人家對你客氣，你可不要神氣。」重點不在小股東看不看財報、營業報告書，而是當他想看時，你提供的遠超過他所想到的，還有什麼比這些更能證明您童叟無欺的坦蕩行徑呢？

公司如果想跟小股東玩你贏我輸的遊戲，終究是「你可欺騙所有人於一時，也可欺騙某些人於永遠，但不可能欺騙所有人於永遠」，無論如何精心設計，最後還是會圖窮匕現。除非只想撈這一票便遠走海外，否則根據「遊戲理論」(game theory)，在長期來說，誠實仍是最佳的政策。此符合商場諺語「寧可正有不足，不可邪而有餘」的精神。能想通這道理，一通百理通，甚至連公務電話都不談私事，更不要說把自己住宅以高價出租給公司；如果能不欺於暗室，則股東自然會近悅遠來，那麼大小股東的猜忌、誤會、明爭暗鬥將會降至最低；團結力量才大，而做往往比說更重要。

🔖 第七節　提高董事會效能

透過精心設計的董事會，不讓大野狼出現，甚至讓董事能成為睡美人的白馬王子。

一、廉頗老矣，尚能飯否？

全球最大的玩具公司美國美泰兒(Mattel)公司，以芭比娃娃風靡全球。但是從1998年起，該公司業績開始大幅下滑，當年萎縮14%。

許多人把責任推給執行長吉兒‧芭拉德，她的領導哪些地方出了問題呢？其實跟許多失敗的管理者差不了多少，犯的錯誤也再尋常不過。批評她的人說，她缺乏財務敏感度，還說她不善於授權。有人說她自制有問題，因此也無法要求部屬。一位待了十幾年的前高階主管說，芭拉德開會的時候滿口強調策略或是品質，但她是不是個長期的策略專家、是不是個開發人才的管理者？她能夠接受其他的觀點嗎？他認為，答案都是否定的。

最嚴屬的指責是：大家最詬病的據說芭拉德有非常嚴重的權力慾望，只要感覺到某人會威脅她，就想辦法把對方趕走，結果是原本美泰兒應該有人能夠補芭拉德的短處、讓美泰兒渡過低潮，但是事與願違。還有人罵她一味追求成功，卻不願承認失敗。

此外，只要是芭比娃娃產品，不管是廣告還是產品設計，都要由她過目。美泰兒某位已離職主管說，芭拉德深知，控制芭比，就控制公司，結果她一步步成功了。

美泰兒面臨困境並不是這幾年的事情，經營方式早在芭拉德還沒出任執行長時就已經出狀況了。只不過，這個老大的公司一直沒有面對批評的雅量和勇氣，該負責的人應該不只芭拉德而已。《紐約時報》指出，董事會也該負責，該公司董事在職時間都非常漫長，大部分都是親眼看著芭拉德創造芭比奇蹟，因此董事對她幾乎是言聽計從。此外，這群董事年齡也偏高，外部董事平均年齡60歲，要跟隨近幾年來科技的進步相當吃力。董事會本身也有結構性問題，許多重要董事席位都由經理階層晉升的內部董事把持，結果是壟斷視聽，小股東只能掌握一年一次股東大會的發言機會，導致公司經營者容易恃權而驕。(工商時報1999年11月14日，第9版，徐仲秋)

二、見招拆招，遇水搭橋

各色人種是300萬年前單一人種後來適應各地環境後的結果，同樣的，當我們看到各式各樣提升董事會能力的方法，也是依序這樣演變出來的。由圖8-3可見，當初

圖8-3　提升董事會能力的組織設計流程和本節架構

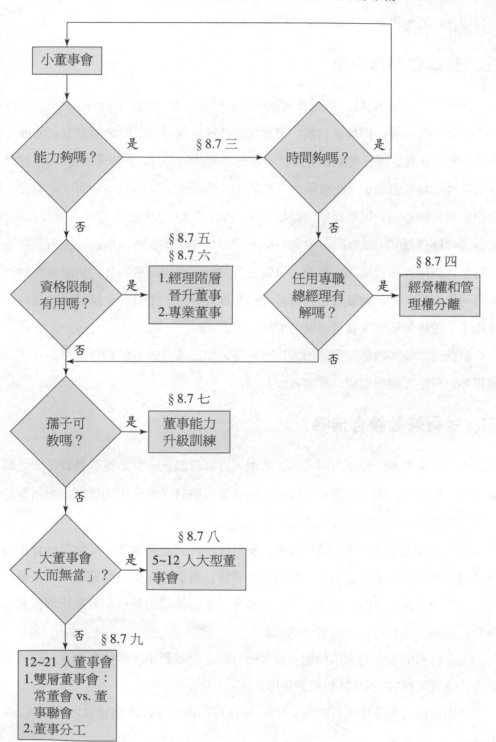

也都是三、五席董事的小董事會，後來覺得力有未逮，就「兵來將擋，水來土掩」的採取各式因應措施，本節架構也跟著這樣的節奏走。

三、董事會領導型態

把經營權（董事會）、管理權（總經理）分離，董事長(chairperson)不宜大權一把抓的身兼執行長，即董事長制；而宜採總經理兼執行長，即總經理制。如此不僅能發揮能者在位，而且董事長更可以脫離日常營運的泥淖，好好「監督」（即管制角色）董事成員開疆闢土。此種稱為「董事會領導型態」(board leadership)的實證，美國伊利諾大學香檳校區管理學院教授Mahoney等三人(1997)的研究結果頗具代表性，以美國標準普爾500指數中261家在1988～1994年有採取反併購措施的上市公司為研究對象，以事件研究法的結果為，這些公司股價超額報酬皆為負，但總裁兼執行長的公司比較好一些，這點倒支持經營權、管理權分離的主張，也就是找些具有「功高震主」的專業經理來補董事會時間的不足。

但此方式僅能治標，不能治本；一旦碰到如三國時代蜀漢劉禪這樣的主子，連諸葛亮也只能「鞠躬盡瘁，死而後已」。

四、球員兼教練合適嗎?

中小型企業基於降低人事成本、活用人力資源起見，常是董事長兼任總經理、董事兼副總經理，雖然已違背監督者與被監督者應該涇渭分明的原則。但只要這些人股權超過五成，也不太會有權益代理問題。

許多公司為了確保決策的可行性、降低成本，因此常讓董事順便兼任管理者。基於讓董事會不致閉門造車、產業民主等考量，董事會中不妨有經理階層人員。至於小公司或未公開發行的私人公司，董事幾乎全由管理者兼任，可類比為主動型董事會，董事不支薪，以降低營運成本。

健全公司治理中的一項機制在於權能分離，也就是不能教練兼球員（假如把股東會比喻成領隊），或是球員兼教練群。

套用香港大學財會教授Robert I. Tricker (1994)的分類，來描述董事會結構，參見表8-10。

表8-10 董事會和管理層的關係

董事會結構	沒有管理者兼任董事 (two-tier board)	管理者兼小部分董事 (majority outside board)	管理者兼大部分董事 (majority executive board)	董事皆兼管理者 (all-executive board)
範 例	大部分歐陸公司	臺灣股票上市公司	英國股票上市公司、日本公司	小公司家族企業 (非公開發行)

資料來源：整理自Robert I. Tricher, *International Corporate Governance*, Prentice Hall, 1994, pp.44~47。

有些實證研究指出，董事會成員中不宜有一半以上為現任或卸任的高階管理者，倒不是否定這些人的能力，而是提防其官官相護、沆瀣一氣的作出有利於經理人員之決策而卻不利於小股東的事。

五、董事「資格」（專業能力）

董事如果能腦筋清楚些，決策也就會更正確些，而此涉及三項管理能力之一的觀念能力，也就是最好能「能者在位」。

(一)法律規定

針對董事是否適任，例如1994年5月6日亞洲水泥公司股東大會時，少數股東曾質疑1993年改選選出的幾位新董事的適任性。董事成員的資格，公司法第192條做了最寬的規定：公司董事不得少於三人，由股東就有行為能力之股東中選任之。在各行業中，法令對金融業董事會中須有一定比率之專業董事，可說是金融管理措施之一；以證券投資顧問公司為例，董事會中至少須有三分之一董事具有證券分析師資格。

(二)實際情況

一般公司是否應規定董事具備專業資格（例如學歷、經歷、證照），實證研究指出董事的學歷跟公司績效無關，即只要給予董事足夠誘因（例如董監事分紅），那麼董事為了多分一點，自然會想盡各種辦法提高決策的品質。此外為確保全球企業總部在擬定策略、年度政策時的正確性，美國跨國性銀行業傾向拔擢各地主國（子公

司高階主管）人士。到母公司擔任董事，以避免董事結構有地域偏好（尤其是重美輕亞）。

㈢董事成員年資

為了避免資深總經理吃定菜鳥董事（尤其是幼齒董事長），有些人主張「董事成員年資（用以衡量其歷練）至少應大於總經理」。這個主張或許在個案中會成立，不過從大樣本的實證結果來說，上述「老牛吃嫩草」問題並沒有出現，清朝康熙皇帝扳倒鰲拜的情況並不是特例。

六、再造公司董事會

董事會是公司的頭腦，如何使董事會能發揮功能，除了董事會的組成規劃外，美國堪薩斯州典範管理顧問公司副總裁Park (1995)建議透過再造工程，以充分發揮董事會效能，使董事不再只是光拿車馬費的閒差事，或是消極、被動的不背信就自認及格了。他認為最好是請董事中學識淵博者來再造公司董事會，以提高董事會績效。

董事可能面臨的理性限制、能力障礙，以致決策品質不佳，解決之道則為採取彼得·聖吉所著《第五項修練》一書的方法，使董事會暨策略規劃單位（例如董事長室）成為學習型公司，持續改善心智模式，以免觀念能力力有未逮。這可說是公司公司治理中興利的積極功能。

當公司僅有一位大股東、近乎獨資時，其餘小股東股權加總甚至不足以跟其抗衡。這種公司的經營者風險相當高，此因全公司可說完全由一人領導;「經營者風險」來源包括:

1.經營者人身風險，因死亡、疾病對經營的影響，極易出現「人息政亡」的現象。

2.經營者的性格態度風險，即獨夫式、賭徒式、不專心（散漫）、家族式、優柔寡斷式等性格對經營的不良影響。

3.經營者的經驗能力風險，即經營者能力、經驗有限對公司經營所造成的風險。

為了避免經營者帶來公司危機或企業帝國崩潰，可行方式則為禮讓專業、獨立

小股東出任董事，以免董事會成為一言堂或徒具虛文。

七、大董事會

正如企業內部的人事更新一樣，要讓董事會發揮功能，它的組成分子也要隨著環境變化而進行新陳代謝、注入新血。

大董事會（董事九人以上）主要為了彌補小董事會因人才有限，再加上有些董事難免會請假，太少董事開會，可能會掛一漏萬以致決策品質低落。

但大董事會又造成新問題，主要是溝通（建立共識）不易，甚至連找個開會時間都不容易，無法一舉兼得。

董事會規模大或小才最有助於提升經營績效呢？答案是「小就是美」，主要的證據雖然來自美國的研究，臺灣一些比較小樣本的研究也支持此點。美國紐約大學商學院教授David Yermack (1996)的一項對500大製造業十年研究結果指出：

1.董事會人數六人時，決策品質較佳；研究樣本中，由於樣本皆是大公司，董事會人數沒有少於六人的。

2.小董事會比較有效的監督總經理（甚至專業董事長），把不適任者迅速解僱。

不僅美國公司流行把董事會減肥，連日本的新力、日產汽車、資生堂，也都從1997年6月起，把董事人數減少三分之一，以加快決策速度，以因應國際的激烈競爭。另外，也把決策和執行的功能分開，也就是董事不會再兼管理職位。

八、董事會的分工——雙級董事會

要是董事人數太多（十五人以上），難以多數到齊經常開會，不妨考慮設立常務董事，或是把董事分工，最常見的方式如表8-11所示。這跟許多國家的內閣一樣，有小內閣（或核心內閣）和大內閣之分。

(一)常務董事的職權

如果設置執行董事，依公司法第208條規定，名額至少三人，最多不得超過董事人數的三分之一，也就是董事席位最少九席，其任期跟其他董事任期相同，除因任期屆滿而不及改選外，得連選連任。

表8-11　雙級董事會的功能

美國、德國的稱謂	臺灣的稱謂	權力高低	開會頻率
董事會中的經營委員會（主席常是董事長），常稱為 executive committee of the board	執行董事（會），包含董事長	高，即內部董事，俗稱內場派、大董事	每週
董事會中的監督委員會，或稱為 supervisory board	非執行董事	低，即外部董事，俗稱外場派、小董事	每月

　　常務董事的職權如下：依公司法第208條規定，常務董事於董事會休會時，依法令章程、股東會決議和董事會決議，以集會方式經常執行董事會職權，由董事長隨時召集，以半數以上常務董事出席，及出席過半數決議行之。

　　依據經濟部的解釋，常務董事會開會應由常務董事親自出席，如果公司章程准許由其他常務董事代理時，也可由其他常務董事代理，但不得由一般董事代理。而且代理人應為一人委託為限，常務董事開會時，董事長如認為需要，得通知有關董事列席。

㈡大董事會的功能

　　大董事會除了董事會的功能外，在監督功能一項上，還包括監督執行董事會。其實，在小公司時，也一樣有雙級董事會的情況，只是此時，董事長掌握經營權，其他小董事主要扮演監督董事長的功能。

九、其他提升董事會效能的方法

　　如何提升董事會的效能，並不屬於公司治理的重要領域，頂多會做下列建議。

　　1.慎選董事長，他可說是董事會的靈魂人物。

　　2.董事會下設許多功能（例如財務、業務等）委員會，把董事依專長分工分組。

　　3.對集團子公司進行董事會考評(board review)，以評斷董事會及其成員的績效，以便決定董事成員的重組。

◆ **本章習題** ◆

1. 請依表8-1的架構，把2001年公司治理出問題的公司標示在表上，看看哪些項目出問題比較多。

2. 請依表8-3的架構，把2001年10月《天下雜誌》傑出企業中公司治理排名前十名的公司互相比較，它們好在哪裡。

3. 請比較同一產業外部董事主導和內部董事主導公司財務績效的差異。

4. 請比較同一產業中橡皮章型監察人跟包青天型監察人公司財務績效的差異。

5. 請把台積電過去五年董事酬勞計算方式、金額找出來，分析其變化原因。

6. 請把台積電副總至總經理薪資計算方式、金額找出來，分析五年中的變化原因。

7. 請說明台積電、鴻海精密公司如何透過提高報表透明度等，來提高其公司價值。

8. 試比較台積電、聯電董事結構，以分析其財務績效差異原因。

第九章

組織設計

　　傳統上臺灣企業的決策模式都是採取中央集權的方式,經過多年的發展成長,企業版圖擴大、產品日趨複雜,但決策模式迄今未改。由於領導人的資訊不夠充分,會造成決策流程慢、而且決策品質粗糙的缺點。所以臺灣企業要轉型,一定要從決策模式、管理模式著手。目前國際級企業的決策模式是採取金字塔型,總裁在頂端、旁邊還有一群菁英(top team),中階是管理專家團隊,最下面才是個人。

　　從管理角度看,一個企業的決策模式如果不夠現代化,營業額是很難從1億元成長到10億元,再擴張到100億元的。此外,吸引更多外部人才進入企業,也可以讓企業更靈活。總之,就是體認到環境不斷在變遷,經營管理也必須有新思維、新作法。

──歐高敦　麥肯錫大中國區董事長

工商時報2002年1月17日,第3版

學習目標：

策略決策取決於公司的眼耳（公司策略幕僚）、頭腦（公司董事會、事業部本部），
本章告訴你如何讓公司耳聰目明的下正確的策略決策。

直接效益：

從實用角度，本章各節都是來自實務的歸納，唸完之後，你當可以試著動手規劃公
司的策略規劃單位（尤其是第三節）。

本章重點：

・董事會型態和決策型態。表9-1
・公司及事業部策略決策者、列席人員、策略幕僚。表9-2
・網路組織。§9.1 三(一)
・宏碁的聯網組織。§9.1 三(二)
・虛擬企業。§9.1 三(三)
・學習型公司。§9.1 三(五)
・新事業的組織層級考量。表9-3
・董事會類型。§9.2 一
・策略協調機制。§9.3
・直線主官和策略幕僚交叉輪調晉升途徑。圖9-2

前言：組織能力比組織結構還重要

目標、策略、組織設計和獎勵制度是策略規劃的四大項目，在本章中討論組織設計，不過我們並不討論大一管理學中的組織結構型態，而是強調組織管理能力比組織結構還重要。第一節說明制定策略的組織設計、第二節討論不同企業發展階段下的董事會角色、第三節除說明如何建立策略幕僚單位外，更重要的是如何發揮執行時所需要的協調、整合機制。

◆ 第一節　制定策略的組織設計

公司、事業部的決策型態，主要決定於二個因素：

1. 股權分散程度：股權分散的公司，董事長集權的基礎比較薄弱，甚至有不少董事還擔任總經理、副總經理甚至財務經理，最極端情況下，董事長由人頭擔任，權力在董事會。

2. 董事長的特徵：具支配型人格、對事業部熟悉的董事長傾向於採取過程（導向）控制，也就是對總經理、事業部的授權會少一些，有些大權一把抓的董事長甚至親兼總經理。

一、董事會組成和決策型態

縱使是股票上市、公開發行公司(public company)，其決策型態跟國家毫無二致，明顯可分為三類型，詳見表9-1。

㈠家族式公司(private-owned public company)

家族式企業的股權相當集中於少數人（尤其是家族成員），例如台塑、和信、泰山、大同、長榮等集團，其決策型態頗偏向家長式的倫理領導。檯面上的人物不管是不是族長，但族長仍是主要決策者，例如光泉牧場公司，第二代中大房長子汪賜發掛名董事長，但第一代三房汪圳泉擔任總裁，因輩分關係，反而是形式上的決策者。

這類公司，縱使股票上市，依規定董事會需每月召開，但可能跟有些小學生的

表9-1　董事會型態和決策型態

董事會型態　　　分類	決策型態	董事席位	開會頻率
一、股權分散型 (但市場派、公司派並存)			
1.和平共存	妥協	5~11 人	照規定
2.劍拔弩張	妥協或對立	5~11 人	照規定
二、股權寡占型			
1.大董事會	票決	9~33 人	常董會 1次/月 董事會 2~3次/月
2.小董事會	票決，但合縱連橫現象明顯	8 人以下	1次/月
三、股權集中型 (50%以上)－家族企業型			
1.第二代或第一代和第二代並存	倫理領導 1.第一代最大 2.第二代大房 長子領銜	5~8 人	1次/月
2.第一代	父權、家長制、長兄如父	3~5 人	無

暑假作業是由人捉刀的情形一樣，有些公司甚至連開董事會這形式都免掉了，只由秘書等人員繕打會議紀錄，彙交給會計師轉證交所備查。為了因應證交所的要求，這類公司勉強開放一些非家族成員擔任董事，但往往由好友掛名充人數。

(二)股權寡占型公司

　　大部分中大型公司，股權大都掌握在董事長家族、機構投資人手上，不過決策型態反倒依董事會規模而定。

　　1.大董事會：像銀行等資本額百億元以上，單一持股有上限的公司，董事會規模常在十三人以上，往往會設立常董，常董會反而是例行決策機構，董事會可能只是替常董會背書罷了！

　　2.小董事會：公司法規定公司董事席位最少三人，不少上市公司就維持此席位，其目的如下：

　　⑴避免敵意併購者輕易取得當選董事所需的股權或委託書。

(2)人少形成共識比較容易,決策速度快所以對環境的因應速度也較快,不過,也比較容易出現集體思考的現象。

(三)股權分散型公司

股本50億元以上的公司,股權傾向於分散;對於某些公司派、市場派並存的公司來說,往往出現二種極端情況:

1.和平共存:雙方暗鬥繼續,但對外則繼續追求公司的成長,以免「鷸蚌相爭,漁翁得利」,這類公司可說是類似美國的兩黨政治。

2.劍拔弩張:除非雙方取得妥協,否則會出現互不相讓情況,公司的發展就僵在那邊,這類公司類似三黨不過半的日本、義大利、法國。

二、公司、事業部策略決策者

透過事業部的地方分權制度是企業統治的趨勢,而董事會、總經理、事業部主官(chief of SBU)這三級「政府」間,其權力分配、責任歸屬,另見第十七章第二節,請詳見表9-2。

1978年以前理論研究比較偏向公司組織結構設計,例如功能部門抑或事業部的組織設計;之後則有越來越重視組織設計的趨勢,也就是執行策略時組織應具有的功能,例如透過管理機制,以提升營運能力,這便是本節的重點。

三、組織設計能力應予重視

許多書籍花一大堆篇幅討論怎樣的組織結構才是「最先進」的,例如網路組織、虛擬企業,不過可惜這二種談的都不是公司正式的組織結構。

(一)網路組織仍處萌芽階段

網路組織(network organization)比較偏向於企業內網友關係的一種描述,還記得邁克·道格拉斯和黛咪·摩爾主演的電影「桃色殺機」嗎?美國母公司研發部主管道格拉斯,透過視訊會議、企業內網路,跟位於馬來西亞的子公司連絡,以進行試產。當然,誠如《無國界管理》一書作者巴雷特和喬許(Bartlett & Chosha)於1989年提出,網路組織並非只是集團內的資訊流程、環境設計(例如視訊會議、電子布告

表9-2　公司及事業部策略決策者、列席人員、策略幕僚

層級＼功能	決策者	列席主官、主管	策略幕僚
一、公司策略	1.股東大會 2.董事會 3.執行董事 4.董事長	1.總經理 2.財務長 3.會財務長 4.事業部主官 5.其他專案相關人員	董事長室
二、事業策略	總經理 ・授權內針對事業部的決策，並控制研發和功能部門	事業部主官或主管、其他相關人員、會計部經理(報告預算差異分析)	總經理室
三、事業部 (一) 完整範圍 　　(研發、生產、業務) (二)狹義範圍 　　(業務)	・「授權內」事業部策略(如年度預算) 1.事業策略 2.時機、速度 3.進入市場方式	事業部主管： 1.產品「經理」* 　(本土企業的行銷負責人) 2.通路(本土企業的通路負責人)	本部幕僚

* 此處「經理」為外商公司的用詞。

欄)的表象，它上面還應有個組織設計觀念，否則網路組織只不過是一個國際網路觀念罷了。不過，可惜的是截至1998年為止，網路組織對組織結構的貢獻還停留在：

　　1.運用於專案管理：跨國性關係企業間各選出相關人士組成任務小組，以執行研發等專案。這種不是面對面上班的關係，稱為電子同僚。

　　2.作為企業內的公共論壇(public sphere)：員工可在此認識同仁，交換工作資訊，比網友的關係更進一步。

㈡宏碁的聯網組織

　　宏碁集團董事長在2000年6月時，出版《iO聯網組織——知識經濟的經營之道》，大力宣傳宏碁是第一家採取此方式的臺灣集團企業。聯網組織的特質是每個子公司都是獨立、專精的，而由於母公司訂定許多通用的協定（可說是法治），每個子公司

均依照協定經營，因此母公司不會控制大部分的作業活動，具有速度、彈性。遇到重大任務時，可以馬上籌組一「夢幻團隊」，任務結束各自回子公司，所以母公司沒有固定成本，可再造性相當高。（工商時報2001年12月8日，第5版）

　　在拙著《知識管理》（華泰書局，2001年7月）第三章第二節集團企業的知識管理型態——解構宏碁的聯網組織，以臺灣向法國購買的拉法葉艦為類比，說明聯網組織由哪些企管觀念拼裝而成，由前述施振榮的說法，我們無法體會聯網組織跟專案管理有何不同，更現實的是，「不管白貓、黑貓，會抓老鼠就是好貓」，此管理方式的成功與否，股價會說話。

㈢虛擬企業

　　就跟「虛擬餐廳」等一樣，一看到「虛擬」這二個字就知道它是似有若無的。虛擬企業(virtual corporate)是指一家公司透過網際網路，可以掌握上游製造商或下游銷售商的情況，好像這些外部的上下游廠商變成公司內的一個部門，例如站在美國個人電腦廠商康柏的角度，臺灣的宏碁、大眾等委託代工廠商，可說是它的「虛擬工廠」(virtual factory)，它可以隨時在電腦上查詢到生產進度。

㈣矩陣組織並非常態

　　有一些書會介紹到矩陣組織也是大企業常見的組織型態，其實是不正確的，因為雙頭馬車不符合一條鞭的管理原則。少數全球企業由地區總部負責轄區內各子公司成敗，而在集團總部則可能設立事業群，如此，對於單一國子公司可能就會面臨二個老闆，一是地區總部老闆，一是集團總部的事業老闆。這的確會造成一些混淆，所以到最後總會取捨，究竟是「精省」（即簡化地區總部）或是「小中央」（把集團總部弄成控股公司）。除此之外，矩陣組織大都適用於專案，並不能作為全面性的組織結構。

㈤學習型公司

　　由於資訊技術的進步，使在家上班、機動辦公室的夢想變得可行；而組織扁平化傾向於對第一線（尤其是業務代表）授能。上述這些都是一個學習型公司的優點，這也是策略執行很重要的課題。本文所強調的公司管理能力，比組織結構還重要的具體落實便是「學習型公司」(learning organization，大都錯譯為學習型組織)，這種

公司透過下列五項活動，而能很有彈性的調整本身行為：

　　1.有系統的解決問題，以科學方式來診斷問題。

　　2.嘗試新方法，以創造知識。

　　3.透過本身的經驗去學習，以獲取知識。

　　4.從其他公司成功案例去學習，以獲取知識。

　　5.快速且有效率的在公司內累積和傳遞知識。

　　甚至為了追求時效，組織編制極具彈性，例如依任務需要作機動編組，然而學習型公司並不是組織設計，它只是形容一個具有高度環境適應能力的公司罷了。

(六)事業部的位階

　　撇開合資式的新事業部一定會採取子公司的組織型態不談，只討論公司百分之百出資成立的事業部，究竟只是公司的附屬部門或是另外獨立成一家子公司，雖然雙方看似皆有不少優點，但其實皆只是表面上的，詳見表9-3。第二點「子公司管理獨立」，此點不必然成立，主要還是看母公司對於管理一致性的要求，更何況許多子公司只不過是一張公司執照、一幅公司招牌罷了；對內，子公司人員仍跟母公司人員一起上班，渾然沒有界線。縱使不在一起上班，但管理規定仍無遠弗屆，例如王永慶主導的亞太投資公司曾受託經營亞太量販，在大環境已從2000年1月起實施隔週休二日，亞太量販反倒比照台塑：總公司經理級以上主管由週六只上半天班增加為全月中有三個星期六上全天班。(工商時報1998年2月4日，第34版)

　　報載有不少公司紛紛把事業部獨立成公司，自己則升格扮演控股公司、母公司，並盛贊此舉能帶來多少經營管理上的優點。我覺得這些理由大部分似是而非，事業部獨立成子公司適用時機只有：

　　1.以公司組織作為防火巷：例如銀行多角化經營，踏入期貨等行業往往採取另成立股份有限公司，以隔絕子公司經營不善對母公司的連帶責任，至於總公司則必須為分公司負全部責任。以百分之百情況來說，子公司虧損1億元，母公司也如影隨形虧損1億元，所以此種商業組織設計並沒有防火巷的功能，頂多只是單純維持公司名聲而已。

　　2.以公司組織方便吸收其他投資人：多事業部的公司把事業部獨立成為許多子

公司，外界投資人可針對其有興趣的子公司去投資，站在母公司觀點比較容易找到外來投資人。

表9-3 新事業的組織層級考量

組織層級 優點	母公司內事業部	子公司
強迫成長	在成本中心、利潤中心制下，事業部的經營績效照樣透明化	盈虧清清楚楚，可強迫子公司經營者盈虧自負而獨立成長
管理獨立	不必然，視母公司對管理一致性要求程度而定，跟組織層級較無關	子公司會比母公司事業部多一些管理彈性
租稅扣抵	因係同一財務報表，若公司其他事業部賺錢，虧損事業部當年的虧損便有抵稅效果	當年度虧損，只能在未來三年盈餘中有扣抵效果
組織位階	不必然比子公司低，全看母公司的級職、組織表	看似比事業部高
防火巷	無	有
對外招攬生意	適法性不成問題，只要變更公司營業項目	適法性、客戶接受程度較高
行政費用	較低，但也不會比公司型態低多少	額外增加會計師簽證費等行政費用

第二節　不同企業發展階段下的董事會角色
——董事長制vs.總經理制

如果把董事會比喻成父母，而把總經理（或高階管理者）比喻成子女，隨著子女的漸趨成熟，父母跟子女間的關係也逐漸變為顧問、朋友。同樣的，套用公司成

長五階段的觀念來看，在子公司不同發展過程中，董事會所扮演的角色也宜不同，否則當子女已屆成人，但父母仍以兒童待之，很可能將導致親子之間感情的磨擦。

一、董事會類型（董事長制或總經理制）

有些股東擔心董事會搞亂子，因此採取總經理制，而不採取董事長制。也就是說，依董事會和總經理間掌權程度的大小，採取BCG的畫法（X軸是往左的），如圖9-1把董事會分成四種類型，以便跟公司壽命階段配合。從經驗法則來推理，董事會人數跟董事會型態是相對應的。

圖9-1　董事會制vs.總經理制

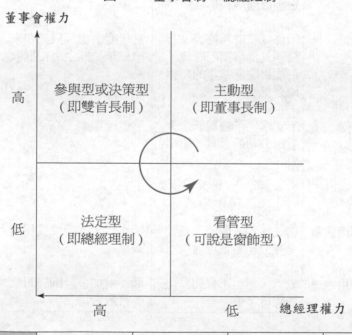

公司壽命 階段	I 創業	II 成長	III 成長	IV 成熟
董事會型態	主動型	參與型	法定型	看管型
董事人數	3~5	5~12	3 或 12 人以上	通常 20 人以上

(一)主動型董事會

董事會大權獨攬，總經理成為董事會的行政單位，此即董事長制，董事長兼執行長，總經理只是營運長(chief operating officer, COO)，這還是名義上的，往往總經理只是董事長的執行官。尤其，如果公司剛創業，董事長還會兼總經理，好比「校長兼工友」。全方位型、營運型董事會都屬於主動型董事會，董事人數大都依公司法規定，只有三位董事，頂多五席，幾乎不拘形式隨時都可以開董事會，效率特高，但決策不見得對。

(二)參與型董事會

由內部董事控制的董事會，擁有實權，但也敢放手讓總經理去衝！此時董事會成員可能成長到五至十二人，董事一個月開一次會，每位董事的權力都相對縮小了。

在選舉時，有些政黨把各縣市指派給各中常委，作為責任區，以勝敗來論中常委的績效。同樣的，有些公司也對董事賦予責任，每個董事實際上對指派的部門負起盈虧責任，任期兩年，以績效為留任與否的依據。

(三)法定型董事會

總經理決策權較大，可說是總經理制，總經理兼執行長，董事長很少來上班，甚至一週只來一天蓋章。此型董事人數有二種可能：

1.只有三席董事，但一眼就可以看出都是人頭，最常見的一位是集團總裁、一位是母公司財務長、另一位則是法人代表。

2.董事人數超過十二人，甚至二十人，用人數把每位董事營私結黨的可能性都排除了。有時講得比較貼切的，只有一、二位董事連「敗事有餘」的能力都沒有了。

(四)看管型董事會

主要由外部董事控制，總經理的職權頗大，例如商業銀行，每一董事暨其關係企業、二等親總持股不得逾5%，董事會規模（人數）常逾二十人，人人看似有權，實則權力有限，又稱為窗飾型董事會。董事會的持股比率可能也沒有到達50%，「民意」基礎不夠，所以對於許多重大決議事項也不能決定，必須訴諸股東會，甚至連總經理也沒權。

二、創業初期

這階段的總經理可以用高中以前的青少年來比喻，美國Gemini McKenna高科技策略顧問公司董事長McKenna (1995)專文主張：創業初期，董事會的性格和成員組成都必須跟成長、成熟期公司有所不同。他的看法如下：

1.在性格上：董事會必須允許管理階層犯錯，但又必須謹防這些錯誤釀成大災難。

2.在責任上：董事必須協助董事長和管理階層學習、成長。在大型子公司創立初期，慣例是由母公司董事長、集團總裁御駕親征，擔任董事長。所以董事長同時也是創業家，不是由專業管理者升任。

3.在功能上：董事會不僅只是制定策略、監督執行的，也應承擔企業功能，例如籌措資金、建立人際關係網路和策略聯盟。就此種角度來看，董事會可說是全方位型董事會(all-purpose board)：

　　⑴有時為了省錢，不少董事也身兼管理者角色，例如擔任財務經理，此種董事會可說是營運型董事會(operational board)。

　　⑵人際關係（或網路型）董事會(networking board)：公司利用董事的人際關係網路，去拓展業務、取得資源。

由此看來，董事必須被視為一種資產，足以提升公司的競爭優勢。

尤其是當董事長是公司創辦人時，常會自我膨脹，董事成員必須具有個人專長和自信，來彌補董事長所缺乏的洞察力和經驗。董事長、總經理不是天生的，也是需要訓練的，做他們的教練正是董事會主要職責之一。

因此，在董事的選任上，不宜光挑乖乖牌，否則董事會極易變成一言堂，董事長可能以偏概全而一意孤行，而把公司帶到萬劫不復的方向。

4.董事會虛級化：董事會只剩下橡皮圖章的法律角色功能。

三、成長階段

在公司成長階段，董事會宜逐漸轉型為參與型，此時總經理可說處於大學、研究所階段，做父母的必須讓他有權決定一些事。

此階段極易呈現雙首長制，即董事長、總經理皆有權。雖然比較不會出現政治上總統、總理分別由不同黨的人士擔任，而發生府、院衝突的情事，但是衝突的原因則可能來自「一山不容二虎」。例如1986年慶豐集團第二代董事長黃世惠解除三陽工業總經理張國安的職位，改聘為高級顧問，導致張國安自行創業，建立豐群集團。或許對黃世惠來說，他希望董事會扮演主動型、參與型；但站在張國安的立場，他或許希望董事會只扮演法定型，放手讓專業管理者去經營。

這時為了避免錯誤的意見分歧，尤其是總經理有高度的自治需求時，董事會必須適時鬆手、放手。常見的作法是：

1. 保留財務管理權，即財務部仍歸董事長管。

2. 重大投資或支出案，仍由董事會決定。

3. 對於中、高階職位的異動，如經理至副總經理的晉升、任用，皆需經過董事會核准，甚至由董事會主動，總經理只是被知會罷了。

此時董事會的功能比較偏向於決策型(strategic board)、人際關係型，營運幾乎全部移轉給管理階層去處理了。

四、成熟階段

在這階段，曾經跟管理階層同甘共苦、歷經導入和成長期的董事會成員，由於跟管理者「和」太久了，而且自己也扮演一部分管理功能，所以會變得比較不客觀，表現在下列方面：

1. 喪失對高階管理者的監督：鑑於革命情感，高階管理者縱使有大錯，也不予以解職，頂多只是調職到另一個子公司。

2. 對於新經營方向缺乏創意思考：任何對管理問題的批評，董事長可能會氣憤的認為是炮轟自己。

3. 董事長不務正業：以全球四十六個國家皆有據點的美體小舖(Body Shop)為例，1976年創業時，創辦人Anita Roddick像環保鬥士一樣的個人魅力，對企業成長很有幫助。但當企業規模變大了，Roddick卻花更多心血在拯救鯨魚、挽救熱帶雨林、參加地球之友的活動。在企業經營上，她反而變成了業餘的，其結果是公司缺乏策略規劃，問題重重。Roddick也體會到自己成了公司再成長的障礙，於是，從1994年

起，悄悄宣布重新整頓，自己退出企業的日常營運，交由專業管理者負責；並引進新人，希望建立更嚴密的控制制度、流程管理。

4.戰鬥倦怠症：即使身經百戰的軍人（例如電影第一滴血第二集中的藍波）都可能染上戰鬥倦怠症，創業家也是如此。很少創業家能十年如一日的像初創業時那樣一天工作十二小時，稍有所成後，便比較會志得意滿、好逸惡勞。根據韓國中小企業處針對第一代創業家的研究，創業年限一超過七年，企業的營收、獲利皆走下坡。

不論是上述或其他原因，皆指出：

1.在董事會型態上：可能必須轉型為法定型，放手讓總經理去衝；此種情況下，董事會萎縮到只剩下窗飾功能(window-dressing board)。此時大都由年長董事或家族企業成員來擔任董事長，擺明的就是要把董事的武功給廢掉。

2.在董事會組成上：創業元老可能有一半必須解任，尤其是董事長一職；改成監督導向的新面孔，以免對下官官相護，或是再換一批有創業動機的董事來擔任，引領「舊瓶裝新酒」，讓事業走出新方向。具代表性情況是和信集團在1991年時，把子公司國喬石化董事長換由專業管理者吳春台擔任，除積極國際化外，並積極進行多角化。同樣的情況也出現在另一子公司中國合成橡膠身上。這些子公司皆展現出自發性的創業精神，並不比企業所有者第一度創業精神遜色。

第三節　策略幕僚和組織設計：協調機制 —— 建立公司、事業部的參謀本部

法國名將薄富爾(Andre Beaufre)在《戰略緒論》一書中的建議：「為避免因戰略無知而造成致命的錯誤，具有完善架構的戰略研究單位，將是確保未來安全的必要組織。」足以說明企業應建立策略幕僚組織的理由，本節將討論可行做法。

一、建立你的參謀本部

當第二次大戰結束後，美軍主導德國修憲，除了國防預算佔國民生產毛額的比

例設定上限外，並且堅決主張裁撤參謀本部。當時的德國參謀本部可說是全球極強的軍事智庫，把它裁撤，無異讓德國軍隊沒有了大腦。那麼，你公司的參謀本部是否夠強呢？一般來說，隨著公司規模逐漸變大、變複雜，策略幕僚單位發展程序如下：

1.特別助理：倫理上是董事長先聘請特助後，總經理才敢聘請特助；不過當公司沒有多大，而且又有行政副總時，似乎沒有必要聘請特助。

2.總經理室：總經理因庶務頗多，再加上有法務、公關等特業幕僚，所以就成立總經理室以便稱呼，不過幕僚很可能仍掛特助、研究員、高專等頭銜。

3.董事長室：公司越來越多角化，董事長的重大決策也越來越多而且越來越脫離本行，需要有專責單位作他的耳目、分身甚至頭腦，因此成立董事長室。

在大公司中，董事長室此二級單位的編制往往已不足以容納檔高位重的幕僚，所以某些大企業把董事長室升格為秘書處，主管名稱可以是處長或主任秘書，俗稱大內總管，階級在協理到副總之間。至於董事長特別助理也可保留，其級職可大可小，介於協理到副總經理之間。

4.企劃部：像台灣積體電路公司在1995年時成立市場企劃部，主要工作便是進行行銷學中的「環境偵測」——產品和技術資訊的蒐集，功能可說僅止於產業分析組，比較沒有協助策略執行、控制的功能。不過大部分公司的企劃部功能大都偏向戰術層級，例如廣告、促銷，所以策略幕僚組織發展不見得一定得歷經企劃部這一階段。

5.總管理處：除非是大型企業或中型（營業額200億元）集團企業，否則「殺雞焉用牛刀」，不必趕時髦的學台塑弄個總管理處。1997年時我有位朋友在電子業前十大上市公司總管理處上班，從他以及我實地拜訪可見，歷史近三十年至少三家公司上市、上櫃的集團，還真不知道如何弄總管理處，連幕僚都只有小貓兩三隻。

二、策略幕僚單位的功能

那麼1990年代，公司或事業單位策略幕僚(strategic planner)的角色跟過去是否有不同呢？策略管理行銷中心(Center for Strategic Management Marketing)的貝茲和迪拉德（Bates & Dillard）在1992年一篇文章中主張，策略幕僚的角色應從過去「規劃的

協調者」(planning coordinator)，提升為執行長的分身(extension)，詳見表9-4。

策略幕僚二項主要功能如下：

1.建立有效整合策略的標準，簡言之，就是正確策略規劃的程序。

2.確保相關單位遵循上述策略規劃標準(strategic planning criteria)。

公司策略幕僚還須鼓勵執行長，採取符合策略規劃標準的步驟，不要因事忙而疏忽，或因為覺得策略規劃無用而敷衍了事。並且還要能讓執行長樂於把這標準向各事業部溝通，以確保全公司整合策略的健全性。除此之外，策略幕僚（尤其是幕僚長）扮演著軍師的角色，透過巧妙的向上管理，以提升經營者的決策能力。

表9-4　董事長室和總經理室策略管理功能分工

管理功能	大項	規　劃	執　行	控　制
	中項	目標、方案	協調	績效、修正行為
董事長室		投資組，功能類似創投公司、投資銀行	經營組	
一、本身功能		公司策略規劃，不含決策，但處理董事會相關討論，尚包括： ・企業再造 ・企業重建	公司制度設計	經營分析 1.建立早期預警系統 2.提出因應方案
二、對下功能		評估總經理的事業經營計畫		評估總經理提報的經營分析
總經理室或事業部的本部		產業分析組，類似工研院資策會的產業分析師	功能類似大部分管理顧問公司	
一、本身功能		事業策略規劃，但不含決策	事業部門制度設計，例如TQM等	經營分析
二、對下功能		評估研發、產品、通路經理的計畫	1.事業部門間協調 2.事業部、功能部門間協調	評估各單位經理的經營報告

資料來源：少部分來自 Bates & Dillard, "Wanted：A Strategic Planner for the 1990", *Journal of General Management*, Autumn 1992, pp. 51~62。

最後，策略幕僚單位尚有「中高階管理者養成中心」的功能。以總經理室特助來說，大都為經理級；經過一段期間策略幕僚歷練，視野變寬了，能力提升了，人際關係變廣了，再下放當協理，接掌事業部。這樣「直線─幕僚」交叉的晉升制度，軍中做得很全面、很徹底，比較不會出現「晉升到無法適任職位」的彼得原理現象，頗值得企業學習，詳見圖9-2。

圖9-2　直線主官和策略幕僚交叉輪調晉升途徑

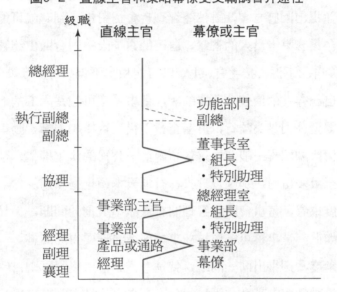

三、策略幕僚的資格

策略幕僚最好具備二年以上實務工作經驗，找沒有工作經驗的企管碩士擔任策略幕僚，其結果往往是紙上談兵、隔靴搔癢。除了工作經驗外，策略幕僚至少還須具備下列二種能力：

1.策略思考的能力：包括直覺、心智彈性(mental elasticity)、抽象思考、風險容忍、容忍不確定(ambiguity)。

2.氣質(disposition)或動機：光具有策略思考能力僅夠格擔任策略企劃人員或執行長的執行幕僚（CEO's executive staff，簡稱CEOX）罷了！要做個直線主管還須具備某些氣質，主要是企圖心和人際關係技巧等人格特質。

四、董事長室──公司內部企管顧問公司

一般來說，設立董事長室的企業都是比較偏向「開源」而不是「節流」型的，也就是說比較偏向於對外的，例如遠東紡織公司董事長室投資組負責一定金額以上投資案的審查評鑑。

至於對內功能則由「經營組」負責，主要功能在監督總經理（俗稱管理部門）的經營績效，並提出因應方案，雖然總經理也會提對策，到時就可能開董事會比案子了。這個角色最容易考量人的智慧，自己的案子太棒則會顯出總經理等的缺乏能力，而這對以後自己下派去接主官、主管時可能相當不得人緣。但如果太與人為善，則無法顯現出自己存在的價值。簡單的說，董事長室可說是內部的經營顧問公司。

近年來學習型公司甚為流行，許多企業不惜巨資禮聘名師，動輒一天10萬。但一如企業的任何訓練課程一般，要是董事會此一公司的決策機構，董事心智模式不與時俱進，甚至故步自封；那麼管理人員有通天本領也是無用。

換另一角度來看，董事會跟總經理間有資訊不對稱的問題，尤其在公司介入新事業部時更是如此，董事會可能會被新事業部總經理要得團團轉。

不一樣的角度，卻指出同一問題，就是怎樣讓董事變得耳聰目明。就企業再造的觀念，其一是聘請專家董事，不過很少人願意拿錢請人當董事；另一種方式便是強化董事會的幕僚功能。簡單的說，便是在企業內成立一家企管顧問「公司」，從下自對經理人員政策執行監督，上至扮演參謀本部，提供內外軍情，甚至策略備選方案。尤有甚者，董事長室幕僚長也扮演著「國師」的角色，「向上管理」以提升董事成員的決策能力。

董事長室也扮演著高階管理者育成中心的角色，即將出任事業部主管的儲備人員最好到董事長室歷練一番，培養全面視野和能力。

五、總經理室

總經理室（或其他名稱的同性質單位），主要功能比較偏重對內，即如何協助總經理、副總經理把公司管好；所以功能比較像公司內(in-house)的管理顧問公司。當然，有時為了專案，例如國際環保認證(ISO 9000, ISO 14000)仍會聘請外界管理顧問

公司輔導。

六、事業部的策略幕僚

小事業部（例如100人以內）比較不會設立部本部，頂多只有一位行政助理兼秘書。但大事業部可能就有必要設立策略幕僚了！事業部的策略幕僚在公司三層級的幕僚中最偏向於策略執行功能的，這也是因為事業部例行事務較多的關係。

七、中小企業如何強化策略智庫

由於設立參謀本部花費不少，績效又不明確，所以連許多小型（資本額15億元）股票上市公司都沒有如此奢侈編制。因為小廟難容大神，以公司層級來說，夠格的策略幕僚，學歷常是企管碩士、工作經驗至少四年，這樣的人才年薪近百萬元。而且如果沒有多少事讓他發揮，他又覺得缺乏挑戰，沒有成長，往往不易留住他。

此外，許多老闆沒有養成知識有價的觀念，我曾跟一位營業額十餘億元服裝連鎖業老闆長談，很好奇他為何沒有聘請經營顧問。他回答：「每次我有問題時，就請專家學者吃飯，順便請益。」不花錢的諮詢也能信嗎？而且有些問題不是隨堂考能立刻回答的。曾經看過並待過許多家大公司的聯碩國際公司總經理黃丙喜表示：「許多大企業董事長仍然有中小企業老闆的習性，不捨得花錢請經營顧問。」

在公司不到規模時，實在沒有必要聘請策略幕僚；不過，碰到新事業案時，不妨聘請合格的經營顧問來提供意見，這在第七章第二節中已說明了。有時你可能會覺得顧問費白花了，因為他建議"No"：不要投入這一行或是不要加入某人的投資案，以免誤上賊船。但花點小錢，可省以後賠大錢，仍然是划算的。

◆ **本章習題** ◆

1. 以表9-1為例，在董事會型態、決策型態各找出三家上市公司，分析是否有產業差異。

2. 以表9-2為基礎，找一家有三個以上事業部的上市公司為例，寫出其各級人員姓名、職稱。

3. 你能找出一家上市公司（除了宏碁集團）自稱採取「網路組織」設計嗎？

4. 你認為宏碁的聯網組織有用嗎？

5. 找出同一產業內學習型公司（如上櫃公司的百略醫療）和「不學習公司」，並比較其獲利。

6. 找出一家自稱是虛擬企業的公司，觀察它是否確實設有常規的編制。

7. 找一家上市公司分析其對新事業的發展進程（參考表9-3）。

8. 以第二節討論之董事會類型為基礎，四類董事會中各找三家採該類型的上市公司。

9. 四個階段的策略幕僚，其適用時機為何？

10. 以圖9-2為基礎，找出一家有按此步驟實施的上市公司。

第三篇

事業策略規劃

第十章

事業策略分析 —— 策略方向

　　創意是幫助惠普公司突破經營困境的關鍵因素，也是賴以維生的動力。害怕失敗以及跟上司意見不同，是壓抑亞洲科技人才創新能力的兩大原因。

　　——菲奧莉娜(Carly Fiorina)　美國惠普(HP)公司董事長暨執行長

　　亞洲週刊2001年11月9日專訪

學習目標:

本章是事業策略規劃的入門，重點在於了解消費者需要什麼、事業成功的關鍵是什麼、公司離成功還缺什麼。

直接效益:

事業策略規劃流程殊途同歸，圖10-1、10-2讓你可以輕鬆的抓住重點。此題材是企管顧問公司最常推出的策略課程，讀完本章，效果如同上了一門企管專業課程。

本章重點:

- 策略事業單位的層級和主官級職。表10-1
- 事業策略規劃流程。圖10.2
- 實用SWOT分析。§10.2 二
- 經營環境預測。§10.3、表10.2
- 技術預測。§10.3 四
- 摩爾定律。§10.3 四(一)
- 策略群組。§10.4
- 標竿學習。§10.5 一～八
- 策略性管理會計。§10.5 九
- 關鍵成功因素。§10.6
- 事業策略型態分析。§10.7

前言：智慧可以彌補資源的不足

打籃球不是光個頭長得高就夠了，還要懂得方法。同樣的，光做好SWOT分析仍然不夠，還得知道怎樣掌握住該行業的成功因素，才能第一次就做對，如此的智慧可以彌補資源的不足。所以在第四節中，由策略群組分析法來了解產業中贏球的隊長什麼樣子，輸球隊又是怎樣輸法。接著在第六節中，由策略群組分析的結果找出關鍵成功因素。如此才可以把資源用在刀口上，先知道什麼是「對的事」；才進而用正確方法做事。不過，在第一節中我們先說明事業策略規劃流程；其實跟公司策略規劃流程幾乎一樣。

在第七節中，我們以自創的損益表為基礎的事業診斷來進行缺口分析，即現況跟事業目標差距有多大，並分析其原因，進而才能對症下藥。這一節也可以擺在策略控制中，放在策略分析的主因在於化繁為簡，而司徒達賢教授策略矩陣分析法也隱喻在其中。

在進入本文之前，我們想用圖10-1由右往左看來說明幾個重要觀念前後相關。

圖10-1 事業策略方法前後關係圖

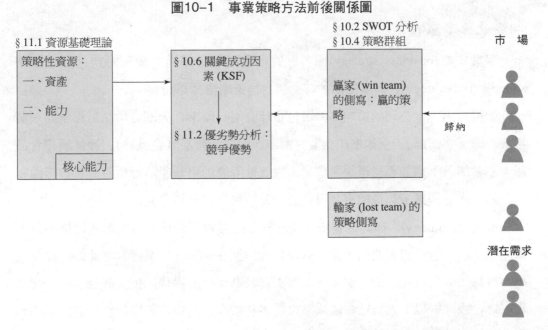

1.由產業現況，即各公司財務報表來區分出適者生存的贏家、不適者淘汰的輸家，區分方法有：

⑴統計中多變量分析的鑑別分析，結果為第四節策略群組。

⑵主觀的挑選方式，即「見賢思齊，見不賢內自省」的第五節標竿學習，第七節繼續以損益表來分析「別人強、我弱」的地方和原因。

2. 由前述輸贏家的策略組合（主要是行銷策略中的市場定位再加4P），再來看各因素孰輕孰重，找出（第六節）關鍵成功因素。

3. 第十一章由資源盤點等來看公司是否具備關鍵成功因素。

◆ 第一節　事業策略規劃流程

事業策略規劃流程可說是企管顧問公司最常推出的策略課程，也是一些學者最喜歡提出的新概念、新架構的主題。在本章中，我們在舊瓶中裝了新酒：以損益表為基礎的事業（部）診斷、實用SWOT分析，讀完後，便能立刻上線作業。

一、事業策略的主體：事業部

㈠策略事業單位

事業策略(business strategy)顧名思義就是以事業部為對象而訂定的競爭策略(competitive strategy)，而事業部的英文原名為策略事業單位。

如何看出一家公司的策略事業單位是什麼呢？所幸，大部分的企業都給同一個答案，即「事業部」，例如泰山企業有油脂、飼料、食品（含飲料）、冷凍調理食品四大事業部，不過並不見得掛名事業部的就是所謂的事業部。對於沒有事業部編制的公司，也可透過下列策略事業單位的定義，來進行分析研究。

1. 策略(strategy)：如同任何指「策略性」的形容詞，例如策略聯盟，值得冠上策略二字的一定是對公司（未來）營收，盈餘至少佔20%的影響力。此外，從其他組織行為指標也可見一斑，例如事業部主官級職至少是經理，依大部分公司公司章程規定，經理級以上人員任命必須獲得董事會核准。此外，董事長也會直接關心到事業部的經營績效。既然有策略事業單位，那麼其麾下的各產品線（主管稱為產品經理）便可以稱為「戰術事業單位」(tactical business unit)，可惜沒人這麼說。

2.事業(business)：此處的「事業」可說是行業，公司不會把不同行業的產品硬塞在同一事業部中。雖然一般企業業務部的分類方式至少可依三類標準來分：產品別、客戶別、地區別，不過，「事業」指的僅是依產品別來作的業務部界定。例如新東陽1996年以來，陸續成立酒、茶、休閒和國際等事業部，每個新事業部的成立均需達到2億元的營運目標。（工商時報1998年2月27日，第34版）

3.單位(unit)：「單位」是指獨立部門，有點像行政院下的「八部二會」，套句大陸用語：「你哪個單位的?」（臺灣的說法是：你在哪家公司上班?）「單位」跟這句話中的單位意思相近。

(二)事業部的範圍

事業部可依其完整性至少分為黑白分明的二極端。

1.狹義的事業部：此類事業部只是利潤中心式的產品業務部，頂多再加上行銷（尤其是廣告）功能，研發、製造等功能掌握在總經理手上。其實，許多外商公司（如惠普）在臺灣僅有銷售功能，所以也是狹義的事業部。

2.完整的事業部：完整的事業部擁有全套的核心活動，但財務、人事等後勤活動部門，和原料採購、倉儲等也可能掌握在總經理手上，這是基於內部控制的考量。

(三)策略事業單位的層級和編制

「策略事業單位」至少可分為三個層級，詳見表10-1。

表10-1　策略事業單位的層級和主官級職

層級　　　分類	事業總部	事業群	事業部
一、企業 　1.傳統製造業	執行副總	副總～協理 （如統一企業 的食糧群等）	協理～經理 （如台塑等）
2.外商公司或服務 　　業的本國公司	總裁 （如鍊德集團 各總部）	副總裁	總經理 （如大眾電腦 個人事業部）
二、軍隊 （以陸軍為例） 　1.層級	軍團、防區司令	師、聯兵旅	旅
2.部隊長階級	中將	少將	上校

　　為了讓您更抓得住各層級的位階，我們以陸軍總司令部類比為公司，以其下面三級作戰單位來比喻公司三個層級的策略事業單位，此外，從策略事業單位主官的頭銜，大抵也可猜出他部門的層級和重要性。

二、事業策略規劃流程

　　事業策略規劃流程(圖10–2)跟公司策略規劃流程一樣，皆是套用問題解決流程。

圖10–2　事業策略規劃流程和第十～十三章架構

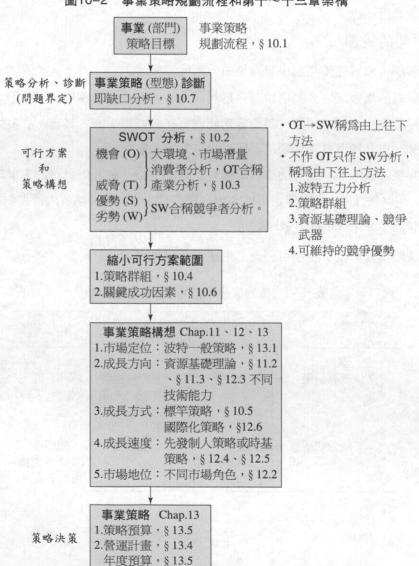

(一)問題診斷：缺口分析

對已成立的事業部，如何簡潔的透過造成缺口分析(gap analysis)以了解事與「願」（即事業部目標）違的原因。司徒達賢教授提出策略矩陣分析法來了解事業策略型態。而我們則以損益表為基礎的事業診斷，只要幾分鐘便了解事業部健康與否及其原因，詳見第七節。

(二)可行方案的提出

透過事業診斷以了解問題出在哪裡後，接著便進入策略發展過程中的第二步驟：透過SWOT分析以提出可行方案，詳見第二節。依如何提出策略構想的方向，又可分為二個學派。

1.由外往內學派(outside-in school)：強調企業應見風轉舵，山不轉路轉，又稱為「設計學派」(design school)，這跟投資學中所說的「由上往下」方式是一樣的道理。也就是先做外部（或產業）分析，了解商機在哪裡，即市場潛量有多大。

2.由內往外學派(inside-out school)：主張企業有什麼能耐，便在哪種環境下營運，又稱為「資源基礎學派」(resource-based school)。這學派最極端的主張是不需要進行外部分析，僅需「靠山吃山，靠水吃水」便可。不過，甚至連擺路邊小吃攤，都必須了解市場在哪裡，去學一技之長再來創業，而不是暴虎馮河的「有什麼能力便做什麼事業」，也就是實務上，只進行內部（或競爭者）分析的企業實在少之又少。

(三)縮小可行方案範圍

前述階段的分析，如果證明「市場可行性」存在，接著下來便是如何縮小可行方案的範圍，這當然需要產業方面的知識。依序主要有二：

1.透過策略群組的分析，可以了解產業中成功、失敗的企業是什麼模樣(profile)、有什麼特徵。詳見第四節。

2.再加上訪談產業專家，了解成功企業的「關鍵成功因素」，這可免除自己付出不必要嘗試錯誤的代價，詳見第六節。

(四)策略構想的提出

事業策略構想比公司策略多出一項，即在不同市場地位下的事業構想，相同的部分為：

1.市場定位：回答這問題最常用的方法是波特的一般策略，詳見第十三章第一節。

2.成長方向：究係垂直或水平多角化此一成長方向的抉擇，短期內繫於企業有多少資源，詳見第十一章資源基礎理論。

3.成長方式：除了自行發展抑或外部發展的選擇外，事業部成長方式的議題至少包括下列二點：

(1)照贏家方式做的標竿策略，詳見第五節。

(2)進入市場方式，尤其是進入國際市場方式，詳見第十二章第六節國際化策略。

4.成長速度：事業成長速度主要是指下列二個主題：

(1)先發制人策略，即產品生命週期的導入期便介入市場，詳見第十二章第四、五節。

(2)時基策略，詳見第十二章第四、五節。

(五)事業策略決策

為了避免「見仁見智」的情況發生，事業策略決策者宜依照以貨幣單位（或稱金額）來衡量的結果下決策，這可包括下列二項內容：

1.決策方法：以股東價值分析法（淨現值法的美稱）為主的決策準則，藉以排定各策略構想方案的先後順序，這套稱為策略預算的方法，詳見第十三章第五節。

2.決策結果：事業策略的結果涉及資源分配，最具體的、成文化的表現便是營運計畫書和年度預算，詳見第十三章第五、六節。

第二節　實用SWOT分析

《孫子兵法》所說的：「知己知彼，百戰百勝」這句名言，可以化為策略規劃可行的分析方法，這就是史坦納(Steiner)在1965年提出的SWOT分析，而神通電腦公司董事長苗豐強稱之為「科學算命」。就跟中國功夫代代相傳一樣，或許是「藏箱底」的自私心理，或者失傳、失憶，所以一代不如一代。同樣地，SWOT分析也可能如

此，所以有必要回顧其歷史原貌，進而賦予時代新意義。

一、SWOT分析的原貌

原始的SWOT分析是根據平面座標的性質，把第一象限代表有優勢、能享受市場機會的企業，應採取市場發展（例如集中策略）、產品發展（例如創新）策略，詳見圖10–3。

圖10–3 原始SWOT分析和策略方案矩陣

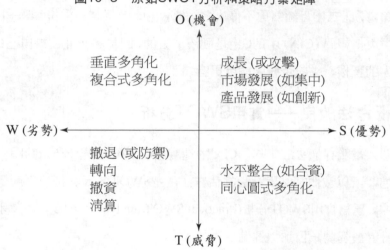

至於對於屬於「一正一負」的第四象限，企業雖有競爭優勢，可惜威脅大於機會。此時，企業宜採取水平整合（例如併購）、同心圓式多角化（例如合資）來減少威脅。第二、三象限同理可推，不再贅述。

由這樣看來，原始的SWOT分析，可能採取點數評估表來評估SWOT各因素，如此才能把一企業的現況標示於圖上。否則，如何判斷公司處於哪一象限呢？若是無法量化衡量，那麼此法跟寫文章的要訣「起承轉合」四個字有什麼不同？說了不是白說嗎？

・為什麼叫SWOT分析？

美國有很多企管名詞的縮寫為了易於發音起見，往往刻意調動順序，以SWOT分析來說，正確步驟是先作「機會威脅」分析，再接著進行如《孫子兵法》中所說「知己知彼」的「優勢劣勢分析」，如此將稱為OTSW分析，不過這麼一來便只能將

字母逐一地唸，無法像一個字的發音，比較不易記憶。如美國航空暨太空總署
（NASA），其實第一個字national（國家）是湊出來的，以便於發音。同樣道理SWOT
就像snow（白雪）一樣，可以唸成一個字，那更方便記憶了。由此看來，SWOT比
PDCA在知識商品的命名上略勝一籌。

要是無法湊成一個字，美國用詞習慣以三個字母來作縮寫，以免二個字母的縮
寫容易重複。例如關鍵成功因素(key success factors, KSF)，其實「關鍵」一字是贅詞。
成功因素本來就只有三、五個，何必加上「關鍵」一詞呢？可是在英文就很有意義，
三字母的縮寫，比二字母縮寫更不像人名縮寫，也比較不容易重複。舉一反三來說，
那麼美國中央情報局（CIA）中的C也是硬湊上去的，因為各州並沒有自己的情報局。
曉得美國人的習慣，來記企管名詞就更容易了。

二、分析方法改良——實用SWOT分析

如同個人電腦在過去二十年，CPU的速度已由286升級至686，軟體分析方法也
應與時俱進，所以我們嘗試用點數評估方法，把SWOT各因素化成可衡量的座標，
詳見圖10–4，稱為實用SWOT分析(Practical SWOT analysis)。如此，企業才能客觀衡
量，例如針對最弱勢項目加以補強。

一家公司會落在第三、四象限，並不是說機會是「負的」，機會頂多只是「零」，
也就是不存在。至於為何會出現有些產業落在第三、四象限，那是因「威脅大於機
會」，例如以國內現有十一家汽車製造商來說，不少專家預估當進口關稅（目前29%）
降至10%以下，將只剩下二家可以生存。許多外移的行業（例如鞋業），市場雖存在，
但威脅更大，以致落入第三象限，例如熱水瓶行業、毛巾行業，這些都是已絕跡或
瀕臨絕跡的行業。

此外，「市場機會」也是有榮枯的，也就是說機會不會永遠處於滿分（例如100
億元），隨著時間經過，或許只剩下二成；除了產品生命週期落入衰退期會出現如此
現象外，產業循環也是原因之一，例如證券業在1990至1993年邁入產業景氣循環的
衰退期，從1994年逐漸復甦。

所以，加總計算，「機會少，威脅大」的行業，例如機會只有20分，但威脅卻有
–60分，加總來說，淨機會有–40分。

㈠機會(opportunity)

在界定商機（市場潛量）時，首先便是界定營業區域(boundary)，這包括：

1.地理區域：例如以臺中市中友百貨為例，鑑於消費者旅行的習性，一般來講不會超過15公里，所以其地理區域不會超過臺中縣。

2.經濟區域：百貨公司在消費價位上屬金字塔較高部分，所以這部分可說是目標市場。

雖然透過網路交易等方式可以延伸地理涵蓋區域，但換另一角度看，百貨公司的外商、目錄行銷、網路行銷和第四臺電視購物也皆可單獨視為一個市場，單獨估計其市場潛量。因為這些業務不必然得依附在百貨公司的硬體結構才可以推廣。

「機會」分析中最難的在於「未來眼界」（或遠見），往往擔心太早有先見之明，但又怕失去先機。企管、經濟領域中的「未來學」(Future)便是研究此主題的學問，常見的為行銷環境中的社會、科技未來（不包括經濟、政治二項），或再加上國際經濟未來。（工商時報1994年9月5日，第7版）

一般來說，「未來學」是行銷管理—產業分析、策略管理的輔助課程。此外，美國學者如托佛特，著有《大未來》、《第三波》、《新戰爭論》；日本專家如大前研一等的書籍，則著重在大趨勢下，企業該如何因應。

㈡威脅(threat)

威脅跟機會一樣，不是站在個別廠商的角度，而是整個產業的角度，簡單的說，主要是指「替代品」，也就是「十年河東，十年河西」的意思，底下我們將舉二個例子來說明。

1.捷運：臺北市計程車司機、公車司機都知道，捷運營運，對他們的生意「威脅」很大，你就大概知道威脅的涵義了。

2.高鐵：2005年將通車，預期對西部走廊航空市場造成嚴重威脅。北中、北嘉、北南及北高航線的旅客流失率大約分別為六成、四成、三成和三成。（工商時報2001年11月30日，第7版，江睿智）

㈢優勢(strength) vs.劣勢(weakness)

對於能創造「可維持競爭優勢」的項目，企業具有「正值」，則可說擁有優勢，

反之，則處於劣勢。更仔細的說：

　　1.優勢劣勢的項目：優勢劣勢的比較項目主要是指「關鍵成功因素」，也就是能作為競爭武器、打敗對手的，主要是指核心活動——研發、生產、行銷；此外，支援活動中的財力也頗重要。

　　2.優勢劣勢比較基準：至於自己公司在哪些項目上處於優勢、劣勢，主要有二種比較基礎：

　　⑴跟主要競爭者（即對手）相比。

　　⑵跟產業平均水準相比，例如產品技術領先同業三年。

公司在某些項目可能有優勢（小計20分），但某些項目可能有劣勢（小計-40分），合計公司與競爭者實力相比得分-20分，也就是比競爭者差，如果不採取截長補短措施，硬碰硬的結果，失敗的機率比較大。

至於評分方式，大抵可採取下列方式，例如：

跟同業比	極差	差	相似	佳	極佳
得分	-10%	-5%	零	5%	10%

　　每項關鍵成功因素的重要性可能不同，所以其權數可能不同，有些項目（以代工廠來說，製程能力）可能權數就佔50%。至於各因素的重要性的評定，可請產業專家、學者來評估，就跟銀行對貸款申請人的信用評估一樣。各因素的重要性也不是一成不變的，如同前述跟產業景氣循環、產品生命週期息息相關。

三、命不可變，運可以改

　　就跟人的命理一樣，所謂「命不可變，運可以改」；同樣地，對絕大部分企業而言，對於外在環境的機會、威脅，只能逆來順受的適應，無力扭乾轉坤（例如採取遊說立法來影響產業政策）。但是對於操之在己的優勢、劣勢，短期之內，只能藏拙發揮長處；至於長期，則可透過策略聯盟、資源重配置（例如以財力打廣告，提升品牌權益），來加強優勢、減少劣勢；所以說「運是可以改的」。

　　生辰八字可排出命盤，企業的命盤也可用SWOT圖來排示。例如圖10-4中，某

企業的命盤處於第一象限，其處境如下：機會50分、威脅–10分，優勢40分，劣勢–20分，總的來說：

・淨機會40分（即機會加威脅），是Y軸得分。

・淨優勢20分（即優勢加劣勢），是X軸得分。

以此點（20, 40）為原點，把其SWOT各因素得分分別畫出。可一眼看出，優勢（才40分）還有擴充空間，劣勢縮水的空間較少（才–20分）；即要想擷取商機，只要稍增自己優勢，機會便落袋為安。

圖10–4　實用SWOT分析

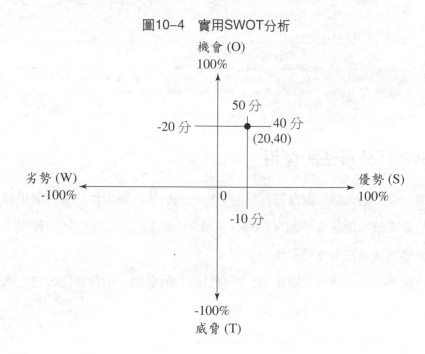

四、另一種數量化方法

在東田納西大學教授齊瑪諾(Zimmner)和Presbyterin學院教授史卡波勞(Scarborough)於1996年的《創業精神和新事業成立》一書中，把外部因素（即機會和威脅組成的產業吸引力）和內部因素（即優勢和劣勢組成的公司競爭力），皆採取同樣的點數評估法(rating evaluation method)來加以衡量，僅以內部因素為例，詳見表10–2。

表10-2　公司競爭力強弱評估表──以便利超商為例

(1) 關鍵成功因素	(2) 權數	(3) 評分 1～4 分	(4) = (2)×(3)
地點	25%		
商品力	20%		
24 小時營業	15%		
價格	10%		
商店形象	8%		
⋮			
	100%		

資料來源：(2)、(3)、(4) 來自Zimmner & Scarborough, *Entrepreneurship and the New Venture Formation*, Prentice Hall, Inc., 1996, p.156 table 7-3，至於外部因素評分請見 p.157 table 7-5。
(1)為綜合數篇碩士論文實證結果。

五、SWOT分析法的運用

任何一個經理人都常對自己面對的工作感到龐雜，覺得終日被時間追趕。全球最高市值奇異公司前董事長魏爾許(Jack Welch)同時經營十三個事業，卻似乎樂在其中，他的秘訣就是把事情簡單化。

設法建立一個「更快、更集中、更有目標」的企業。他常常問自己五個問題，快速做出清晰的決定。這五個問題就是：

1.在全球市場上，你所處的產業環境為何？

2.在過去三年中，你的競爭對手做了些什麼？

3.在同樣的三年裡，你又做了什麼？

4.未來，他們會如何攻擊你？

5.你有什麼計畫可以超越他們？

第三節　經營環境預測──預見趨勢才能競爭未來

漢默在《競爭大未來》(*Competing for the Future*)一書中指出：大多數的企業主

管只花了2.4%的時間思考未來,也就是一天花不到15分鐘。相反的,領先市場的企業家大多數的時間在思考未來,讓企業能持續領先。

誠然預見趨勢才能押對寶,但該怎樣才能「你抓住它」,而不是像「早起的蟲兒被鳥吃」所形容的「它(指環境)抓得住你」。

一、經營環境預測快易通

預測是個大題目,光經濟預測甚至產業預測就可以寫一本書、一學期三學分的課,想看懂一個月一期的*Business Forecasting*期刊也得花一天。但「讀書不誌其大,雖多而何為」,在表10-3中,我們把經營環境分成總體環境(即行銷學中所指的四大項經營環境)、個體環境(比較偏重個別行業),相對應的預測方法皆不同。

表10-3 經營環境項目的預測方法

總體環境	預測方法	個體環境	預測方法
一、經濟/人口 (一) 全球	美國賓大華頓學院、IMF、OECD、亞銀等採計量經濟模型		
(二) 各國 (三) 產業	1.資訊:資策會 2.重要產業:工研院 3.其他:臺灣經濟研究院	營收或需求預測 (demand forecast) 競爭分析	計量經濟學
二、科技	愛迪西 (IDC)、迪訊 (Dataquest)、佛瑞斯特(Forrest) 等預測技術軌跡、產業趨勢	替代品	
三、政治/法令 (一) 選舉 (二) 法令政策	專家預測法、民意調查法 (如蓋洛普民意測驗)		
四、社會/文化 (一)社會價值 (二)文化趨勢	內容分析法 (content analysis),例如奈思比 (John Naisbitt)著《大趨勢》、《2000 年大趨勢》、1999年12月的《高科技、高思維》(*High Tech, High Touch*)		

二、盡信書不如無書

不需要經濟博士學歷，在資訊發達的今天，很多預測數字都可免費獲得，最常見的公共財是經濟成長率，至少會有政府（主計處純預測、經建會公布的是目標，2002年為2.7%──經濟日報2001年12月12日，第15版，李順德）、研究機構（臺灣經濟研究院、中華經濟研究院、中央研究院經研所）、證券公司（例如摩根史坦利預估1%──經濟日報2001年12月12日，第4版，白富美）等三方面資料來源。問題在於資訊爆炸（歧路亡羊，不知道該聽誰的），而不在於凡事必須自己來。

(一)政府總是樂觀的

每年11月中旬，行政院主計處皆會公布明年經濟成長率預測值，但每年皆是高估，2001年實際是–2.12%，但是2000年底預測時的數字是4%（俗稱保四）；可用「豬羊變色」來形容。

表10–4是行政院主計處的預估值，2001年的–2.12%是11月才更新的，不是一開始就這麼神準。

表10–4　臺灣經濟情勢變化

指　標	2000 年	2001 年	2002 年
經濟成長率 (%)	4.6	-2.12	2.23
消費者物價上漲率 (%)	1.3	0.1	0.7
國民生產毛額 (億美元)	3139	2883	2908
平均每人生產毛額 (美元)	14188	12941	12974
商品出口成長率 (%)	22.0	-16.9	3.3
商品進口成長率 (%)	26.5	-22.0	5.0
商品貿易差額 (億美元)	83.1	141.0	127.0
民間投資成長率 (%)	15.7	-23.8	5.0
民間消費成長率 (%)	4.9	1.3	2.4
儲蓄率 (%)	25.44	23.97	24.84

註：2001、2002 年是預估值。
資料來源：行政院主計處。

(二)樂觀在哪裡?

　　經濟成長率是指國內生產毛額(GDP)的實質成長率，從需求面觀察，GDP是民間消費、民間投資、政府支出、商品勞務貿易順差等四大項的總和，經濟成長率的高低取決於這四大項的成長。

　　以民間投資來說，2001年衰退23.8%，主計處所做的調查顯示2002年製造業的投資較2001年劇減35%，但是主計處參酌其他訊息預測仍有5%的正成長，這份「投資意向調查」僅是代表受訪的一千多家製造業廠商的意見，而且不包括服務業、營造業，但是畢竟製造業投資佔民間投資仍達五至六成，對民間投資的影響動見觀瞻，任誰看了這兩個數據都會心生疑惑。回顧2000、2001年預測數分別高過調查數11個百分點、5.4個百分點，像2002年預測數高過調查數40個百分點的情況，應屬罕見。

　　(工商時報2001年11月17日，第2版，于國欽)

(三)小心翻臉跟翻書一樣

　　資策會市場情報中心(MIC)是經濟部技術處ITIS計畫的執行單位之一，但是2001年11月底和12月中對2002年預測數據的差異幅度之大，大概也創下了歷來市場調查單位修正預測值最短時間的紀錄，而且數字更離譜，即由負轉正，詳見表10-5。

表10-5　2002年臺灣二大資訊產品產值成長率預估

產　品	11月底	12月11日
筆記型電腦	-0.1%	5.7%
桌上型電腦	-3.9%	6.7%

資料來源：摘自田媛，「MIC：資訊硬體產值
後年攀高峰」，工商時報2001年
12月12日，第14版。

三、一分錢，一分貨

　　「便宜沒好貨」、「天下沒有白吃的午餐」這二句俗語皆說明資訊經濟學中簡單的主張：「資訊有價」，尤其是越細到行業、產品時，商情公司如迪訊、愛迪西的存在價值就油然而生，雖然貴，但你卻不得不買。在臺灣，比較著名的商情機構，一

是前述的MIC，另一是IEK和ITIS、拓墣產業研究所。

工業技術研究院「產業經濟與資訊服務中心」(IEK)推出「產業情報知識網」，由產業分析師針對電子產業、化學和材料產業，蒐集及分析產業環境、市場供需、產品發展、廠商脈動和產業發展趨勢等產業資訊，成為IEK會員，就可掌握即時的產業訊息。產業情報知識網的產業情報服務具有以下特色：

1. 完整的產業資訊：透過每週、每月提供的產業資訊，使各產業的廠商能了解目前產業動向，更透過網際網路提供廠商即時取得所需的產業資訊。

2. 多樣化的研討會：有產品研討會、ITIS現況、趨勢研討會和業界論壇等研討會，針對市場、產業發展現況和業界熱門議題等，依各領域產業特性，邀請相關業者或由產業分析師，從應用面、技術面、市場面、經營面加以探討。

3. 數據化的產業資料庫：蒐集全球和臺灣市場重要統計資料，可立即由網路取得產業數據資料，是提供決策的好工具，2002年度將提供全新使用系統。

4. 互動性的諮詢服務：產業訊息瞬息萬變，透過諮詢服務，可掌握即時產業訊息，並由專業人員提供加值的產業情報。

四、技術預測

對外行人（包括學生）來說，技術專有名詞令人生畏，更不要說去預測技術趨勢了。但這個技術恐懼症是沒有必要的，要抓住大趨勢並不難，這可分為二個層次：

㈠技術層次

摩爾定律出自於英特爾公司創辦人摩爾(Gordon Moore)，他預言半導體晶片的電晶體容量大約每18個月增加一倍。而且該公司有信心此定律到2010年以前還適用。

2001年11月27日，英特爾宣布成功開發Tera Hertz（兆赫）電晶體新架構，電晶體能在每秒進行一兆次以上的開關動作，而人工進行電燈開關一兆次需一萬五千年，或相當於飛機推進器轉速的100億倍。（工商時報2001年11月28日，第14版，王玫文）

以新電晶體架構與材料製作15奈米的電晶體，可讓晶片的密度在2007年達到10億個電晶體，速度達到20 GHz (gigahertz)。現今最快的Pentium 4 微處理器的速度在1.7 GHz，只容納4200萬個電晶體。（經濟日報2001年6月11日，第9版，劉忠勇）

摩爾定律的另一個涵義是突破性技術創新(technology breakthrough)或不連續創新(discontinuous innovation)並不常見。縱使技術突破了，卻不見得在產品使得上力，1999年，英國公司發展出複製羊（桃莉）的技術，但迄今仍沒有商業運用價值。

㈡產品發展層次

技術成熟以後，商品也會逐漸成熟，主因來自生產成本大幅降低，客戶接受力逐漸變高，以新代舊的速度甚至「指日可待」、「後會有期」。手機可說是大家最熟悉的商品，2000年第二代手機取代第一代手機，但可上網、傳影像的第三代(3G)手機，由於到2003年電信執照才開放，最快也得等到2005年3G手機才會成為主流。

再來看一些生活中產品的例子，由表10-6可見，並沒有英特爾公司董事長葛洛夫所稱的「十倍速時代」，而且轉折點也不難抓，大概可用「雖不中亦不遠矣」來形容。

表10-6　2001～2005年幾項消費品的產品生命階段

日　期	2001 年11月	2003 年	2005 年
說　明	1.DVD 銷量超越 VHS 錄影帶 2.TFL - LED 將取代電晶體，成為電腦監視器主流 上述二項進入成熟期	大螢幕電漿電視成本降至 1 吋 1 萬日圓（臺幣 2740 元）以下，將進入產品成長期，年銷量將超過 140 臺	高效能汽車將出現，以福特2000 cc 車為例，1 公升汽油可跑 30公里，目前只有 10公里，即環保汽車進入導入期

第四節　策略群組

研究人的消費行為，可以把人分成一些類型，例如依年齡分（新新人類、新人類）、依所得分（例如中產階級），但也可以依一些綜合指標來分類，例如白領階層、頂客族（雙薪夫婦家庭）等。

同樣地，研究同一產業中廠商的屬性也可採取同樣觀念。最先提出這觀念的是美國杭特(Hunt)於1972年在博士論文中，　針對美國家電業所採用的競爭策略和經營

績效相關的研究，提出在同一產業中的廠商經營活動可區分出數群，他稱之為「策略群組」(strategic groups)。也就是說，產業中採取不同策略的公司形成策略群組，而各群組績效有高低不同。例如家電業中有些公司採取單一產品線策略，有些公司採取多產品線策略，即同一產業中，策略可以不同。

　　也就是依策略把廠商分群，這觀念最重要的地方在於提供了另外一種了解產業競爭結構的方法。策略群組的分析可以幫助管理者評估：

　　1. 市場機會的吸引力。

　　2. 他們利用產業變革（或破壞產業規則的能力）。

　　3. 他們在產業內獲利力的長期機會。

一、策略群組只是策略的表徵

　　無論對事業的策略有多少種分類方式（以波特的競爭策略來說），或策略群組分成多少群，其實只是因應外在環境（SWOT分析中的機會、威脅）的一種方式，如同人類依緯度不同，外表也有差異：

　　· 溫寒帶地區人類特徵：臉扁、鼻樑長以因應冷天氣，髮色、膚色較淡以因應陽光較少。

　　· 熱帶地區人類特徵：臉圓、鼻寬以便散熱，髮色黑、膚色較深以便擋住艷陽。

　　至於為何會說策略群組只是一種症狀、現象罷了，因為想晉身怎樣的策略群組，必須要有客觀條件的配合，也就是策略資源。例如想採取成本領導策略，但財務實力不強以致工廠規模無法達到規模經濟，那麼也僅能臨淵羨魚罷了。以量販店來說，「便宜」（包括旅行成本）對消費者是最大誘因；對一般零售業者來說，由於財力有限，以致開店速度緩慢、採購成本偏高、管理成本無法拉低，所以售價較高，也比較難跟家樂福等量販店抗衡。

　　這樣看來競爭生態(landscape)也不是陌生的事，這是從生物學來的。譬如，在阿富汗能生存的動物，到了臺北市就不能生存。企業競爭和生物一樣，為了生存所需發展的能力，全看周圍的競爭生態。處在不同環境的動物為了生存，就會發展不同的能力。企業的經營方式必須適合這個產業所處的競爭生態。

二、對事業策略規劃的涵義

企業對於策略群組的研究，就跟選舉行為一樣，不僅只是了解什麼人文（或心理）屬性群的政黨傾向，而且更希望能改變這些人的行為。同樣地，策略群組的功能不僅只在反映一個「基本條件—市場結構—廠商行為—績效」的產業經濟學的關係，而且比較貼切的是：

1.透過策略群組以了解產業內成功企業們共通的策略行為，只要如法炮製，則似有可能打入贏家俱樂部。企業能夠永續經營，成長、獲利、提高公司價值，採取的策略一定是企業本身能力和條件能跟競爭生態配合。波特的競爭策略著重在如何分析、選擇進入潛在利潤高的產業，認為進入之後，產業的結構會保護產業的利潤，企業只要配合產業競爭生態的策略，即可享受高利潤。

2.在前項「見賢思齊」過程中，有一項很重要的因素便是「移動障礙」(mobility barriers)，也就是這一策略群組的廠商要想進入另一策略群組，是否有像進入障礙（例如營業執照、專利權）等卡住使其心有餘而力不足。

三、策略群組的運用

策略群組分析法研究過程必須使用多變量分析中的因素分析等，把數十項策略行為（例如行銷策略、研發支出等）加以分類，最後可能會得到四大因素及其對經營績效的解釋能力，不過為了視覺方便起見，往往挑解釋能力最高的二大因素，以市場定位觀念，把產業內研究對象劃歸於「同一國的」策略群。

集群分析可說是相當容易的分析方法，各大公司宜要求本身的企管碩士策略幕僚，採用策略群組分析法來作競爭分析。要是你不想這麼麻煩的話，也可採取專家法或自己經驗判斷，來把產業內策略群組標示出來，你是在贏的那一組，還是想贏的那一組呢？

四、策略群組分析法的限制

在運用策略群組分析法時，需特別提防它的二大限制：

(一)現在贏的不見得是最好的

在1988年報禁解除以後，2月22日《聯合晚報》出刊，以兩項創新做法立刻坐上晚報盟主寶座，而在3月5日出刊的《中時晚報》並未跟進，所以發行量便只能瞠乎其後。根據當時《聯合晚報》（簡稱聯晚）發行部總編輯楊仁鋒在《聯合報》社刊中一篇專文指出，在出刊前曾作過市調，發現大部分讀者根本不想看那麼多長篇連載小說，而想多了解股票財經資訊。所以聯晚從創刊至今皆沒有文藝副刊，而另一創新是「沒有廣告」，足版三張十二版的新聞，同樣花5塊錢，新聞比其他報多一張、四個版。尤其一開始便以二個半版報導股市，更抓住1986年9月以來全民投資的資訊需求。此外，為了標示創新，聯晚改成橫打的方塊排版，一反直打排版。

聯晚可說改變了產業傳統，最重要的致勝關鍵在於很簡單的道理：以市場導向取代文人辦報的生產導向，因此當然跟讀者吻合。楊仁鋒也因為此案而在報系內走紅，職位扶搖直上。

(二)現在對的不見得未來是對的

當消費者需求發生類似十倍速變化時，那麼現在對的策略群組不見得明天依舊正確。當然，這也不只是策略群組分析法的缺點，所有基於歷史資料分析、推論的方法多少皆有此限制。

還是回到剛剛《聯合晚報》那個例子，在1988年以前，晚報只有三家廠商，《自立晚報》、《民族晚報》、《大華晚報》，報份皆逐年下跌，1985年《自立晚報》還有17萬份，但1987年底剩下不到10萬份，其他二報就更不用說了，《大華晚報》瀕臨倒閉，到處找人收購，《自立晚報》在2001年10月走入歷史。《自立晚報》雖然是當時的產業第一名，但不見得切合當時經營環境，三家晚報經營一個「衰退」的市場。直到聯晚加入後，開發出潛在需求，晚報市場才從落水狗階段回復到明日之星。

由此二項推論皆指向「成交便是合理」並不見得正確，至少缺乏前瞻性，這跟知識管理中強調用「資料探勘」（data mining）去發掘消費者的習性一樣，你只能針對資料庫中信用卡持卡人的消費去分析，但是對於他未消費的部分（尤其是潛在需求）卻毫無所悉。

從研究方法來說，多變量分析、計量經濟學皆只能「有多少證據（資料）說多

少話」，本質上皆是歸納法。歸納是最常用的知識創造方式，其優點（適用情況）為：全天候戰機也不可能在惡劣氣候中安全飛行，每種方法皆有其限制，在限制範圍內（俗稱缺點）便是此方法的適用時機。任何歸納方法皆有隱含前提，即假設「歷史會再重演」、「沒有發生結構性變化」；一旦發生「新（經濟）舊（經濟）交替」情況，舊知識、老智慧有可能跟新環境格格不入。

◆ 第五節　標竿策略 —— 兼論管理會計

「標竿策略」(benchmarking strategy)其實不夠格稱得上策略，它只是透過模仿成功企業，以尋求本身成功的一種方式。波特認為企業再造、標竿策略，充其量只是戰術層次，還無法造成競爭優勢的差異。

標竿可說是策略群組結果的運用，標竿學習無須把整個產業中的每個公司都加以研究，只須認清產業領導者（可能不只一家公司）便可，了解他們為何成功，以及這樣的成功方式是否適用在本產業、本公司。

一、最低成本的學習方式 —— 標竿學習找出最佳實務

「我站在巨人肩上，所以可以看得比巨人還遠」、「見賢思齊」，這種以他人（含大自然）為師的方式，在公司學習中比較具代表性的則為向模範生學習的「標竿」(benchmark)。另外，最近有人強調「研究和發展」(R&D)只有財力雄厚的大企業才玩得起；而中小企業則比較適合「模仿和發展」(copy & development, C&D)，這個詞貼切地表達了「標竿學習」(benchmarking)。

二、學習內容

依據美國著名企管顧問公司陶爾斯·培林(Towers Perrin)的分類，標竿可分為三種型態：策略標竿、消費者標竿、成本標竿，詳見本節第八段。

但我們認為這樣的分類不夠妥當，還不如從公司、事業部二層級來看，事業部的標竿學習內容為四大成功關鍵因素（詳見表10-7）。至於《天下雜誌》每年10月刊

登的臺灣標竿企業聲望調查共有十項，各選出10家企業，大略來說是以企業活動（即俗稱企管七管）為主。2001年十大標竿企業的共同特質就是具備前瞻和創新能力，運用創新的經營方式，積極提升競爭力和進行轉型，詳見表10-8。

表10-7　從關鍵成功因素來看標竿學習內容

關鍵成功因素　　　評分		競爭優勢	經營指標
標竿對象　　　我們公司			
		價 ・單價 量 ・量產能力 時 ・創新 ・交期 ・彈性 質 ・良率 ・規格：少量多樣	1.行銷指標 ・消費(者)滿意 　程度、寵顧性 ・品牌權益 ・市場佔有率 2.財務指標 ・資產報酬率 ・權益報酬率

表10-8 2001年《天下雜誌》十大項目十大標竿企業

一、前瞻能力
(有效掌握環境變化和趨勢，擬定適當策略)

行業別	企業名稱	分數
半導體	台積電	8.27
半導體	威盛電子	8.26
食品業	統一企業	8.19
批發零售業	7-Eleven 便利商店	8.17
銀行業	美商花旗銀行	8.14
電子業	鴻海精密	8.01
資訊業	華碩電腦	7.94
半導體	聯華電子	7.84
銀行業	中國信託商業銀行	7.63
觀光旅館業	凱悅大飯店	7.62

四、營運績效及組織效能
(本業獲利能力、組織彈性)

行業別	企業名稱	分數
批發零售業	7-Eleven 便利商店	8.29
電子業	鴻海精密	8.10
半導體	威盛電子	8.03
銀行業	美商花旗銀行	7.97
半導體	台積電	7.97
資訊業	華碩電腦	7.97
批發零售業	太平洋崇光百貨	7.81
觀光旅館業	凱悅大飯店	7.76
化學材料業	奇美實業	7.64
汽車零件業	中華汽車	7.60

二、創新能力
(研究發展能力強，流程、產品不斷創新)

行業別	企業名稱	分數
半導體	威盛電子	8.46
半導體	台積電	8.35
批發零售業	7-Eleven 便利商店	8.22
半導體	聯華電子	7.97
銀行業	美商花旗銀行	7.96
資訊業	華碩電腦	7.92
食品業	統一企業	7.91
清潔用品業	寶僑家品	7.63
觀光旅館業	凱悅大飯店	7.61
軟體業	趨勢科技	7.56

五、財務能力
(資金雄厚、財務健全、資金運用能力強)

行業別	企業名稱	分數
半導體	台積電	8.68
半導體	聯華電子	8.36
批發零售業	7-Eleven 便利商店	8.32
資訊業	華碩電腦	8.12
半導體	威盛電子	8.04
鋼鐵業	中國鋼鐵	8.01
電子業	鴻海精密	7.97
銀行業	美商花旗銀行	7.91
汽車零件業	裕隆汽車	7.85
塑膠製品業	南亞塑膠	7.84

三、顧客導向的產品及服務
(產品、服務能夠有效滿足顧客需求)

行業別	企業名稱	分數
半導體	台積電	8.53
批發零售業	7-Eleven 便利商店	8.17
半導體	聯華電子	8.03
半導體	威盛電子	8.00
批發零售業	太平洋崇光百貨	7.71
食品業	統一企業	7.70
資訊業	華碩電腦	7.69
觀光旅館業	凱悅大飯店	7.64
銀行業	美商花旗銀行	7.62
電子業	鴻海精密	7.60

六、吸引、培養人才能力
(人才培訓的理念、制度、成效)

行業別	企業名稱	分數
半導體	台積電	8.73
半導體	威盛電子	8.33
半導體	聯華電子	8.20
資訊業	華碩電腦	8.10
銀行業	美商花旗銀行	8.04
批發零售業	7-Eleven 便利商店	7.78
食品業	統一企業	7.77
資訊服務業	台灣國際商業機器	7.76
塑膠製品業	南亞塑膠	7.76
觀光旅館業	凱悅大飯店	7.74

七、運用科技及資訊加強競爭優勢的能力

行業別	企業名稱	分數
半導體	台積電	8.68
半導體	聯華電子	8.27
半導體	威盛電子	8.12
批發零售業	7-Eleven 便利商店	8.06
銀行業	美商花旗銀行	8.00
資訊服務業	台灣國際商業機器	7.82
食品業	統一企業	7.82
資訊業	華碩電腦	7.82
通訊業	摩托羅拉電子	7.72
電子業	鴻海精密	7.70

九、具長期投資的價值

行業別	企業名稱	分數
半導體	台積電	8.57
批發零售業	7-Eleven 便利商店	8.29
半導體	威盛電子	8.16
資訊業	華碩電腦	8.14
半導體	聯華電子	8.01
銀行業	美商花旗銀行	7.88
電子業	鴻海精密	7.85
觀光旅館業	凱悅大飯店	7.67
化學材料業	台灣塑膠	7.59
食品業	統一企業	7.52

八、跨國界的國際營運能力

行業別	企業名稱	分數
半導體	台積電	8.74
銀行業	美商花旗銀行	8.63
通訊業	摩托羅拉電子	8.58
半導體	聯華電子	8.46
觀光旅館業	凱悅大飯店	8.38
半導體	德州儀器	8.34
半導體	威盛電子	8.25
銀行業	香港上海匯豐銀行	8.23
銀行業	荷商荷蘭銀行	8.18
電子業	鴻海精密	8.18

十、擔負企業公民責任
(注重環保、社會公益等社會責任)

行業別	企業名稱	分數
半導體	台積電	8.03
批發零售業	7-Eleven 便利商店	8.00
食品業	統一企業	7.59
汽車零件業	中華汽車	7.41
半導體	聯華電子	7.36
資訊業	宏碁電腦	7.33
汽車零件業	裕隆汽車	7.21
化學材料業	奇美實業	7.10
保險體	國泰人壽保險	7.10
鋼鐵業	中國鋼鐵	7.04

資料來源：吳怡靜，「標竿企業」，《天下雜誌》，2001 年 10 月，第 132~133 頁。

三、成功vs.失敗標竿

　　標準的「標竿學習」定義（如Robert Camp, 1989）只指向個中翹楚學；但由於「見賢思齊，見不賢而內自省」，因此具有代表性的賢與不肖皆可為我師。

　　1.成功標竿：最常見的找出（內部）成功標竿作法，便是從企業流程各段中找出標準，並視為「最佳實務」(best practice)。舉例來說，對產業分析師而言是指模範報告。

　　2.失敗標竿：在第十七章第四節事後評估小組中說明「見不賢而內自省」的道理。百略醫學科技公司在知識庫中有「前車之師」，記載產品開發過程及宜改善之處，以供往後參考。

四、學習對象的分類

學習對象有兩種：

1. 自己：即採試誤式、內省式。

2. 外界：古語說：「三人行，必有我師。」即表示人人皆有師法之處，這純指開放心胸；但站在學習效率的角度，則需要更精準。

此外，我們還可依時間性分為三中類，再加上前述對象二分類，畫出圖10-5，至於縱軸以親疏遠近來分類，外界對象中上下游廠商離自己最近，互動最頻繁；競爭者離很遠，而且會防你一手，因此最難學；至於客戶則可近可遠。

圖10-5　學習對象的分類和本書相關章節

對象（親疏遠近）

	事前	事中	事後
客戶 競爭者 合資對象 上下游廠商	行銷研究	客戶關係管理 標竿學習 技術移轉 合資 外包時	客訴處理
公司內	§10.5 標竿學習單位 1.實驗學習 2.經驗學習	如何向顧問學絕活	1.事後檢討方法 2.§17.4 事後評估單位

事前　　　　　事中　　　　　事後　　　時間

五、見賢思齊的標竿學習組

最低成本的學習方式是見賢思齊的標竿學習，以找出最佳工作方法，稱為「最佳實務」(best practice)。在本節中，我們僅以美國生產顧問公司Kelly Service為例，來說明在製程工程部可以設立標竿學習組，專攻標竿學習，以取代任務編組組成的組織編制，這是因為製程改善是沒完沒了的事，不是一時一地的事。

此外，唯有專人專職才有恆心，不致有專案結束各自歸建後「五日京兆」的感覺。

六、向外取經

向外取經最好是光明正大，像唐玄奘去天竺取經；否則暗著來（臥底）可變成產業間諜，這在美國往往會判很重的刑。

善意取經有第一手資料、特寫觀察固然很好，如果「沒魚蝦也好」，那只好找相近公司。要是標竿公司、資料不好找，那只好從書面資料來找。由各企業活動來分類，其中以研發活動的文獻較多，大概是因為這方面的模仿性較低，需要有學者專家來指點迷津。

七、標竿制度實施程序

標竿制度實施程序只是管理程序的運用，所以縱使像美國專家史賓多里尼(Spendolini)於1996年所著的《標竿學習》，大談如何實施標竿制度，也只能以作業手冊來看，本書不覺得有必要多花篇幅來說明。

八、標竿學習、企業再造、組織學習

標竿學習跟企業再造有很大交集，例如透過向標竿企業學習，可以加速企業再造構想的提出，因為模仿是想點子最快的方式。

依據美國著名企管顧問公司陶爾斯·培林(Towers Perrin)的分類，標竿可分為三種型態：

1. 策略標竿(strategic benchmarking)：以產業內領導企業的績效，作為衡量本公司為股東創造長期價值是否成功的比較標準。

2. 消費者標竿(customer benchmarking)：以消費者的滿意程度作為衡量企業是否成功的工具。

3. 成本標竿(cost benchmarking)：了解產業領先者如何在生產作業、組織、企業程序三方面皆能維持高效率、高效果，透過差異分析以找出本公司可行的改善方案。

由此看來，標竿不僅可適用於集團、公司層級，也可適用於事業部、功能部門，甚至小單位──例如用於提升品質、降低成本。

標竿學習也是組織學習的方式之一，例如美國摩托羅拉(Motorola)公司透過類似

品管圈，主題競賽方式，找出內部最佳標竿，這跟軍隊中的莒光連隊類似，藉以落實標竿學習到最基層。

九、策略性管理會計

前述標竿策略中有成本標竿、策略標竿，而進行此二方面標竿學習時，可採取1981年時，英國學者西蒙(Simmond)所提出的「策略性管理會計」(strategic management accounting, SMA)。其可協助公司在策略規劃時，分析敵我的獲利能力、成本等財務性資訊，以便了解公司的策略地位，進而釐定決策。

(一)策略性管理會計的範疇

策略性管理會計的範疇至少包括下列三項：

1. 策略性成本分析和管理。

2. 市場策略對利潤影響的研究(profit impact of market strategy study, PIMS study)。

3. 策略投資評價(strategic investment appraisal)。

(二)策略性成本分析和管理的步驟

透過成本分析來知己知彼，詳細步驟如下：

1. 辨認公司主要的價值鏈活動。

2. 依價值鏈活動蒐集成本資料。

3. 分析各價值鏈活動成本的成本驅動因素(cost driver)，例如規模經濟、垂直整合程度、產能利用等十項。

4. 把前項結果跟競爭者相比，以了解本公司的成本地位。

5. 了解本公司在產業價值鏈中所佔地位，並運用策略分析以替本公司進行策略定位，即策略決策，並視需要修改管理控制系統。

在第十七章第三節二績效評估的衡量問題中，我們則從績效評估的角度來說明策略性管理會計的用途。

❖ 第六節　關鍵成功因素

　　每一行都有獨特的關鍵成功因素，即俗稱的竅門，像量販店商品要便宜、超商地點要便利（所以才叫便利商店）、傳統市場物品要新鮮。懂得竅門可以讓你對症下藥，省得白繳學費。以筆者自己的經驗為例，1992年5月為了促銷《破解公平交易法系列》一書，花了2萬元在二大報系打廣告，但是來自預約的獲利卻抵不過廣告支出。後來，負責總經銷的農學社才告訴我，廣告對圖書銷售效果很有限，比較有效的是經銷商折讓，也就是十本送一本（給零售商、書店），那麼書店會把你的書擺在比較吸引人的位置。這樣的經驗，到現在還適用，曾任太聯文化總經理的黃丙喜1997年的體會是，書籍的廣告效果真是可憐，但書摘等非廣告效果卻很棒，每次報上刊出1000字書摘、新書介紹，常常會有200～300本的訂購。

一、關鍵成功因素是優劣勢分析的項目

　　使用多變量分析等統計方法，可獲悉各項關鍵成功因素的相對重要性，例如以全國連鎖便利商店為例，各關鍵成功因素的重要性可能如下：地點佔四成、行銷策略（尤其產品、促銷）佔四成、管理佔二成。

　　有如此的了解，進行SWOT分析中優勢劣勢分析才有所根據，即優勢、劣勢項目皆是指關鍵成功因素而言。至於如何判定自己在單一關鍵成功因素是居於優勢或處於劣勢，有二種比較標準，例如：

　　・跟「對手」（主要競爭者）比。

　　・跟產業（平均水準）比。

　　由於優勢劣勢分析是拿自己跟競爭者比，所以又稱為內部分析、資源基礎模式。

二、研究結果過於空泛

　　有一篇1996年的碩士論文，把三十篇臺灣碩士論文、十五篇美國論文整理，指出各行各業的關鍵成功因素，但是很可惜的是這些研究大都缺乏明確意涵。例如以

1995年的西式速食業關鍵成功因素來說，由因素分析可得到八項關鍵成功因素：⑴人力資源和經營、⑵服務品質、⑶聲響、⑷景觀氣氛、⑸價格、⑹市場因素、⑺地理區位（即店址）、⑻硬體休閒設施。

　　這些研究共通的缺點如下：

㈠經營管理不應擺進來

　　要想在各行業中脫穎而出，經營管理本來就是必備因素，哪有說「策略正確，執行錯誤」還能賺錢的道理？關鍵成功因素分析就是要找出正確的事業策略內容；至於誰來執行，只要程度差不多，結果就會差不多。就跟化學實驗一樣，在常壓、常溫標準環境下，在赤道做跟在南極做的結果應該是一樣的，縱使做實驗的人不一樣。

㈡經驗邏輯便能得到結果

　　以1992年一篇碩士論文指出貨櫃集散場的關鍵成功因素來說：

　　1.貨櫃場的規劃和設計。

　　2.純熟的貨櫃堆積技術。

　　3.空櫃的調度能力。

　　4.建立情報系統掌握市場動態。

　　5.併櫃能力。

　　這種的研究結果，用邏輯都可推論出來，對業者來說，所需要的結論必須是清楚的。

　　例如便利商店關鍵成功因素除了表10-2中所示外，更特定的還包括：

　　1.提供熟食產品（例如包子、御飯糰、便當），如此才能供客戶立刻止飢的需求，更可以跟超市、量販店拉開競爭距離。

　　2.販售書報方面，便利商店已逐漸取代報攤，而報紙也佔超商單品銷售數量第一名。至於書籍在日本超商中很重要，但在臺灣仍處於成長階段；不過，雜誌架倒發揮絕佳的集客力。

　　3.提供其他服務，像快遞、刻印章、訂蛋糕、賣火車票、賣呼叫器等都可以吸引來客。

三、包裝水的關鍵成功因素

「每個人每天都要喝水」，這是許多業者踏入飲料市場中「包裝水」的著眼點，而此市場在1997年可說到達戰國階段，新品牌521種，其中水飲料就佔71項。由於競爭激烈，連統一等大廠的品牌淘汰率都高達一成以上。由於進入障礙不高，所以新廠商源源不斷加入，但是鎩羽而歸者不在少數。那麼像礦泉水、純水等包裝水的關鍵成功因素是什麼呢？由圖10-6可見一斑。

圖10-6　包裝水（如純水、礦泉水）關鍵成功因素

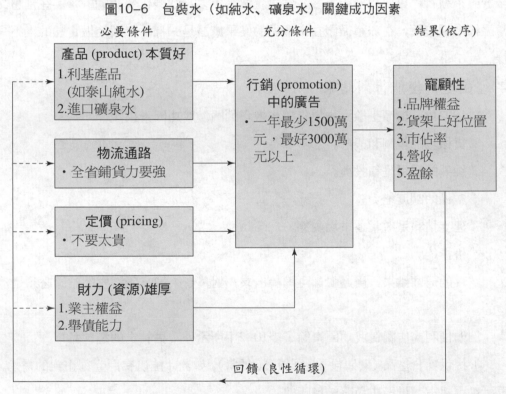

1. 必要條件：包裝水可說是標準產品，尤其是純水可說跟蒸餾水、家裡的開水沒有差別，其成功必要條件包括產品特色、鋪貨普及、定價不要太貴。

2. 充分條件：此條件構成不低的進入障礙，也就是再好的產品一年至少需花1500萬元的廣告費用，最好是3000萬元以上，不少財力有限的小公司便因此被排擠掉了。

包裝水跟很多消費品一樣，無法採取默默耕耘，用鄉村包圍都市、用蠶食方式

慢慢吃市場。如同金‧哈克曼主演的電影「前進或死亡」，不前進就死亡，也就是在全國性通路中，一旦銷售額掉入該類產品的倒數5％以內，將會被通路業者下市。所以，在標準品情況下，先發制人比較重要，像泰山於1995年推出純水，之後一堆廠商跟進，但終究不像泰山那樣搶到先機，而能跟怡康、悅氏位居本土品牌前三名。

◆ 第七節　從損益表出發的事業診斷

司徒達賢教授在策略思考流程提出「形」和「勢」互相為用的概念；而策略分析與決策的第一步是具體描述現在策略的形貌，策略決策的結果也必須以具體的未來形貌來描繪，才能進行深入的評估和選擇。

高竿的中醫光憑把脈便可以診斷出病人毛病，西醫則是透過心電圖、超音波、核磁造影等，迅速了解人的健康情況。同理，事業部經營好或壞，從損益表即可見全貌；但造成經營績效好壞的原因在哪裡呢？損益表也回答你了，它就跟X光片一樣，真實反映，除非有人誤導會計部。如此一來，進行事業部策略型態分析非常快，就跟新式的全身健檢一樣，號稱不需超過4小時，比傳統方式少則一天半快多了。

由圖10-7，我們可看到損益表反映了研發、生產、行銷、資管、人資、財務等六項企業功能決策的結果；而在第十三章第三節（圖13-2）我們還把圖10-7跟波特的競爭策略、司徒達賢教授的策略矩陣分析法三合一結合在一起，才發現三面一體。

不同的損益項目往往又反映不同企業功能的決策和執行。我們將以某一食品股票上市公司（簡稱甲公司）冷調事業部來跟標竿企業（例如奇美食品）作比較，表中和本節中數字都是虛構的。

競爭優勢替公司創造了價值，而創造價值又可從獲利來分析，這是策略性管理會計的基本精神，不過在本節中，我們將以獨創方式、具體案例來說明。

一、對營收的影響

營收是由售價乘上銷售數量的結果，影響因素主要是行銷策略中的市場定位、行銷4P中的3P。就冷調食品產業特性來說，關鍵影響變數是「產品」，其決策的程序

圖10-7　2001年某上市公司冷調事業部和標竿公司損益比較

損益表

企業功能決策	科　目	本事業部 (%)	同業標竿 (如奇美)
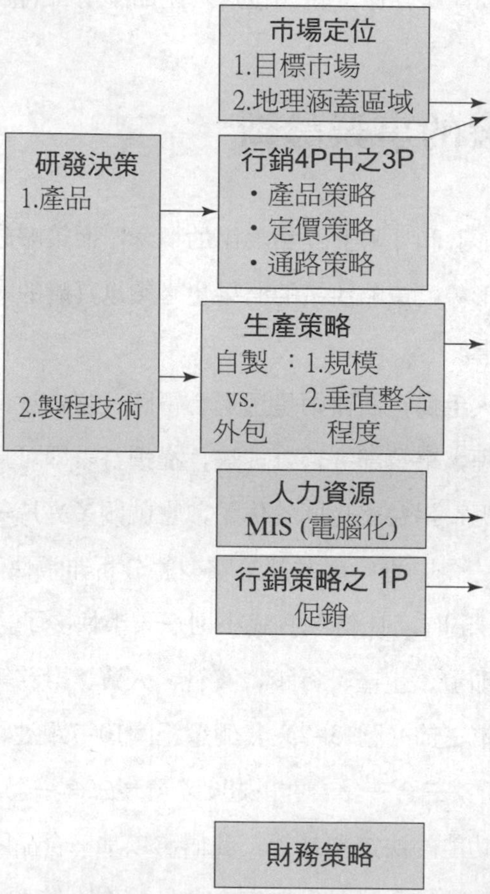 **市場定位** 1.目標市場 2.地理涵蓋區域	營收 (P×Q)	104%	102%
研發決策 1.產品 **行銷4P中之3P** ・產品策略 ・定價策略 ・通路策略	減：銷貨退回和折讓	4%	2%
生產策略 自製　：1.規模 vs.　　2.垂直整合 外包　　　程度 2.製程技術	銷貨收入淨額 減：銷貨成本	100% 90%	100% 60%
	毛利	10%	40%
人力資源 MIS (電腦化)	減：管理費用	-10%	-2%
行銷策略之 1P 促銷	減：銷售費用 1.人員推銷 2.非人員促銷 　(1) 廣告 　(2) 推廣	-30%	-20%
	減：物流費用	-12%	8%
財務策略	營業利益	-42%	10%
	減：營業外支出 (以利息為主)	-4%	-4%
	稅前淨利	-46%	6%

大抵包括產品、定價、通路策略。詳細說明如下：

(一)市場定位

對一家全國性食品公司來說，市場定位考量的因素有二：

1.消費性市場vs.業務市場：消費性市場注重品質(口味)、差異化(如利基產品)，業務市場大抵拚價格取勝，詳見第十三章第一節。對於市場新加入者來說，大抵只

能走消費性市場，因為沒有像龍鳳、奇美那樣大的產能，以享受規模經濟的成本優勢。最怕的是「貪心不足蛇吞象」，想來個魚與熊掌兼得，但結果可能二邊都不討好，賠了夫人又折兵。

2. 地理涵蓋：地理涵蓋決策至少包括下列二項決策：

　　(1)內銷或外銷：日本和美國華人社區會買些中式冷調食品，但市場潛量很有限，而且運費算高，所以外銷市場佔產業比重不到一成。

　　(2)全國或局部市場：以本案來說，當然希望鋪貨能鋪滿全島，而不是只挑北部大都會區鋪貨。

從運費高達銷售金額的14%來看，東部、澎湖佔營收不到5%，但縱使以標竿廠商來做也無利可圖，甲公司卻全省鋪貨。

　　·建議：深耕北部、中部、南部，放棄東部、離島，以免運費吃掉毛利了。

至於介入市場的順序，甲公司先鋪中部、次打北部，再攻南部，後進東部、澎湖。這樣的順序似無可議之處，因為唯一的一個工廠位於中部，先鋪中部可以當作了解市場的窗口──甲公司並未進行試銷，只有在研發過程中公司同仁形式上試吃而已。

(二)行銷策略中的3P

行銷策略4P中除了促銷策略直接可歸屬「銷售費用」，並且短期內對銷售量有影響外，對營收售價、銷售量有長期影響的則推其他3P，包括產品、定價和通路策略。

1. 產品策略：產品策略是行銷策略中的「本」，促銷大都只有錦上添花功能，比較缺乏雪中送炭的作用。產品策略涵蓋的範圍至少有三：

　　(1)利基產品：利基產品往往售價可以訂高一點，毛益率會比較高。甲公司在第一年時推出不少利基產品（例如雞肉丸），但紛紛敗北，消費者喜新厭舊的假設是錯的，消費者的嘴巴其實蠻念舊的，不輕易改變。既然創新踢到鐵板，冷調事業部主官只好遷就通路的要求，一是反映在通路費用（書本上所稱經銷商費用，例如協贊費），一是反映在產品線廣度上。該公司遲至第三年才推出第一個的改良產品，但由於並非是「創新且營收大」的產品，所以尚未達到利基產品的標準，但至少有點不一樣。

⑵產品線廣度：為了佔（冷凍）櫃位，又為了跟對手有形式上差異，所以產品線廣度最多時有六大類產品、八十種口味，例如冷凍包子便有十四種口味。戰線拉得太廣，使得有些產品一個月出貨量還不滿十箱，此又造成規模經濟量水準無法達到，底下會詳述。但更重要的是，往往因未達經銷商的最低銷售要求，而被迫下櫃，這又造成銷貨退回率居高不下，高達4%，是同業的二倍。後來，在第二年，主官體會到「十八樣武藝樣樣稀鬆」的後果，產品線廣度刪到只剩四種、口味只剩四十五種。

⑶品牌：由於冷調事業部主官認為該公司名稱有「負商譽」，所以在第一年推出產品時，另創產品品牌，又為了提供產品搶灘登陸，因此使用千萬元以上的電視廣告來密集轟炸，但第一年的營收也才3000萬元，真是慘不忍睹。

‧建議：該公司不少產品仍是第一品牌，而且該公司係CAS、GMP廠，因此以戰鬥品牌硬打的效果會事倍功半；還不如打公司品牌，消費者有正向的學習遷移效果，如此才可以發揮「母雞帶小雞」的事半功倍效果。公司品牌權益明明是公司的優勢，卻誤判為劣勢，而且還故意「藏拙」，那可算是暴殄天物，反倒跟沒有知名度的地方小廠平起平坐。

2.定價策略：「在行銷中，量隨價轉。」也就是定價跟銷售量成反比。領導大廠（如龍鳳、金吉利等）往往是價格的決定者，跟隨者不能採削價戰，因為水餃、包子早就廝殺過，參戰廠商紛紛受傷，消費者撿到便宜貨。所以甲公司在定價方面也沒多少彈性空間，既不能定得比大廠高，又不能比大廠低很多，只能便宜個幾塊錢。但因為便宜有限，尚不足打動「貪小便宜」的消費者。

所以定價策略的選擇性和效果都極有限。

3.通路策略：通路對象主要影響售價（即本案製造廠商的出廠價），決策順序如下：

⑴通路組合（經銷vs.現代化通路）：──透過區域經銷商來鋪貨，鋪貨點比較偏向小店面超市等，當然也可以涵蓋超商、超市、量販店等現代化通路。不過，經銷商所索取的物流（倉儲、運輸）將吃掉廠商毛利一大部分。所以一般大廠都自設營業所來直配。甲公司，經銷商佔比重僅二成，其餘八成是直配。接著再來看現代化通路如何組合。

(2)現代化通路組合：至於在直配的現代化通路中，通路結構理應跟整個市場的通路結構一樣，由於缺乏數字，只能比方說，量販店佔五成、超市佔三成、超商佔一成、其他佔一成。這是因為成本關係，冷調食品的售價不算低，而且很大用途是當正餐吃（包子、湯圓等點心也另有用途），所以消費者的成本意識比較高一些。上述仿照市場通路結構的通路組合，套句投資組合理論的觀念便是「指數型共同基金」。但是階段目標不一樣，也會有另二種情形出現。

①業績導向型通路組合：在此先拼市佔率、營收，以求達到生產規模經濟的考量下，則把行銷努力（例如業務代表）多放一些（加碼）在量販店上，其次是超市；不過，量販店的售價比超市低很多。

②收益導向型通路組合：要是小本經營、不堪虧損，那只好比較偏重超商，然而業績不大。

不過，事業部剛成立前三年，很難兼顧成長和收益；尤其最怕的是董事長心猿意馬，一下子看到虧損太大，便要求「重質不重量」經營。一陣子後，看到少賠或多賺後，又來盯業績。

‧建議：可參考第二章第三節中實用BCG在通路組合上的運用，重新調整通路組合，至少能達到營收成長或獲利的目標之一。

二、銷貨（或營業）成本

銷售成本和售價是毛益率的二大決定因素，而銷售成本主要包括三項目，即材料（食材、包材）、直接人工薪資、製造費用。在冷調食品，有規模經濟的門檻，以包子來說為月產百萬個。但甲公司到第三年時月銷只有三分之一，單位成本每個包子為6元，幾乎是奇美食品公司的二倍，出廠價為4.8元，也就是每做一個包子，一出廠門就賠1.2元；而最後賣掉時，還須加計營業費用，可說是「賣得越多，賠得越多」。結論很明顯，那就是生產決策錯誤，應該不要自製，改採外包方式（至少每個包子還有1.6元的毛利）。

甲公司採取自製的二個理由都似是而非：

1.冷調廠機器設備的錢來自現金增資，擔心證交所會來查錢是否有被挪用。既

然機器已買了，已是沉入成本，下決策時無需考慮「水潑落地難收回」的沉入成本。何況，增資股款半年內必須依申報增資計畫運用，增資後半年時結案，案子早已在二年半前就結了。現在機器設備要怎麼用（甚至出售）早跟證交所、證期會無關了。

2. 早自製早學點經驗：冷調食品又不是高科技產品，技術相當低階、成熟，就因為進入障礙低，整個產業產能嚴重過剩，面臨「營收中度成長、獲利低甚至負」的奇怪階段——一點也不像BCG上的明日之星階段或產品生命週期上的成長階段。

• 建議：很簡單，先達到規模經濟業績再求自製，採行這建議後，毛益率立刻由原10%上升為20%，什麼都不做，反而賺越多，美國個人電腦大廠、國內礦泉水業者就是這麼做的，自己不生產，專找人代工。

三、銷售費用

銷售費用包括人員、非人員二大項，甲公司的銷售比重比標竿公司高一半，原因如下：

㈠人員銷售費用

人員銷售費用主要包括二大部分：

1. 業務代表費用：因為產品吸引力低，公司只好採取「推貨」作法，那自然得找不少業務代表。人員銷售績效差，甚至毛益率乘上每月平均每人銷售金額（40萬元）還低於銷售人員的薪水，用人要夠本的月業績至少120萬元。但這是否代表業務人員素質差？不是的，就跟搶灘登陸一樣，新產品和促銷好比先掃平岸上敵軍防禦的海空轟炸，否則，即使派再多的陸戰隊搶灘，往往還沒上岸就被消滅光了。難怪業務代表挫折感強，流動率自然高，培養新人員又得花成本。

2. 試吃人員費用：由於是市場上新包裝，產品的差異性低，只好在賣場多弄些試吃，負責試吃的兼職人員薪水也不低，效果很有限，第三年起便逐漸減少。

㈡非人員銷售費用

此項費用主要是廣告，大膽用電視廣告，但產品力不繼，所以廣告硬打也打不響。

• 建議：廣告似乎應等有利基產品時才比較有錦上添花效果，廣告是催化劑，

但產品才是作用物，廣告的效果只是暫時的，真正持久的還是商品，商品力才是本。此外，年營業額至少要2億元，才負擔得起每年1000萬元的廣告費。

四、物流費用（包括冷凍倉庫費用）

物流跟生產決策一樣，可分為自運或委外，甲公司採取自運，理由為有些大賣場在契約中要求隨時補貨，每次訂貨量又少，弄得需經常補貨。再加上有些大賣場卸貨車道常塞車，導致有些代送商不願跑車，物流公司把塞車時間也算進運費。自運的費用反而比委外還貴，主要是車輛（包括司機）使用率低。

．建議：做好客戶管理，要是有些大賣場強硬一些，那只好重點管理，找代送商出小車去運，至少比開中型卡車中程配送划算吧！

行銷管理的書把物流決策視為通路策略的一部分，但因損益表中有單獨項目，且比重不小，所以特別獨立討論。

五、管理費用

甲公司管理費用是標竿公司的五倍，管理費用居高不下的原因之一在於組織層級很像金字塔，所以進行組織層扁平化，由四層降至三層，此外各層業務主管不能只管行政，還得兼業務代表，有責任區。其二是研發部門由公司直轄，在會計科目上，此部分費用以分攤管理費用入帳。但會計科目不重要，重點是由於產品面太廣、產品線太深、產品淘汰率太高，研發費用就跟著水漲船高。

六、總結建議

「適人適所」看似簡單，但往往一時不察而疏忽了。此事業部嚴重虧損，主因在於用人不當。從工人到主官都是新手，主要學習方式是「嘗試錯誤」，連續三年虧損，虧損金額近億元。

．根本、策略性建議：以後碰到新成立事業部，主官或是副主官中必須有一人有這方面足夠經驗，要是公司內沒有合適人選，最好先做好管理可行性分析，不宜輕舉妄動，以免弄得騎虎難下。

◆ 本章習題 ◆

1. 找一家公司（例如大眾電腦），以表10-1為基礎，畫出其事業部及主管級職。

2. 以一家上市公司中一個事業部的策略規劃流程為例，看看跟圖10-2有何不同。

3. 找一個產品（例如雞肉）依實用SWOT畫出其現況。

4. 大選時，民意調查滿天飛，如何判斷該聽誰的？

5. 從研發管理的角度，技術軌跡怎麼預測？請以一項新產品為例，例如掌上電腦或第三代手機。

6. 社會／文化的趨勢該如何預測呢？舉例來說，晚婚、少生的社會價值觀如何預測？

7. 不用多變量分析（例如鑑別分析），你如何作策略群組分析去分出贏球、輸球公司各採取哪一些（行銷）策略組合？

8. 請找一篇最近有關關鍵成功因素的碩士論文，比較一下他們如何抓到該公司的成功竅門。

9. 策略性管理會計是不是「策略＋管理會計」？

10. 找一家上市公司，再找到標竿公司，以圖10-5為基礎，去分析別人贏在哪裡，自己輸在哪裡。

第十一章

事業策略規劃（一）：成長方向

　　科技的發展並未減緩，且持續受到摩爾定律、頻寬增加和網路成
長的驅動。網際網路將成為商業、溝通、研究、資訊和娛樂的中心。

　　——貝瑞特(Craig Barrett)　美商英特爾總裁兼執行長

　　經濟日報2001年12月5日，第2版

學習目標:

資源基礎理論是1990年代策略管理的重要課題, 知識管理只是其中之一, 本章以知識管理為對象來說明如何活用資源建構公司競爭優勢。

直接效益:

優劣勢分析是「知己知彼, 制敵機先」的前提, 在第二節中我們做了完整的說明。在第五節中, 我們說明電子商務、全球運籌管理對公司的貢獻, 讓你可以在這方面很快下決策。

本章重點:

・資源基礎理論在策略管理的運用。圖11-1
・策略性資源的內涵。圖11-2
・伍忠賢對資源的具體說明。§11.1 二
・資產、能力跟利潤的關係。圖11-3
・策略導向的企業功能管理內容。表11-5
・知識系統診斷。§11.2 二
・知識系統診斷流程。圖11-5
・以晶圓代工為例, 分析大陸需要幾年才能趕上臺灣。§11.2 四
・產業聚落。§11.2 四(二)
・資源種類和成長方向、方式的關係。表11-7
・資源建構。§11.3 二
・(策略)模仿困難性的三種理論。表11-8
・印度成為軟體王國的經過。§11.3 六
・策略整合。§11.4 四
・電子商務。§11.5 四
・全球運籌管理。§11.5 六

前言：靠山吃山，靠水吃水

賭博靠運氣，打仗靠實力，因此古諺說：「沒有三兩三，不敢上梁山。」就是這個道理。本章延續5W1H的寫作方式，請見圖11-1，詳細說明於下：

圖11-1　資源基礎理論在策略管理的運用和本章架構

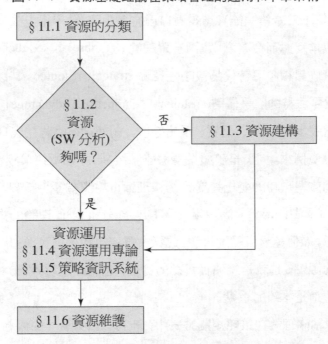

第一節先說明資源的分類，藉以釐清你有什麼核心能力足以建立競爭優勢。接著問題來了，第二節分析你的實力夠強嗎?即SWOT分析中優劣勢分析(SW analysis)。要是不幸的是「力有未逮」，那只好「十年生聚，十年教訓」的累積實力，這是第三節資源建構的內容。

當羽翼豐滿時，便可放手一搏，第四節說明如何集中運用資源，形成局部兵力優勢 (局部兵優)。接著第五節專論策略資略資訊系統，第六節則為資訊技術。至於新興的知識管理在策略的運用，限於篇幅，本書只好割愛，有興趣者請閱拙著《知識管理》第十三章第二節知識的策略運用。

看家本領就得壓箱底藏好，否則見光則死，在第六節中我們詳細說明資源維護，尤其強調知識的保護。

✥ 第一節　何謂資源 ── 資源基礎理論

「沒有那樣的胃就不要吃那樣的瀉藥」這句臺灣俗諺一語道破企業想採取何種事業策略(詳見第十三章第一節)，還得看自己有多少資源；學術上便是葛蘭特(Grant)於1991年彙總以前文獻而命名為「資源基礎理論」(resource-based theory)。簡單的說，此理論強調企業應累積不可替代的策略性資源(strategic resources)，以支持所採取的策略，進而建立可維持的競爭優勢(sustainable competitive advantage)。至於「競爭優勢」的來源包括成本（效率）、品質、反應速度、創新，這些將在表11–4中以三層級資訊系統的貢獻為例來說明。至於競爭優勢能維持多久，則取決於模仿障礙的高度、競爭者的潛能和產業環境的變化速度。這樣理論可說沒有多少新義，只是SWOT分析中的SW分析（又名內部分析，相對於OT的外部分析）。此理論的貢獻在於衡量你現在有多少資源，如何建立所需的資源，怎樣布署資源和保護資源。借用漢默(Hamel)於1995年提出的觀點，這就是策略性資源的管理，也就是進行WT分析完後，進一步提出策略方案；這是本節的重點。

　　當然，資源基礎理論在策略規劃方式中，也可以歸類為「由內往外方式」，詳見第十章第一節二所述。

一、資源基礎理論名詞叢林

　　資源基礎立論頗多，用詞紊亂令人茫然。在此不禁想起一則趣譚：有位專教外籍學生中文的老師，為了讓外國人體會中國字博大精深，寫了「己、已、巳」三個字在黑板上，請問學生們有何差異。大而化之的美國學生認為三個字相同，只是有些小地方長短不一。一板一眼的德國學生拿出尺來衡量三個字長短究竟差多少。熱情浪漫的法國學生則是當場暈倒，因為他實在無法接受這三個字不一樣。

　　資源基礎理論的用詞，是筆者在企管領域中碰到用詞最複雜的，大概是老外出個類似「己已巳」的題目來考我們吧。所幸，政治大學商學院院長吳思華（1994年）的用詞、分類，可說是撥亂反正、見樹又見林，詳見圖11–2。其中「策略性」和「核

心」(core)二個用詞通用，有些人把core competence譯成核心競爭力，但很容易被誤會為競爭優勢（即核心競爭能力所支撐的結果）。

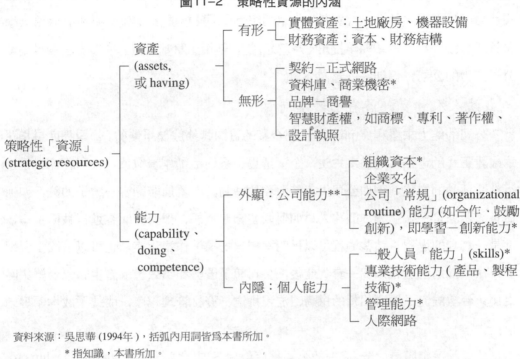

圖11-2　策略性資源的內涵

資料來源：吳思華 (1994年)，括弧內用詞皆為本書所加。
　　　　　* 指知識，本書所加。
　　　　　** 在此項目內，我們以公司取代組織一詞。

(一)財務資產是策略性資源嗎？

　　或許你會覺得奇怪：財務資產怎麼夠格名列策略性資源？因為它可說是沒有特色、最通用的資產。但是的確在寡占情況，且對手缺乏此項資源時，「用錢砸死人」就可以派得上用場。曾經有家GMP的便當公司M於1996年6月跳票陷入財務危機，銀行收傘、投資人裹足不前。另一GMP的便當公司W有機可乘，9月開學後，便當不漲價，而且50元便當還送32元的鮮果汁（快過期品一瓶成本只要8元），這招夠狠但卻有用，拖了一年，M公司終於退出學校午餐市場；「一文錢逼死英雄好漢」的情況有時也會發生在企業界中。

(二)公司能力也是一種策略性資源

　　「公司能力」(organizational competence)無法望文生義，必須加以說明，它是指

一種運用管理能力持續提升公司效能、效率的能力，不會隨人事更迭而有太大變動。公司能力包括三項：公司資本、文化和常規能力。其中，「公司資本」(organization capital)是指公司的正式報告結構和正式、非正式的規劃、協調、控制系統，以及公司成員跟外部環境的非正式關係；簡單的說，即「業務運作程序」。此外，政治大學科管所教授李仁芳於1994年提出「厚基理論」，他用「厚基組織」來形容一個具高度公司能力的公司，例如統一超商公司。

㈢戲法人人會變，各有巧妙不同

公司的能力來自程序(process)，把企業的資源轉換成競爭優勢。公司程序是指正式或非正式約定俗成的做事方法，企業透過一系列活動創造價值，公司程序就是進行這些活動的方式。例如公司做售後服務的活動，希望能賺顧客一輩子的錢，如何做售後服務是一個過程、服務人員如何回答顧客抱怨、如何對顧客進行技術指導，都是一套套的過程。這些過程可以是明文規定的標準作業程序，也可以是固定習慣的作法，當這些過程形成一套制度後，公司競爭優勢和績效也就產生。以台塑集團為例，台塑設立了環環相扣的採購、流程排定、資材管理程序，成就了成本領導地位。

公司程序有階層之分，高層的公司程序包括三項：創業程序(entrepreneurship process)、更新程序(renewal process)和整合程序(integration process)。沒有這些程序，公司成長就只能靠執行長的睿智。

臺灣大學國際企業系教授湯明哲認為策略和組織就像一個人的兩隻腳，必須互相配合才能發揮功能，以程序為主的公司是策略執行的利器。公司能力的培養是競爭優勢的基礎，也應該是執行長的主要任務。（小部分修改自湯明哲，「組織程序可轉換資源為能力」，遠見雜誌，2001年11月，第36頁，我們以「公司」取代「組織」二字）

二、本書對資源的具體說明

能替公司帶來利潤的才是資產、才算能力，由此看來我們可以更細密的把資產、能力分類，讓你可以更實在的抓得住策略性資源的內涵。

(一)資產的分類

資產大抵是指資產負債表上的項目，包括其附註說明中的，雖然有些是財務報表以外(off-balance sheet)的項目（例如品牌價值）。企業以資產為槓桿（或翹翹板）的支點，在左邊施展能力，才能獲得利潤，詳見圖11-3。俗語說「巧婦難為無米之炊」，米、炊具就是資產。由表11-1可見，我們從六項企業活動把資產分類。

圖11-3 資產、能力跟利潤的關係

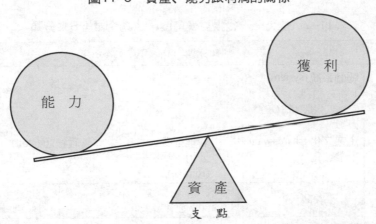

表11-1 資產負債表觀點之資產（從價值鏈來分類）

核心活動	研 發	生 產	業 務(行銷)
1.有形	智慧財產權：專利、著作權、設計執照	(1) 實體資產：土地、廠房、機器設備	特許經營執照 商標
2.無形		(2) 專門技術 (know-how)	(1) 品牌 → 商譽 CS → 寵顧性 (2) 契約 (3) 資料庫、商業機密

支援活動	財 務	人力資源	MIS
1.有形	資本 財務結構		
2.無形		人才養成制度 人才庫	上述 (3) 資料庫 IT (客戶名單)

㈡能　力

　　人的能力大都不會列為資產，但卻影響公司獲利，因此我們可以從損益表來看，在表11-2中，我們以管理活動（或美其名稱為成功企業七S）把組織、個人能力分類，並說明其內容，例如總經理的個人能力比較像交響樂團指揮、董事會則像作曲（或編曲）家，總經理能力強弱主要在於組織、分工，讓各事業部主官、功能部門主管各司其職。

表11-2　能力——從損益表角度、成功企業七S來分類

中分類	細分類（以管理能力來分類）		
一、外顯： 公司能力	報酬系統(system)： 1.薪資福利 2.員工入股 (ESOP)		
二、內隱： 個人能力	企業文化 (shared value)： 企業文化	管理型態 (style)： 公司「常規」 (routine)	管理技巧 (skill)
	董事長	總經理 （含事業部主官）	功能 部門主管
	策略 (strategy)： 人際網路 1.進退時機 2.成長方式 用人 (staffing)： 命將	整合 (structure)： 管理能力	執行 (如生產：良率、成本)： 1.一般人員能力 2.專業技術人力

三、資源依競爭取向分類

　　就跟戰爭工具一樣，司徒達賢教授把資源依競爭取向特性分成二大類：

㈠防禦性的（競爭隔絕的）資源

　　就跟戰場上的地雷、鐵絲網、拒馬、壕溝等一樣，這些都是防禦性的。同樣地，企業有些資源可歸為此類，具有下列屬性的一部分或全部：

　　1.模糊性，是指對手搞不清楚究竟何種資源（組合）給你公司帶來持續性競爭優勢，因此構成資源「模仿障礙」。最明顯的例子是，無論生化食品科技再進步，皆無法分解可口可樂或肯德基炸雞粉的成分，以求複製。

2.低透明性，即對手想模仿你的資源建構方式，需要克服的資訊不完全的困難程度。

3.不可模仿性(imperfectly imitable)。

4.不可複製性(imperfectly replicable)。

5.不可移轉性。

(二)攻擊性的（主動攻擊的）資源

戰場上的槍砲彈藥都是屬於攻擊性武器，企業有些資源比較偏向攻擊性的，具有下列屬性的全部或部分：

1.攻擊性。

2.槓桿性。

限於篇幅起見，有興趣了解卓越企業如何「動態創新」其資源的讀者，可參看下列書籍：

· 時報出版公司發行《微軟秘笈》。

· 遠流出版公司發行的《打造天鷹》、《創新求勝》等書。

(三)核心能力的涵義

企管名詞常令人混淆，主因在於連學者也是「各彈各的調」，再加上中譯又言人人殊，例如表11-3中的competence有人譯為能耐（來自俗話：「你有什麼能耐」），背後的想法是：能耐是指有加工處理過的能力(capabilities)，因此中譯必須跟能力一詞有所區別，詳見表11-3。

表11-3　能力、能耐的用詞及涵義

過　程	投　入	轉　換	結　果
中文譯名	能力	能耐	競爭優勢
英文名詞	1. ability 2. capability，其中又有 critical capability 一詞	competence 1.獨特能耐 (distinctive competence) 2.核心能耐 (core competence)，少數人譯為核心競爭力、核心知能	competeitive advantage

但是套用政治大學商學院院長吳思華對資源的定義，這兩個英文字又是名異實同，不過有些人又繼續把能力細分，詳見圖11–4。

圖11–4　能力、資產和競爭優勢的關係

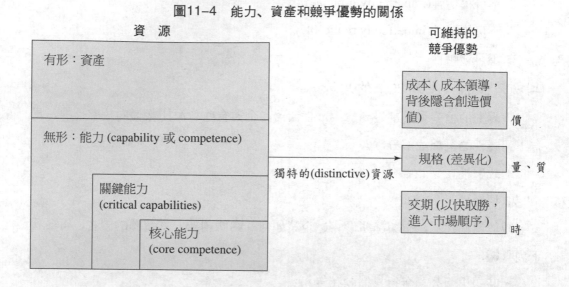

1.關鍵能力(critical capabilities)：即公司關鍵成功因素的能力，可用「看家本領」來形容。特殊能耐(distinctive competence)指的是能使公司獲得高於產業平均獲利水準的持續性能力，把能耐視為只是能力的特例。

2.核心能力(core competence)：又是關鍵能力中的拿手絕活，是由漢默和普哈拉於1990年提出，公司拼輸贏主要是靠這項。

3.在人力資源中，能力本位模式(competence-based model)很流行，強調以員工能力(human competence)為對象，其成分包括知識、技巧、能力（簡稱KSAs），反倒把ability當成competence的一部分。

㈣核心能力依組織層級分類

一般把核心能力分成三類，詳見表11–4中第二欄。不過，這跟公司組織層級幾乎一對一的相對映，以事業部的職掌來說，顧客相關核心能力(customer-related core competence)的例子之一是新市場開發能力。

表11-4　各組織層級的核心能力

組織層級	核心能力的分類
一、公司	跟整合有關的，其所創造的利潤可稱為「經營利潤」
二、事業部	跟顧客有關的，其所創造的利潤常見是「行銷利潤」
三、企業功能部門	跟企業功能有關的，其所創造的利潤常見為「研發利潤」、「生產利潤」

四、策略性資源的特性

什麼樣的資源才算是策略性資源呢? 哈佛大學商學院的柯林斯(David Collins)和蒙哥馬利(Cynthia Montgomery)指出，其重點在於「策略性」，也就是它必須具有下列特性:

1. 對事業經營績效有高度價值(valuable)，在產品市場上，它們必須優於競爭對手很多，並讓顧客覺得很有價值，甚至會產生「準租」（quasi rent，即超額報酬）。

2. 稀有性(rare)，有價值而量多或無法取得的資源，均無法創造持續性競爭優勢。

3. 不可替代性，套用美國學者佩特勞(Peteraf)於1993年提出資源構成競爭優勢的四個條件:

⑴異質性，可產生準租。

⑵不完全移動、難以移植，所以準租會留在公司內。

⑶事前阻絕競爭，準租沒有被成本抵銷。

⑷事後阻絕競爭，準租可繼續維持。

某些能力的確符合策略性資源標準，例如一個世界知名的強勢品牌，即能持續地為公司創造高價值。然而很少有單一的能力是天下無敵的。一些搶先進入新興市場，佔據領導者地位的公司，要是沒有持續地灌溉耕耘，它們所建立起來的競爭優勢將逐漸地喪失。

至於資源其他特性，我們會在下列資源基礎取向的策略分析架構中說明，大都基於司徒達賢教授於1995年所提出的資源特性層次圖。

五、企業功能的策略性涵義

以往各項企業功能領域的研究，比較偏向承上啟下，例如當公司採取怎樣的策略，財務政策、生產政策該如何配合。1980年代，「如何善用資源以建立可維持的競爭優勢」成為企管主流，因此功能管理學說的發展趨勢，傾向於策略導向，例如策略性人力資源管理、策略性行銷管理等，紛紛出籠。換個角度說，都著眼於如何建構、運用其資源（如人力資源、財務資源），以創造「小兵立大功」、「後排（支援活動部門）殺球」的策略性貢獻。詳細內容詳見表11-5。

表11-5　策略導向的企業功能管理

策略性企業功能	代表性學者	精神、內容	本書章節
策略性行銷管理		行銷應著眼於達到策略目標，行銷一些方法 (如 PIMS)可充實策略管理的分析內涵	Chap.10
策略性資訊管理		透過資訊系統、資訊技術等資源，以協助公司建立可維持的競爭優勢	§11.5
策略性人力資源管理	Baird、Meshoulam & DeGive (1983)	藉人力資源以建立競爭優勢，所以須從策略的觀點來進行人力資源管理，主要內容： 1.企業需要何種人力資源，才能達成策略目標 2.企業需擁有何種獨特的資源或機會，才能吸引、發展、酬賞員工願為策略目標而努力 3.如何提昇員工未來競爭力	Chap.15 §15.1 吸引：§16.1 發展：§15.2、§15.3 酬賞：§8.5、§16.3 §16.1
策略性財務管理		1.併購 2.企業重建	§5.3 §4.5
策略性管理會計	西蒙 (1981)	提供有關本身和競爭者的成本、獲利能力等財務資訊，以協助企業衡量其競爭地位，進而發展出策略構想	§10.5 §17.3 二

◆ 第二節 優劣勢分析──兼論臺灣、大陸的電子業優劣勢

管理的本質是問題解決程序，既然知道目標（或理想），接著便是衡量自己的能力再來進行問題診斷、決定決策，這個過程老嫗皆知。

一、資源的衡量

有形的資源（例如資產）比較容易清點數量，而且甚至連對手也知道個八九不離十；最簡單的例子便是2001年10月美國進軍阿富汗，聯軍跟塔利班軍力的比較；常見的例子是台積電、聯電的產能、人力比較。

比較難衡量的是無形資源（即能力），底下將以公司知識（最直接的便是技術）為對象來舉例說明。

二、策略性資源診斷──以知識系統診斷為例

在知識管理時，我們稱為知識系統診斷(knowledge system diagnosis, KSD)，詳見圖11-5。

(一)診斷時機

知識系統診斷的時機，可分為兩方面，一是產出面，即（將）出現績效缺口(performance gap)時；另一是投入面，巧婦難為無米之炊，也就是所投入的知識不足以達到目標。

(二)診斷方式

常見的面向有二，請見表11-6。

1.存量分析：這跟資產負債表比較像，分析公司有什麼強勢知識（即資產），哪些知識還不足（即負債）。把知識分布圖作出來的活動稱為知識繪圖(knowledge mapping)、知識製圖(knowledge cartography)或知識導航(knowledge navigation)。

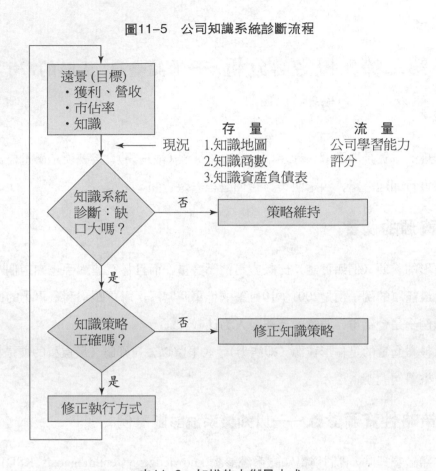

圖11-5　公司知識系統診斷流程

表11-6　知識能力衡量方式

知識能力衡量方式	學者	拙著《知識管理》章節
一、存量 (stock 或 inventory)		
1.知識地圖		§ 13.2
2.知識 (投資) 組合		§ 13.2
3.知識資產負債表	Hartmann (1991)	§ 2.1
二、流量 (flow)		
1.公司學習能力評分	Redding (1997)	§ 2.1
2.公司智商 (organization IQ)	Mendelson (2000)	§ 14.2

2.流量分析：這跟損益表比較像，代表公司創造、運用知識的能力。

㈢知識資產負債表

技術（能力）衡量(technological assessment)已有二十年的歷史，可衡量一個公司各項技術存量(technological inventory)、技術能力潛力(technological potential)，最後得到像BCG般的技術（市場）組合(technology portfolio)。德國柏林市Kearney管理顧問公司Matthias H. Hartmann (1999)延伸推出技術資產負債表(technological balance sheet)。

既然技術佔知識很大比重，用知識取代前述用詞中的技術，也不會有多大出入，拙著《知識管理》第十四章第二節詳細說明知識資產負債表(knowledge balance sheet)或知識存量(knowledge inventory)。

㈣流量估計：公司學習能力評分

前述三項衡量都是知識存量，但是流量的評估也很重要，最常見的便是衡量你的公司有幾分符合學習型公司，美國伊利諾州策略學習研究所執行董事John Redding於1997年發表的一篇文章，把二十一種問卷作了比較，蠻像汽車性能配備比較表，分成三大項：

1.學習層級：個人、團隊、部門到公司。

2.內容：可說是本書第一章的圖1-3中修正成功企業七S的全部。

3.衡量的方法：包括測驗進行、評分、問卷測驗和詮釋所需的時間、用途。

㈤知識診斷的結果

如同由營收缺口，再去細部分析原因，這是企業診斷的核心。再往前推，往往發現問題出在「力有未逮」、「智不如人」，前者是有形資產，後者主要就是知識。知識診斷便在了解現在的知識存量，即表11-6中的第二欄，稱為知識基礎(knowledge base)。再進一步評估這些知識對塑造競爭優勢的影響，這即是第三欄的知識地圖，在個人而言則稱為知識分布圖。「地圖」只是個用詞，指的其實是知識缺口的圖示，即公司（或員工）在哪些核心知識具正缺口（即長處），哪些呈負缺口（即不足），詳見表11-7。

表11-7　知識缺口分析的結果

組織層級	基本狀態	診斷後的結果
公司	知識庫 (knowledge reservoirs) 或公司知識基礎 (corporate knowledge base)	SW (優勢劣勢) 分析後的結果： 知識地圖 (knowledge map) 1.標籤 (labels) 2.路徑 (directories)
部門		
個人	個人知識基礎 (individual knowledge base)	技能鑑定後的結果：知識分布圖

三、臺灣的優勢

在分析電子業公司的優劣勢時，必須先以整個產業為對象，才能看清全貌。1990年代以來，美國科技業把腦袋（設計研發）留住，日本廠商注重產品應用，紛紛把生產、組裝委外，臺灣科技業優勢在硬體製造，憑藉著品質高、成本低、交貨快等三項優勢，已成為全球資訊電子代工重鎮，但上述優勢正隨著臺商轉戰大陸後，逐漸流失中。

低附加價值電子組裝業外移，可視為企業生命的延續，但如何把現有的高附加價值加工業發揮載具的功能，帶動更多高附加價值企業的誕生，則是2000年代的重要課題。

四、大陸需要幾年才能趕上臺灣？ ——以晶圓代工為例

經營科技生產事業，通常會設定出一個載具(vehicle，或火車頭)，作為生產製程、產品應用的驅動工具；在半導體精密製程中，高速靜態隨機存取記憶體(SRAM)、高密度快閃記憶體(flash)經常被用來作為載具。臺灣要從高科技精密製造業，朝更高附加價值的應用升級，也同樣需要驅動工具，顯然大陸是希望透過半導體產業的建立，作為推動科技產業發展的載具。

㈠還有十年才趕得上臺灣

臺灣風光十餘年的半導體業頗有被大陸趕上的氣氛，除了大陸投資環境廠商不明，延宕設廠的時間以外，專門研究亞洲各國電子和半導體業發展、曾擔任《亞洲

電子業》(*Electronic Business Asia*)總編輯的克雷格‧艾迪生(Craig Addison)，所著《矽屏障》(*Silicon Shield*)一書中提到，從商業角度來看，高技術層次的晶圓廠只有在稅金不高、資本流動自由、生產設備和原料進出口沒有限制的環境中，才能夠順利成長，而這些條件大陸目前一樣也不具備，詳細說明於下:

1. 生產設備投資: 美國為了防止高階製造晶圓的技術外流至大陸，禁止美國製的高科技器材出口到大陸。就算大陸已獲准加入世界貿易組織，美國政府也不一定會解除這項禁令，因此在生產設備的進口上，大陸已經遭遇第一道難題。

2. 資金來源: 在1990年初，臺灣的晶圓廠可以如雨後春筍般出現，主因在可以在欣欣向榮的股市中籌資建廠。上海市政府也嘗試滿足晶圓廠的融資需求，大力提供減稅等各種獎勵措施，提供設廠誘因。然而大陸缺乏靈活的創投資金和證券市場，儘管大陸腹地廣大，對晶片的需求日益殷切且龐大，但是缺少這股活絡的金融力量，以一座12吋晶圓廠投資900億元來說，令大陸業者有心無力。

3. 產業群聚: 最重要的是大陸在建設晶圓廠的條件上仍缺乏「聚落效應」(cluster effect)，晶圓廠跟一般的企業不同，不太在乎競爭者就在隔壁。相反的同一地區內有愈多的晶圓生產線，每個晶圓廠所必須分攤的基礎設施費用就比較低，要一家供應特殊氣體的廠商或一家化學供應商設置一套設備只為一家晶圓廠服務，供應商會興趣缺缺，但是如果可以同時服務好幾家客戶，供應商的態度就不同了。

生產線愈多愈集中，便有較多的供應商願意在附近設立支援設施，一旦生產線出問題，供應商便可以就近支援。這也就是為什麼早期台積電、聯電的晶圓生產線都集中在新竹科學園區的原因，晶圓生產線過度集中的狀況已經引發人才不足而大演人才爭奪戰(talent war)，晶圓廠仍舊願意在鄰近區域鋪設新的生產線。很明顯地，大陸晶圓代工業只有宏力和中芯半導體等四、五家公司，稱不上構成聚落效應，單一廠商初期均只規劃一條8吋晶圓生產線，還無法構成經濟規模。

4. 缺乏經驗: 晶圓代工業也是講究經驗的，所以像聯電、台積電這類世界級的晶圓代工廠，在大陸相關的配套措施趨於完整下，要到大陸設廠並不是難題，難在大陸有經驗的人太少。

綜合多項因素，他認為:「中國大陸至少還需要十年的建設時間，才能趕上臺灣的水準。而最有可能發生的情況是，未來數年臺灣的資金、管理、技術進入大陸，

成為大陸晶圓生產線的骨幹,但是臺灣還是指揮中心,在這種情況下,臺灣的半導體業緩慢而有次序的往大陸遷移,不會削弱臺灣在矽產品供應鏈上的重要性。」(工商時報2001年12月3日,第15版,李淑惠)

(二)產業聚落的影響

隨著全球市場越來越開放,交通便利,科技發達,邏輯上來說,地理位置似乎已經無法構成一種優勢了。今天,在任何時候,你要從任何地方,獲得任何資源,應該都不是問題。1998年12月,波特認為地點還是非常重要的因素,整個世界的經濟版圖,基本上是由不同的「聚落」所組成。他指出,聚落對於競爭的影響大概分成三方面:

1.提升這個地區企業的競爭力:聚落內的企業,在獲得資源(例如技術)、資訊,以及和其他相關公司協調時,都有很大的幫助。舉例來說,聚落內往往有豐富的人才庫,可以節省企業雇用的成本;有很多供應商可以選擇,同時可以降低庫存、減少運輸成本,這些都有助於企業的垂直整合。

2.影響創新的方向和速度:由於聚落內的客戶有很多機會彼此聯繫、現場參觀、面對面聚會,供應商有很好的管道了解市場需求、技術變動,以及零組件的進展,對市場趨勢的掌握和創新,有很大的幫助。

3.刺激該聚落內新事業的形成:因為聚落的市場集中,開拓新市場的成本較低,因此供應商自然選擇在這裡成立。現成的資產、技術和人員,讓新公司在這裡成立,遠比在其他地方便宜。

充電小站

策略管理小辭典

(產業)聚落(cluster):「聚落」是在某個地區內,一個產業從供應商、同業、大學到政府機關等相關單位,集結在一起,形成一個很大的競爭優勢。美國矽谷和好萊塢、臺灣新竹科學園區可以說是最明顯的例子。

(三)臺灣廠商現況

大陸在進步,臺灣的廠商也沒打瞌睡,臺灣12吋晶圓廠運轉開始逐漸成熟,且動輒千億元投資,所費不貲。預估下一次半導體景氣高峰出現在2004年,12吋晶圓廠將是決勝的關鍵,也是各技術先進工業國勢力版圖的另一次洗牌。向上提升競爭力方式包括發展更精密製程技術(如0.14微米以下製程技術),並朝向更大型化的12吋晶圓廠邁進。

第三節 活用資源建立競爭優勢

「我強敵弱，而且能充分滿足消費者需求」的資源就是「策略性資源」最通俗的描述，如何活用資源，並支持策略（即軍事中的戰略），最後形成可維持的競爭優勢（例如成本低、品質好），這便是本節的重點，也大抵是葛蘭特等人於1991年所談的資源基礎理論的策略分析架構。不過，我們作了一點調整，他的順序是「資源—競爭優勢—策略」，本書的順序是「資源—策略（即資源布署）—競爭優勢（這是結果）」。

由圖11–6可見，活用資源的流程本質上仍屬問題解決程序，資源整合很重要，為了行文流暢起見，我們把資源整合放在下一節再詳細討論。

圖11–6　問題解決程序的資源運用流程與第三、四節架構

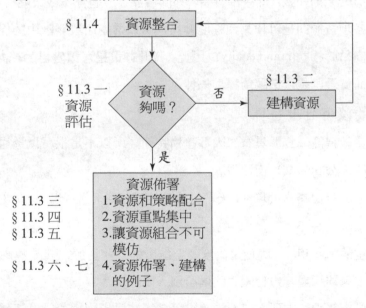

一、資源評估（選擇策略性資略）

經前述市場、競爭者分析後，再回頭評估自己現在有什麼資源，是否足以支持一項事業策略，在下列二階段時皆會面臨這問題：

　　1.自行創業或公司成立新事業部時，總會先盤點一下資源存量是否足以支持事業存活，要是不夠，是否再緩一下？

　　2.既有的事業要策略重定位，現有的資源是否構成限制？

　　比較通俗的比喻是，二位騎士要比武，有許多刀槍棍棒等武器可供選擇，你會挑哪一樣？不見得挑自己最擅長的，反而會挑足以剋敵致勝的，也就是「ＳＷ分析」中敵弱我強的部分。

二、資源建構

　　企業為達成明天目標、策略，當發現力有未逮時，也就是發現出現資源「缺口」（或落差），便會設法去建構所需的資源，這種一邊還在為落實今天策略之際，同時也在為明天建構所需資源，稱為「資源動態調整」。

　　如何建立、取得資源，司徒達賢教授於1995年所提出的答案最簡單明瞭，也跟本書化繁為簡的原則一致；即內部發展、外部發展（透過合作或策略聯盟）。以自行發展來說，各項資源間也可作某種程度轉換，例如透過決策變數中的促銷，可嘗試建立甚或提高品牌權益(brand equity)。因此，資源存量是可以變更的，決策變數是影響源之一，而資源則是決策的前提、條件。

㈠買得到的沒有什麼特殊

　　司徒達賢教授認為資源具有二大類建構特性，所以不是很可以透過購買（例如挖角、買技術、公司併購）而取得。

　　1.大部分的資源屬非市場性：大部分策略性資源是「非市場性」的（沒行沒市），因其具有二項屬性：

　　　⑴特定的(specific)：縱使是調度資金能力的財務資源，也是專屬於某公司，頂多只能透過背書保證方式借給別人用。

　　　⑵不可交易性：中研院院士、美國著名經濟學者劉遵義認為，採購不是技術進步的最終途徑，並非所有科技都可在市場上買得到，縱使買得到，費用也十分昂貴，條件多半對購買者不利。你可買到今天研發的成果，但換了老闆，領導型態物換星移，這些研發人員是否還能有公司被併購前的表現，

那可是未定之天。

2.資源建構的困難性：唯有不易建構才足以令其他企業不易模仿，這包括下列四個屬性：

(1)長期培養的。

(2)內隱的。

(3)複雜的。

(4)不可言傳的(taciturnity)，表現在外的為專業、經驗所累積的直覺，尤其以技術人員比較常出現「會做但說不出來」的現象。

(二)建構策略性資源的考慮因素

至於企業是否願意付出高額代價來建構資源，還需考量資源所具有的「競爭成果特性」，也就是下列三項特性：

1.專享的：有些公司不願花錢培養人才（例如在職進修EMBA），便是擔心他翅膀硬了就飛跑了，人力資源往往不是公司獨享的，因為人會用腳投票。

2.公司的。

3.耐久的：高科技產業內資產的折舊速度很快，一般來說，「能力」比「資產」耐久。

三、資源布署

大陸版「三國演義」引人入勝，主因不在大卡司，而是「對味」（即找到合適演員來演戲中人）。自己有什麼資源只能做多少事，由表11-8可見，這「多少事」包括成長方向（多角化程度）、成長方式。

普哈拉認為多角化的方向，必須考慮員工有沒有「能力」做得來，他稱為公司智慧鏈(intellectual chains)，這不是指哪種生意所需的技能，而是貫通公司的人才資本。例如3M公司業務產品既多且繁，它卻有共通的智慧鏈，如創新能力、管理多樣產品線等。舉例而言，如果從事石化、做電腦，又做半導體，這就會出問題。但是如果做電腦、做軟體、做零組件，因為智慧鏈有連結，容易專注，成功機會就大。（天下雜誌，1999年10月，第109頁，楊艾俐）

表11-8 資源種類和成長方向、方式的關係

資源種類	大分類	資　產		能　力	
	中分類	有形	無形	組織	個人
	細分類	實體 vs. 財務			
成長方向（類型）		低度	低度	高度	中度
成長方式		相關一	相關外部	相關內部	相關內外部

資料來源：整理自林晉寬，「從資源基礎理論探討資源特性與成長策略之關係」，政治大學企業管理所博士論文，1995 年 6 月，第 150 頁。

四、重點集中，形成局部兵優

資源還得正確布署、配置，才能發揮最大效益；所以資源存量最多的企業不見得就一定獲勝，往往是那些「一分資源三分用」，形成「局部兵優（即資源優勢）」的企業得利。

資源最豐富的公司（例如通用汽車）在全球市場，也不可能包山包海，而且還得強龍不壓地頭蛇的跟各國當地業者合作。懂得善用特定資源的公司，在短短數年內，常能搖身一變為鶴立雞群的市場新領導者，並把競爭對手遠遠拋在後面。不是核心企業活動，即可考慮外包出去，或由其他公司控制也無妨。

五、上策：讓人學不來

光是資產還不足以保障長久競爭優勢，要維持不可模仿的競爭優勢，必須靠資源中的「能力」。因為能力本身暗晦不明、深植在企業文化中，運用得宜，對手無法模仿。模仿可說是「搭順風車」、「免費吃午餐」，但是天下哪有這麼多好事，以經營策略的模仿來說，表11-9列出三種模仿障礙。公司能力會透過企業流程發揮實力，所以又稱為「隱性能力」(tacit competencies)，隱性知識只是其中成分之一。

美國技術前瞻公司總裁Lonald Mascitelli (1999)認為隱性知識本位策略(tacit-based strategies)的極致表現是「全面創新策略」，創新有兩個面向：

表11-9　模仿困難性的三種理論

模仿困難性	理論說明
法律上保護，例如專利權	遊戲理論，仿冒者（copycats）如同跟專利權擁有者在玩貓捉老鼠遊戲，被逮到則被罰，沒被抓到則海賺一票
模仿者的能力限制	資源基礎理論，常見的一句話是「沒有那樣的胃，就不要吃那樣的瀉藥」，即成功的條件不是每家公司皆具備
標竿企業的複雜性 *	肯德基（KFC）炸雞的炸雞粉、可口可樂的配方至今外界無法破解，而哈佛大學企研所教授 Jan W. Rivkin 稱「複雜策略」很難一窺堂奧，因此也很難模仿。學到皮毛易小成，但卻易因小錯誤以致「畫虎不成反類犬」，常見例子是清末「中學為體，西學為用」的維新運動大失敗。一言以蔽之，就跟寫論文一樣，也得考慮資料可行性

資料來源：Jan W. Rivkin, "Imitation of Complex Strategies", *Management Science*, June 2000, p.825。
　　　　　 * 第一欄係本書所加。

1.量身訂做，至少跟客戶貼近。

2.創新過程中全員皆參與，而且大都運用隱性知識，許多精密機械大都是少量多樣，可能一樣成品得經過二十人，每個人又有二十道工序，加起來便有四百道工序，而且大都沒有藍圖（隱性知識成文化，即變成顯性知識），前後的銜接憑默契。最戲劇化的全面創新策略便是即興式爵士樂團演奏，沒有樂譜，樂手憑的只是對音樂的體會；球隊也是如此。

因為以全員、隱性知識為本位，所以其他競爭者很難模仿，除非全面挖角或併購整個公司。

六、遠見和善用資源的國家例子

印度軟體教父柯理(F. C. Kohli)是印度最大、最賺錢的軟體公司TCS (TataConsulting Service)現任副董事長。他在印度的地位就像臺灣的張忠謀，可能還有過之而無不及。

因為他的遠見和魄力，為1960年代幾近「鎖國」的印度，在1970年引進了資訊

技術，使印度成為全球軟體王國。1970年代，許多國家、企業集中火力發展電腦硬體，對於軟體，他們認為是附隨的、免費的，所以無利可圖。

但柯理一眼看透軟體無形的價值：「軟硬體是一體，硬體達到某種規模，軟體勢必有大量需求。」這個關鍵性的判斷，改變了印度的命運。

「印度貧窮，沒有資金做硬體，」柯理坦言，他話鋒一轉：「但我們有最優秀的數學頭腦，絕對可以寫出最好的軟體。」

柯理一方面積極奔走，遊說政府放寬電腦進出口政策；另一方面，他咬牙做了重大決定，鉅資購進大型主機，並動用在美國電機電子工程學會(IEEE)的人脈，邀請國外專家到印度，從頭教起程式設計。

1980年代開始，美國許多大企業有電腦化的需求，印度公司的程式能力、英語能力和廉價的薪資，成為美國企業的首選，尤其像台積電的晶圓代工，他們稱為「軟體代工」。因為他對市場的敏銳和積極，使軟體走出貧瘠的印度，力攬美國沃土上的商機。（天下雜誌，2001年4月，第60～62頁，官振萱）

七、資源建構的公司案例（光寶電子的國際化）

資源跟策略、經營績效有著因果循環關係，今天經營成果構建了明天的資源，而今天經營成果卻是昨天的資源、策略所帶來的結晶。這樣的現象可用以生產發光二極體(LED)為主的光寶電子公司來說明，表11-10可見，在1986至1996這十一年間，光寶國際化發展方向使資源也都不一樣，其中有二項大的差別：

1.增加實體資產：進入國際市場方式（詳見第十二章第六節）常是循序漸進的，光寶成立於1975年，歷經十五年出口階段，1989年邁入海外（泰國）設廠、1991年國際購併（英國Nothern Power公司），1990年在大陸找代工廠商，到了1996年，這些海外投資設廠，當然變成光寶的資源了。

2.公司能力逐漸變強：隨著時間經過，組織自然會學到一些，所以公司能力會逐漸變強。

或許您會感到奇怪，為什麼1986、1996年財務資源皆上榜。這是因為光寶是第一家電子類股票上市公司（1983年1月），它之所以1989年才開始外移，壓力來自臺幣從1986年起大幅升值、不利出口（光寶外銷比例七成以上），臺灣勞工、土地成本

變高；但支持公司外移設廠的力量來自於可以從股市取得權益資金，這是未上市公司自嘆弗如的地方；光寶董事長宋恭源善用財務資源以建構競爭優勢，歷二十年而沒變。

表11-10　1986年、1996年光寶電子國際化策略性資源比較

資源種類	大分類	資　產				能　力	
	中分類	實體			無形	組織	個人
年	細分類	廠房	設備	財務			
1986 年		—	—	∨		組織文化	人際網路 個人業務 推廣能力 創業精神
1996 年		∨	∨	∨	品牌 契約 顧客基礎	接單能力 全球行銷能力 經營團隊 管理制度 商品化能力 (屬於組織資本)	

資料來源：整理自吳利元，「國際化成長模式對公司核心資源變化之影響我國資訊電子業實證研究」，臺灣大學國際企業研究所博士論文，1996 年 5 月，表 4-1-4 的部分。

◆ 第四節　資源整合 —— 以知識整合為例，兼論策略整合

金庸小說《天龍八部》中，「北喬峰、南慕容」的慕容復勤練各門派武功，但在跟人對打時往往無法靈活運用，只會呆板地照其中一套去打，反倒讓對手見招拆招。他表妹王語嫣雖然不會武功，但對各門派武功融會貫通，反而常給慕容復現場指導。「邯鄲學步」可說是慕容復的最佳寫照，也凸顯出知識整合的需要。常見的情況是電子公司主管學「財報分析」，但一年半載仍無法熟練地進行，還是停留在「書歸書，你是你」狀態。

一、知識整合的重要性

知識整合(knowledge integration)的重要性有一篇很具說服力的文章可作為輔證，美國哈佛大學商學院教授Iansiti & West (1997)在《哈佛商業評論》上的文章，以半導體產業發展為題，推出日、韓成功關鍵在於活用現有的技術，也就是運用研究，至於技術主要來源則是美國，美國花大筆鈔票做基本研究，反倒造成「肥水落了外人田」的結果（詳見圖11-7）。日本可說「青出於藍而勝於藍」，韓國（例如三星電子）的獲利表現也是可圈可點，相形之下，美國（大學佔基本研究很大比重）看起來便不大會賺錢。

圖11-7　美日韓半導體產品技術能力、商品化比較

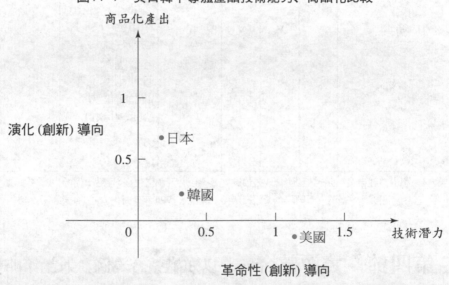

(一)甲午戰爭又再重演

日韓賺錢，不是靠資金雄厚，而是以智取勝。以力來說，1992年以來，美國研發設備的產能（以每週可生產晶圓數目來衡量）是日本的三倍。此外由表11-11可見，美國博士的研究人員數目遠超過日韓，人力資源的量雖然領先，但問題就出在臨場經驗不足。

(二)日本贏在技術整合

由表11-11可見，日本由於採終身雇用制，研發經驗（尤其是隱性知識）留傳下

來，研究人員經驗豐富，自然比較容易舉一反三、觸類旁通; 因此商品開發能力比生手強，應了「一回生，二回熟」這道理。

表11-11 美日韓半導體產業的研發人員特性

說明 ＼ 國家	美 國	日 本	南 韓
1.明示或默示的長期雇用 (%)	14	100	100
2.博士程度研究員佔比 (%)	59	7	24
3.生手佔比 (%)	34	14	14
4.老手的經驗分配 (%)			
(1) 1個案	28	34	22
(2) 2個案	23	30	23
(3) 3個案以上	15	23	41

資料來源: Iansiti & West (1997), p.77 Table.

(三)支援活動的整合

後勤部門的整合比較容易，尤其是財務部，以財務部整合為例: 全球最大的企管顧問公司Accenture副總裁黃百業指出，美國奇異公司最初是採分散制，每個子公司都設有獨立的財務部，但最後母公司成立統籌的財務中心，同時保留各子公司的財務部，透過財務系統整合收折衷之效，節省相當於總收入1%的成本，成效十分可觀，難怪IBM的財務是採中央集中管理制。(經濟日報2001年12月13日，第6版，武桂甄)

二、不要當馱著黃金的騾子

2001年11月26日，行政院第二十二次科技顧問會議提出「臺灣新興高科技產業發展現況、願景及推動策略」，科技顧問組表示，智慧財產的保護，近來臺灣平均每人所獲得的專利件數，躍升為全球第二名，這顯示臺灣企業可以快速因應競爭環境而做調整，但另一方面，專利運用，仍偏向於被動式的防禦策略，並不是以專利的銷售作為營收主要來源。

目前臺灣企業最缺乏的是對於智慧財產權的處理能力，以及國際相關資訊。(工商時報2001年11月27日，第3版，何英煒)

三、公司中知識整合的需求

在知識經濟時代，知識可創造高附加價值，甚至知識就是產品（如軟體），想長保競爭優勢，無異就是「長保公司運用知識的能力」。你可以發現本書採「運用」一詞，而不採「擁有」一詞，有知識而不會用的人稱為「二腳書櫥」、「書呆子」。同樣的，高學歷員工多的企業也不見得會賺錢，重點不在於你擁有多少，而在於你用出來多少。

公司中許多專案都涉及科技整合，以第三代手機來說，需要用到電子（例如藍芽）、資訊（例如上網）、材料（例如機身），這些專長不可能由一人包辦，所以需要整合不同的專才。例如美國「星際迷航」系列影集中，企業號星艦上的知識整合人便是Data少校。他是生化人，有著電腦的記憶、人類的外觀；雖然不像艦長那樣「見多」（經驗豐富），但是「識廣」，因此常常扮演活字典的角色。

四、策略整合

外部取得資源的效果有限，「反求諸己」便是設法如何向內部發展。如同團隊精神在於整合團隊成員的能力一樣，怎樣把各事業部的資源（含潛能）整合，以追求「最大策略機會集合」(maximum-strategic-opportunity set)，便成為輸贏的關鍵。

(一)五種策略整合

美國史丹佛大學商研所教授Burgelman和法國INSEAD院長Doz (2001)提出五種策略整合(strategic integration, SI)型態，詳見圖11-8。其中自我設限策略整合(minimal SI)、自不量力策略整合(overambitious SI)皆不足取，而在現況（目前策略）下發揮潛能策略整合(scope-driven SI)、追求新商機策略整合(reach-driven SI)也都只看到一邊的潛力而另一邊自我設限。惟有均衡的綜合型策略整合(complex SI)才不會自己綁手綁腳。

(二)如何建構策略整合能力

在內文中，他們認為該從公司系絡(context)、技巧來建立公司中高階管理者的策略整合能力，前者指組織結構、獎勵制度、控制系統。不過，我們只是藉此例來說

圖11-8　多角化公司的五種策略整合

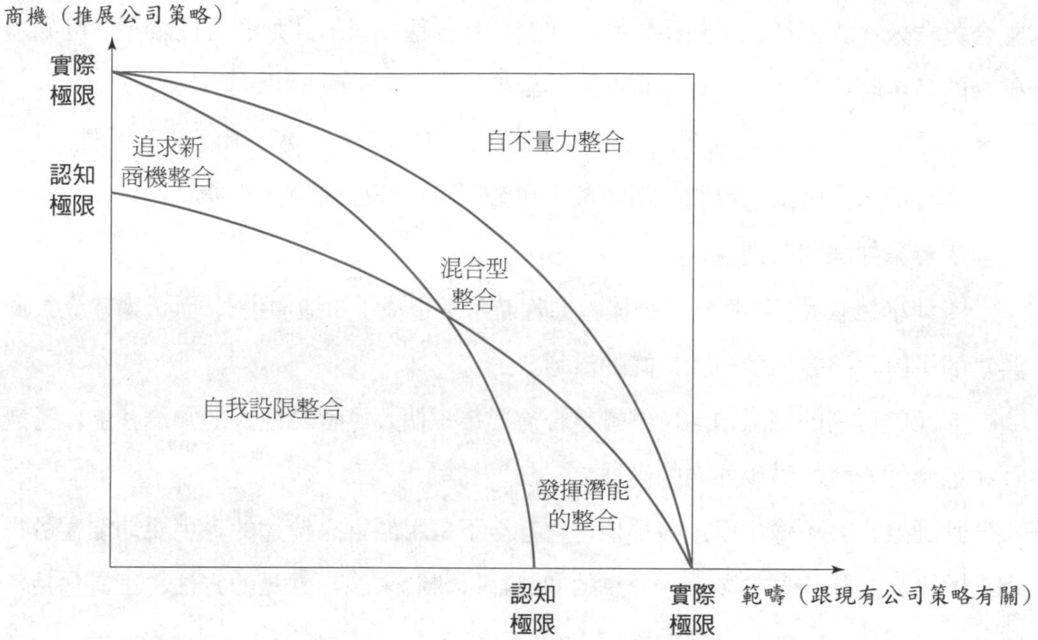

商機（推展公司策略）

實際極限

認知極限

追求新商機整合

自不量力整合

混合型整合

自我設限整合

發揮潛能的整合

認知極限　實際極限　範疇（跟現有公司策略有關）

資料來源：Burgelman & Doz (2001), p.30.

明系絡的內涵，他們在附註中也同意其實系絡、技巧指的就是麥肯錫成功企業七S。

五、整合工具

交響樂團的整合工具是樂譜、演員們的整合工具是劇本和分鏡圖、橄欖球隊的整合工具是戰術，那麼知識工作者的整合工具是什麼？由表11-12可見，隱性、顯性知識的工作內容所適用的整合工具也有些不同。

表11-12　隱性、顯性知識的整合工具

隱性知識	顯性知識
程序管理工具 (process management tool) 1.作業流程 (process guidebooks)、流程圖 (process map) 或流程庫 (process repository) 2.公司常規 (routines) 3.默契，如舊球隊	成文化 1.中英文索引等標準用詞，即共通語言 2.標準作業手冊 (SOP manuals)

Grant (1996)認為知識的整合植基於共通（或共同）語言(common languages)所扮

演的角色。共同語言的重要性在於允許員工間分享和整合各種不同的知識，讓知識整合更有效率。當彼此不熟悉對方的知識，且各種不同的共通語言成就不同的知識整合的角色時，共通語言有各種不同的型態：

1.語言(language)：大陸說雪櫃，臺灣說冰箱；同樣中文，用詞卻不相同。

2.其他形式的溝通符號，例如數字和對相同電腦程式的熟悉等。

3.專業知識的共通性。

4.共享的意義：隱性知識轉換為顯性時常常造成「知識損失」，而透過建立彼此共享的了解，將有助於隱性知識的溝通。

5.認識個別的知識領域：知識整合需要每一個人了解其他人的知識技能，透過互相適應的方式，減少外顯的溝通。

共通語言並不像字面意義那樣，它甚至不是用語言來傳達的，主要功能在於把個人的隱性知識化為許多人可分享的知識，以研發來說，常見的方法、工具包括：

· （同在一地的）多部門專案小組。

· 品質功能部署圖(quality function deployment diagrams)。

· 定期標準化(periodic prototyping)。

第五節　策略資訊系統在策略管理的地位──兼論全球運籌管理

策略資訊系統(strategic information system, SIS)並不是指資訊系統的最高層級，即表11-13中的橫欄。與其說它是一個電腦系統，倒不如說它是像策略性人力資源管理一樣，只是一種觀念，它把企業的資訊系統當作一種資源，敵弱我強的資源加以充分利用就可建立起自己的競爭優勢，所以難怪對於策略資訊系統的定義是指「透過資訊系統以形成和支持策略」。照這道理來說，決策支援系統(decision supporting system, DSS)屬於資訊管理範疇，它只是功能部門提供給策略直線部門的一項工具、一套資源罷了。

表11-13 資訊技術對提升公司競爭優勢的貢獻

資訊系統層級 / 競爭優勢	電子資料處理 (EDP)	管理資訊系統 (MIS)	決策支援系統 (DSS)
起源時代	1960	1970	1980
對競爭優勢的貢獻：			
一、成本降低		・網際網路	
1.業務接單	(1)EOS (電子訂購系統) → 財務管理FEDI (電子銀行)	・全球運籌管理	
2.採購、倉管	(2)存貨盤點 (3)辦公室自動化：無紙張辦公室	・「虛擬企業」	
3.業務會議	(4)視訊會議		
4.教育訓練	(5)遠距教學 → (6)電子郵件 → (7)智慧大樓 →	・電腦輔助教學 ・移動式辦公室 ・在家上班 ・電子通勤	
5.生產製造	(8)電腦輔助設計 彈性製造系統		
二、品　質			
三、對市場回應－速度			・類神經網路 ・建構決策支援系統
1.對客戶	・網路購物等電子商務（如電子銀行）、網路券商	・POS（銷售點系統）對消費行為了解	
2.對競爭者		・時基策略－同步工程	
四、創　新		・企業內網路 ・網路組織－公司創新	

一、策略資訊系統的功能層面

資訊技術對許多經營者而言比較陌生，「策略資訊系統」觀念的提出，在於提升

其位階。跟策略性人力資源內容一樣，如何落實策略資訊系統，則比較偏向功能層面、戰術事項。例如：

    1.所需的硬體規模(capacity)，是大電腦還是PC網路。

    2.軟體的取得方式，是自行發展或外購。

    3.硬體維修、軟體維護，是自理還是外包。

    4.資訊部門的定位。

二、資訊系統的策略地位（形成和支持策略）

美國學者達利斯和大衛森(Daris & Davidson)，在其引起美國管理學界震撼的《二〇二〇年新視野》(*2020 Vision*)一書中，便將上述道理闡述得非常清楚。具體來說，資訊在策略規劃上具有下列二種涵義：

    1.誠如彼得‧杜拉克建議的：「企業應經常問企業的任務是什麼」，更明確的說是處在「什麼」行業中？在回答之前，企業應先釐清二個思考原則。不要被現有的科技技術限制住，最好加入資訊化的觀念。如果答案還是停留在原有的行業定義中，那很可能已走入落伍的行列了。

    2.確知企業的生命週期是處於新創、成長、成熟還是衰退期？如果正處於後二者，該是想辦法加入一些資訊化(informationalized)的工具，延長企業生命週期的時候了。

三、資訊技術對競爭優勢的貢獻

美國MCI電話公司總裁馬高文(McGowan)和麻州資訊研究中心主任羅洽特(Rochart)在其合著的《企業大轉型——資訊科技時代的競爭優勢》一書中，提出資訊技術帶來三大利基：

    1.地理優勢：天涯若比鄰。

    2.重塑公司優勢：例如虛擬企業。

    3.人才優勢：例如網路組織讓人盡其才。

尤有甚者，不僅公司可藉資訊技術來建立競爭優勢；國家也是如此，建立資訊高速公路等基礎建設，以便於企業運用。1990年代以來，美國「新經濟奇蹟」的兩

大動力，一是全球化，另一便是資訊化，美國企業、政府大量投資於資訊技術上。

(一)資訊技術的策略貢獻

統一超商的成功，引進POS系統是關鍵因素。1995年起，投資十幾億元的第一代POS系統（point of sales，電腦時點銷售系統）持續累積顧客知識，即對消費者習性的了解，進而根據不同區域的消費特性，把商品做不同的搭配、研擬一套店員跟顧客應對的具體步驟等。（天下雜誌，1999年12月，第239～240頁，洪懿妍）

(二)資訊技術的戰術貢獻

布魯京斯研究所經濟研究員李頓(Robert E. Litan)和芮芙琳(Alice M. Rivlin)在《網際網路經濟前途》(*Beyond the Dot.coms: the Economic Promise of the Internet*)一書中辯稱，網際網路真正的影響力不會來自新的網路企業，也不會來自亞馬遜這類線上零售商。美國各行各業會繼續把寄發帳單和庫存管理等例行工作轉移到網路上執行，促使生產力每年成長0.25到0.5%。

他們估測，網際網路可望在未來五年為各行各業節省1250到2510億美元，這對國內生產毛額規模高達10兆美元的美國經濟並不是小錢。（經濟日報2001年12月15日，第8版，王寵）

(三)怎麼還在強調戰術貢獻？

大家最常看到的電子點貨系統是超商門市時點銷售POS系統，以萊爾富2001年12月導入的第一代POS來說，領先其他同業在門市引進PDA訂貨，門市資訊管理也由現有的POS，升級為資源整合營運系統(POM)，預計提升單品訂貨準確率達八成以上、節省庫存判斷時間七成以上。（經濟日報2001年12月13日，第38版，王家英）

2001年12月起，福客多、全家、統一超商等各大連鎖超商紛紛導入第二代POS系統。（工商時報2001年12月13日，第17版，邱慧雯）

詳細看來，資訊技術在低、中、高三個層級方面，皆有助於提升企業的四項競爭優勢（表11-13）。有關資訊技術(information technology)對企業策略的貢獻，根據美國波士頓大學教授強史東斯(Johnstons)和美國電訊(AT&T)部門經理卡利柯(Carrico)於1988年提出，依進化程度共可分為三個階段：

1. 第一階段傳統型(traditional)：此時，資訊技術只停留在電子資料處理(EDP)的

作業層級，因此跟策略規劃八竿子也打不著。

　　2.第二階段進化型(evolving)：資訊技術進化至管理資訊系統以上階段，足以支援策略規劃。

　　3.第三階段整合型(integrated)：此時，公司已有決策資訊系統(decision information system)，以提供策略規劃、執行、控制所需的各項資訊、軟體（如決策支援系統，decision supporting system，簡稱DSS）。此時，企業已把資訊技術整合融入策略中，以增加企業持盈保泰的競爭優勢。

　　為了使資訊技術充分支援策略管理，企業必須經常檢查公司內資訊技術所處的階段，並力求提升。

四、電子商務

　　資訊技術透過網際網路(internet)對公司最大的影響之一便是電子商務(electronic commerce, e-commerce)，簡單的說，便是上網作生意(B2B、B2C)。由圖11–9可見，以前靠電話、傳真、當面下單方式，將逐漸由網際網路扮演通訊媒介。

圖11–9　電腦業的電子商務

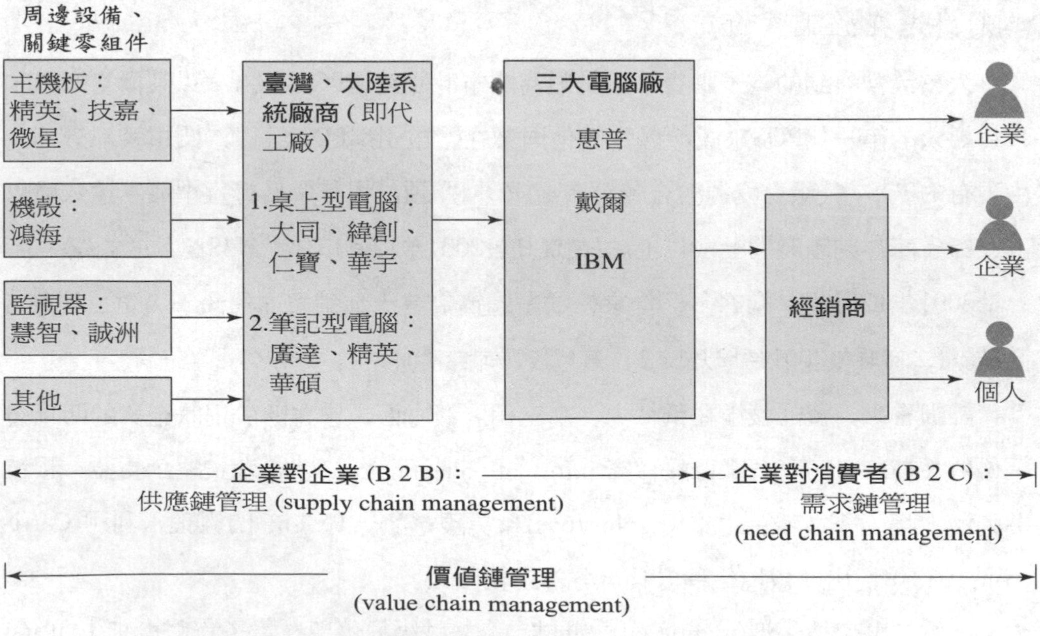

(一)電子商店前景有限——需求鏈管理

　　許多人在2001年3月以前太誇大「企業對消費者」(business to customer, B2C)中電子商店的重要性，其中最有名的是賣書和CD的亞馬遜網路書店。隨著3G手機的推出，透過手機下單交易的行動商務(mobil commerce, m-commerce)是B2C的新管道。（經濟日報2002年3月10日，第10版，林貞美）

　　但由於電子交易安全性（包括付款、貨物運送）、運配費用高、商品品質沒保障，因此電子商店前景有限。在美國，有人估計頂多到2010年，電子商店佔消費額7%，還是無法取代實體（或稱傳統）商店，連迪士尼都關閉網路商店，因為入不敷出。

　　2001年，臺灣電子商店（主要是標準化產品的票務）約100億元，佔消費支出的0.3%，結局會跟第四臺購物頻道比較像。

(二)企業對企業(B2B)

　　企業對企業(business to business, B2B)的供應鏈管理(supply chain management)，是從最原始透過加值網路的電子訂貨系統(electronic order system, EOS)，逐漸演變而來，新增加項目例如：

　　1.企業入口網站：提供產品介紹等服務。

　　2.對於製造商來說，則加上「企業資源規劃」(enterprise resource planning, ERP)來作好訂單、排程跟各功能部門整合作業，稱為上中下游協同作業(collaboration)。

　　3.對國外買主來說，可隨時上網查詢生產進度，臺灣的代工廠無異是買方的虛擬工廠。連你看電視上的廣告，都可能看到一個「貨到了沒?」的UPS廣告，客戶隨時可上網查詢你託運的貨運到哪裡、還有多久會運到收件人手上。

　　4.針對非特定買方、製造商來說，則透過電子交易市集(e-marketplace)來完成交易，如同蔬果公司提供場地給菜農、菜販一樣，中華電信電子交易市場只是架在網路上的交易平台。

(三)「企業對企業」的例子

　　華碩、台達電兩家公司成為全球首兩家跟惠普全球採購總部連線的廠商，透過網際網路傳送和確認訂單，華碩、台達電的接單效率將大幅提升。對惠普來說，這是跟合作夥伴間的專屬電子採購供應鏈計畫的成功連線的重要指標。

華碩電腦公司資訊長鮑詩詞表示，這是華碩首次將企業內系統與外部客戶相連結，對華碩而言意義重大。而台達電子資訊長朱漢安表示，此次順利跟惠普採購總部達成「接單無礙」目標。（經濟日報2001年12月13日，第33版，林貞美）

五、零庫存的供應鏈管理

供應鏈管理是指透過網際網路把買方、供應商連接起來，1990年以前稱為「中（心）衛（星）體系」。對以資訊產品代工為主的臺灣來說，供應鏈管理更是重要。因為資訊產品價格愈來愈低、生命週期愈來愈短，大家競爭的不再是價格，而是速度和庫存成本控管。尤其現在又講究BTO (build to order，接單後生產) 和CTO (configure to order，接單後組裝)，產品的差異性愈來愈大，生產模式由少樣多量慢慢移向多樣少量，對臺灣的代工製造業更是一大挑戰。

2000年時，康柏對臺灣供應商的要求是95/5，意即交貨率要在五天內達到95%，下一個目標則是98/3。（天下雜誌，2000年10月，第271頁）

六、CDS能夠拼倒TDS嗎？

全球運籌管理(global logistics management)的特例之一便是"direct shipment"，由代工廠把筆記型電腦完成所有的組裝工作，以整機型態出貨，而且扛起配銷責任，把整機直接運送到指定的通路或客戶手中。跟存託憑證(DR)、轉換公司債(CB)的命名一樣，在前面加上地區、國家名，例如TDS (Taiwan direct shipment)是指臺灣整機出貨，CDS(China direct shipment)是指大陸整機出貨。

從備料、生產、一直到後段組裝、甚至是完成相關軟體的配備、並且把產品完完整整送到通路或者消費者手中，都要一手包辦，讓買方做到「零接觸」(zero touch)。對臺灣代工廠來說，因為參與的環節多，能夠把增加的作業反映在報價上，進而掌握較多的獲利空間。

(一)TDS

1999年時，臺灣廠商受國際代工客戶之託，採行TDS出貨模式 (Taiwan direct shipment，從臺灣整機出貨)，惠普便採行TDS模式，廣達、仁寶是主要代工夥伴，

英業達也針對康柏特定機種採行TDS。戴爾遲遲未跟進，是因為目標對象為企業，往往得替客戶量身訂做，需要多樣化且複雜的後段組裝作業，而戴爾有意自行擁有後段組裝的專門技術，臺灣代工廠的出貨層次也就一直停留在準系統，對戴爾來說，自行進行後段組裝和配銷作業可以縮短交期。

(二)CDS

戴爾在筆記型電腦領域裡大幅成長，但對於這樣的成績還不滿意，決定突破長久以來的委外代工機制，把部分機種的後段組裝、配銷等一併交由臺灣廠商負責；初期先以仁寶昆山廠為試行基地，在業界率先推行"CDS" (China direct shipment)。但也因此拉長交期，初估，從客戶下單到取得產品，至少得耗費八天的時間，比起原本由戴爾自行運作多了五天的工作天。

臺灣的運籌管理體系花了十幾年才達到一定水準，能夠進行TDS，戴爾委託仁寶執行CDS所需要的工作天將比許多外商委託臺商執行TDS多出三天。臺灣廠商在臺灣和大陸生產筆記型電腦有幾個主要的差異：

1.接單、下單效率：首先是接單窗口跟生產線間的互動效率，在臺灣，臺灣母公司接單之後隨即交由近在咫尺的工廠生產。但在大陸，仍然是臺灣接單，之後得透過電話或者內部網路等管道，轉一手交由生產線量產。

2.零組件供應的順暢和便利：在臺灣，多數零組件可就地供貨，包括TFT-LCD面板、機殼、鍵盤、記憶體、電池等等數十項關鍵零組件都能在最短時間內送抵生產線裝配。但在大陸，除了部分低階零組件如鍵盤、塑膠機殼等可以就地取得外，面板等關鍵零組件卻必須從臺灣進口至大陸，再交到生產線裝配。

針對零組件供應鏈的順暢和完整性，臺灣筆記型電腦廠商開始跟零組件供應商洽談各種合作方式。不過，就算是供應商到筆記型電腦廠房旁設發貨倉庫，供應商只不過是把零組件擺在倉庫裡待用，零組件還是得自臺灣進口，跟筆記型電腦廠商同在臺灣運作比起來，效率上還是差了一些。

3.運輸業者的效率：產品裝配成為整機之後的配送也是兩岸不同。臺灣快遞效率高，廠商形容貨運業工作人員「實在很厲害」，必要時會把一批貨分裝，塞到各個貨櫃裡分頭送往同一地點，藉此節省時間。大陸的空運效率遠不及臺灣，而且海關

作業經驗不足，更拉長了產品運出口的時間。（工商時報2001年12月5日，第13版，周芳苑）

七、ODM、EMS的競爭

臺灣以電子業代工生產(OEM)起家，往上提升到原廠委託設計(ODM)，這兩個英文字老少皆知。但是在電子業，這兩個字又有不同，詳見表11–14，其中EMS偏向量產能力，以美、日公司為主；當製程技術逐漸成熟，訂單則轉向OEM廠，最後再轉向ODM廠。2002年起，在電子業，以台商為主的OEM、ODM廠跟美日EMS大對決。（請參考工商日報2002年3月1日，第13版，曠文琪、游育蓁）

表11–14　OEM vs. EMS

	原廠委託設計	原廠委託代工
一般行業	ODM (original design manufacturing) 例如：廣達、華宇、D-Link	OEM (original equipment manufacturing) 例如：台積電、聯電
電子業	電子組件製造 (electronic component manufacturing) 例如：華碩、技嘉等單一組件	電子代工製造服務，EMS (electronic manufacturing service) 例如：Flextronic、Jabil、solectron

八、CAD、CAM、CIM

電腦輔助設計(CAD)、電腦輔助生產(CAM)在臺灣已不太能構成跟同業間的競爭優勢，因為普及率已高達八成以上。不過，對於電腦整合製造(CIM)仍有發展空間，即透過資訊為基礎來整合(information-based integration)研發、製造和品質控制工作。

第六節 資源的維護

美國企業在1980年代競爭力大幅衰退，主要是敗給日本。美國學者、政府等檢討的結果，發現原因不在於不利的環境因素，而是忽略了核心能力的維護。於是政府、民間戮力提升核心能力，聯邦政府投資大筆預算於教育，普遍提升人民知識水準。企業更是透過標竿學習（包括學習日本式管理）、企業再造、公司學習等，使公司更合理化等。終於在1990年代扳回頹勢，失業率創四十年來新低；美式管理又蔚為世界學習風潮，號稱新經濟奇蹟。

針對不同資源，其維護方式也不同，例如對於公司、個人能力的維護，分別可採取下列措施，至於有形、無形資產的維護方法則比較簡單，在此不作贅述。

一、個人能力的維護方法

為了把「個人能力」留在公司中，同時要留人也要留心，常見提高關鍵員工組織承諾的激勵方式如下：

1. 滿足其生存、生活需求：例如員工入股制度。
2. 滿足其成長需求：提供進修、學習機會、職涯發展（例如計畫性晉升）。
3. 滿足其自尊需求：例如獨立辦公室、職稱（例如合夥人制度、專屬停車位）。
4. 滿足其自我實現需求：例如內部創業。

不過這些措施只能留住現有的個人能力，1992年以來的《第五項修練》掀起的公司學習，目的在提升個人、公司能力，詳見第十五章第二節。鑑於人力資源（指員工的經驗、人際關係等）等的重要性，策略性人力資源管理漸成為顯學。

二、「公司能力」的維護方法

公司能力(organizational capacity)的維護，其中之一是盡可能把其成員「不可言傳」的能力寫出來，並編成類似《葵花寶典》一樣的檔案，並確保其不准外流，具體措施舉例如下：

㈠成文化

例如把人員出國考察經過寫成心得報告、機器重大故障排除予以記錄。政治大學科技管理研究所教授李仁芳表示，統一超商的厚基知識大部分表現在27本營運手冊中，例如「如何選擇店址」便有3本手冊說明，把前人成敗經驗化成準則，這是統一超商失敗率低的主因之一。

㈡設立組織職位

李仁芳表示，一個公司是否重視公司知識，可以從一個職稱上看出來，即「知識長」──套用美國企業對各功能部門主管的稱呼，例如財務長。「知識」比較狹義的說法為智慧財產（例如專利權），例如1997年北京市法院成立「知識產權審判庭」，管轄範圍還包括商標訴訟。知識資源對於知識密集的高科技產業尤其重要，所以這些企業有必要建立知識資源管理制度，除了設立專責單位來管理企業內知識資源外，更重要的是：

1. 如同第十六章第一節所強調的經營者應建立一個人性化管理的環境，這比任何有形的管制或獎勵都有效。

2. 透過企業內網路或企業入口網站，提供員工（尤其是異地、異國）──尤其是研發人員，一個非正式但體制內認識彼此，進而交換訊息、心得的一條途徑。

對知識管理有興趣的讀者，請參閱拙著《知識管理》（華泰公司，2001年7月）。

三、資源的保護機制──以知識為例

知識散播難免會造成知識外洩以致為人作嫁，所以對內對外最好建立知識保護機制(protection mechanisms)，常見的有法律以外、法律等兩種保護措施，前者比較適用於知識密集的服務業（英國稱為knowledge-intensive business services, KIBS），後者比較偏向製造業，因為製程、產品大都有形、具體，可以依智慧財產權法向智慧財產局申請專利、登記商標，取得版權保護。

此外，在討論（知識）保護系統(protection systems)時，有些人又去討論其他配合措施，例如航空公司的累積里程方式本身就是客戶忠誠卡觀念的運用，用以鎖住顧客(customer lock-in)。跟知識保護機制合併使用，效果跟合金比較像，可以取得多

種金屬材料的優點。不過，這樣談下去可能沒完沒了，所以本節還是對焦在知識保護(knowledge protection)這狹義的範圍。

(一)法律以外的保護方式

跟戰爭時的阻絕措施一樣，法律是最後一道防線，在此之前則有一道道低絆網、高絆網、地雷帶、詭雷，以保護知識，常見的如表11–15所示。

表11–15　法律以外的知識保護方式

知識＼處理程序	投　入	處　理	產　出
顯性知識		1.專用性 (appropriability)：量身定做，不適合他用 2.頻頻出招：持續製造新知識，讓競爭者疲於奔命	
隱性知識		1.限量：例如《笑傲江湖》小說中，林家的《辟邪劍譜》只有一套 2.分人處理：例如委託代工時，把製程拆成數家外包廠商，讓對方無法破解	1.機密文件由人親持，含設立信差 2.文件保密等級，例如武俠小說中丐幫的打狗棒法只傳給下代掌門人 (如洪七公傳給黃蓉) 3. (對內) 尤其對外，企業資訊入口網站的防火牆，以防止駭客入侵 4.文件採密碼方式傳遞 5.公司內知識移轉時，盡量採取「人－工具」等方式，讓外人無法抓得住人怎樣講的部分

(二)法律上保護

採取法律作為公司知識的保護措施，其中最常見的是智慧財產權(intellectual property right, IPR)。

1.斷代：1995年以前，臺灣企業申請（尤其是國外）專利權，大都基於防衛考量，省得被歐美大廠告侵權、仿冒時，證據力不足。之後，企業百尺竿頭更進一步，已能做到技術輸出，此時採取攻擊性專利策略的公司越來越多，輪到像台積電、鴻

海精密等以法律為武器來嚇阻別人冒用。

2.法令：各種知識元素皆有特定的法令予以規範，常見的是表11-16的內容。

表11-16　知識的法律保障

知識元素	知識內容	法　律
員工	1.版權 2.研究報告等	營業秘密，如競業條款等
方法	營業秘密 商標	智慧財產權法
機器設備	專利	智慧財產權法 網路入侵、下病毒相關法令

四、動態資源理論

經營環境是多變化的，所以惟有動態資源理論(dynamic resource-based theory)才能夠建構持續性的競爭優勢。限於篇幅，我們以圖11-10來說明動態資源理論，而其三個核心觀點(圖中一、二、三部分)：

1. 特有資源的累積(accumulation the special resource)；

2. 持有能力的養成(creating the special ability)；

3. 隔絕機制的強化和演化(strengthening the isolation mechanism)。

圖11-10　動態資源理論圖解

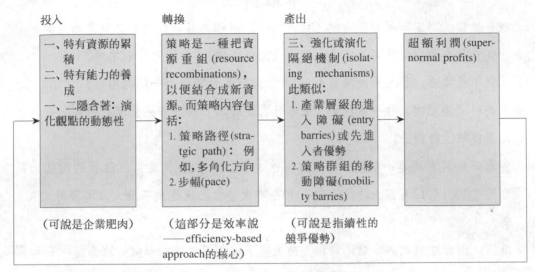

投入　　　　　　　　轉換　　　　　　　　產出

| 一、特有資源的累積
二、特有能力的養成
一、二隱含著：演化觀點的動態性 | 策略是一種把資源重組 (resource recombinations)，以便結合成新資源。而策略內容包括：
1. 策略路徑(stratgic path)：例如，多角化方向
2. 步幅(pace) | 三、強化或演化隔絕機制 (isolating mechanisms)此類似：
1. 產業層級的進入障礙 (entry barriers) 或先進入者優勢
2. 策略群組的移動障礙(mobility barries) | 超額利潤 (super-normal profits) |

（可說是企業肥肉）　　（這部分是效率說——efficiency-based approach的核心）　　（可說是指續性的競爭優勢）

◆ 本章習題 ◆

1. 以台積電、聯電競爭對手為例, 以表11-1、11-2為基礎, 比較其資產的差異。

2. 「資產是企業成功的必要條件, 能力是充分條件」, 你同意這說法嗎?

3. 「錢不是萬能, 但沒有錢萬萬不能」, 這句話是否符合上一題的主張?

4. 以表11-5為基礎, 找一本關於「策略性人資管理」或「資訊管理」的書, 看他們 怎麼說明這些觀念。

5. 資源評估其實就是一種盤點, 目的在作「優劣勢分析」, 你同意這樣的說法嗎?

6. 你同意2001年12月報上的說法:「2010年時大陸會出現比威盛還大的IC設計公司」 嗎?

7. 請以一個行業 (例如電腦) 為例, 把上中下游主要 (或稱一線) 廠商標示在地圖 (例如新竹縣市) 上, 此即產業聚落。

8. 找一家公司來說明如何塑造策略模仿的困難性。

9. 找一家公司為例來說明策略整合。

10. 找一家公司 (例如中鋼) 為例, 說明如何進行電子商務。

第十二章 ....

事業策略規劃(二)：成長方式與速度

　　要如何創業成功？我的建議是首先要看得遠，比別人早一步。高科技領域充滿競爭，你必須比別人早起步十二到十八個月，且保持領先地位，這個時間點很重要，不要太早或太晚。其次，人才很重要，找到好的人絕對不要吝嗇，尤其是股票，可以讓員工成為公司的一分子。

　　──陳丕宏　宏道公司總裁暨執行長
　　工商時報1999年11月22日，第2版

學習目標:

本章從五個角度出發，指出在什麼處境下，事業部該採取什麼策略對策。

直接效益:

國際化一直是臺灣企業發展的重點，在第六節中，我們以好的架構 (圖12-4)、個案，
讓你能"step by step"的跟著作。

本章重點:

· 產品生命週期中公司成長速度的拿捏。表12-1
· 依產品、製程技術區分廠商角色。圖12-3
· 各技術水準廠商所適合採取的事業策略。§12.3一～四
· 時機和先發制人策略。§12.4
· 時基策略適用時機，印證「來得早不如來得巧」這句俚語。§12.5
· 先發者優勢(first-mover advantage) vs.後發者優勢(late-mover advantage)。§12.4
· 企業進入海外市場方式和國際化階段。圖12-4
· 臺灣企業全球化佈局的演變。表12-5
· 臺灣、大陸資訊硬體產值。表12-6
· 大成長城集團的「臺灣 —大陸 —全球」進程。§12.6三(二)

前言：見風轉舵、左右逢源

在知己知彼之後，對不同的「天時地利人和」情況，企業的作法也不同。第一節探討在產品生命週期各階段，公司順勢而為的作法。第二、三節則延續第十一章的焦點，專論不同市場地位、技術能力時該如何決定事業策略。不過，本章另有特色，即討論事業介入市場的時機和方式。

第四節我們以先發制人策略，來說明事業成長速度、介入時機的拿捏。第五節的時基策略，重點在如何透過管理，以落實「以快取勝」的先發制人策略。鑑於臺灣企業積極從事國際化，為了全書完整性，本書以第六節來討論國際化策略和進入市場模式。

◆ 第一節　產品生命週期各階段作為

經營企業就跟開車一樣，不僅要懂得加速，更要知道如何減速、煞車，甚至轉向。有關於公司（或事業部）成長速度的決策，一向被冠上某某策略，例如成長「策略」、穩定「策略」(stability strategy)、退縮「策略」(retrenchment strategy)和綜合「策略」(combination strategy)。

再一次地，本書強調這些只是策略內容的一部分，以「成長策略」來說，其實只是在產品生命週期導入、成長階段，公司採取成長決策的一些作為（例如擴廠）罷了，不足以稱得上策略。由表12-1可看出公司在產業吸引力（可用產品生命週期來衡量）、公司競爭能力高低情況下，所應採取的成長速度。

一、產品生命週期各階段的成長速度

事業部（以產品來說）在產品生命各階段應採取的作法，在任何一本行銷管理教科書中，皆會有一章「產品生命週期各階段的行銷策略」詳細說明，因此沒有必要在策略管理此一較高層次的書中再重說一遍。上述只涵蓋行銷策略，波特在其名著《競爭策略》一書中以第二篇共五章深入說明，本書遵循司徒達賢教授《策略管理》一書的作法，不深入討論，僅針對表12-1中無法望文生義的部分予以說明。

表12-1 公司成長的速度和適用情形

成長速度	跟開車相比	PLC階段	產業吸引力	公司競爭能力
一、成長或擴充 (growth or expansion)	加速	導入期 成長期 1.快速 2.慢速	強	強、中
二、穩定 (stability)	定速	成熟期 1.市場改良 2.產品改良 3.行銷組合改良	中	強 ・謹慎行事 (proceed-with-caution) ・暫停 (pause) 中 ・維持現狀 ・吸脂 (milking)，屬於目前利潤方案
三、退縮 (retrenchment)	減速 煞車 停車	衰退期	弱	依序，公司可採取五種方案： ・復甦 (或再生) (turnaround) ・收割 (harvesting) ・專屬公司，由子公司縮編為事業部 ・撤資 (如出售) ・清算 (尤其是關門)
四、綜合 (combination) 1.同一產品 (產業) 時 2.不同產品 (產業) 時	綜合	循環	強 中 弱	強 中 弱

(一)穩定「策略」

依公司競爭能力強弱，可採取謹慎行事、暫停、維持現狀、吸脂(milking)等四種對策。當公司競爭能力中庸時，可採取「維持現狀」或「吸脂」方案。下列二種則是公司競爭能力較強時可採取的對策：

1.謹慎行事(proceed-with-caution)：不加速但也不減速，但跟「維持現狀」方案不同的是，此方案具有「戒急用忍」的性質。

2.暫停(pause)：即「停看聽」，適用於公司以前衝太快了，為避免或減少無效率、

失控，所以暫時停止加速，甚至降低公司目標水準，以使公司有時間整合資源。

㈡退縮「策略」

　　撤退方式至少有五種，其中有二種值得說明。

　　1.復甦或再生管理：即競爭力低弱的公司想在大有可為的市場（即圖12-1中的市場吸引力高）中反敗為勝，美國最有名的便是艾科卡使克萊斯勒公司反敗為勝。

　　2.專屬公司(captive company)方案：電子公司縮編為事業部，或原為事業部打散到其他事業部，前者較著名的事例為1978年成立的統一超商，因連賠六年後，從子公司被併入母公司統一企業成為一個事業部(流通事業部)，俟有能力後再放其單飛。

圖12-1　不同產業吸引力、公司競爭力（時）公司成長方向、速度

產業吸引力

強	成長：垂直	成長：水平	退縮：復甦
中	穩定：暫停謹慎行事	穩定：吸脂維持現狀	退縮：收割縮編
弱	成長：同心圓式多角化	成長：複合式多角化	退縮：撤資清算
	強	中	弱

公司競爭力（競爭地位）

資料來源：Wheelen, Thomas L. and J. David Humger, *Strategic Management*, Addison-Wesley Publishing, 1990, 3rd edition chap.6。

㈢綜合「策略」

　　綜合採取成長、穩定、退縮三種速度，適用於下列二種情況：

　　1.同一產品在不同市場。

　　2.不同產品。

二、成長方向和成長速度的配合

　　有些學者又把圖2-9稍做修正，X軸為公司競爭能力、Y軸為產業吸引力，各依

強、中、弱分為三等分，得到一個九格矩陣，即圖12-1在不同產業吸引力、公司競爭力情況下，指出公司應該如何搭配成長方向和速度。

第二節　不同市場角色下的事業策略

在市場中，不同角色的廠商想生存、甚至想茁壯，就要有安身立命的策略，否則物競天擇的結果，很快就會被淘汰了。

行銷管理的書以一章篇幅來討論市場中不同角色可以採取的策略，坊間商戰、行銷書籍如過江之鯽，我們無法巨細靡遺的談市場定位、4P（我不認為4C已取代4P）等功能性策略、政策。但是站在公司、事業部主官角度，實有必要對此課題有重點式的了解。

一、產業內競爭地位的分類

在一個產業中，可依廠商的行為而把業者分為四群，以房車產業為例，詳見表12-2。

表12-2　2001年臺灣汽車市佔率及排行

廠 牌	公 司	市佔率*	名 次
三菱	中華	22.7%	1
豐田	國瑞	22.1%	2
日產	裕隆	15.9%	3
福特	福特	11.6%	4
本田	三陽	4.6%	5
其他		23.2%	–

資料來源：交通部數據所。
* 包括國產、進口的轎車、商用車和重型車。

1.產業龍頭，即市場領導者(market leader)：例如中華汽車公司，該公司1993年

才跟日本三菱合資成立華菱汽車公司，進軍轎車市場；只花了三年，商用車、轎車的市佔率已名列前茅，從市場挑戰者躍居領導者的地位。

2.市場挑戰者(market challengers)：主要是市佔率的第二、三名，例如國瑞、裕隆、福特。其中，福特的市場排行快速下降，主因在於缺乏新車型。2002年，福特六和汽車以臺裝ESCAPE越野休旅車(SUV)作為主力武器，並壓低售價，搶攻市場的企圖心相當強烈，訂出每月600臺銷售目標，再搭配Metrostar、Tierra、Activa等暢銷車款，2002年全力挑戰第三大車廠目標。公司總經理沈英銓表示，福特是全球SUV最頂尖的製造公司，也是SUV的專家，Escape進口以來一直是進口SUV的第一名，國產化的Escape將延續優良的傳統，給消費者更具質感的感受。(經濟日報2001年12月14日，第37版，劉惠臨)

3.市場跟隨者(market followers)：大部分業者都屬於這一群，有點類似自由車賽中的主集團，包括三陽工業 (CIVIC、本田汽車，2002年3月份，由日本本田直營)、大慶，和大部分中型房車進口代理商。

4.市場利基者(market nichers)：主要服務大廠不做、做不來的狹小市場區隔，在汽車中，可包括百萬級四大天王名車：賓士、寶馬(BMW)、富豪(VOLVO)、紳寶(SAAB)；也包括跑車、敞篷車、3500 cc以上豪華車和迷你車 (即1000 cc)。

二、競爭地位和競爭策略

一般的行銷管理書中有專章討論不同競爭角色廠商應該採取的行銷策略，本書不再贅述。但是本書想借用圖13-2修正版波特競爭策略的分類，嘗試跟廠商角色來類比。由圖12-2可看出，四種競爭角色皆有其應採取的競爭策略，其中最沒有爭議的是利基者應採差異化集中策略。

挑戰者可能傾向於採取差異化策略來攻擊領導者，或是採取低成本策略擊垮邊際廠商；廣告策略傾向於針對領導者進行攻擊性、比較性的廣告型態。

市場跟隨者則是業界中的順民，沒有聲音 (例如大幅廣告)，重點在於不要激怒獅王，以免惹來殺身之禍。

圖12-2　四種競爭角色和競爭策略關係

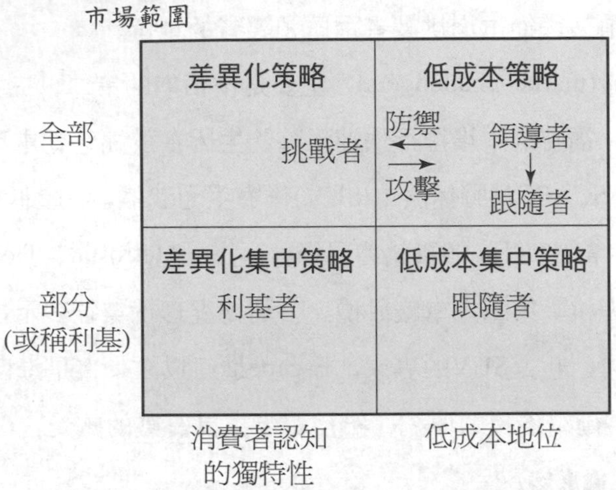

市場範圍

	差異化策略	低成本策略
全部	挑戰者	防禦 ← → 攻擊　領導者 ↓ 跟隨者
部分 (或稱利基)	差異化集中策略 利基者	低成本集中策略 跟隨者

消費者認知　　　　　低成本地位
的獨特性

　　市場領導者一方面要防禦挑戰者的攻擊,還得留心利基者是否會撈過界,且需提防跟隨者是否不安於位,加入挑戰者陣容。市場領導者可透過新產品、新市場來擴大市場,也可透過打敗挑戰者、購併跟隨者或利基者而擴大市佔率。當老大看似風光,但是競爭壓力也最大,稍一鬆懈、不慎,則寶座拱手讓人。

　　市場利基者傾向於差異化集中策略,挑塊足夠安身立命的部分市場,提供專業化的產品。當然,一招半式闖江湖有其風險,所以宜從單一利基(single niching)升級到多重利基(multiple niching),這也就是「沒有三兩三,不敢上梁山」的道理。

三、正面攻擊vs.迂迴攻擊

　　商戰一直是媒體熱中報導的主題,但是在企業間的競爭,除非有把握打勝仗,否則很少採取硬碰硬對幹的正面衝突,因為個體經濟學已告訴你其結局可能是流血式的削價戰,結果是鷸蚌相爭,漁翁得利。

　　李德‧哈特《戰略論》從二百多個古今戰役得到一個非常簡易的法則,那就是代價最大或者說戰果最豐碩的戰役勝利,絕大部分是採側面、迂迴攻擊等間接路線。同樣地,作個幕僚,你如果提議削價搶市場,你的主管、老闆大概會認為你的智商(IQ)只有80,商場流行一句名言:「削價非英雄。」削價這種作法不用上大學修行銷學就會了,除非你能自圓其說,否則不要輕率提降價的主張,免得自暴其短。所以還

是盡量設法避免正面衝突，動腦筋去想：

　　1.無關產品多樣化：1997年12月冬至，泰山企業推出紫米湯圓，就要跟別人不一樣。

　　2.新產品：1994年泰山推出泰山純水一炮而紅，它不是礦泉水，不會造成老年人、孕婦攝取礦物質過剩，它也不像運動飲料那樣，喝多了電解質對腎不好；此外，它也比這二種水飲料便宜，因為它就是簡單的水而已。

　　3.現有產品進入新市場：1988年左右南僑杜老爺進軍冰品市場，推出冬天吃冰的廣告，也是出奇制勝。1997年有一家食品公司推出火鍋必備食品，吃完火鍋後再吃冰，只不過是十年前創意的再延伸罷了。

四、消費者策略vs.競爭者策略

　　雖然有些學者主張競爭分析或競爭策略並不那麼重要，重點是如何提升和創造自己產品、服務在消費者心中的價值，即「物超所值是最大競爭利器」，這種主張稱為「消費者策略」(consumer strategy)。但是在某些情況下，打倒競爭者就可享受「贏者通吃」(winner takes all)的好處，此時，廠商捉對廝殺，短期之內，消費者的權益可能暫時被擺一邊，這即是「競爭者策略」(competitor strategy)，其適用情況舉例如下。

㈠萬中取一情況

　　小選區的民意代表選舉（臺灣尚未實施）、民選行政首長（小至里長、大至總統），都只有一人能出線。此時，不管美國、德國都是如此，揭瘡疤（例如對手逃避兵役、婚外情、性騷擾）、扒糞（貪污、拿回扣、包庇、醜聞），只要能把對手醜化，那麼他就不配為民服務，不管他的能力再高、政見再好都一樣。

　　此情況美德皆然，臺灣也不例外，還稱不上劣質的競選文化。選舉如此，投標何嘗不是如此。

㈡寡占情況爭擂臺主

　　1997年12月底爆發的臺北市有線電視和信、力霸東森的斷訊風波，何嘗不是雙強的決鬥，雙方皆是系統業者（即第四臺老闆），也兼頻道業者（即出售頻道節目或

經營頻道)。雙方互不買對方的頻道,逼得收視戶必須抉擇是否要換系統,也就是和信集團的收視戶,如果非看力霸頻道不可(例如衛視、緯來、迪士尼等十六個頻道),可能只好向和信退費,改訂力霸集團;反之亦然。

同樣戲碼也在美國上演著,全球最大軟體公司微軟(Microsoft)為了切入網際網路(internet)軟體市場,於1997年推出瀏覽軟體「探險家」(Explorer),並且採免費奉送方式。此對市場領導者網景公司(Netscape)造成很嚴重打擊,1997年第四季,網景公司首次出現近9000萬美元的營運虧損,股價從年初64美元跌到年底只剩22美元,可用崩盤來形容,而1997年美國科技類股反倒大漲逾五成。

證券分析師用一句話來形容1997年網景的處境:「冰山已在鐵達尼號身上撞出一個洞來。」而話中似乎指1998年仍是網景公司沉沒的一年。

◆ 第三節　不同技術能力下的事業策略

技術密集產業的關鍵成功因素主要是技術,又可粗分為產品技術(product technology)和製程技術(process technology)。我們依照政治大學企管系教授林英峰的用詞只把technology譯成技術,精確的說科技是指「科學和技術」(science & technology),「科學」比較著重基本研究,「技術」偏重應用研究。同理,第十一章第五節中我們把information technology譯為資訊技術,不趕時髦的稱為資訊科技。

因此,我們可以依此二樣技術水準的高低,把產業內的廠商區分為四類型,即先進者、挑戰者、老二主義、產品導向型(詳見圖12-3)。為了方便於理解起見,我們硬把圖12-3中四種廠商跟本章第二節中不同競爭地位時的廠商角色一對一配對,雖然拗得有點硬,但還不至於離譜;例如先進者常常是市場領導者,例如1988年左右,全球敢投入高解析度電視(HDTV)研發的只有荷蘭飛利浦和日本新力。新產品推出往往也牽涉到市場規格的標準化,唯有市場領導者比較有實力敢衝,中小型廠商比較不敢貿然去做。

就跟消費者對新產品的採用行為分類方式,同樣的,也可以把同一市場內的廠商,依進入市場的先後順序,區分為三類:

圖12-3　依產品、製程技術區分企業角色

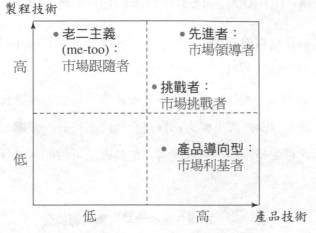

製程技術

老二主義
(me-too)：
市場跟隨者

先進者：
市場領導者

挑戰者：
市場挑戰者

產品導向型：
市場利基者

高

低

低　　　　　高　　產品技術

1. 先進者(pioneers, first to market)。

2. 早期進入者(early entrants)。

3. 晚期進入者(late entrants)。

一、先進者、市場領導者的事業策略

先進者在製程技術和產品技術都投入相當多的研發費用，努力追求在市場中做先鋒，但是其代價可能是比較高的新產品開發失敗率。為了保持領先，先進者可能會採取下列二項以產品創新為主的措施：

1. 快速打擊(fast maneuvers)：密集的推出高科技新產品，遙遙領先市場，絲毫不給競爭者空檔和跟進的契機。像全球最大的電腦軟體公司美國微軟公司，每年都推出「視窗」(Window)年度新版、網路瀏覽軟體。

2. 產品海(concentrating overwhelming forces)：在目標市場中，美國作者莫龍(Morone)所著《領導優勢》一書，以奇異公司的醫療系統、摩托羅拉公司的通訊事業和康寧公司的玻璃陶瓷材料為例，強調這些企業能執世界牛耳的主因在於追求「全面領先」。其中在產品方面的全面領先就是絲毫不讓對手有跟進的空檔機會，以「產品海」的策略，在目標市場內不斷更新、改良產品，讓產品在市場定位永遠處於最佳優勢，遙遙領先，讓競爭者望塵莫及。以波特的競爭策略來說，先進者傾向於採取成本領導策略。

二、老二主義(me-too)、市場跟隨者的事業策略

宏碁公司董事長施振榮從1980年代一直以「老二主義」自我期許，並於1998年躍居全球第六大個人電腦公司。

不過，真正的老二主義，在產品研發上投資微乎其微，其專長在高效率的製造能力，有迅速抄襲和修改的設計能力，蠻適合做代工廠的。臺灣大部分的個人電腦廠商都屬於這類，可說是市場中的跟隨者。這類廠商可說傾向於採取「低成本集中策略」。

表12-3　市場先進或老二主義的優缺點

市場地位	先進者	市場跟隨者(老二主義)
一、好　處	・適用小公司單點突破，形成局部兵力優勢 ・適用大公司全面領先，形成全面圍堵	・優缺點跟創新者相反
(一) 行銷面 　　1.寵顧性	・優勢定價，有準租、廣告費較省	
2.市佔率	・規模經濟，具有成本優勢，主要來自生產面單位成本降低	
3.市場排他性	・先佔先贏，如商圈飽和	
(二) 其他	・如「轉移成本」高，在電腦軟硬體最明顯的便是相容問題	
二、缺　點 (一) 風險較高	・可能曲高和寡，以致新產品的成功率可能不高，而造成重大損失	・嚴防先進者推出秘密武器，把跟隨者甩在後頭
(二) 其他		
三、適用時機	1.創新產品市場大，即消費者追求時髦 2.跟隨者較難很快模仿，例如專利權	1.創新產品市場有限 2.跟隨者具有快速、低成本等製造能力

三、產品導向型(product oriented)、市場利基者的事業策略

這類廠商幾乎不研發，只有較少量的技術發展，但是其生存空間則來自於了解客戶、隨時提供客戶（特定規格）需要的產品；此外產品設計和業務部密切配合、嚴密控制生產成本，可說是採取差異化集中、差異化策略的廠商。

四、市場挑戰者(follow the leader)的事業策略

這種敢向市場龍頭挑戰的廠商，研發能力雖比不上先進者，但是以資訊系統來補強，以降低新產品開發失敗率，甚至追求單樣產品捷足先登。挑戰者比較重視品質，而且以臥薪嘗膽的精神向全球各行各業的佼佼者進行標竿學習。這類廠商可能採取低成本集中、差異化或差異化集中策略，後二者比較需要產品技術研發上的投入。

以通訊產品中的數據機(modem)來說，1998年2月股票上櫃（1999年8月轉上市）的合勤科技（股票代號2391）公司，可說是市場挑戰者；而致福、亞瑟、亞旭等可說是市場先進者，擁有規模經濟優勢。合勤以產品技術研發，以建立產品領先優勢；例如1997年研發高階整體服務數位網路(ISDN)終端器、數據機和橋接路由器(router)，希望能跳離低階產品「售價只降不升、毛利被侵蝕」的急流，走出自己的路。

合勤的產品優勢是由下列二項努力所建構起來的：

1.技術領先同業：為建立以研發作為核心能力，以1997年來說，研發人員七十人，佔公司員工人數22%；研發經費超過營收7%；藉以自主掌握產品的關鍵技術，企求技術水準領先同業。

2.自創品牌：自有品牌、自主技術和關鍵零組件提高了產品附加價值，有別於組裝生產產品，可因應市場價格競爭的情況。

◆ 第四節　進入市場時機的掌握——先發制人策略

隨著資訊化、全球化的趨勢，企業間競爭的節奏越來越快，尤其是資訊產品的生命週期越來越短，有時慢個兩個月推出，便可能出現「鳳凰變烏鴉」的大逆轉情勢。所以，「時間」在策略規劃中極為重要。

一、時間也是一項策略資源

1980年代中，企業面對著日益激烈的競爭環境，體會到時間(time)是競爭優勢的另一來源，尤其對新產品開發的影響更是深遠。許多學者專家強調，時間在策略規劃中的重要性，美國紐約市立大學企研所教授達斯(T. K. Das)於1991年提出時間有三個面向(dimensions)的意義：

1. 快速循環能力(fast cycle capacity)：強調如何透過時間管理的方式，快速作決策，比競爭者更早發展出產品，先發制人，維持競爭優勢。例如管理大師湯姆‧彼德斯(Tom Peters)認為，在全球競爭中，以時間為主的管理是致勝關鍵，並提出以快取勝的十大原則；行銷大師美國西北大學教授柯特勒認為，1990年的第四波行銷競爭中，獲勝者將屬於學會如何以超過競爭者的速度，提供其產品和服務的公司。柯特勒提出「時間壓縮」(time compression)的技巧，落實以時間為基礎的策略。

2. 規劃期間（planning horizon或period）：跟前者一樣，時間意義仍屬於日曆時間。不同民族對於長、短期的看法有天壤之別，例如日本企業的短期（如三年）可能就是美國企業的長期；此外，會計年度也有可能不一樣。在全球企業策略規劃時，對於期間的規劃更是一件難事，尤其對接收前朝遺民的國際收購下集團企業更是如此，原因如下：

⑴就企業目標達成來說，跟金錢一樣，時間也是達到企業目標的資源之一，例如趕工情況下須付加班費，要是可允許時限延長，那麼就有越多越便宜的替代方案可供選擇。

⑵在策略決策過程中，對於整個集團、個別公司、方案的規劃時期長短，也

變成公司內政治行為中討價還價的籌碼。縱使不考慮企業內政治行為，針
對瞬息萬變的環境，如何針對市場彈性調整規劃時間，也是另一種挑戰。

　3.未來遠見(future vision)：策略規劃者、決策者是否有足夠的遠見，這是影響
策略決策良莠的重要因素。每個人對長、短期的認知皆有不同，應透過創造性管理
(creative management)，經由對於歷史的學習，並進而了解未來，以培養遠見。至於
怎樣落實公司學習以培養員工的遠見，請參看第七章第三節。

二、掌握速度才能掌握市場

　1990年代以來，產能過剩所造成的競爭壓力，令許多企業家體會到「時間也是
創造競爭優勢的策略資源之一」，尤其是在進行先發制人策略時，如何透過同步工程、
時間壓縮管理(time compression management, TCM)，把研發、生產、行銷、採購、
出貨、資材管理和會計毫無間隙的結合在一起，而達到在最短時間內提供高品質、
具成本效能的產品到市場上。

　尤其，對電子業等產品日新月異的產業來說，更是以快取勝(time to market is ev-
erything)。難怪美國的趨勢專家羅伯‧塔克(Robert Tucker)在其 *Managing the Future*
一書中提到「速度革命加速」將成為2000年十大經營趨勢之首。當國際競爭越趨激
烈，競爭對手不僅限於國內，還包括國外企業，尤其是在大企業；競爭對手一多，
「先下手為強」總是比較容易佔上風的，也就是採取「先發制人策略」攻佔市場。
再加上資訊、通訊科技的進步，更使得競爭速度更加加速。

三、先發制人策略的成功案例

　以下述二個例子來說，可印證許多企業的競爭的確贏在起跑點：

　1.1988年2月22日《聯合晚報》創刊，同年3月5日《中時晚報》發行。雖然幾乎
同時發行，但《聯合晚報》早了十二天，大獲其他媒體的爭相報導，此外，滿足不
少讀者的好奇。

　2.1992年2月4日公平交易法生效施行，對企業營運很有影響力。那時，我們協
助范建得、莊春發二位教授出版公平交易法的叢書，系列一（獨占）遲迄5月底才上
市，系列二（不公平競爭）迄7月才上市，二本書總頁數在800頁，但偏偏就是不敵

2月搶先上市的第一本書，該書號稱二個月銷售突破30000本，總頁數僅300頁。范、莊的二本書在當年總銷售近3000本，僅達競爭對手的十分之一，勝負差別不在於品質，而在於時效、時機。

四、決策領先比技術領先重要

研究先進國家的產業發展、消費行為，可以做參考，像臺灣的個人年均所得才14000美元，相當於十五年前的美國、日本所得水準，所以要了解什麼行業、產品會興起，只要看十五年前的美、日就差不多了。這句話似乎有一定的道理，唯一差別是在生活型態上需略做修正。例如：

1. 1995年開放合法分區經營的有線電視（第四臺），到1997年時，普及率已超過八成，這是因為臺灣都市化程度高所以裝機費便宜，再加上休閒活動種類有限，看電視是最主要的休閒方式，所以有線電視起步雖比美國晚，但普及率一下子便超過美國，唯一跟美國比較不一樣的是付費頻道一直做不起來。

2. 1997年12月，晶華飯店旗下的天祥晶華開始營業，雖然貴為五星級觀光旅館，為了掌握學生群，特別推出一夜600元的太空「艙房」，這種在二十年前，寸土寸金的日本便已推出。

經營者決策領先比技術領先還重要，否則光是技術領先卻不敢率先推出產品，那也是英雄無用武之地。以1997年6月，臺灣首家推出網路下單的大信證券為例，推出虛擬券商後，除了業績外，還獲得許多媒體熱烈報導，可說免費獲得宣傳機會。對大信來說，領先時間並未超過五個月。再搭配1997年11月開始運作的電子銀行 (FEDI)，線上股票交易前景看好。最大受益者為軟體廠商英特連，因大信證券而一炮而紅，訂單不斷。

據該公司當時總經理林伯伋表示，英特連並不是技術領先，而是時間領先；因為國外虛擬券商已有多年成功經驗，只需稍加本土化而已，英特連只不過是在臺灣第一家介入。林伯伋在美取得資訊和企管碩士後，曾任職於美國線上交易顧問公司，了解線上交易發展潛力，所以1996年創立公司，進軍市場，小兵立大功。

五、老闆應帶頭往前衝

經營者就跟北極愛斯基摩人的哈士奇狗雪橇隊的帶頭犬一樣，經營者不跑，那整個隊伍就停住了。素有「點子王」之稱的前教育部長吳京的作風是：教育部做事的方式，是「部長跑得快」，把各階層的距離拉開，讓每一層的人都有揮灑的空間。難怪他1997年時位居民調施政程度滿意度第一名的部長。

如何把追求速度融入企業文化之中呢？以生產筆記型電腦為主的立碁科技公司為例，1996年7月《卓越雜誌》採訪總經理吳傳誠，他認為關鍵之處在於：領導者要以身作則，對速度要有認知；其次是講過的話一定要算話，否則朝令夕改，速度是永遠不會建立的。

這樣的說法，我們在日本豐田汽車奧田碩（1996年以後任董事長）身上也可以看得到，他是第一位非家族成員的總經理，他認為這是個講究速度的時代，不能像過去採取「根回」（未達成共識前的協商）時，凡事都經過深思熟慮後才實施，這是以速度和智慧決勝負的時代。部屬感染到他行事的步調，做事效率都提高了。

◆ 第五節 時基策略適用時機

就跟定價策略中的差別取價定價法一樣，要實施時基競爭必須外部環境存在、內部環境配合。在網際網路時代，由於資訊可以零時差傳送，對搶先上市的企業，確實有「先到先贏」的先發者優勢(first-mover advantage)。但企業是否應盲從「先者恆先」這個簡單的策略決策呢？

「是否要當第一個?」這個決策，起初只是個行銷策略的決策。行銷學者用實驗室、問卷調查，深入分析消費偏好形成方式，以解釋消費者獨鍾業界第一個產品的心理，像黑人牙膏、黑松汽水、臺灣大學。

不過，先到先贏的準則並非鐵律，有越來越多美國實證指出「後來居上」後發者優勢(late-mover advantage)的成功案例。在這方面的權威學者是美國南加州大學企管所教授雷伯曼和史丹佛大學教授蒙哥馬利，二人在1998年的實證文章中，嘗試把

誰有能力（即資源基礎理論）來進行搶先戰區分出來。結論仍是視產業而定，例如，個人電腦的先者恆先效果遠高於迷你電腦。此外，每個行業搶先所需具備的資源也不同；資源不夠也就無力搶先，只能望洋興嘆。

一、外部環境

當客戶、產品和競爭者越具有下列情況時，越適合採取時基競爭。

(一)獲利的時間彈性

當市場中的客戶都願意為迅速服務而付較高價格時，常見的情況如下：

1.分秒必爭的行業：許多行業的關鍵成功因素都以時間為先，也就是都靠時間取勝，即time to market is everything，例如：

  (1)電子、通訊、軟體業：許多產品（明確的說，指的是哪一代、哪一版）的生命週期都只剩下六個月，今天的新產品，明天便過時了，只能跳樓大減價才賣得出去。

  (2)快遞業：例如美國聯邦快遞公司強調今天交寄，明天便可送達全球各地。

  (3)披薩食品業：許多以外賣為主的餐飲業都很注重時效，其中以「打了沒」一句廣告詞聞名的達美樂，更強調三十分鐘到達，否則免費奉送。

2.卡位致勝：有些行業在一定區域內只能容下一家業者，就跟下圍棋佔地盤一樣，有人先佔，其他人可能怕吃不飽以致不敢進入，因此先佔不見得立刻賺，但終究會賺，剩下的問題是有沒有勇氣作第一個、是否有財力打先鋒。這些行業主要為生活性產業，例如：

  (1)二十四小時超級商店：平均來說3000人才能養活一家超商，要是一個社區（或商圈）人數差不多只有3000人，一家全國性超商設點後，其他超商便比較不願意去流血設點。

  (2)餐廳：尤其是產品近乎標準化的西式速食店，彼此替代性相當高；大家惡性卡位的結果，一定是有人不支倒地。

  (3)天然氣瓦斯：天然氣鋪管工程費很高，只要有一家先佔了部分（封閉）市場，另一家業者便可能知難而退；第四臺偶爾也有此現象。

James Gleick著《毫秒必爭──全面加速的時代》（先覺出版，2000年），詳細以食品業舉例，說明消費者追求「速」食的趨勢。

3.先發制人策略的破格（來得早不如來得巧）：不過不見得「先發者制人，後發者制於人」，俗語說：「來得早不如來得巧」。以三臺無線電視網來說，晚間新聞皆在七到八點播出，1995年時臺視為了搶觀眾，特別在晚上六點半到七點先播出新聞，撐不到二年，只好下檔。原因可能包括大人還未回到家、回家後在吃飯、六點半新聞仍然缺乏時效性、六點半新聞跟晚間新聞重疊程度太高。很多東西都是如此，太早有先見之明不見得有用，其結果可能曲高和寡，重點是能抓得住時機，即「切入市場時機」(time to market)。

(二)市場需求更多樣化

當產品生命週期短或標準未建立時，從學習理論來看，消費者往往對第一家廠商有初始效應，也就是記得比較清楚。甚至因為愛用其產品，以致培養出「非它不買」的寵顧性，至於「先佔先贏」則又取決於第一家介入者的行銷努力（例如廣告）是否既廣泛且有效。

先發制人策略(preemptive strategy)適用的時機可說是「先者恆先」，有些產品第二品牌挑戰第一品牌成功的機率只有二成。例如講到下列產品時你會先想到哪一家公司？

沙士──黑松公司

洗衣皂──南僑化工公司

奶粉──克寧

咖啡──雀巢

一般日報──《中國時報》、《聯合報》

大學──臺灣大學

(三)市場夠大

前二項因素所加總起來的客戶基礎要夠大，足以構成一個利基市場，而能養活一家以上的供應商。

㈣時基競爭優勢可持久

對於工業產品，一般來說，價格是最重要的採購考量因素。早期介入的廠商比較容易透過獲利累積資本，並進而擴廠以達到規模經濟。再透過此效果，建構來自於成本領導的可維持競爭優勢，有些消費品也有如此現象。要是競爭者能很快模仿，那麼自己建立的時基競爭優勢將不持久。

如果進入障礙很低，那老二搞不好比較沾到好處，就像自行車計時賽一樣，讓第一輛車替你擋風。此時，只要不要落後就好，倒不見得非要當第一個；因為第一個往往必須花大錢打廣告，例如1998年的葡式蛋塔，而其他仿照者可以坐享其成。

由結果來看，大多數的先佔先贏，都只看到成功的一面，一旦失敗時可就很慘，如日本新力花大錢研發數位錄音機，但卻被CD取而代之；這種押注押錯邊，天文數字的研發、廣告費用可能拖垮一些中型企業，大企業也有可能不支倒地，像美國王安電腦。

最具代表性的實證研究，當推美國密西根州立大學企管所教授Song (1999)等三人的九國調查（美、英、德、日、四小龍和大陸），共有1437家製造業、982家服務業公司回卷。研究結果發現：

1.受訪的高階管理者認為，「搶第一」(pioneering)會帶來較高市佔率和利潤。

2.製造業高階管理者比服務業更擔心「搶先風險」，即太早有先見之明所造成的押錯邊或押太早。

3.搶第一所帶來的成本和差異化優勢，製造業高階管理者比服務業更容易體會到。

4.西方國家比東方國家高階管理者更注重成本優勢。

二、內部環境

想採用時基競爭的企業，在內部以及跟上下游間的作業活動，必須具備一定水準，才能夠格稱為快速打擊企業。臺灣大學商學研究所碩士曾德銘把許多學者的意見，歸納於表12-4。

其中組織結構扁平化，透過分權，以加快決策進度，並使訊息容易流通。在提

升上游供應商的配合意願方面，可行方式包括策略聯盟，甚至併購，以作好原物料及時供應。

時基策略同時適用於農業、製造業、服務業三級產業，不過服務業因生產流程差異性大，較少舉例說明，最常討論的是製造業。

表12-4 史托克和洪特時基競爭能力的衡量指標

決策	·決策週期時間 ·等待決策所浪費的時間
產品開發	·從創意產生到新產品上市所需的時間 ·推出新產品的速度 ·首創產品的百分比
生產作業	·附加價值活動佔總製程時間的比例 ·Uptime×Yicld ·存貨周轉率 ·主要作業的週期時間長短
顧客服務	·反應時間長短 ·議價時間長短 ·準時交貨的百分比 ·由顧客確認需求到送貨所需的時間長短

資料來源：曾德銘，第19頁，表2-4。

三、簡單的準則卻有太多的例外

「遠見」跟「太早有先見之明」也許只有一線之隔，但其後果卻是成王敗寇的天壤之別。搶第一或許有很多好處，但或許更重要的是「來得早，不如來得巧」，時機的拿捏還是很重要，也就是不能一招半式（先者恆先）的闖天下。

學者的本性是「不預設立場，採科學方法驗證」，在我寫本文時，也是同樣心態，讓證據（即實證文獻）指引出結論。除了本文的主題外，這也是最想跟大家分享的心得。

第六節　國際化策略和進入市場模式

臺灣外貿依存度相當高，所以任何一本管理書籍為了完整性，皆必須涵蓋國際化此一主題。而策略管理跟國際化關係最密切的課題有二，一是如何進入海外市場，一是該採取什麼策略；不過，看了本節後，您可能會鬆一口氣，國際化策略仍不離本書討論的公司、事業策略範圍。

一、企業進入海外市場方式和國際化階段

有關企業進軍國際市場的方式，即進入策略、型態，是國際企業管理的重要研究課題，為了讓您可以一目了然，在圖12-4中，我們把企業進入海外市場方式加上國際化階段、組織生命週期等三個相關課題整合為一。

圖12-4　企業進入海外市場方式和國際化階段

進入市場方式

財務
研發
生產：
1.獨資設廠　　　　　　　　　　　　　　　　　　　　・發行 GDR、ECB*、其他海外證券　　　　　　　・海外子公司或區域控股公司
2.合資設廠　　　　　　　　　　　　　　　　　　　　　　　　　　　　　　　　　・當地 R&D　　・股票上市
　　　　　　　　　　　　　　　　　　　　　　　・國外裝配廠・國外製造廠　　　　　　　　　發展方向
3. OEM 等　　　　　　　・授權生產・合約承製合作生產
貿易（行銷）：　　　　・整廠輸出・授權 (license)・特許經營 (franchise)
1.勞務
2.商品出口　　・直接、間接出口，即出口公司　・國外展示中心・發貨倉庫・服務中心・行銷公司

國際化階段	I　　II　　III 本國企業國際化 (internationalization)	多國籍企業 (MNCs)	全球企業 (globalization)	環球企業 (transnationalization)
管理中心	總公司	母公司	1.區域總部 2.子公司	1.網路 2.子公司：企業聯邦主義
例子	華碩電腦　　大眾電腦	台達電子	宏碁集團	IBM
公司成長階段	I	II	III	IV　　V

說明：GDR 全球存託憑證；ECB 海外轉換公司債。
資料來源：1.「國際化階段」來自 Martinez L. Jarills, "Coordination Demands of International Strategies". JIBS, 3th Quarter 1991, p.433。
　　　　　2.「進入市場方式」來自張來隆和 Philip D. Grub, 臺灣資訊業廠商國際化競爭策略之探討。

有關進入市場策略(entry strategy)，一般學者僅考慮生產、行銷二部分，這是相當狹隘的，至少還得加上研發一項，尤其是以研發導向的公司，例如生化製藥實驗室公司。我們額外加上財務一項，這是導因於1988年以來，臺灣企業財務國際化程度越來越提高，例如在還沒成為多國籍企業之前（內需型產業）或在過渡期間，企業皆可能到海外發行證券，向海外募資。至於到了全球企業階段，不少海外子公司、區域控股公司紛紛在當地或跨國上市股票。接著再來說明狹義國際化四階段。

㈠國際化階段

大部分公司國際化大都依照下列步驟做起，特色是不直接設廠或僅小金額的赴外投資，縱使投資也是為了擴大出口業務。

1.商品出口、代理商方式：在公司內設立貿易部處理。此外，對於國際化程度非常高的宏碁集團，進軍新市場例如印度仍採直接出口，由印度當地代理商販售。1998年臺中精密機械公司也是採當地代理商方式，進軍匈牙利。

2.國外展示中心、發貨倉庫：當出口生意越做越大，有些便出國成立展示中心等，海外單位常見名稱為辦事處、分公司；總公司內則把二級單位貿易部（或國外部）升格為一級單位國際業務處，由協理或副總負責。

3.授權產製、小金額投資：此階段開始嘗試在海外建立生產據點，不過還不到大軍壓境程度，常見方式如下：

　⑴服務業採取授權、特許經營方式。

　⑵製造業則委託地主國廠商授權生產、合約承製，甚至整廠輸出。因在當地生產，可以降低成本。

㈡多國籍企業階段

此階段企業開始對外投資，即俗稱的產業外移，到海外獨資或合資設廠。例如，臺灣企業從1988年起大規模地赴大陸、東南亞設廠，即屬於這個階段。海外單位已由分公司升格為子公司，不過「根」（尤其是研發）仍留在臺灣。在臺灣母公司內，國際業務處可能會逐漸解體，由於各類產品海外營收金額漸大，很可能改由各事業部直接掌管外銷事宜，聲寶公司1998年時便採取由事業部負責內、外銷的「一條鞭」制。

以家電業來說，冷氣機出口以往都是採「打帶跑」的代理銷售方式。許多家電業上市公司，為因應內銷市場的不景氣，也開始深耕國外市場。例如1997年時，歌林在菲律賓設廠，東元的印尼廠也於12月成立，目標鎖定印尼、新加坡。

(三)全球企業階段

此階段介入市場方式，比較偏向於「產品本土化」，最明顯的是在各地主國設立研發單位，不再是全球標準化商品。由於海外子公司漸多，可能會設立幾個區域（或地主國國家）總部來管理，在臺灣最經常看到的便是外商集團所設立的大中華區（大陸、港澳、臺灣）總裁。這階段的企業規模都相當大，例如宏碁集團就是一個例子，經營目標是"4000 in 2000, 21 in 21"——2000年時，整個集團營業額4000億元；21世紀時，整個集團有21家企業在世界各國股票上市。

因應臺灣加入世界貿易組織(WTO)後所面對的金融自由化的衝擊，KGI中信證券領先臺灣券商完成亞洲布局，為了在亞洲市場上有一致的清晰識別，跟區域內夥伴接軌，中信證券揭示全新的企業識別系統，並提出「雄踞亞洲、理財首選」的企業目標。除了在臺灣的23個營業據點外，版圖拓展至香港、泰國、菲律賓等地，遍布亞洲60個據點，超過2000位的理財團隊，資本額超過5億美元，總資產超過15億美元。而且透過策略聯盟夥伴在新加坡、韓國、日本、美國等地提供投資服務。

對於KGI中信證券的表現，國外媒體也予以肯定：*Finance Asia*雜誌連續兩年評定為臺灣最佳本地券商、臺灣地區最佳投資銀行。（經濟日報2001年11月28日，專刊第3版，陳桂貞）

(四)環球企業階段

此時可說把全世界當做一個國際區域，只有一套國際策略。

以肯德基炸雞(KFC)為例，1950年桑德斯上校創辦以來，如今在全美各地已開設大約5000家分店，海外則有6000家，遍布80餘國；大陸有500多家店，平均一個月就增設10家新分店。

肯德基炸雞和必勝客披薩(Pizza Hut)，皆隸屬三康環球餐廳(Tricon Global Restaurants)旗下。三康執行長諾瓦克(David Novak)說：「我不認為我們被視為異類文化；我認為我們已成當地文化的一部分。」他有信心，肯德基和必勝客能打破民族主

義的藩籬。如同大多數成功的全球企業，三康篤信做生意必須本土化。三康不能只
是把在美國經營餐廳的模式移植到外國，而是必須隨海外市場的口味去調適，並順
應各地變化的文化和政治環境。

例如，在日本，肯德基賣起天婦羅，在北英格蘭主打濃湯和馬鈴薯，在泰國供
應沾醬油或甜辣醬吃的米飯，在荷蘭則端出包馬鈴薯和洋蔥的丸子。在大陸，肯德
基以辣味炸雞吸引顧客，愈往內陸，辣味愈重。(經濟日報2001年11月24日，第9版，
湯淑君)

二、國際化策略

在不同的產品生命週期、公司優勢程度下，公司應採取適合的國際化策略以茲配
合。以本節所引用的美國學者威漢(Wilhelm)於1988年提出的國際化策略方案來說，其
實只是用詞不一樣罷了，本質上仍套用圖2-4、圖2-9 DPM的精神，詳見圖12-5。

圖12-5 企業國際化策略

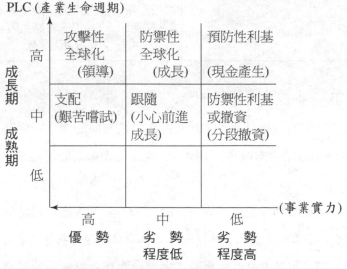

資料來源：圖中 ( ) 內用詞詳見圖 2-5、2-9。

三、1990年代臺灣企業國際化進程

臺灣出口導向的製造業，主要的全球化布局，在1990年代、21世紀初，大概可
分成三個階段，以西進大陸最具代表性，因為臺商對外投資，大陸就佔了一半，1980

～2000年，估計有4萬家廠商，投入620億美元。（工商時報2001年12月1日，第6版）

三個進程詳見表12-5，其中後二段詳細說明於下。

表12-5　臺灣企業全球化布局的演變

角色＼階段	1995年以前	1996～2000年	2001年以後
臺灣	臺灣接單	根留臺灣（主要指研發、高單價商品生產）	臺灣經驗
大陸	大陸生產	大膽西進	大陸基礎(本土化、大陸研發)
全球	立足臺灣，放眼亞洲		國際接軌
說　明	臺灣人工、土地成本比大陸相對高出9倍左右	臺幣大幅升值，廠商被迫出走，大陸大舉發展高科技產業，加強對臺招商	政府戒急用忍政策鬆綁，改成積極管理，8吋晶圓廠擬進軍大陸，看好大陸內需市場

(一)中低階產品一半以上外移大陸

由於大陸生產製造成本低廉，基於大陸在製造方面的優勢，同時為爭取大陸加入WTO之後逐漸開放的內需市場，臺灣各大資訊硬體廠商紛紛加速大陸布局，搶先在大陸市場卡位。

臺灣資訊硬體產業西移效應擴大，大陸在2000年首次產值超越臺灣，列居全球第三大，而且領先幅度越來越大，詳見表12-6，2002年幅度將超過百億美元。以2001年大陸產值中，高達56%由臺商所貢獻，顯然臺商在全球資訊硬體產業中仍有不可取代的地位。（經濟日報2001年12月18日，第10版，林信昌）

有些公司在臺灣和大陸兩地設研發部，以因應大陸內需市場，跟過去業者採取的臺灣保留高階產品生產，或研發留在臺灣的經營方式不同了。（工商時報2001年11月28日，第18版，徐仁全）

表12-6　臺灣、大陸資訊硬體產值

單位：億美元

	2000年 產值	2001年（預估）	
		產值	成長率
(1) 大陸	256	282	10.3%
(2) 臺灣	231	201	-12.8%
(3)差距＝(1)-(2)	25	80	

㈡臺灣—大陸—全球

　　1960年發跡於臺南的大成長城（股票代號1210）集團，很早就把業務觸角伸向國際，1990年代起分別取得美國漢堡王品牌代理、推出季諾義大利休閒整廠服務，近年第二代接班人更按專長分工，由韓家寰擔任集團總裁暨營運執行長，統籌亞洲和兩岸經營，公司則轉型為生命科學公司。大成長城在大陸一路從東北、華東、華南到全大陸，貫徹飼料、種雞、養殖、電宰的整合經營，同時加速大陸都會區餐飲事業的發展。

　　在跟國際接軌方面，大成經驗已擴展至東南亞，並跟日本、歐美技術合作，代理品牌在大中華區發展。並把臺灣本土食品和技術研發，擴及大中華區、亞洲。這是典型的「臺灣經驗先在大陸應用，再擴大到全球」的例子，另一個代表性例子是小家電廠商燦坤。（經濟日報2001年11月30日，第11版，梁家榮）

四、林百里的期許

　　廣達電腦董事長林百里說，個人電腦產業發展至今大約三十年，臺灣廠商躬逢其盛，從1970年代切入，至今正值壯大期，但終究是全球資訊業的「後花園」，就像洗衣煮飯一樣沒什麼價值。幫國際大廠代工，充其量只是會根據客戶規格開發產品，是「科技島」，到了21世紀這樣是不夠的，必須再進步為「人文科技島」，才能把過去數十年累積的成績發揚光大。

　　要晉升為人文科技島，有二件事要做：

　　1.領導流行：長久以來，臺灣廠商一直幫國際大廠降低成本、縮短下單到出貨

之間的時程、提高製程良率,都是在幫客戶「改良」。接下來,得培養並發揮創意,新力的電視遊樂器Play Station便把創意發揮到極致,而且足以製造流行,其他如電子寵物,也是很成功的例子。

2.國際化:由本土化、進而國際化再成為世界主流,日商新力已經做到了,是值得學習的對象。臺灣有不少廠商聲稱是跨國企業,跟國際大廠做生意、在海外設據點,但是,多半還是從臺灣派高階主管前去管理、訂制度,沒有真正融入各地,也就無法掌握消費者真正的需求,所以,臺灣企業經營海外市場不容易成功。而歐洲廠商易利信、諾基亞便是到各國找當地人才全權負責耕耘市場,所以很成功。或許跟歐洲人過去曾是海盜有關,新力則是亞洲廠商國際化的成功例子。要國際化,得要有國際化的企業負責人、企業化的胸襟和國際化的野心。(工商時報1999年12月22日,第2版,周芳苑)

◆ 本章習題 ◆

1. 以表12–2為基礎，由2002年（經濟日報，2003年1月3日，第29版），甚至2003年半年的結果（經濟日報2003年7月2日，第32版）來驗證福特成功反敗為勝嗎？

公司	2002年*		2003年上半年
	名次	市佔率	市佔率
國瑞豐田	1	25.2%	22.9%
中華三菱	2	24.9%	20.7%
裕隆日產	3	14.1%	17.2%
福特六和	4	11.7%	12.7%
馬自達	5	4.3%	5.2%
其它	6	19.8%	21.3%

*經濟日報，2003年1月3日，第29版，陳信榮。
**經濟日報，2003年7月2日，第32版，陳信榮。

2. 以主機板、筆記型電腦或手機為對象，找出上市公司中的一線、二線廠商，並畫在圖12–3上。

3. 以上述三行業之一為對象，分析一線、二線廠商的事業策略。

4. 以華信銀行的MMA帳戶為例，分析領先推出此金融商品的好處和配合條件（例如旗下有金華信銀證券）。

5. 「來得早不如來得巧」，請再舉二個例子，證明「先佔不見得先贏」。

6. 以一家公司為例（例如堤維西或巨大），詳細說明其國際化階段。

7. 以表12–5為基礎，找一家公司（例如威盛、台達電、固緯電子）說明其西進的進程。

8. 以表12–6為例，找出資訊軟體、電腦網路、資訊家電、通訊等資訊產業的臺海兩岸的產值。

9. 以統一企業為例，說明其「臺灣 –大陸 –全球」的國際化進程。

10. 「（廠商）赴大陸發展是逃命」，這句話在什麼情況下會成立？

第十三章 ·····

事業策略決策 —— 策略構想與營運計畫

經營企業的五大法則：

1.把顧客當成企業文化的核心。

2.授權給每個員工。

3.致力於改變。

4.團隊合作需要公開溝通和信任。

5.建立強力的夥伴關係。

——錢伯斯(John Chambers) 美國思科(Cisco)系統公司董事長兼執行長

工商時報2000年6月2日，第2版

學習目標：

從最基本的了解波特事業策略類型，據以選擇適配的事業策略，進而跟行銷策略等連結，發揮「吾道一以貫之」的治學精神，可說是「給你魚，也給你釣竿」。

直接效益：

策略規劃的結果是決定年度（公司、事業部）營運計畫書及預算，每年10月企管顧問公司開授6小時課程，費用3000元，讀完本章後可節省這筆上課費用。

本章重點：

- 波特的五力分析跟SWOT分析的關係。圖13–1
- 修正版波特的事業策略。圖13–2
- 如何建立顧客導向的企業。§13.2
- 價值創新、價值行銷、價值曲線、價值網。§13.2一～(三)
- 缺乏消費者意識的可能原因。表13–1
- 向顧客學習三種方式。圖13–4
- 「民之所欲，常在我心」自我測驗題。§13.2四
- 行銷策略跟波特事業策略的關係。§13.3三
- 解構司徒達賢教授的策略矩陣分析法。§13.3四
- 如何撰寫營運計畫書及編製年度預算。§13.4～§13.5
- 價值經營模式。§13.4二(四)

前言：戲法人人會變，各有巧妙不同

第十、十二章偏向「適者生存，不適者淘汰」的分析，別人的故事，你的抉擇；在第十一章「知己知彼，百戰百勝」的了解下，剩下就是提出策略構想：究竟是效法本章第一節波特事業策略來擊敗對手，還是學習第二節的討好消費者？

尤有甚者，基於「吾道一以貫之」的治學理念，我們歸納波特事業策略、司徒達賢的策略矩陣分析法皆只不過是《行銷管理》一書中4P的衍生、巧妙運用罷了！一切回歸基本面你就可以發現「天下沒有那麼多學問」，就跟籃球、足球一樣，基本功夫還是最重要的。

最後，在第四節中我們看似教你如何寫事業部年度營運計畫書、第五節怎樣編製年度預算，實則是把第十、十一、十二章全部事業策略規劃方法畢其功於一役的運用出來，重點在於策略決策，也就是依各策略構想的獲利率（淨現值報酬率法）依序來下決策，並把預估損益表作出來。就跟食譜一樣，一步一步的帶著你做。

◆ 第一節　波特的事業層級策略（修正版）——實用劃法

波特1980年著《競爭策略》一書，提出的事業層級可供選擇的三個一般性策略(generic strategy)，至今仍為主流。例如Rowe等人(1982)所推出的「太空分析法」或「策略地位和方案評估法」(strategic position and action evaluation, SPACE)，便不像波特競爭策略那麼易懂，而且可以一針見血提出建議。本節修正版只是把集中策略(focus strategy)細分成二類，詳見圖13-2。而在此之前，透過價值鏈(value chain)來了解公司優劣勢。

一、解析波特的競爭策略

在深入說明這四種策略適用時機之前，先來解析波特的創見，才會發現只不過是舊瓶裝新酒罷了。

(一)價值鏈

價值鏈此一名詞只不過是把六項企業功能區分為能創造收入的「核心（或基本）活動」(core activities)，包括研發、生產、銷售（和售後服務）；以及支援活動(supporting activities)，包括財務、人力資源、資訊管理，頂多加上總務（採購、營運等）。而一般來說，核心活動也是企業競爭優勢的主要來源。

(二)五力分析

有關波特所提產業結構（俗稱五力）分析，只是把SWOT分析中各項加以單獨列出罷了，例如：

- 機會：指五力中的「購買者」力量，購買者應指經銷商、消費者。
- 威脅：指五力中的「供應者」、「替代品」力量。
- 優勢：指五力中的「現有廠商」、「潛在進入者」而言。
- 劣勢：跟優勢項目內容相同。

不論SWOT分析、五力分析，可說是行銷管理學部分內容的組合罷了。

從學術的觀點看波特的著作，在策略管理領域中確具有相當的貢獻。以《競爭策略》一書來說，波特運用他在傳統產業經濟學所累積的知識，轉換成為企業策略的思考準則；無論從實質內容看，或從思考邏輯的創意看，均有明顯的貢獻。「獨占可以帶來超額利潤」即早已成為常識。波特就從這個角度出發，認為企業獲勝的基本原則應是維持獨占地位，也就是卡個好位置，並據以發展「降低同業競爭力」、「提高進入障礙」、「提高對上游供應商的議價力量」和「提高對下游顧客的議價力量」等原則，再開展更細緻的策略作法。由於他的思考邏輯簡單而一貫，其所提出的策略建議自然受到實務界的青睞。

(三)五力分析是SWOT分析的另種表現

波特是個很會移花接木的學者，五力分析本質上在說明整個產業、公司在價值鏈上的行為，詳見圖13-1一，只是產業經濟學的運用罷了。

由這角度來看，SWOT分析何嘗不是？那也就難怪會殊途同歸，由圖13-1二可見，五力分析只是SWOT分析的另外一種表現方式罷了。

圖13-1　波特五力分析與SWOT分析的關係

一、波特的五力分析（指五個方格內的競爭力量）

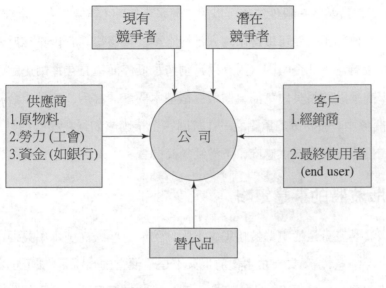

二、把五力分析轉換成SWOT分析

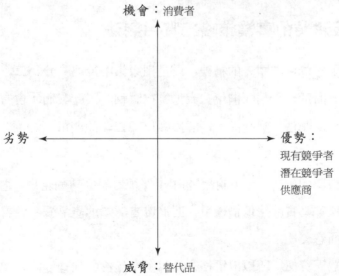

㈣一般性策略

　　臺灣大學國際企業系教授湯明哲認為，一般性策略來自於產業組織理論、行銷管理。有些人認為波特的一般性策略可以說是競爭者策略（詳見第十二章第二節四）導向，也就是打倒競爭者便可取得市場。但還不至於這麼慘，它也把客戶考慮在五力分析中，並沒有忘了「企業因（對客戶）創造了價值而擁有存在的正當性」。

　　政治大學商學院院長吳思華認為價值三個基本要素「客戶、商品組合和廠商價值鏈」，在這關係中，波特策略重點之一在於回答企業應該如何在核心活動上定位，例如製造商如何跟上游原料供應商、下游經銷商鬥智。

二、修正版波特的事業策略

　　有些人嫌波特三分法的事業策略思慮不周，例如有些廠商成本不見得最低，但是仍有部分客戶中意，這種具有成本優勢但又不是最便宜的情況稱為「低成本集中」。同樣的，有些差異化廠商也不想大小通吃，限量生產甚至只此一家別無分店，可說是「差異化集中」。

　　這麼一來，波特三分法便成為四種情況，稱為修正版波特的事業策略。多一種分類，比較符合實況。

三、修正版波特的事業策略：實用劃法

　　修正版為了忠於波特原著的精神，只是把原集中策略一分為二，然而這跟大一經濟學畫圖剛好對沖，因為「價位」大抵畫在縱軸，因此我們才會有「修正版波特的事業策略：實用劃法」應運而生，詳見圖13–2二，說明於下。

㈠實用劃法

　　套用國二數學的說法，實用劃法是把X、Y軸對調的轉軸處理。這同時也釐清一個觀念：成本優勢其實就是低價競爭，而消費者認知的產品獨特性就是高檔貨，背後隱含著二方面意義：

　　1.消費者缺乏資訊：所以以價格來作為衡量品質的代理變數。

　　2.廠商「一分錢一分貨」的道理。

　　跟熟悉的經濟圖形配合，可發揮學習正遷移效果，易懂易記。

圖13-2　修正版波特的事業策略：實用劃法

一、波特的一般化策略 (generic strategy)

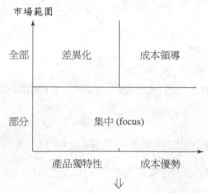

二、修正版波特的事業策略

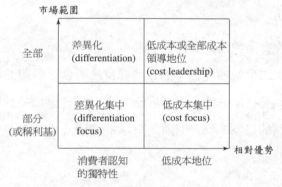

資料來源：Zimmner & Scarborough, *Enterpreneurship and the New Venture Formation*, Prentice Hall, inc., 1996, p.164 Fig 7-2。

三、修正版波特的事業策略：實用劃法

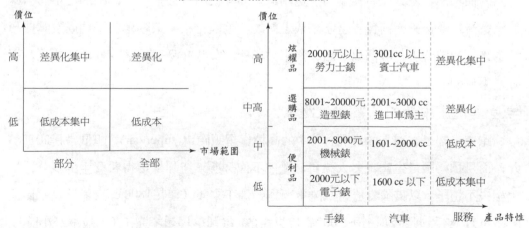

(二)以手錶、汽車為例

在寫作過程中，我們想把工業品、消費品、服務全填入圖13-2二中，發現不好填，於是又激發出創意，變成圖13-2三右圖。

・縱軸：

縱軸仍然是價位，但也可由此推論市場範圍，由右圖最右邊可見，其中有二點應該說明。

1.低成本集中擺在最下：或許你會懷疑，「俗擱大碗」的東西應該最為暢銷才對，但在各地所看到最便宜的東西，大抵有二種：

    (1)非法的：走私品、仿冒品、地下工廠生產的（沒有繳營業稅、營所稅）且大都是地攤貨。

    (2)無印良品：沒有品牌的，連廣告費都省了。

2.差異化、低成本二項策略擺在中間，尤其背後隱含「闊嘴吃四方」的全部市場；把「差異化集中」擺在最上面，以示因地制宜；詳見圖13-3。圖中我們做了一些簡單的假設，最明顯的是"80：20"原則，全部市場佔八成、部分市場只佔二成；其次是跟所得分配搭上線。

・橫軸：

橫軸是產品的差異化程度，工業品最容易標準化，服務（像醫生開刀、髮型設計）比較不容易標準化。以商品為例，低成本集中、低成本偏向於「一樣米養百樣人」的便利品，差異化策略適用於選購品，即桂格出五種燕麥粥，來滿足不同口味的消費者；最後針對消費者金字塔最上層的，差異化集中策略是為了伺候炫耀自己社會地位的消費者。我們以手錶、汽車來舉例，有些商品缺乏炫耀性消費功能，不好拿來作例子。

(三)差異化集中的例子：超級跑車

跑車大都是有錢人的專利，其中的高檔貨超級跑車(super car)，起價常是20萬美元，而且標榜限量生產、名人購買，雖然不像勞斯萊斯那樣還得看買主的身分，但也相去不遠了。以英國貴族超級跑車亞斯頓馬丁來說（蓮花1800 cc只能算是平民價的跑車），客戶包括查理王子、007影片男主角，每輛車12週才完工（一般車25小時），

年產650輛,從靜止到60英里只需4秒,售價30萬美元。

　　同樣的,在義大利,除了法拉利、保時捷等跑車外,貴族的超級跑車首推藍寶堅尼,售價20萬美元,純手工打造,每輛車生產時間200小時,從客戶下單到交貨約8個月,年產250輛。

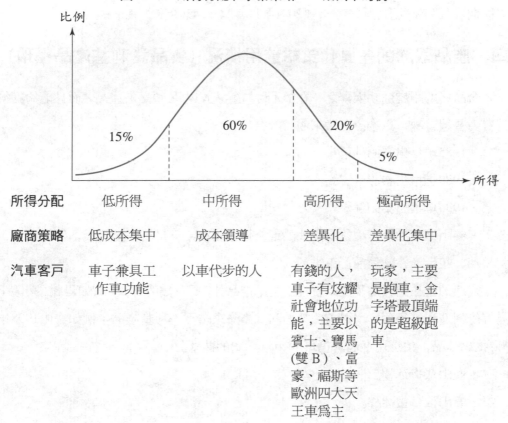

圖13-3　所得分配和事業策略——以汽車為例

所得分配	低所得	中所得	高所得	極高所得
廠商策略	低成本集中	成本領導	差異化	差異化集中
汽車客戶	車子兼具工作車功能	以車代步的人	有錢的人,車子有炫耀社會地位功能,主要以賓士、寶馬(雙B)、富豪、福斯等歐洲四大天王車為主	玩家,主要是跑車,金字塔最頂端的是超級跑車

㈣差異化集中的典範

　　臺灣是自行車王國,巨大、美利達等世界大廠的產品行銷全球。龍通關實業創立於1993年,資本額只有1200萬元,是非常標準的中小企業。創業時就鎖定「特殊機種」為主力產品,例如超輕折疊式自行車(2002年時重量僅5.5公斤),且獲得2001年第八屆中小企業創新研究獎,此種車很適合放在汽車後車箱,適合居家旅遊用,所以該公司客戶有七成在日本,其次為德國、荷蘭。

　　這種產品區隔,大幅提升龍通關實業的外銷競爭力,擺脫大陸廠商的削價壓力。

龍通關必須不斷研發更輕、折疊更方便的車種，營收5%投入研發，以自創品牌行銷日本市場，並採高級區隔策略，朝高級車、精緻、少量、多樣化（2002年將推出電動折疊腳踏車）產銷，才能維持競爭優勢。

全球景氣持續低迷，但很多堅持創新研發的中小企業卻不受影響。總經理蕭建昌說：「最近兩年公司營業成長都超過20%，2001年前三季的業績更亮麗，已經比去年同期成長40%以上。」（經濟日報2001年11月27日，第36版，張中一）

四、產品取勝的差異化策略適用情況（食品業利基產品循環）

食品業的關鍵成功因素之一在於「利基產品」，它必須是新產品，而且能夠獲得消費者普遍青睞，以泰山企業來說，計有：

· 1985年推出泰山仙草蜜。

· 1989年推出泰山八寶粥。

· 1994年推出泰山純水。

· 泰山好理油，是種雞尾酒式的混合性植物油，不是單一植物油，像橄欖油、葵花油、花生油、沙拉油、玉米油。

成功的食品企業除了要一直推出利基產品外，更省錢的方式，有如母雞帶小雞，最好能創造利基循環；用以前成功的利基產品來帶下一利基產品。例如泰山1998年6月推出冰品，便運用此利基循環(niche cycle)的觀念。

· 泰山八寶冰棒。

· 泰山仙草蜜冰棒。

五、價格拼高下的成本領導策略適用情況（資訊業的共同現象）

許多資訊產品可說是標準品，例如影像掃描器、硬碟、數據機，甚至連電腦本來是製造商品牌，1997年連國際聯強等資訊產品通路商，也學光華商場做法，推出自行組裝的經銷商品牌或接受客戶要求組裝；此象徵著個人電腦已逐漸變成家電產品，價格雖不是消費者考慮的唯一因素，但往往是最重要因素。

廠商要想獲勝，唯有靠「大即是美」的規模經濟——背後隱含製程技術的改善，難怪力捷集團董事長黃崇仁會說，資訊業可說是拼價格、拼規模，年營業額百億元

以下的廠商比較缺乏競爭優勢。

六、策略區隔時集中策略適用情況

衣服可說是集中策略較適用的產業，除了像Hang Ten、佐丹奴(Giordano)等平價港式休閒服裝店較偏向價格取向外，一般人比較不喜歡自己的穿著像制服，總希望能穿出風格、品味來。

甚至連筆記型電腦這麼標準化的產品，差異化集中策略也有可能適用。例如1997年12月華碩電腦公司開始進軍筆記型電腦，它走的路線：

1.自有品牌，以創造差異化，不走代工這條路；當代工廠無異是把命運操在少數八家系統大廠手上。

2.避開主流市場，走區域通路。華碩副董事長童子賢分析全球有一半市場由各地區域通路商所掌握，像臺灣的光華商場，這不是國際大廠吃得到的；主因是這些訂單通常小量多樣，產品差異化很大。唯有靠強有力的技術服務，才能打入市場。不過，要走這條路線，在生產上對華碩沒問題，目前主機板最大客戶也沒超過營收的5%，為了應付各種客戶，生產線上規格多達200種。在行銷通路上，筆記型電腦套用主機板通路以進軍國際市場中的區域性通路。

七、避免卡死在中間

波特的事業策略中有一個道理非常重要，那就是不要想左右逢源，針對同一產品同時採取二種策略，那很容易兩面不討好而卡死在中間(stuck in the middle)。以冷凍調理食品為例，你只能在下列二種策略中挑一項來走。

㈠成本領導策略適用時機

成本領導策略適用於下列二條通路：

1.業務用市場：也就是消費者根本不知道他吃的是哪一家工廠的產品，主要客戶有餐廳（主要是火鍋店）、便當店、學校（含幼稚園吃點心）等。

2.傳統通路：例如傳統菜市場，尤其是黃昏市場。

這部分客戶的唯一決策考量是「俗擱大碗」，進價低，那麼他賣給消費者的毛利

就高。

很諷刺的是，採取低成本集中策略的廠商大都是家庭工廠，而不是奇美、龍鳳、海霸王等大廠。其中優勢之一是，家庭工廠不用負擔營所稅、出貨可漏開發票，所以客戶可以少負擔營業稅。此外，它們也比較有彈性；有些產品不見得非冷凍交貨不可，例如丸類、餃類賣給火鍋店時，剛出爐便可送給客戶，連急速冷凍機、冷凍倉儲和運費（冷凍物流費率約比常溫物流費率高四個百分點）皆大大節省。這個產業特性蠻令人奇怪的，成本優勢不必然來自規模、範疇甚至整合經濟。

至於要純採成本領導策略的則只有大廠才有這實力,例如味全大力搶攻幼稚園、龍鳳擅長傳統菜市場，甚至還替零售商準備冷凍櫃，這些屬於低成本集中策略。

此外，有一些大廠採取成本領導策略，例如奇美也幫其他廠（例如泰山）代工。以求達到維持規模經濟量，例如包子規模經濟產量為每月100萬個，1996年時奇美代工價格為2.6至3.2元；但是如果你自行生產，以每月35萬個為例，單位成本可能在3.89至6元，甚至會出現「還沒出廠就虧損」的負毛利現象，聽起來匪夷所思，但情況就是如此。同樣情況也出現在未達規模經濟水準的三富汽車，新車一出廠便賠3萬元。為了追求規模經濟，有些差異化產品（包子至少可分成十種口味）可能便不做了。

(二)差異化策略適用的時機

無論是差異化集中或差異化策略皆有適用空間，這部分便是所謂消費者市場，其銷售管道為超商、超市、量販店（或稱大賣場）、全聯社（以前稱軍公教福利品中心），和百貨公司等所謂的現代化通路。要能擠進這些通路，往往需要上架費以及許多經銷商費用（例如協贊費），不是蕞爾小廠所能負擔的。消費品市場的成功關鍵因素，在於產品有特色，而且還必須讓消費者了解此特色。例如1997年12月，泰山和龍鳳皆推出黑糯米製成的「紫米湯圓」，以標榜養生的新產品介入市場。泰山的行銷費用高達1000萬元以上，業者大打廣告，只為爭取年營業額5億元的市場。（自由時報1997年12月21日，第18版）

有特色就得有新品，產品廣度隨著拉大，深度也變長，結果往往是少量多樣，單位成本當然就比成本領導情況高。不過，還好是出廠價也比較高，所以毛益率也不見得差；而且競爭者都照規矩來，不敢逃稅或用死豬死魚肉等劣等招式競爭，這

是因為消費者傾向於購買有CAS標誌的冷調食品，而依CAS認證精神，其肉類原料也必須符合CAS標準。

㈢量產就不能量身訂作？

同時兼善消費市場和業務用市場的可能性大不大？是有可能，但僅限於奇美、龍鳳等超級大廠，其他中小型廠只能挑一邊站，未達規模經濟的大公司，只好採取差異化策略拼消費市場；成本低廉的地方小廠只好採取低成本集中策略，去滲透成本領導策略大廠打不進的區域市場，例如「辦桌」、外燴、小便當廠、小餐廳。

但是如果不懂魚與熊掌對絕大部分廠是無緣兼得的，顧此則失彼，那只能依自己的能耐、限制（例如被CAS、FGMP執照卡住），去挑一個策略來走。但不是每位經營者都懂這個道理，有些上市公司冷調事業部還同時進軍消費、業務用市場，其結果可能二邊都不討好，動彈不得！

但是少數廠商能夠左右逢源，能夠低成本而且又能按單生產（差異化），常舉的例子是日本豐田等採取彈性生產的汽車廠。但以全球牛仔褲大廠來舉例，則更「貼」近你我：Levi's從1994年起，一直以更具創意的方式，區隔出規模較小的客戶，並跟戴爾電腦共同合作網上訂製系列，使服飾業走向大量訂製、即時製作的個人化服務，發展出一套結合電腦功能的「量產訂作」(mass customization)技術。（工商時報2001年1月19日，第34版，劉典嚴）

八、啞鈴經濟

前述 「卡死在中間」 的主張， 美國麻州理工學院經濟學教授梭羅(Lester C. Thurow)在1999年8月《天下雜誌》專訪上有大範圍說明。現在有一種趨勢稱為「啞鈴經濟」(barbell economy) （兩極化經濟），企業不是全球型的大企業，就是利基型企業(niche player)。啞鈴經濟中，沒有中型企業存在的空間。全球型大企業在全世界銷售產品，享有高知名度。利基型企業的特色是，高度專注於市場上的某一小塊，但在國際上沒有知名度，也沒有品牌形象，公司規模很小，但應變速度非常快，在利基市場中表現得非常好。

(一)以全球汽車業為例

以汽車業為例，六個全球型大車廠主導整個市場，其他的汽車公司，很難在全球市場上跟它們競爭，頂多在自己的國內市場上生存。同時，在全球汽車市場上，我們也看不到中型企業存在。

(二)以臺灣製造業為例

以臺灣來說，除了台積電，其他公司應該都屬於利基型企業，在自己的利基市場上表現很好；應變也很快，但不是國際型的大企業。台積電是全球晶圓製造的領導者，它的品牌世界聞名。台達電子就是典型的利基型企業，它們專精於某幾項電腦設備的生產，並不是所有電腦周邊都做，在這個領域裡，它們做得很不錯。(天下雜誌，1999年8月，第229頁)

在這篇文章中，大抵可以說全球型大企業是採成本領導策略或差異化策略，而利基型企業採取差異化集中、低成本集中策略。

九、波特對臺灣企業的建議

2001年7月31日，波特來臺演講，對臺灣（企業）的建議：臺灣大多數的企業還是援用以往的策略，因此，本質上並沒有太多的改變，面對大陸低製造成本基地的崛起，波特認為臺灣和大陸都各自擁有優勢，例如在科技設計、行銷和售後服務，臺灣明顯處於優勢。臺灣只有擺脫代工的產業策略，重新建立和顧客端和供應商間的價值鏈，以製造具有獨特性的產品，臺灣才有因應國際經濟變局的能力。(工商時報2001年8月1日，第3版，張令慧)

◆ 第二節　消費者策略——建立顧客導向的企業

99%以上產業的市場結構是完全競爭，此時打敗競爭者沒有任何意義，因為競爭者太多，打都打不完，此時只有消費者雀屏中選的才會勝出。不過，我們不準備在本節討論《行銷管理》厚達800頁的內容，重點擺在如何建立「顧客導向的企業」(market-driven company)。

一、難道他們都不唸書？

1979年我大三唸柯特勒的《行銷管理》時，便明瞭科技夢魇（即研發導向）、生產導向、銷售導向、行銷導向（即消費者導向）的歷史演進和例子，很難相信大企業竟然還停留在第一、二階段。不相信嗎？看看德國西門子、美國凱瑪百貨的錯誤示範吧。

㈠西門子的科技夢魘

2000年，西門子在全球手機市佔率為7%，排名第六，在1996年到1999年期間，全球市佔率不到3%。根據《富比士》雜誌報導，這家已有一百五十四年歷史的老牌德國電子公司，之所以能在三年內讓手機生意由虧轉盈，主要原因是，它把整個手機的設計製造流程，全部翻轉過來。

過去西門子以技術取勝，手機設計由工程師主導，強調功能性，但卻忽略手機是貼身的通訊用品，功能好外，還必須美觀，才會吸引消費者。

現在，西門子模仿手機龍頭諾基亞行銷導向的做法。開發新機種時，先鎖定目標市場的消費族群，再由流行設計師設計外觀和音效，然後才由工程師依此開發新手機。（天下雜誌，2001年4月，第276頁，顏和正）

㈡師心自用

在Crawford & Methews寫的《卓越的迷思》（*The Myth of Excellence*，2001年，Crown Business Publishing）書中，強調許多企業陷入「卓越的迷思」中，它們一心一意想要追求卓越，在各方面都超越競爭對手，結果方向錯誤，它們完全不了解顧客真正要什麼，也不知道企業如何做才能真正滿足顧客的需求。他們調查了上萬個顧客，訪問許多公司主管，他們的結論是：許多公司自以為非常了解顧客，事實是它們從來不傾聽顧客的心聲。顧客不要「一流績效」、「卓越」的公司，他們要的是被認知、尊重、信任、公平和誠實的對待。

企業每年花一大堆費用，譬如行銷、廣告、商品化、商品組合、交易條件、服務水準等的努力都是無效的，不是顧客想要的，顧客真正追求的是價值，企業不必樣樣第一，即使企業能夠，也無法清楚的向顧客溝通。

顧客重視五種屬性: 價格、服務、商品、經驗、通路。在這五種屬性中企業只要有一種是第一，第二種有差異，其他三種中上，就是顧客心目中最好的企業，不需要二種都第一，因為顧客反而會混淆，搞不清楚你哪樣最專精，也不能其他三種都低於水平，因為會讓顧客懷疑你的能力。

以沃爾瑪(Wal-Mart)百貨來說，在顧客的認知中，價格低廉它是第一，商品豐富是其次，其他都不錯。同樣是以低價為號召的凱瑪(K-Mart)百貨想要標新立異，在店裡賣義大利品牌Gitano高級服裝，結果顧客不認同，不相信凱瑪店內賣的是高級貨，不但服裝賣不好，也把Gitano的品牌破壞，因此只要一項第一就好，不要貪心，想要一箭雙鵰，結果是兩面都不討好。(工商時報2001年12月5日，第34版，陳偉航)

(三)畫蛇添足

對太重競爭策略的撥正反亂作法，竟然是用價值二字取代「消費者」，下列三種觀念跟1975年柯特勒《行銷管理》書上的行銷導向幾乎沒什麼不同。

1.價值行銷(value marketing)，強調物超所值的觀念，在網路業常見的是「跟客戶共同創造價值」，即量身訂作另一種表達方式。(蕭鼎銘譯，「和顧客共同創造價值」，EMBA世界經理文摘，2000年2月，第74～84頁)

2.法國INSEAD兩位教授Kim & Mauborgne (1997)的專文則主張採取消費者策略，他們稱為「價值創新」(value innovation)，也就是作消費者的需求權重（例如住旅館時有各細項的評分：房間、餐飲、表演、商務服務），畫出價值曲線，然後再以自己產品去進行消費者滿意調查，看看是否真的給消費者帶來價值。

他倆「一不做，二不休」，1999年1/2月又於《哈佛商業評論》上發表「創造新市場空間」文章，把前述消費者的消費屬性畫出價值曲線，只是這一次還得畫一條產業平均水準曲線。(李田樹譯，「創造新市場空間」，EMBA世界經理文摘，1999年4月，第28～62頁)

3.Andrew & Hahn (1999)提出價值網(value web)以取代供應鏈管理，其實只是中衛體系的知識交流，尤其是零售商把消費者資訊即時提供給供應商。(溫宏洋譯，「從供應鏈轉型為價值網」，EMBA世界經理文摘，1999年3月，第92～103頁)詳見拙著《知識管理》第十五章第四節中衛體系的知識交流。

二、為什麼跟「民意」脫節?

對因才能下藥(對症下藥指的是頭痛醫頭、腳痛醫腳的症狀療法,例如感冒),以政治為例,為什麼會發生黨意跟民意重大落差呢? 表13-1是常見的原因,知道原因,找解藥就不難了。

1999年10月18日,普哈拉來臺演講,講題「新經濟時代的致勝之道」,其中重點之一是在策略決定過程中最為戲劇化的變化,就是傳統分工的崩潰,傳統的做法是高階主管發展策略,中階主管負責執行。但由於競爭環境的不連貫改變的特質所致,創造了一個嶄新的動力。接近新技術、競爭者和顧客的人,都是中階主管,他們擁有資訊、高度意願和行動的動機,也直接掌握人群和各種資源。高階主管在不連續改變的時代中,多少跟新興的競爭現實有些脫節。例如,有多少高階主管個人上過網或打過電視遊戲(video games)? 在網上玩過刺激的足球和上網路的聊天室聊天? 在發展策略方向和作分權決策方面,中階主管一定得負起更多的責任。(經濟日報1999年10月19日, 第3版,陳啟明等)

表13-1 缺乏消費者意識的可能原因

組織層級	說　明
一、決策者 1.董事長 2.總經理 3.事業部主官	1.位居高津太久,跟「民意」脫節,但仍認為「黨意」即民意 2.年齡太大,但仍自以為自己是民意之一,功能固著地自認有能力代表民意,犯了「局部繆誤」 3.非業務主管晉升到主官職位,較缺乏「選戰」經驗,不注重或不知道如何討好選民
二、功能部門 1.業務 2.研發 3.其他	1.只有業務人員處理例行營運,但缺乏行銷部門有系統的研究消費者,造成「耳不聰,目不明」的結果;尤其當產品是透過通路販售時,業務人員幾乎很少接觸到消費者 2.缺乏行銷、業務人員指引,研發人員可能犯了研發夢魘,即以追求產品技術卓越為目標,罔顧消費者需求,也就是「行銷-業務-研發」三部門缺乏連結互動

三、建立跟著民意走的經營機制

「順民者王，逆民者亡」，這是我把古語稍微修改用以強調跟著民意走的結果。接著是如何建立「以民為本」的經營機制，能做到，便可說是「正確的開始，成功的一半」。

我們想以舉例方式，輕鬆點的由上到下（表13-1第一欄）來說明怎樣「改變所有的錯」。

㈠替客戶設想的日本i-Mode

i-Mode行動數據服務成功席捲日本市場，並打造日本手機族群全新生活型態，已經擁有2300萬的用戶，透過手機，下載行事曆、傳輸郵件、養電子寵物及遊戲等。

日本行動通訊公司NTT DoCoMo"i-Mode"內容服務的前任總編輯松永真理，於2001年5月舉辦新書發表會，被譽為「i-Mode之母」的松永真理透露成功原因在於定位為大眾市場，同時提供簡單、便利和好用的平價資訊。讓一般民眾，打破時間和空間的限制，利用一支手機，可以隨時隨地上網接收和使用訊息服務。i-Mode服務，是希望做到像飯店一樣的便利和舒適，提供所有消費者最方便的需求。

消費者一致的口碑是「很方便」，只要輕輕按一個鈕，就可以上網訂餐廳、買機票，這是大家最能接受，而且是i-Mode成功的最大原因。另一方面，價格便宜，也是令大家覺得值得的地方。日本不少手機族群，受到i-Mode服務的吸引，於是更換手機和公司。松永真理獨樹一格的內容編輯服務，也被稱許為i-Mode成功的最大功臣之一。

日本媒體稱松永真理為「i-Mode之母」，並獲得美國《財星雜誌》(*Fortune*)選為亞洲最有權力的女性之一，也有媒體形容她的貢獻在於「改變日本行動電話的歷史」。

她進入NTT DoCoMo之前，對技術一無所知，甚至連行動電話也沒有，但任職後，隨時隨地站在消費者立場想事情。

松永從來不羞於表明她對電腦的無知，她堅持不許在開會時講專業術語，最常說「說話要簡單到連松永也懂」，這句話也成了DoCoMo辦公室內的流行話。松永接受訪談時說：「i-Mode簡單好用，我們促銷i-Mode時，甚至不提網際網路的字眼。」

（經濟日報2000年11月26日，第5版，劉忠勇譯）

她形容自己每天就像戴著「天線」，隨時隨地懷抱著好奇的心，並接收各種訊息。例如，坐電車時，聽聽別人談話的內容，到便利商店看商品的陳列，透過了解同事的兒女們，愛上網和喜歡線上遊戲等行為，來得知大家有興趣的內容，並思考相關的服務。

松永真理完全不懂技術的外行背景，在以技術為導向的NTT DoCoMo，提供了完全不同的思考模式。她表示，行動通訊族群所需要的，是即時、好玩、有用、又便宜的訊息服務，而使用的界面必須友善和容易使用。於是她把i-Mode服務的發想、推廣和成功的過程，寫成《i-Mode，縮短夢想跟實際的距離》這本書。（工商時報2001年5月12日，第9版，何英煒）

㈡聯華食品成立行銷部當耳目

許多食品公司的產品都是「董事長的金口代表全臺2300萬人的口味」，也就是一個人說了就算，完全不照《行銷管理》、《行銷研究》書中的新產品發展方法去做，難怪失敗率很高。

有鑑於此，聯華食品公司2001年初成立市場企劃部，聘請45人，很多是企管碩士，另租200坪辦公室，一年花費1億元來作行銷研究、企劃。

㈢最直接的學習方式——向顧客學習

聰明的企業不用間接學習（例如標竿學習），甚至不用迂迴學習（讀書、上課），而是直接向顧客學習，以創造符合客戶價值的商品、服務，此即「道在近，而求諸遠」的道理，稱為價值行銷。終究打敗對手也不見得賺得到錢，獲得客戶滿意才是真贏；終究誰愈能了解顧客，誰就愈有可能成為最終的贏家。

由圖13-4可見，在事前、事中、事後三階段，公司向顧客學習時宜具備的心態、做法；底下將詳細說明。

㈣新力的業務跟研發連結機制

1998年，日本新力幾年前推出的Play Station(PS)，已經大大掠奪任天堂的地盤，給後者很大的打擊。2000年的PS II，更是風頭十足，訂價11000元，可以讓家裡的小孩玩3D遊戲，大人看DVD，聽CD，還可以上網，PS II就是新力切入資訊家電(IA)的楔形攻勢。

圖13-4 三階段向顧客學習的做法

心態	心態：研發、代工廠，但應有零售商的心態，不要有科技(人員)近視症		事後檢討有訣竅
做法	行銷研究： 1.panel study，聆聽客戶的聲音 2.以不熟悉的外行人士為對象 3.市場測試 (test the market)	個人化量身訂做？ ・資料探勘以進行客戶關係管理 (CRM)	1.客訴處理分析 2.維修記錄分析 3.顧客滿意程度調查
	事前	事中	事後 ──→ 時間

　　新力是世界公認技術創新力奇強的一家公司，近年來，根據《財星雜誌》的統計，每年推出1000種新產品系統和元件。其中800件是以前推出產品的改良版，約200件則是針對新市場應用的嶄新產品，幾乎每個營業日都有一個新產品推出。

　　1.每個月第一個週二的「研發企劃與協調會議」，作為研究單位跟各事業部間接觸的橋樑。中央研究所所長在這些等同技術市集(Techno Mart)的場合，也擔任技術推銷員的角色，把各研究所的成果向各事業單位推廣。

　　2.每季舉辦較技術性的「技術研討會」，把已獲得的科技成果整合進公司產品創新的腦力激盪流程內。研討會每次的焦點約有三到四個技術課題，參加人數180人以內，由中央研究所內頂尖的化學或物理研究員帶領討論，會議時間由下午一點到六點。

　　3.中央研究所每年兩次，定期舉辦每次兩天的成果展示大會(Open-house Meeting)。大約有1000位事業群和事業部主管（年齡30～45歲）參加，中央研究所全部研究室房門都打開，這些主管自由地走動參訪任何一位研究員，提出任何技術性或市場性問題。大會每次開場，由董事長在第一天早上致開幕辭。

　　4.每年一次的技術流通論壇(Technology Exchange Forum)連結了技術種子和市場需求。這個技術市集在東京品川總部大樓好幾層樓面舉行，中央研究所、總部研究所（600位研究員，分屬五個研究室）、各產品群的開發部均來設攤位展示研發成

果，並且向研發專案潛在金主（各事業部）推銷技術。而新力各銷售公司也設攤位，展示各產品的營業和未來趨勢展望。技術市集向研發工程師強調接近市場的重要性。技術知識必須跟市場知識交會，才能孕育出產業創新的豐饒果實。（部分修改自李仁芳，「e策略家創新的條件」，EMBA世界經理文摘，2000年3月，第128～131頁）

四、民之所欲，常在我心

自古無場外的舉人，同樣的如何判斷公司（中高階）管理者皆有「民之所欲，常在我心」的想法呢？德國的尤爾根・許勒在《突破你的極限》一書中，請求讀者做下列自我測驗，可說是今天、未來五年的SWOT分析，其中第1～4題指的是機會，更直接的便是傾聽消費者的聲音。

1. 請寫出你目前為哪些顧客服務？
2. 在未來的五到十年中，你又將為哪些顧客服務？
3. 你是通過哪些管道獲得現在的顧客的？
4. 你將在未來通過哪些管道獲得顧客？
5. 誰是你現在的競爭對手？
6. 誰將在未來成為你最強的競爭對手？
7. 你現在的競爭優勢基礎何在？
8. 在未來的五到十年中，你的競爭優勢是什麼？
9. 你現在的利潤來自何處？
10. 你未來的利潤將由什麼產生？
11. 你是通過什麼能力使自己在今天脫穎而出的？
12. 在未來的五到十年中，你將通過什麼技能使自己脫穎而出？

五、為可能找理由

「發明家的秘密在於，他們眼中沒有什麼是不可能的。」（里比希，Justus von Liebig）

藥劑師跟醫生緊密合作「找尋」治療目前仍是不治之症的藥物，這二百多年來，肺結核（19世紀最常見的絕症）、天花都有藥可醫。再十年，甚至連愛滋病都只是20

世紀的黑死病，在21世紀不成問題。

這個開場白在說明，縱使你知道民意，但卻被自己打敗了，也就是下列測驗中的第4題。

1. 你的顧客有哪些需求是你目前的競爭對手做得更好的？

2. 你的顧客有哪些需求是目前你或你的對手都根本無法滿足的？

3. 有哪些需求是顧客可能有，但目前卻未認識到的？（這個練習的目的是讓你思考，如何才能說明你的顧客有哪些需求。你的顧客並不具備提出自己需求的能力，因為他們對此並不了解。你必須有一個「市場鼻子」去感覺你能給顧客提供些什麼）

4. 在這種情況下，你可以提供哪些解決方法 —— 即使這些方法目前看起來似乎「不可能」？

◆ 第三節　多效合一的策略規劃方法 —— 兼論司徒達賢教授的策略矩陣分析法

對於不是在研究所專攻策略管理的人，難免會被它眾多方法給弄得暈頭轉向，舉一些耳熟能詳的方法來說，SWOT分析、KSF、BCG、波特的策略型態和五力分析和價值鏈、標竿策略、策略矩陣分析法；再加上一些較不為人熟悉的方法，例如策略群組、資源基礎理論、核心能力等。其實，不少策略管理分析方法大都藉由管理學、行銷管理學的基本架構，套用金融創新的樂高定理，就像樂高玩具的基本積木塊一樣，再加上有創意組合，小塊的組合便構成理論、模式，拼裝成的整塊組合有時稱為策略分析方法。

本節嘗試把常用的理論、分析方法，還原成一塊塊的積木。另一方面，再用這些創意組合等作為拼圖法，拼湊出一塊大圖，一如財務管理中常見的杜邦公式一樣。這樣來看，便不會見樹不見林了！

一、機會威脅vs.市場潛量

許多企業慣用的策略規劃的方法為SWOT分析，其中 O（機會）、T（威脅）二部分，合稱外在分析或產業吸引力模式；但簡單的說，其目的在估計出市場潛量，

甚至從替代品的威脅分析中，可進而釐定市場區隔。換句話說，外在分析其實只是行銷學中的環境分析、消費者行為分析罷了。

策略群組、標竿策略嚴格來說都不是一種策略分析方法，套句樂高遊戲的比喻，策略群組在找出得獎作品的共同特徵，而標竿策略則是一種模仿、學習的方法，那如何才能做得像這些得獎作品，集眾優點看能不能青出於藍而勝於藍。

二、資源vs.企業功能

由圖13–5可看出「資源」的種類其實跟七項企業功能頗相近。例如「財務資源」，不論是指資金總額（存量）或資金調度能力（流量），直覺來說，許多事是「非錢莫辦」、「一文錢逼死一條英雄好漢」。資產只是必要條件，但管理能力則是充分條件；管理能力強的企業照樣能發揮以寡擊眾的效果。由此看來，策略分析繞了很大一圈，可說又回歸到企業管理的基本，也就是企業功能、管理功能。

至於共通資源則可用公司管理能力來形容，其表徵則為綜效能力高（來自整合）、學習能力強。有些資源不僅相對應一項企業功能，例如「關係」或「人際關係網路」，可勉強歸類於「人力資產」(human capital)。

三、資源、行銷策略和策略類型

要是在圖13–5中，在客觀的資源基礎上，再加上主觀的決策變數，簡單的說可用行銷管理來對應。除了行銷政策面的4P外，在策略層級還可加上二個構面：

(一)目標市場

也就是定位，在市場區隔中挑出一或數塊次市場，作為自己的營運範圍(boundary)。

(二)進入市場方式(mode of entry)

如何進入市場至少涉及下列二項決策，在行銷管理學中皆有專章討論。

1.在產業何種階段進入：是創新者（即採取先發制人策略）、還是模仿者？

2.扮演角色：究係領導者、跟隨者、挑戰者或利基者？

圖13-5 企業功能、行銷4P和波特事業策略間的關係

方法論用詞	假設、前提、基礎	決策	推論、結果
策略用詞	・關鍵成功因素 ・策略性資源 ・優勢、劣勢分析	企業管理、行銷管理	策略類型－以波特爲例

共同資源
1.組織管理（其表徵爲綜效、學習曲線）
2.MIS (例如POS)

市場定位 (範圍)

機會威脅
分析

特殊資源
・財務能力
(包括工廠規模)
・製程技術
(包括範疇經濟)

進入策略 (時機)

定價 → 成本領導策略   優 勢

・研發技術
(包括產品技術、
專利、智慧財產權)
・品牌資產（或商譽）

產品
促銷
→ 差異化策略   劣勢分析

・人力資產
(含人際網路)

產品
通路・物流
→ 集中策略

無論是定位、進入策略的抉擇，其依據皆爲知己知彼的優勢劣勢分析。至於「資源、決策、策略型態」的連結，以簡單舉例說明，採取「成本領導策略」的企業必須具備：

・資源、關鍵成功因素、能力：財務資產強者公司較易透過內部發展（擴廠）、外部發展（倂購、策略聯盟）來擴大產能規模，以超越規模經濟門檻。至於製程資產強者，其製造成本、不良率、時效皆優於競爭者，甚至可創造出範疇經濟（生產二樣產品的成本低於分別生產二樣產品）。

・行銷策略：以工業產品、無印消費產品來說，採取低價的定價策略較能致勝。

簡單的說，難怪採取成本領導策略的行業大都是資本密集的行業，例如塑膠、鋼鐵、資訊等上游行業。

四、解構「策略矩陣分析法」

最後，讓我們來試試看如何運用上述樂高理論來解構臺灣策略管理大師司徒達賢所提出的策略矩陣分析法(strategic matrix analysis)，其主張六個策略型態，可歸類：

1.行銷管理類：計有產品廣度與特色、目標市場區隔與選擇和地理涵蓋範圍。

2.企業功能類：垂直整合（即研發、生產、行銷）程度、相對規模和規模經濟（投資決策，表徵為產能）、競爭武器，後者主要是指資源，例如獨特能力(distinctive competence)、獨占力、關係，至於「時機」則可說是圖13–5決策欄中的「進入策略」中的一個成分。

充電小站

臺灣策略大師：司徒達賢

現任政治大學企管系教授、專案副校長，取得美國西北大學企管博士，主修企業管理，專長也在策略管理，曾任政大企管系系主任、政大企研所所長。

1995年曾出版《策略管理》(遠流出版)、1998年《為管理定位》，二書獲頒經濟部中小企業處「金書獎」。

2000年10月出版的《策略管理新論》(智勝出版)，創見仍為「策略型態分析法」和「策略矩陣分析法」，另主編《策略管理個案集2001》(智勝出版)。

五、戲法人人會變，各有巧妙不同

相同的菜，傅培梅跟我炒的結果可能是天壤之別。同樣地，策略分析方法可說基於共同的元件，但因提出的學者功力高低、角度不同，可說是戲法人人會變，各有巧妙不同。

雖然如此，本文嘗試想讓你化繁為簡，進而取各家之長，建立適合自己用的分析方法。

第四節　事業策略規劃運用實例（一）── 兼論營運計畫書

由表13–2可看出營運計畫書是策略的文字描述，年度預算則是策略的金額表

示，皆是策略規劃的結果。本節將說明如何把SWOT分析、實用BCG等綜合運用，藉以編訂出營運計畫書。

表13-2　策略規劃步驟內容和所需圖表

策略規劃步驟	內　容	所需圖表
一、策略分析： 　　診斷	缺口有多大？ 　1.現況內調整，或 　2.加入生力軍	實用 BCG 圖 (圖 2-4)
二、策略構想 (隱含財務可行)：	SWOT 分析	實用 SWOT 圖或SWOT評分表，由下列三項判斷產品生命週期階段：
(一) 市場、法律可行性分析	(一) 產業分析 　1.機會 (O)： 　　總體分析 　　消費者分析 　2.威脅 (T)： 　　替代品分析	1.市場潛量 vs. 臺灣 GNP 　(過去十年) 2.產品單價 (過去十年) 3.產業或代表性廠商獲利率
(二) 經營、管理 (含技術、生產) 可行性分析	(二)公司分析 　3.優勢 (S)： 　4.劣勢 (W)： 　　皆相對於競爭者	・關鍵成功因素表 ・策略群組圖，尤其是廠商在波特事業策略圖上的位置 ・策略性管理會計以跟對手、標竿損益表比較
(三) 策略方案 　(scenario 　analysis)	・市場定位 ・介入市場方式 ・行銷策略 (4P) ・各種成長方向、方式、速度的預估財務報表	・市場定位圖 ・自製 vs. 外包優缺點比較 ・成本、收入假設表 ・樂觀、最可能、悲觀情況下的預估財務報表 ・損益兩平時產量、進程
三、決　策： 　站在幕僚立場則為建議	決策法則：淨現值報酬率	依折算現值報酬率高低把策略方案依序排列

一、策略分析（實用SWOT分析的運用）

(一)總體經濟分析：機會分析

　　對於未來五年經濟生產金額的估計是最容易的事，因為以內銷產業來說，對臺灣經濟未來五年的產值，行政院經建會皆有預測。對出口產業或全球企業來說，可採取世界著名公務統計單位（例如OECD）、學術（例如美國賓州大學華頓學院）或商務機構（例如國際貨幣基金會，IMF）的預測。你的工作只是挑一個普遍使用的資料來源。當然，別人會質詢你：「預測跟實際總有差距。」這點，可分以下三種情況考慮（表13-4）：

　　1.樂觀情況：樂觀情況常作為政府的預測目標，尤其在大選年時，政府常透過經濟預測來宣揚「牛肉在哪裡?」經建會1998年研擬中的「跨世紀國家建設計畫」則是以未來十年每年經濟成長率6%為目標。

　　2.最可能情況：我常用最可能情況的算式為過去五年預測值減實際值的平均誤差，比方說為0.5個百分點：當樂觀情況經濟成長率為4%，再減去0.5個百分點，便得出最可能情況經濟成長率3.5%。

　　3.悲觀情況：可以用的算式很多，例如過去五年中預測值減實際值的最大差距，比方說一個百分點。那麼，當樂觀情況經濟成長率為4%，再減一個百分點，便是悲觀情況下的經濟成長率了。

(二)產業經濟分析：機會威脅分析

　　無須對產業經濟學有深入的分析，才可以做產業經濟分析，因為大部分的產業皆有產業預估資料可供查詢，其中尤以資策會對資訊電子業的跨國性資料蒐集最完備。但是除此之外，大部分產業皆缺乏對未來五年的預估值；因此這部分有待您補足，一般採取的方式為：

　　1.鑑古知今：以過去五年（或十年）產業產值佔國內生產毛額(GDP)百分比、時間落差（景氣領先、同時、落後），來作為預測基礎。

　　2.他山之石可以攻錯：至於未來成長趨勢，可參考美、日等先進國家的經驗。

　　3.參酌目前的科技水準：「未來學」熱門領域便是探討科技未來的發展趨勢。此

部分您可以詢問工研院、臺灣經濟研究院等研究、學術機構。

在作預測之前，應先將影響產業發展的重大有利因素、不利因素詳列，並以2～4頁的篇幅來說明。此步驟所處理的五力分析，偏重於替代品分析，因替代品的出現往往影響另一產品的生命週期，例如傳真機的普及，電信公司只好結束電報業務。

(三)公司銷售預估：優劣勢分析或競爭者分析

預估公司銷售值的方法有很多，常用方法為市佔率法；當然如同前述產業分析一樣，你必須把公司分析的結果列出，讓別人知道這行業的關鍵成功因素為何，而你正具備此優勢，而且劣勢點不多或即將克服。此步驟所進行的競爭者分析，的的確確是照捉對廝殺的對手來比，以知己知彼。並由此才能推估市佔率。

以1995年底臺灣茂矽成功現金增資110億元的個案來說，在股市低迷（指數在5000點徘徊、日成交值200億元）時，茂矽副總經理陳文芸認為，此案成功的關鍵在於現金增資公開說明書中財務預估的詳實。他認為：「要股東拿錢出來投資，必然得明確告訴他們公司發展遠景，以及可能面臨的風險。」因此他所做的1996年財務預測，把產品可能跌價的最大幅度等負面因素考慮進來，並客觀評估產品開發、製程技術上的改良，算出茂矽未來幾年成長幅度仍相當可觀。

二、策略構想的評估（實用BCG的應用）

· 公司前景分析——產品組合管理

對於有多個產品或事業部的公司，接著便以實用BCG模型來衡量其策略形勢。公司最喜歡的情況是圖13-6中所示的情況，也就是說具備：

1. 今天的產品（產品成熟期階段），例如A產品。
2. 明天的產品(產品成長期階段)，例如B產品。
3. 未來的產品(產品導入期階段)，例如C產品。

以圖13-6、表13-3的公司來看，其加權平均的結果如圖13-6中的三角形所在。

圖13-6 實用產品組合管理

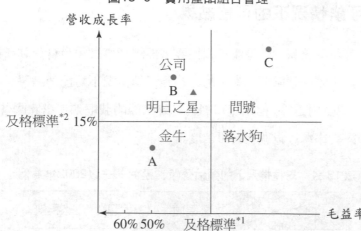

*1：及格標準：1.OEM 專業廠 25%；2.產銷合一公司 40%。
*2：及格標準：1.經濟成長率；2.產品、產業成長率。

表13-3 公司三項產品的營收、盈餘資料

	產品（或事業部）			公司
	A	B	C	加權平均
毛益率	60%	45%	20%	39.5%
營收成長率	12%	20%	30%	21.6%
權數公式	$\dfrac{\text{各產品投資淨額}}{\text{總投資淨額}}$			
實際權數	30%	30%	40%	100%

第五節 事業策略規劃運用實例（二）──兼論年度預算

　　營運計畫書，跟公司的目標管理、年度預算可說是同樣編製方法，只是營運計畫書所涉及的收入成本科目不需那麼多。延續第四節的分析，本節重點在於預算編製。

一、三種可能情況下的可能結果

對於未來五年財務報表的編製，根據經濟部國營事業委員會對其所屬事業投資案的審查標準，必須陳述樂觀、最可能、悲觀三種情況下可能的結果，以明瞭可能的風險、獲利、資金用途等。謹以表13–4為基礎來說明我們如何落實國營會的要求，各項資料宜揭露其來源，以強化其可信度。

表13–4　三種情況下的預估營收、盈餘——以2002年為例

步驟＼情況	樂觀值	最可能值	悲觀值
1.經濟成長率	4%	3.5%	3%
2.產業成長率	30%	25%	20%
3.產業產值 (億元)	130	125	120
4.市場佔有率	1%	1%	1%
5.公司營收值 (億元) = (3)×(4)	1.3	1.25	1.20
6.毛益率	40%	32%	24%
7.毛利 (億元) = (5)×(6)	0.52	0.4	0.288
8.純益率	18%	14%	10%
9.純益 (億元) = (5)×(8)	0.234	0.175	0.12
10.權益 (億元)	0.5	0.5	0.5
11.權益報酬率 = (9)÷(10)	46.8%	35%	24%
12.股數 (億股)	0.04	0.04	0.04
13.每股盈餘 (元) = (9)÷(12)	5.85	4.375	3

㈠公司獲利率預估

一般用於衡量公司營業獲利的指標有下列二種：

1.毛益率：此部分最好比產業平均值高，而且其中營業成本係指製造費用（折舊也包括在內），製造業毛益率最好高於30%，否則扣掉管銷費用後純益率便沒剩多少。此外，有了毛益率和固定成本資料還可據以計算每年（每月）的損益兩平點。

$$年損益兩平點 = \frac{年固定成本}{毛益率}$$

2.純益率：此部分最好高於產業平均值，才能顯示你過人的才能。以製造業來說，除非營業額很大，薄利多銷後仍有賺頭；否則，純益率不宜低於7%。

除了上述獲利率外，其餘成本率也得合理，例如以西式速食餐飲業來說，薪資成本佔營收超過25%，則極可能虧損；但反之，要是低於13%，則可能低得不合常理，除非你能自圓其說，否則很難說服董事會。

至於產業獲利率的資料，至少有下列來源：

‧聯合徵信中心每年9月出版前一年度的各行業財務比率，一本至少3000元。

‧臺灣銀行經濟研究室出版民營製造業的財務報表，包括製造業、礦業、營造業、電力業和航運業。

‧《工商時報四季報》中也有「產業平均」，不過此處所涵蓋的樣本較少，僅限於同產業的上市公司而已。

㈡盈餘平滑的方式

針對盈餘的品質提高方面，在可能範圍內盡量減少盈餘的波動，也就是盈餘不要大起大落，讓公司的經營風險降得比較低一些。讓盈餘平滑(smoothing)作法有許多，但我不建議採取下列三方式：

1.變更會計方法。例如存貨究係採先進先出法或後進先出法，又如機器設備的折舊方法係採平均折舊法或加速折舊法。

2.利用營業外收支予以調整盈餘金額。不過專業人士（例如證券分析師、機構投資人）是不會把這算在公司長期穩定的例行性收入中。

3.製造假業績，以創造業績、提高盈餘。

一般來說，在營業內收支方面可以權衡處理的便是控制收支的時程，即把收支適度分配在前後年度，進而維持各年度每股盈餘的穩定。

二、決策：淨現值（報酬率）法

(一)權益報酬率預估

當公司初成立時，股本和業主權益（股本加保留盈餘再加公積）大抵是相同的。但有盈餘公司，業主權益比股本大；要看公司獲利能力是否好，常用的便是權益報酬率，也就是股東拿這麼多錢出來——公積、保留盈餘可視為股東出資再投資，到底報酬率多少。

在年投資報酬率分析方面，我們建議：

1. 下限不宜低於標會利率，例如18%，也就是六年還本。

2. 上限不宜超過百分之百，也就是一年內還本。因為很難想像這樣好的投資案，會有任何一個創業團隊捨得讓外人分一杯羹，尤其是在申請政府特許營業執照時，廣泰財務顧問公司總經理莊大緯認為年平均報酬率12%左右（即九年還本）是審查委員可接受的；否則，要是報酬率太高，政府會被批評「圖利他人」。

3. 最好是樂觀情況下一年半內還本，最可能情況下三年內還本，悲觀情況下五年內還本。這種營運計畫案董事會一定會笑得合不住嘴。

4. 還本期間：或許您會奇怪，此處皆以「還本期間」作為投資報酬的衡量方式；因為這可以說是最容易懂的觀念，而且可說最普遍使用。但別忘了，此處所指的「回收期間」所根據的數字仍來自於淨現值法，也就是在方法論上來說無懈可擊，只是在推論上考慮讀者的習慣罷了。

5. 假設要合理：當對外的財務預測所根據的假設不合理時，公司常得付出代價，例如1998年1月，櫃檯買賣中心拒絕德碁半導體公司的上櫃申請，主因之一在於1997年時三次調降財務預測，而且稅後虧損超過40億元。

至於力捷集團旗下的力晶半導體公司上櫃申請，由於1998年財務預測以比較合理的基礎計算，即一顆16 M動態隨機存取記憶體(DRAM)售價在4至4.5美元間。再加上本業甚至有獲利，因此有機會過關。（經濟日報1998年1月21日，第23版）

(二)每股盈餘預估

跟權益報酬率意義相近的，便是每股盈餘。雖然許多人很習慣這個名詞，但在

使用時要特別小心，因為當二家公司股本相同而業主權益相差很大時，每股盈餘可能以業主權益較大的公司會較高。因此，光看每股盈餘並沒有多大意義。

㈢預估財務報表的編製

同樣地，在策略規劃決策過程中，需以獲利來衡量各策略構想對公司價值的影響，此種跟傳統預算、零基預算不同的策略預算(strategic budgeting)觀念，在1980年代逐漸獲得美國企業採用。其實施的對象是事業部、跟長期營運計畫聯結，考慮樂觀、最可能、悲觀三種情況，稱為策略套(strategic-package)，其精神是「（公司）價值基礎規劃」(value based planning)。

日裔美國學者石和安平(Ahira Ishihwa)於1984年的專書《策略預算》(*Strategic Budgeting*)中有詳細說明，另外艾爾卡公司(Alcar Group Inc.)也有現成的套裝軟體可資應用；本節可說充滿著策略預算的影子。

鑑於金融危機、高科技產業技術變化快，使得不少股票上市財務預測得一再修正，證交所擬把財務預測，由點估計修正為彈性區間的區間預測。

表13-5是最終的結果，但實際上在處理時，比較少會出現這個表，因為常見的處理方式及其所呈現的表如下。(下述括弧內表一至表十八的數字代表你應該依序作出這些表)

表13-5　2002～2006年預估營收、盈餘——點估計

項目＼年度	2002年	2003年	2004年	2005年	2006年
營收值 (億元)	1.25	1.5625	1.9531	2.4414	3.0518
毛益率	32.67%	同左	同左	同左	同左
損益兩平點 (億元)	1.075	1.3437	1.6797	2.0996	2.6245
純益率	14%	同左	同左	同左	同左
純益 (億元)	0.175	0.2188	0.2734	0.3418	0.4273
業主權益	0.5	0.6	0.75	0.95	1.20
權益報酬率	35%	36.47%	36.45%	35.98%	35.61%
股數 (億股)	0.04	0.05	0.062	0.078	0.097
每股盈餘 (元)	4.375	4.376	4.410	4.382	4.405

1.樂觀情況（表一至表六）：包括未來五年的下列各表，我習慣把它們依序放在表一至表六。

⑴各項收入預估的基本假設和未來五年收入彙總表（表一）。

⑵各項成本預估的基本假設，例如管銷費用每年至少成長1～3%，才追得上物價上漲，得到未來五年的成本表（表二），並進而得悉毛益率、純益率。

⑶未來五年損益表（表三），又可分為現值和未折現二種衡量方式，表一、表二可說是為作出表三的工作底稿。

⑷未來五年資產負債表（表四）。

⑸未來五年現金流量表（表五）。

⑹未來五年業主權益變動表（表六）。

2.最可能情況（表七至表十二）：如同樂觀情況下六個表的編製方式，依序可得到表七至表十二。

3.悲觀情況（表十三至表十八）：如同樂觀情況下的六個表的編製方式，依序可得到表十三至表十八。

4.推論：太多情況、太多圖表令人無法掌握，為了避免迷失在資料堆中，統計學中的簡單推論方式可予以採用，計有：

⑴區間估計：以表13-4來說，公司2002年度預估營收區間為1.2億元至1.3億元之間，二者之差為1000萬元。

⑵點估計：但太大的區間上下範圍，對許多人來說，總不如一個數字好記。因此常用的不確定情況下期望值算法如下：

$$期望值 = \frac{a + 4b + c}{6}$$

a：樂觀情況下的預估值

b：最可能情況下的預估值

c：悲觀情況下的預估值

由此式可看出，樂觀、悲觀情況發生機率較低，皆為六分之一，至於最可能情況的機率，高達六分之四。以表13-5中的毛益率為例，點估計值為32.67%。

⑶敏感分析：在點估計（或其他）基礎上，可進行敏感分析，以了解假設參數（例如利率）微幅改變後對公司風險、不確定的影響。

5.彙總：把推論進一步整理可得第十九個表，詳見表13-5，採點估計公式，營

收、純益基本資料來自表13-4。

至於權益報酬率一直維持在36%附近，主要是希望股東能在三年內還本。

6.股本形成規劃：每股盈餘則維持在4.4元附近。第三年時(2004年)，股本近1億元，如果為達到股票上櫃的目標，則在盈餘不變情況下，第三年便可符合資本額標準（上櫃資本額行情是2億元），第五年便可達到股票上市的資本額標準（行情是4億元）。

7.決策：針對同一產品您可以依不同成長速度、成長方式去進行前述步驟，最後再依其對股東權益大小來抉擇，此即股東價值分析法的精神，但本質上只是淨現值報酬率法的運用罷了！

㈣無需多此一舉

近年來，企管系管理會計課程愈來愈強調價值基礎經營(value-based management, VBM)，可說是公司鑑價在策略管理的運用。主張可把公司分成公司、事業部、產品（或地區）三個層級，進而細部分析價值驅力(value driver)來源。

站在幕僚作業角度，這樣來作本來就是最基本的，也就是從理性立場，依淨現值報酬率法來決定策略方案本屬理所當然。而這也僅是大二財務管理中資本預算的範圍，無需在本書中贅述，VBM也只是名稱響亮罷了！

㈤預估財務報表的度量衡問題

1.預測期間：隨著預測期間向前延伸，預測誤差也就越大，由此看來，十年以上的預測意義似乎不大。因此一般來說，預測期間一般為五年，這是因為大多數股東希望在此期間內，便可還本；此外一般外界經濟預測期間長度也很少超過五年的。

2.衡量單位：歷史財務報表追求正確反映，因此衡量單位必須以元為單位。然而預估財務報表本來就無法準確，所以也沒有必要太精確，為了方便閱讀起見，建議您以萬元或億元為衡量單位，至於外國人慣用的千元、百萬元，除非是英文的財務報表，否則不符合中國人以萬元、億元的思考習慣，還是不宜使用的好。

談到「精確」，以億元為衡量單位，你可取小數點後面四位（即萬元），第五位數則四捨五入；或者只取得小數點下面二位（即百萬元），誤差頂多只有1%。至於以萬元為衡量單位，則小數點以下數字不取，太小金額於事無補。

3.會計科目的數量：如同一般公開說明書上財務報表皆為簡式一樣，營運計畫書也宜如此，以免讓董事會抓不到重點。下列建議提供您參考：

　　(1)在試算表上收入會計科目，以六個以內為宜。

　　(2)在成本會計科目上，不宜超過十個科目。

　　(3)至於非例行性的收支（例如匯兌損益），則不用估計，因為此無法顯示經營者的能力，此外，董事會也不是衝著這些而來投資的。

4.編製預估財報的電腦軟體：上述三種情況利用Excel等試算表軟體的情況下，只要假設數字、收入和成本關係給足，不消幾分鐘便可計算出來。而且又可隨著情況、假設（參數）的改變，迅速進行"What...if"的模擬。透過電腦投射在簡報螢幕上，讓與會者很快便一目了然。比較花時間的部分在產業分析、公司分析二部分，一般須花三至十二天才能做完。

5.營運計畫書的厚度：營運計畫書的厚度最少不宜低於20頁（以A4尺寸的紙，每頁700字為準），但也不宜超過60頁，大而無當並無必要，只要講出重點就可以了。

◆ 本章習題 ◆

1. 以圖13-1為基礎，以一家公司（例如裕隆汽車）為例，標示出其五力分析。

2. 以圖13-2（三）為基礎，找一個產業（例如汽車、家電），把幾家上市公司所採策略標示在相關位置上。

3. 試把原文找出，作表整理價值創新、價值行銷、價值曲線、價值網等觀念。

4. 以一家公司（或一個政黨）為例，找出事例分析跟消費者漸行漸遠的例子。

5. 以一家公司為例，分析其如何向顧客學習。

6. 以一家公司為例，試著自己或替公司回答§13.2四的自我測驗題目。

7. §13.3三中，你同意本書對「波特事業策略源自行銷策略」的看法嗎？不同意的原因為何？請作表整理。

8. §13.3四中，你同意本書對「策略矩陣分析法跟行銷4P大同小異」的看法嗎？請找一家公司（例如裕隆）損益表來驗證。

9. 請找一家公司事業部的年度營運計畫書來，並以表13-2為基礎，來分析前者的架構（目錄）是否合宜。

10. 請找一家公司（例如華碩），以圖13-5為基礎，把主機板、筆記型電腦、通訊主機板三樣事業（產品）標示在圖中。

第四篇

策略執行

第十四章 ·····································

企業文化

　　瞬息萬變的潮流中，　唯一不變的價值是企業的清廉正直(integri-
ty)、對人才的尊重、對不同文化的尊重和對不同學術領域的尊重。未
來成功的企業不僅是要容忍不同的文化，還要歡迎不同的文化和尊敬
不同的文化，管理者要的是最佳的人才，而不是他是屬於哪一個種族
的人。

　　——普哈拉(C. K. Prahalad)　美國密西根大學企管所講座教授

　　經濟日報1999年10月19日，第5版

學習目標:

怎樣塑造適配（於環境）的企業文化，讓員工樂於執行策略，隱含著文化控制。

直接效益:

併購是大趨勢，第三節說明併購後的企業文化整合，讀完本節，你可以依樣畫葫蘆了。

本章重點:

· 衡量企業文化的五種方式。§14.1
· 行為守則、倫理政策。§14.1—(一)
· 企業文化圖解。圖14-2
· 個人跟企業文化適配程度。圖14-3
· 改變員工行為的三種控制型態。表14-4
· 美國3M公司激發員工創意的方法。§14.2五(一)
· 對創新的企業文化的有形支持。表14-5
· 新潮的辦公室空間設計方式。§14.2六(一)
· 建立「公司—員工」、「員工—員工」互信的方式。圖14-4
· 併購後公司企業文化整合決策流程。圖14-5
· 公司適配。§14.3二
· 重塑企業文化。§14.3四
· 奇異資融公司的企業文化工作會議議程。表14-6

前言: 樂知好行勝過困知勉行

「策略執行」(strategy implementation)可說是策略管理中最沒有特色的部分,不像策略規劃立論甚多。策略執行跟大一企業管理課程所談的執行是一樣的,本書以第三篇共三章來說明。

第十四章討論如何重塑企業文化來讓員工心悅誠服的執行策略。

第十五章從策略性人力資源出發,來說明企業如何培訓中高階管理者。

第十六章主要說明激勵、領導型態、技巧。

不過對於「公司變革」此一主題,我們則擺在第十八章第四節再來討論。至於其他主題如「(部門)衝突處理」、「關係管理」,因無特殊之處,本書不再贅述。

策略乘上執行的結果便是「效果」,也就是說執行的好壞影響策略的成效,要是員工皆樂知好行,成效甚至會超過當初設定目標;否則,大打折扣,甚至把「策略」束之高閣。如何讓公司上上下下皆樂知好行呢?有不少策略管理的書籍又再討論領導型態、領導技巧,這主要是戰術、戰技層級的範疇,無庸在策略管理中討論。本章站在經營者的立場是如何塑造出好的工作環境,滿足員工的各項工作需求,讓員工自動自發的投入工作。

為了便於理解,我們在圖14-1中「硬拗」的把馬斯洛三個底層需求套用赫茲柏格(Herzberg)「保健理論」中衛生因素的帽子;至於自尊、自我實現則套上激勵因素的名稱。透過企業文化來塑造員工志工精神,樂知好行的在工作中奉獻。不過文化控制有其嚴格的適用條件,例如員工互信、長期記憶(對員工不會忘恩負義)、終生雇用、公司已長期經營,所以不是哪位老闆癡心妄想便可坐享其成的。在本章中我們把重心擺在重塑企業文化,為了避免篇幅過多,我們也只能討論進階程度的範圍,詳見表14-1。

企業文化可說是企業內的心靈改革,不用懲罰,但也不用獎勵,主要是為滿足員工自尊需求,其次是自我實現、社會親和需求。或許,這對中高階管理者可能適用,這也是本章討論策略執行時鎖定的關鍵人物。

圖14-1　馬斯洛需求層級和第十四、十六章架構

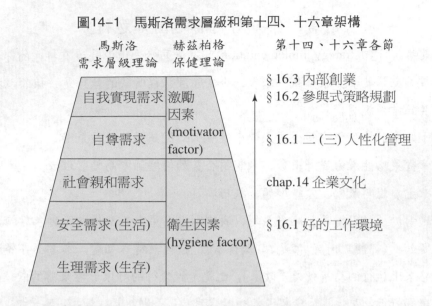

馬斯洛 需求層級理論	赫茲柏格 保健理論	第十四、十六章各節
自我實現需求	激勵 因素 (motivator factor)	§16.3 內部創業 §16.2 參與式策略規劃
自尊需求		§16.1 二 (三) 人性化管理
社會親和需求		chap.14 企業文化
安全需求 (生活)	衛生因素 (hygiene factor)	§16.1 好的工作環境
生理需求 (生存)		

表14-1　拙著二本書對企業文化、變革管理的章節分工

書名 5 W 1 H	管理學	策略管理
what why how	§8.1 企業文化快易通 §8.2 企業文化的底線功能 §8.3 重塑企業文化 §8.4 高恩重塑日產 　　 的企業文化 chap.9 公司變革	§14.1 企業文化的衡量 §14.2 塑造分享、創新的 　　 企業文化 §14.3 企業文化的重塑－ 　　 以併購後整合為例 案例分析：福特汽車重塑 　　 企業文化 §18.4 救亡圖存的復甦管 　　 理－兼論公司變革

第一節　企業文化的衡量

　　企業文化是許多企業人士掛在嘴邊的名詞，士氣看不到，卻測得到，一如民意
調查一樣；同樣的，企業文化也是可衡量的。

一、診斷你的企業文化

透過企業文化分析可以了解員工的工作價值觀、做事方式，常見方式由簡至繁至少有下列五種。

(一)員工手冊

了解企業文化的簡易方法是從公司章程中的行為守則(code of conduct)下手，此種倫理宣言(ethics statements)或倫理政策(ethics policies)，除一部分反映公司使命外，最重要的是它反映著高階管理者的管理哲學(operating philosophies)，或通俗的說「高階管理者的聲音」(tone at the top)。

可惜，並不是所有公司都有訂定此員工行為守則，美國國家會計學會(NAA)倫理委員會主席希爾斯(Siers)和執行委員史威內(Sweeney, 1990)的研究結果指出，只有56%公司訂有員工行為守則，而且越大的公司有訂定的比率越高。除了書面了解外，也宜對員工行為進行審查，以了解員工遵循此行為守則的程度，如果程度低，那麼守則不過是具文罷了，不足以代表企業文化。公司章程、員工守則等只能了解企業文化的應然面（目標或理想狀態），更重要的是對員工行為進行了解、員工訪談，以了解企業文化的實然面（實際狀態）。

(二)簡易判斷方式

有一些簡易方式可以判斷企業文化，比較重要的是公司究竟採取積極進取或保守消極的經營方式，而這些可從公司書面資料（詳見表14-2）看出端倪，「雖不中亦不遠矣」！

表14-2　二種企業文化的外顯屬性比較

項目/企業文化	積極進取	消極保守
組織結構	部門式	功能式
領導型態	分權	集權（往往不實施提案制度，更不要說內部創業）
領導技巧	恩威並濟	一分獎三分罰
獎勵制度	底薪為主，獎金為輔，員工入股	「死薪水」

㈢企業文化衡量量表

跟人格、性向量表一樣,企業文化也有衡量量表,例如美國盧比孔公司執行董事費爾德曼的量表,主要受測者為經營者、高階管理者。此外,美國紐澤西州併購策略顧問公司總裁約翰‧賈拉漢(John P. Callahan)在1986年也有類似量表。

㈣間接方式

其他如士氣調查、市調、企業診斷等方式,也都可以了解企業文化的一部分。例如1995年荷商飛利浦公司市調顯示,該公司給人的印象是「高雅但嫌保守,老化較無法吸引年輕人」。

㈤引用人類學家

對於員工數眾多的全球企業,先了解各國子公司員工和其企業文化,為跨文化管理的第一步,而人類學家對人的行為、心理、習慣有熟練的觀察力,因此從1989年開始頻獲企業器重。目前全錄、通用汽車等皆聘用人類學者,專門研究員工,以研擬改善員工生產力計畫。美國韋恩州立大學人類學系主任更預測,人類學家未來將協助企業開發廣大的其他族裔市場,並支援人工智慧領域,探究人類思維方式。

由人類學家撈過界,走進企業大門的趨勢,點出全球企業組織管理整合幅度越來越廣。

二、Beyond 2000

Discovery頻道有個節目名稱為"Beyond 2000",專門介紹尖端科技(如醫療、航太)。同樣的,企管屬於社會科學,跟醫學中的血壓、心理學中的智商一樣,大部分觀念都有操作性定義,企業的性格一如人的性格,是可以用行為量表測量的。

由圖14–2可見,二家合併企業的企業文化,在哪些屬性上有重大差異都能一目了然。而由圖14–3可見,要派新人去管,是否會跟該企業文化格格不入,也很容易判斷(人的領導風格也可用該類量表衡量)。靠管理賺利潤,「工欲善其事,必先利其器」,企業文化須跟客戶滿意程度、員工士氣一樣,定期衡量,才知所取捨;管理的水準也就以這些管理工具為基礎。

圖14-2 買賣公司間企業文化差異分解

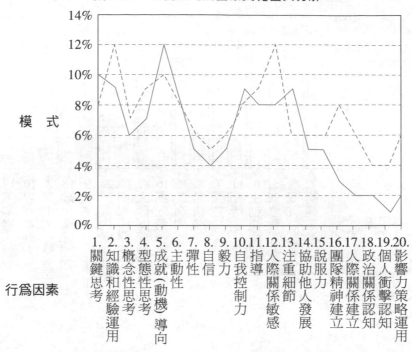

模 式

行為因素

1. 關鍵思考
2. 知識和經驗運用
3. 概念性思考
4. 型態性思考
5. 成就(動機)導向
6. 主動性
7. 彈性
8. 自信力
9. 毅力
10. 自我控制力
11. 指導性
12. 人際關係敏感
13. 注重細節
14. 協助服他人發展
15. 說服力
16. 團隊精神
17. 人際關係建立
18. 政治關係建立
19. 個人衝擊認知
20. 影響力策略運用

資料來源：Feldman, Mark, "Accelerating Transitions in Mergers,
Acquisition and Joint Venture"，p.18，行為因素內涵
同圖 14-3。

三、量表衡量的對象

那麼，怎樣才能找出買、賣公司的文化差異呢？以高階主管作為受測對象，主要因為他們是企業文化風吹草偃的塑造者，因此可針對他們採取「行為事件訪談」(behavior event interview)，由其自述過去四件最值得記憶的工作結果，以產生個人行為側寫(profile)，再予以適當加總。把個人的行為偏好與其處事方法（即營運型態）相比，便可依項目把企業文化具體衡量，而且不牽涉到心理學人言言殊的解釋問題。營運型態行為可用二十個因素來衡量，如成就導向、彈性、注意細節等，把這些因素依序標刻於橫軸，縱軸則為二家公司在各因素項目的得分，以圖表示，如圖14-3。由此可發現差距太大的因素，將可能成為企業間文化衝突的導火線，宜妥籌對策。

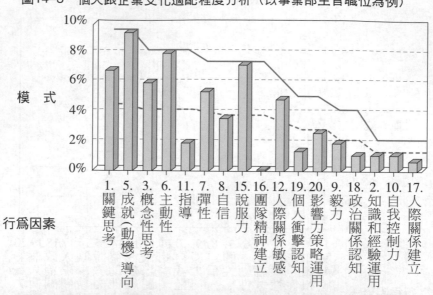

圖14-3　個人跟企業文化適配程度分析（以事業部主官職位為例）

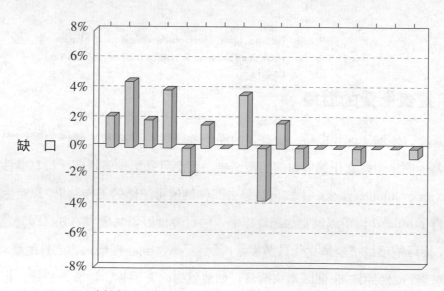

資料來源：同圖 14-2，p.16。

　　例如1997年，加拿大的新聞、出版用紙公司Abitibi Price要進行併購，挑選目標公司的準則之一便是企業文化的差異是否適當。他們採用企業文化評估指數(merging cultures evaluation index)，回答量表問卷的人包括買方、目標公司的中高階主管，再將結果做成如表14-3之分析。

表14-3 集群分析

	行爲因素	模式	CP／P
思考和推理	1.關鍵思考	9%	9%
	2.知識和經驗運用	2%	2%
	3.概念性思考	8%	8%
	4.型態性思考	0%	0%
	小 計	19%	19%
行爲導向	5.成就 (動機)導向	9%	9%
	6.主動性	8%	8%
	7.彈性	7%	7%
	8.自信	7%	7%
	9.毅力	4%	4%
	10.自我控制力	2%	2%
	小 計	37%	37%
管理他人	11.指導	8%	0%
	12.人際關係敏感	6%	6%
	13.注重細節	0%	0%
	14.協助他人發展	0%	0%
	小 計	14%	6%
溝通和互動	15.說服力	7%	7%
	16.團隊精神建立	7%	0%
	17.人際關係建立	2%	0%
	18.政治關係認知	4%	0%
	19.個人衝擊認知	5%	0%
	20.影響力策略運用	5%	5%
	小 計	30%	12%
	合 計	100%	74%

第二節 塑造分享、創新的企業文化

世界知名的安侯建業(KPMG)企管顧問公司從1998年開始，每兩年針對各標竿企業進行一次知識管理調查，至今已進行了兩次調查。2000年調查的樣本是423家年

營收超過2億英鎊的公司，涵蓋美、英、法、德四國。

正在導入知識管理計畫中的公司遭遇比較不容易解決的困難，依序是：

1. 沒時間分享知識(62%)。

2. 不能有效地利用知識(57%)。

3. 捕捉隱性知識有困難(50%)。

根據微軟公司的調查，全美各公司導入知識管理系統最常遭遇的障礙，絕大部分來自於員工的抗拒。知識管理比較像足球隊，必須靠團隊合作、創意才能致勝，如何達到這目的呢？有人從不同管理角度切入，包括組織設計、控制型態（財務控制屬報酬制度）、領導型態等。本節除了提供淺見外，也請你留意我們的架構。

一、組織設計無用武之地

我們看過許多文章描述企業文化的重要性，但是美國南加州大學教授Majchrzah & Wang (1996)的實證研究指出，縱使把功能部門式公司重新設計成事業部，只不過是把研發、生產、業務部門的衝突降低層級到事業本身內罷了，事情並未解決。除非建立合作的企業文化(organizational culture)，否則「空轉內耗」只不過落個親痛仇快的下場罷了！

二、多管齊下才能竟其功

控制型態最能改變員工行為(planned behavior)，簡單地說，獎（偏重財務控制）、罰（偏向行政控制）是讓員工趨吉避凶的蘿蔔跟鞭子，至於近來比較強調的文化控制，則是假設人有追求自我實現、社會親和等善性，不認為只消把人當寵物來調教。如果這三種控制能妥善運用，效果最佳，彼此可以互相增強。表14-4說明各控制型態的獎罰作法，我們在第一欄中，由下而上列出控制型態。假設有個縱軸（衡量員工行為改變幅度、速度），似可見行政控制是下策、財務控制是中策、文化控制是上策。

㈠行政控制源自升官

升官代表著加薪，所以行政控制仍是很有用的；當一些人大談文化控制的重要

性時，千萬不可把有用工具閒置了。只是宜少用行政懲罰，俗語說「一分獎，三分罰」，可見獎勵的效果比較大一些。

表14-4 改變員工行為的三種控制型態

控制型態	獎 賞	處 罰
一、文化控制	以滿足個人「自我實現」、「自尊」、「社會親和」動機	
（一）正式組織		
（二）實務社群	票選最有價值、最佳貢獻成員	對不懂付出的成員往往會採取「不理不睬」的「處罰」行為
二、財務控制	即所謂「升官發財」 1.提案制度：有提案獎金 2.個人獎勵：對員工的著作、創新專利給予獎勵 3.團體獎勵：如同品管圈般，選出最佳知識小組，並給予獎勵	
三、行政控制	知識吸收：每年須修足企業大學學分，這是升官的必要條件	

㈡財務控制保你發財

「高官厚祿」對大部分人都有致命吸引力，只是知識管理偏重於團隊合作，才比較會有創新成就，因此除了個人獎勵外，還必須有團體獎勵。甚至團體獎勵金額要遠高於個人獎勵，如此個人才不會「留一手」，在競爭的環境下，員工是不會分享新知的。

三、雞生蛋或蛋生雞？

在兒童名著《小王子》一書第十二章〈遺忘羞恥〉中，僅容一人站立的小行星上面住著一位醉鬼，小王子問他：「你為什麼憂鬱？」醉鬼回答：「因為我酗酒。」小王子又問：「那你為什麼酗酒？」醉鬼回答：「因為我憂鬱。」要破除這惡性循環，可能戒酒、心理諮商得雙管齊下。

了解這道理後，再來看（知識）分享型的企業文化還沒塑造出來，那麼是否公

司便無需進行知識管理? 或者, 是否該先設法重塑企業文化, 再來實施知識分享呢? 但沒有具體內容, 甚至知識貧瘠的同仁們, 怎麼才能使知識分享的企業文化重塑成功呢? 以後者來說, 套句俗話: 「生吃還不夠, 哪有剩下的可以曬乾。」

所以總要先動一邊, 可以先動知識創造, 期望員工「富」(有知識) 而好「禮」(知識分享), 一步一步的, 企業文化的重塑便水到渠成、移風易俗了。否則光要等企業文化改變, 再來實施知識管理, 那可能會像「父子騎驢」的故事一樣, 弄得進退失據。

四、創新管理

有許多文獻探討如何提振員工的創業家精神, 其中許多集中於公司軟體面, 例如優質工作環境(quality work environments)、領導型態 (例如文化控制、自主管理); 有些討論硬體面, 例如工作複雜度 (勉強可歸於組織結構一項), 總的來說, 即是麥肯錫成功企業七S。這些是靜態分析, 至於動態分析的則為公司變革。

簡單的說, 創新管理或如何建構活力、創意的企業 (文化), 本質上屬於組織管理的範疇, 在此也就沒有必要長篇大論了。

五、追求創新的企業文化

討論文化控制在知識管理的運用, 主要集中在二大方面: 團隊精神、追求創新的企業文化的塑造, 前者為團體動力學的運用, 偏向於組織管理、專案管理 (研發管理中的焦點), 目的在追求透過合作 (在此為知識的分享、運用以達成任務)。

至於如何孕育創新的企業文化, 至少可從二方面來構思。

(一)無形的價值

1. 3M創新大事紀: 在臺灣提起3M (明尼蘇達礦業與製造公司), 一般人聯想到的不外是膠帶之類的東西, 像是便利貼、透氣膠, 殊不知品項達六萬多種, 從沙紙、黏劑到隱形眼鏡, 心肺儀器、人造韌帶到反射路標, 甚至紙尿布。

3M公司鼓勵員工創新, 方法之一是使用真人真事的員工創新故事, 每位員工皆可領到一本《3M創新大事紀》, 並且還包括創新英雄的故事。公司草根創新小組把

這本小冊子當「聖經」用，幫助新進員工快速了解公司的核心價值觀——創新。

2.3M的「不犯錯就可能不做事」的企業文化：3M每年研發五百多種產品，公司目標是年營收的三成必須由前四年研製的產品中取得，可見新產品為其生命之泉，這種注重革新的精神讓它於過去十二年中連續十年名列《財星雜誌》前十大最受敬佩的企業之一。

新產品的誕生不是憑空而降，3M通常投資年營收的7%於研發，約為一般企業的二倍。為了鼓勵員工開發新產品，該公司有名的「15%規則」，允許每位技術人員可用15%的上班時間來做自己的事，從事個人感興趣的工作方案，不論其是否直接有利於公司。

3.福特汽車的做法：年紀越大，想法越根深柢固；想要改變員工做事的心智模式越不容易。創立於1905年的美國福特汽車，便有強烈的地盤主義(fieldom)，此點可能不適合口味多變的21世紀。因此，福特公司當時總裁兼執行長Jacques Nasser透過教育方式，由上到下一層層地傳輸他對成功、競爭的經營理念，並要求基層透過腦力激盪，在一百天內提出對於策略挑戰（例如網路對於行銷通路的衝擊）的因應之道，藉此重組福特的DNA，請見個案分析集。

㈡有形的支持

美國馬里蘭州CW Prather公司總裁Charles W. Prather認為想建立「企業文化支持的創新」(value-supporting innovation system)除了無形的價值觀念外，還得有禁忌、獎賞、重複強化等有形支持才能竟其功（詳見表14-5），塑造企業文化的幾種方式，如英雄、儀式、溝通，在這裡都見得到。

㈢促動一詞的意義

簡單的英文字，意義可能不甚清楚，日常生活中的"good for you"便是一例。在知識管理中，促動(enablers)的意義：

1.望文生義，促動是障礙(barriers)的反面字。當成動詞用時，例如Accenture在1992～1995年把資訊基本建設(enabling infrastructure)視為知識管理的促動因子，

2.最常見的是，資訊技術是使知識分享變成更有效率的「促動」工具。

表14-5　對創新的企業文化的有形支持

項目＼作法	禁　忌	獎　賞	重複強化
一、現在已經在做	目前沒什麼該防止的	有創新，就有獎賞	每年年報中，我們皆說明本公司追求創新的立場
二、未來可以做的	1.趕走打壓創新的惡勢力： (1) 對新點子說「不」 (2) 不對症下藥 (3) 半途而廢 (4) 找不到人支持新點子 (5) 剽竊別人的點子 2.其他	1.給予主管獎勵，以獎勵其有力的團隊凝聚力和正確決策 2.在創新還沒出現前，便給予勇於冒險的員工獎勵 3.其他作法	1.每月創新會議中， (1) 教授創新技巧 (2) 慶祝達成里程碑績效 (3) 給予支持創新的主管榮耀 2.在企業的刊物內，開闢「創新」單元 3.每次開會時，都以創新短訊作開頭 4.員工電腦開機時首頁便是創新訊息
三、「明天會更好」的障礙	1.把創意提案，貢獻等列入員工考績評估 2.不要限制員工上網時間* 3.容許對事不對人的衝突文化*	先從董事長、總經理處獲得首肯，以撥款支持新的獎勵制度	Just Do It！

資料來源：Prather (2000), p.21 Table，本書把禁忌、獎賞對調。
* 是本書所加

六、領導型態

(一)辦公室即（鄉村）俱樂部

　　過去建築風格反映企業文化注重的是個人成就，而非團隊合作，是按階級來構築「蜂巢」。辦公室適當的社交活動有助於激發創意，英國佛斯特聯合事務所(Foster Associates)建築師帕亭頓說：「企業希望建立一個意見交融孕生的環境，他們深知成就諾貝爾獎的大多數創意是從尋常的碰面而來。」當今設計趨勢是要打破辦公室分別隔間的結構，企業好比經營俱樂部，愈來愈多的辦公室空間騰出來供會議以及團隊

使用。

2001年1月落成的豐田汽車英國總部即追隨這股潮流,最大的特色是室內化四通八達的村落式街道,重現七十年前被現代主義建築風格壓抑的概念,讓建築潮流從高聳的獨棟建物反璞歸真。

企業界要求的是動態空間、把外在環境的自由和刺激萃取注入公司的建築,其他像是摩托羅拉的英國總部、英國航空公司(BA)的總公司,和巴克萊信用卡公司(Barclaycard)的總公司,也都有這種「街道區」的設計。(經濟日報2001年2月4日,第5版,劉忠勇)

㈡臺灣還得加把勁

知識是知識經濟的基礎,但是,知識的產生和轉換與人的工作生活品質,以及人際間的互動、分享和刺激息息相關,否則的話,就會有「獨學而無友,則孤陋而寡聞」的問題。以創新聞名於世的矽谷,就有很好的工作生活品質與人際互動空間。但是新竹科學園區的環境空間是為製造業而設計的,不適合人際互動,並不適合創新研發或品牌行銷的企業生存;自然也難有世界級的創新,也還沒有出現如微軟、英特爾等世界級企業。(改寫自葉匡時,「打造世界級企業的環境」,經濟日報2001年12月17日,第40版)

㈢拖鞋、牛仔褲文化

南韓食品和飲料巨人希杰食品公司的員工身著便服,神情愉悅地在打破「蜂巢」式隔間窠臼的辦公室內討論公事。該公司近來推動改革僵硬企業文化的運動,鼓動員工擺脫領帶和套裝的拘束,期能促進員工互動並激發創意。

㈣以遊戲式管理為例

管理者的領導型態是落實控制型態很重要的工具(vehicle),以文化控制來說,最極端的便是遊戲式管理。

可樂、拖鞋、牛仔褲是趨勢科技公司的企業文化三寶,不用詳細說明,可見這家號稱全球最大電腦掃毒軟體公司採取遊戲式管理。遊戲式管理的目標在於塑造一個輕鬆愉快的環境,讓員工在此環境中發揮。因此,辦公室內放著輕鬆的流行音樂甚至有點像PUB、員工穿著休閒又流行,這是典型的遊戲式管理公司的特色。

輕鬆、熱情有創意是遊戲式管理的特色，但這對管理領域來說，可說是試驗階段。

七、既期待又怕受傷害

員工間、公司間知識分享的關鍵在於「對彼此是否信得過」，由圖14-4可見，員工、公司可採取許多措施來達到初步結果。在圖中，我們由上往下列出信任、承諾、利他行為，以代表由淺到深的夥伴關係。其中，承諾是夥伴間願意為彼此關係所做的努力；所以當然比信任更進一步。

圖14-4　建立「公司—員工」、「員工—員工」互信的方式

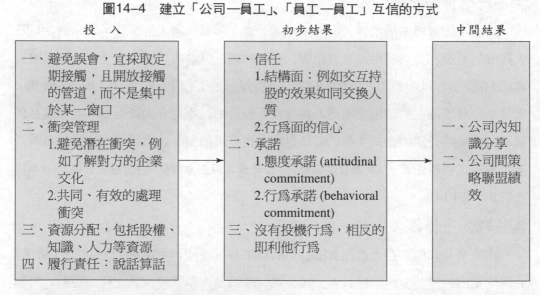

投　入	初步結果	中間結果
一、避免誤會，宜採取定期接觸，且開放接觸的管道，而不是集中於某一窗口 二、衝突管理 　1.避免潛在衝突，例如了解對方的企業文化 　2.共同、有效的處理衝突 三、資源分配，包括股權、知識、人力等資源 四、履行責任：說話算話	一、信任 　1.結構面：例如交互持股的效果如同交換人質 　2.行為面的信心 二、承諾 　1.態度承諾 (attitudinal commitment) 　2.行為承諾 (behavioral commitment) 三、沒有投機行為，相反的即利他行為	一、公司內知識分享 二、公司間策略聯盟績效

◆ 第三節　企業文化的重塑——以企業併購後整合為例

併購後整合只是程序問題，而不是要或不要的問題。那麼如何消極的避免文化衝突(culture clashes)所帶來的弊端呢？這個看似虛無飄渺的問題，本質上仍可用管理程序來處理，只是在每一個階段前面加上「（企業）文化」一詞罷了，詳見圖14-5。

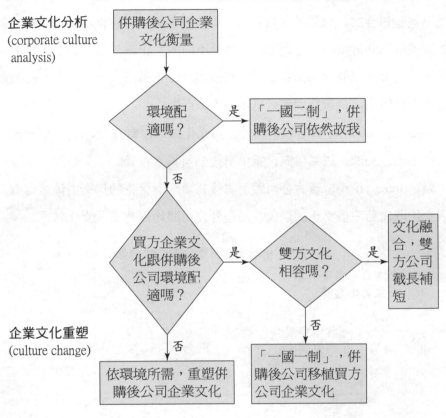

圖14-5　併購後公司企業文化整合決策流程

一、企業文化的配合的重要性

　　對於併購後績效良莠，較專注於討論策略適配的重要性。然而在執行方面，買賣雙方的公司適配(organizational fit)也同樣重要，可惜卻很少受到重視。針對買賣雙方併購後雙方公司如果無法適配良好，會產生什麼結果？美籍管理顧問公司Egon Zehnder International，針對101位大型公司執行長和高階經理所作調查結果指出，人和組織問題是造成併購失敗最通常的原因；許多研究也支持執行困難是造成買賣公司低度整合、併購後績效不佳的主因之一。

(一)四種企業文化整合的選擇

　　企業併購跟夫妻生活一樣，也有多種企業文化整合的選擇，詳見圖14-6，依出現的頻率詳細說明如下。

1.同化(assimilation)：併購後公司放棄既有的文化而完全接納買方公司的文化。過程並不是強迫性的，而是被併購公司自覺其舊有文化不值得保留而棄舊從新。

2.摧毀(deculturation)：這是對二個截然不同的文化最具殺傷力的處理方式。買方公司憑藉其優勢以強大的力量把併購後公司的文化徹底消滅。短期內會造成混亂、衝突、怨恨及壓力，最後造成績效低落和不歡而散。

3.隔離(separation)：買方和併購後公司文化絲毫沒有交流，各自保有自己的文化。大都出現在國際、異業併購，讓併購後公司獨立經營。

4.融合(integration)：買方公司跟併購後公司兩個文化的均衡交流或保有，並沒有某個文化取代另一個文化的現象，而是各公司間均保有某些文化特質。

圖14-6　併購後企業文化整合的分類

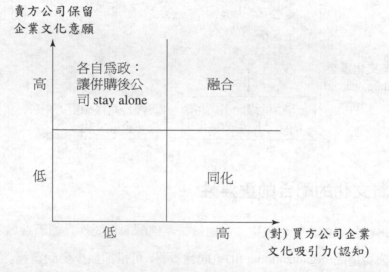

(二)兩家公司併購有如人體器官移植

公司整合程度視併購的策略目標而定，以複合式多角化來說，一般的財務、會計功能整合可能就足夠。

併購交易的買賣雙方的整合，恰如人體器官的移植，請參考圖14-7。隨著組織複雜的提高，整合所需的時間也越長，而且失敗率也越高。因此併購前必須明確的界定併購綜效的來源是錢（財務）、第一級的人、第二級的技術（管理、生產）或最高級的企業文化（組織）。

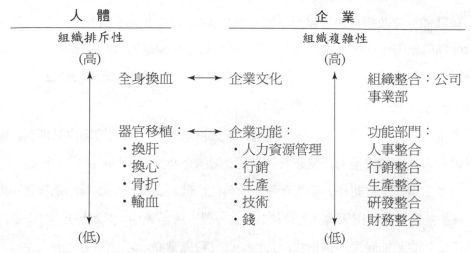

圖14-7 人體器官移植和併購整合對照

(三)文化衝突的例子

無論買方對併購後公司採取哪一種管理方式，難免會因企業文化（價值觀、行為模式）的差異，小至引起摩擦、衝突，大至兩敗俱傷。以一個明顯的例子來說，1988年5月1日日本石橋（普利司通，Bridgestone）輪胎收購美國泛世通(Firestone)輪胎公司，併購金額高達26億美元；但由於石橋試圖把自己的管理辦法（例如品質管制、報告系統）硬加在併購後公司員工，再加上未能及時掌握推行公司變革的時機，因而更加深美式跟日式管理方法之間的文化衝突，其結果是兩敗俱傷。

反觀，年營業額達近兆元的瑞士雀巢(Nestle)公司是世界最大的食品公司，它在併購策略方面，最重要的考慮因素是賣方公司與雀巢的企業文化能否契合。如何判斷賣方公司的企業文化跟雀巢相合？這並非僅憑資料分析即可，還必須經過雀巢高階主管充分檢討後，才能作成決策。

由上述二個大相逕庭的例子，可明顯看出企業文化嚴重影響併購後公司的績效；底下還有二個最近的例子。

(四)美國網景的錯誤示範

網景(Netscape)跟美國線上(AOL)合併案於1998年11月23日宣布，合併基準日為1999年3月17日，曾轟動一時，風光不亞於2000年1月的美國線上和時代華納(Time Warner)合併案。2000年3月17日，合併滿週年，當時兩強攜手的光環已消褪殆盡，

如今暴露出的是層層問題。

曾紅極一時的網景瀏覽軟體領航員(Navigator)已兩年未曾升級，市佔率遠落於微軟的探險家(Explorer)之後。高達半數的網景員工相繼離職，部分是為了另行創業，部分因為跟美國線上企業文化扞格不入。(經濟日報2000年3月20日，第9版，羅玉潔)

(五)戴姆勒克萊斯勒也好不到哪裡

合併後員工高達43萬人、躋身全球第五大汽車製造商的戴姆勒克萊斯勒，如果想要提升全球市場競爭力，務必要消弭彼此間的企業文化隔閡。

從產品線、生產哲學，到工會扮演的角色，戴姆勒和克萊斯勒的差異性不勝枚舉，一些差異甚至可用天南地北來形容。在一般人的印象中，戴姆勒形式化、孤立、有條不紊；克萊斯勒則不拘形式、動作快，且較能應變。

英國汽車業資料公司分析師史密特說：「這兩家公司就像粉筆和乳酪般，完全不搭調。」(經濟日報1998年11月29日，第4版，官如玉)

二、用公司適配來說明

如何了解併購後公司間是否配合良好，根據美國堪薩斯大學商學研究所教授迪它(Deepak K. Detta, 1990)的看法，可從下列二項指標來了解。許多學者也把這二項強化企業文化（價值、信仰）的組織因素，列為企業文化的一部分，由此可見公司適配間的關係。

(一)管理型態(management styles)

共包括十七個項目，主要指承擔風險的偏好、決策方法（專家vs.個人經驗）、正式化(formality)程度、成員參與決策的範圍。

(二)組織系統(organizational systems)

組織系統主要是指「報酬和（績效）評估系統」(reward & evaluation system)，評估系統的主要內容包括下列四項：

1.報酬和評估過程專注的時期：即短期或長期績效。

2.評估過程中所使用績效指標的型態：例如投入、中間或產出績效。

3.績效評估指標的性質(nature)：即績效評估指標的性質是屬於客觀的或是偏向

主管本身主觀的評價。

4.績效衡量單位，例如以部門或公司為準。報酬系統的差異包括下列四項：

　　⑴報酬的形式(form)：例如現金、股票等，

　　⑵給予報酬的頻率，

　　⑶紅利跟策略風險聯結的程度，

　　⑷各部門報酬一致性(uniformity)的程度。

㈢具體舉例

　　美國Deltech顧問公司合夥人Christpher Luis (1997)開門見山的說，企業文化的衝突具體的表現就在企業實務(business practices)上，最明顯的就是業務人員的展業作法，有些公司賦予業務代表議價空間，有些卻不然。一旦二家公司結合該怎麼辦？他們公司自認有一套流程(workout)稱為"Deltech Strategic Thinking Model"，可以把市場、組織行為、併購後整合策略一以貫之。

三、進行評估的時機

　　此種公司間管理行為的相容性分析(compatible analysis)都是在併購後立即進行，以作為部門（甚至事業部、公司）整合規劃的依據，才不致付出無謂的代價從錯誤中學習。最好在併購前的審查評鑑階段，買方能獲得賣方的首肯以進行分析，更能未雨綢繆，以免併購後邊做邊改徒增困擾。

四、企業文化調整

　　知己知彼後，再來了解買方或併購公司的企業文化比較能適者生存。邏輯上來談，虧損公司的企業文化可能跟經營環境格格不入，所以應該進行企業文化重塑，才能融入環境(environment fit)。也就是說企業文化無所謂對錯，只有好壞——適者生存，不適者淘汰。

㈠環境適配度

　　如果買方公司企業文化的環境適配度高，而併購後公司較差，那麼購併後公司就得針對重大差異（跟環境所需或買方）項目予以企業文化重塑，最常見的重塑項

目為化保守為創造、化成本導向心態為利潤導向心態等。

㈡管理者行事風格的影響

有些日本企業買下美國公司仍能穩健的經營，有些則不能，可見重點不在經營者是否為美國人，而是其管理行為是否為美國員工所接受。因此真正需要關心的是跟管理有關的民族文化、企業文化，其餘無關的個人價值觀（如多妻、信奉猶太教）則不必在意。

當然，有些民族文化根深蒂固的影響員工的企業內行事風格，例如有些國家的公司總經理慣於「說一動，做一動」，不習慣被「授能」；有些國家階級意識很濃，管理者權威意識很高，很難接受奇異資融公司等美式民主、開放的管理風格。

㈢公司變革重塑企業文化

企業文化重塑屬於公司變革範疇，沒有很多特殊之處方可以說，跟個人行為改變很像，嚴格地說便是移風易俗，常見的有效方式為獎賞（例如由行政控制改為財務控制）處罰、上行下效（即高階主管以身作則）。並且透過人力資源培育以進行換血，例如提拔遵奉新價值觀的員工。最後，透過團體動力等方式以促進團隊合作，否則徒法不足以自行，再好的改革計畫，也將成為具文。

企業文化的變革大都採取組織發展的方式，常見的程序包括下列三步驟：新方向、整合(consolidation)、再強化，一般來說需耗時三年。有關併購後企業文化重塑的詳細作法，本書不擬討論。

五、相互了解，踏出善意第一步

美國奇異公司旗下金雞母奇異資融(GE Capital)公司對企業文化差異的處理方式，係採取前述科學衡量、問題解決方式，詳見表14-6。這只是雙方高階管理者的「高峰會議」，會議的結果，可透過小組會議、錄影帶或其他管道，傳達給併購後公司的所有員工。

表14-6　奇異資融公司的企業文化工作會議議程

階　段	內　容
一、前置作業	1.外聘顧問公司衡量買方、併購後公司企業文化 2.採取焦點團體法，深入了解客戶及併購後員工怎麼看併購後公司的企業文化－成本、技術、品牌和客戶
二、企業文化研討會 　1.第一天	・讓與會人員了解買方、併購後公司企業文化差異、雙方人員說明公司歷史、員工、企業英雄 (是企業文化的創造者之一)
2.第二天	・集中討論雙方在作生意 (do business) 的異同，例如如何進入市場，對成本的意識、授權 (例如業務代表的權限)
3.第三天	・建立未來願景 ・提出事業計畫的大綱

資料來源：整理自Ronald N. Ashkenas etc., "Making the Deal Real", *HBR*, Jan. /Feb. 1998, pp.176~177。

◆ **本章習題** ◆

1. 請找一篇最近的相關碩士論文，看看文化量表的內容以及如何運用。

2. 試比較圖14–1跟心理學中性向測驗的異同。

3. 以一家公司為例（可找以個案為主的碩士論文），以表14–2為基礎，分析該公司做得好或壞。

4. 以§14.2五（一）為基礎，再詳細說明3M的創意管理措施。

5. 辦公室室內設計會影響員工的創意過程嗎？請找出實證、理論來支持。

6. 以表14–3為基礎，找一家公司為例，分析其做得好或壞。

7. 以圖14–3為基礎，找一家公司為例，分析其做得好或壞。

8. 以圖14–4為基礎，找諸如元大、京華證券等合併案例，分析其決策過程。

9. 以§14.3四為基礎，找一家公司（如日產汽車）為例，分析其如何做企業文化重塑。

10. 以表14–4為基礎，找諸如元大、京華證券等合併案例，分析其採用何種控制型態。

第十五章

策略管理用人篇──策略性人力資源管理

執行長的三項責任:

- 設定公司經營策略。
- 聘請、培養及留任執行策略的領導團隊。
- 建立(以客為尊)企業文化。

──錢伯斯(John Chambers) 美國思科(Cisco)系統公司董事長兼執行長

工商時報2000年6月2日,第2版

學習目標：

了解策略性人力資源管理對策略管理的貢獻（中興以人才為本）與做法。

直接效益：

第三節實用紅藍軍對抗賽有如電影「捍衛戰士」中的Top Gun基地，把企業（內）大學改成此種沙盤推演方式，就能同時達到訓練、策略構想的雙重功用。

本章重點：

- 領導人才發展計畫的實施步驟。表15-1
- 彼得原理後遺症例子。§15.1一
- 弱將手下少有強兵。§15.1二(二)
- 如何評估管理者的觀念潛力。§15.1四
- 系統思考。§15.2一
- 第五項修練。§15.2二(一)
- 習慣領域。§15.2三
- 創意思考。§15.2四
- 公司（或組織）學習。§15.2五
- 實用紅藍軍對抗賽。§15.3
- 經營者接班。§15.4
- 高階管理者傳承。§15.5

前言：用對人，贏了一半

「誰擁有人才，誰就贏得未來」是古今中外不變的道理。這裡的「人才」尤其是指董事會和中高階管理者；所以公司宜有計畫的選用、訓練、培養、晉升這些人力資源發展的步驟，以提升這些人員的策略能力，這是策略性人力資源管理的基本主張，也是本章的重點。然而如果只守株待兔的去檢定管理者是否具有策略能力，那是消極的；誠如台塑董事長王永慶所說的：「人才不是發掘出來的，是培養出來的。」那麼如何提升管理者策略能力，能落實成為「策略工具」(strategic tool)呢？

美國南加州大學醫院與組織管理教授麥考(Morgan W. McCall) 1998年認為宜採取「經營才能發展計畫」(executive development)，以發展管理者的「領導能力」(leadership)，其步驟如下，詳見表15–1：

表15–1　領導人才發展計畫的實行步驟

步　驟	說　明
一、發掘有發展潛力的管理者	・以領袖能力模型評估 ・評估已知潛在缺點 ・評估以前經驗 ・評估從經驗中學習的能力
二、強化學習效果	・教練 (如師徒制) ・目標導向的訓練 (targeted training) ・賦予成敗責任 ・提供發展績效的回饋 ・權變獎賞
三、建立才能與機會配合的中介管道	・管理傳承規劃 ・管理者審核 (review) 委員會 ・管理人才庫 (high-potential pool) ・直屬主管 ・使用政策和獎賞
四、提供機會	・特別任命 ・工作豐富化 ・工作擴大化 ・參與專案 (或工作) 小組 ・擔任策略幕僚 ・擔任草創或復甦階段事業部主官

資料來源：MaCall, "Executive Development as a Business Strategy", Journal of Business Strategy, Jan./Feb. 1992, p.31。

1. 評估各管理者「能力」(talent)高低，以發掘具有發展潛力管理者，詳見第二節。
2. 提供學習途徑，即觸媒劑(catalysts)，以強化管理者學習的效果，詳見第二、三節。
3. 建立才能和機會的中介管道(agent)。
4. 提供管理者「從做中學」的機會(opportunities)。

◆ 第一節　企業優生學：選拔、晉升

「今天的尉校，明天的將帥。」基於這樣的認知，不少企業在核心人員的選秀上便特別花工夫。這種類似婦女懷孕時，進行各種檢查，以篩選掉唐氏兒、腦水腫或地中海型貧血症的胎兒，優生學的觀念照樣可以運用到企業，可說是企業優生學。

企業優生學注重的是企業之爭「贏在起跑點」，否則先天失調的人員，後天再怎麼補救（例如台塑董事長王永慶所強調的：「人才是培養出來的」），可能效果都很有限。

一、艾維斯特下臺一鞠躬──彼得原理後遺症

過去幾十年來，可口可樂在前任執行長高祖塔(Roberto Goizueta)的努力下，展現了驚人的成長，不論在市佔率或是獲利上，都節節攀升，讓可口可樂蛻變成全球性的公司，他也被推崇為偉大的領導人之一。

高祖塔倍受讚響，其中一個事蹟是他連接班人都培養好，以致1997年，當他因為飛機失事而罹難，可口可樂得以不慌不忙地由艾維斯特(Doug Ivester)接班，沒有發生任何領導真空危機。但英明如高祖塔絕對沒有預見到，他所培養的接班人，卻讓可口可樂的獲利和資產報酬率節節下滑，員工、客戶、合作夥伴紛紛反彈。

會計背景的艾維斯特在可口可樂工作二十多年，因為辛勤工作，以及有創意地執行公司策略，而獲得高祖塔的青睞。高祖塔刻意培養，讓他具備行銷、國際事務等各領域經驗，但艾維斯特也許聰明才智綽綽有餘，卻缺乏執行長最需要的特質：

領導能力，沒有辦法給公司一個方向感。

艾維斯特的個性嚴謹而保守，大小事都管，並要求部屬迅速的回應。但他忽略了想像力對可口可樂的重要性，更不喜歡聽取忠告。因此，像更新可口可樂的品牌印象等重要議題，他卻一直沒有好好努力。缺乏政治技巧是艾維斯特另一個弱點，從接任以來，艾維斯特就把可口可樂近年來的一些成果，歸功於己，也等於和公司的其他元老樹敵。

一個被培植了二十年的最高主管，竟然在上任兩年後就匆促下臺，這正是最近在飲料業巨人可口可樂公司上演的情節。2000年初，艾維斯特因為績效不佳，無法獲得董事會信任，被迫離職下臺。

觀察家指出，就像有些人很會爬山，但是到了山頂上，卻不一定能適應山上微薄的空氣和特殊的環境。艾維斯特的例子，提供管理者一個重要的教訓。（整理自EMBA世界經理文摘，「可口可樂領導人黯然下臺」，2000年2月，第140～141頁）

二、笨基因後遺症

為了避免「有能力的管理者受制於不適任的主管」此一彼得原理後遺症出現，最具體例子有二則：

‧德國總理希特勒在第一次世界大戰時只是一個管二個兵的伍長，但在第二次世界大戰卻師心自用，不尊重專業，兀自指揮百萬雄兵，因戰略錯誤（像入侵俄國），導致兵敗身亡。

‧有人說中共前總理趙紫陽也是不適任者，從四川的一個縣令，因著鄧小平拔擢同鄉情誼，一路平步青雲，終於飛上枝頭當鳳凰。

在政府中從技術官僚晉升至部會首長政務官，有不少常被批評見樹不見林，偏好執行而無長遠眼光，其後遺症往往是不堪想像的。

同樣地，在企業中最常見的戰術人才晉升到戰略職務的原因計有：

1.老臣：例如50歲出頭、專業不足的人，在臺灣前十大集團企業中擔任財務長角色。先進的財務觀念（例如選擇權、期貨）他完全不懂，更怕在有能力的部屬前出糗，所以他用的人一個比一個差。

2.靠人際關係晉升：憑人際關係爬升的人只具備管理者應具備三項能力之一，

其餘如觀念能力（在本章中集中於策略）、溝通能力可能皆不足。

3.百萬業績業務員晉升到總經理：在業務導向的公司比較容易出現百萬業績的業務代表逐漸晉升到總經理，業務代表首重個人表現，而總經理不見得戰技一流，但必須具備運籌帷幄、統御百萬雄兵的能力。

策略能力不足的主官、主管可說是公司的「笨基因」，這對公司有下列二個後遺症：

㈠排擠好基因

高中國文課有教到當歐陽修當主考官時，特別不讓文采出眾的蘇軾奪魁，他曾說：「吾當避此人出一頭地。」他的用意是好的。不過，大部分缺乏能力的主管會排擠有能力的部屬，如同《自私的基因》一書中對性病病毒的描述一樣，性病病毒的基因會激發病患的性慾，以便藉著增加病患性交的頻率而得以傳播繁衍。

有一次跟一家大型綜合券商總經理吃飯，他談到他不喜歡用國立大學或留美企管碩士，原因是這些人太驕傲不肯學。但有更多高階管理者不敢面對自己，他怕用了強兵便顯得自己是弱將，甚至有一天被幹掉，那豈不是「養老鼠咬布袋」嗎？

㈡弱將手下少有強兵

除了有意排擠有能力的人外，弱將手下少有強兵，此因：

1.沒有伯樂之明所以不識千里馬，可能發生「把庸才當人才用」的結果。

2.沒有良相之能，所以無法作個好教練培養更好的下一代。

三、基因的篩選（一）（如何評估經營者的能力高低）

每年總有許多單位票選十大傑出企業家、金爵獎等，但有時會令人懷疑這些人夠格嗎？於是引發了如何評估企業家能力的問題，若光從營業額、獲利來看並不公平，因為涉及歷史因素。

那麼有什麼指標可以判斷企業家能耐的高低呢？詳見第三章第二節。

四、基因的篩選（二）（如何評估管理者的觀念潛力）

中美軍隊中採取智力測驗來篩選軍官：

．臺灣預官考試中智力測驗的及格標準是90分，縱使應考者學科成績再高，只要智力測驗未達標準，也跟預官資格無緣。

．美國對於上校晉升准將，除了考績、受訓成績外，也有智力測驗的門檻。

同樣地，在企管方面可惜很少有人發明像赴美唸企管碩士時需參加GMAT測驗。奧地利因斯布魯克(Innsbruck)大學企管教授辛特胡伯和鮑伯(Hinterhuber & Popp)，在1992年1/2月的《哈佛商業評論》雙月刊「你是策略家還是經理人?」一文中，主張透過十個問題的問卷，管理者可以測試自身的策略能力，並加以改進。

透過此問卷，高階管理者可進一步了解管理者的策略能力現況、晉升潛力，再加上其他的評估工具，與適當的分析，高階管理者能對管理者的「品質」，有更深入的了解。

五、確保管理者的策略潛力

既然管理者策略潛力很重要，不少企業在選用、晉升人才二方面採取一些具體措施以避免彼得原理出現。

(一)你公司有菁英人才嗎?

臺灣產業未來的發展，從標準化生產的代工方式，過渡到注重研發、設計高附加價值產品，在轉型的過程中，菁英人力資源的培育扮演具關鍵性的角色。

台積電董事長張忠謀指出，大學所訓練的多半是一般的人才，而這些人才為臺灣高科技產業帶來很多貢獻，但也遇到瓶頸。高科技產業除了一般人才外，更需要世界級的菁英人才，是指具有創意、有能力獨立思考、具批判性思考、有進取心、具國際觀和外文能力，同時還有濃厚的求知精神，及終身學習熱忱。就菁英人才的培育來看，兩岸大學都欠缺。(工商時報2001年12月1日，第9版，何英煒)

(二)錄用有將帥潛力的核心部門人員

就跟遺傳基因學運用於生物育種一樣，不少企業採取挑好品種的觀念於人員的招募上。領導廠商希望好基因繼續傳承下去，會採取一些選才措施：

1.臺灣最大會計事務所用新人時有項規定：臺灣畢業的查帳員只挑臺大、政大畢業的。

2.臺灣最老牌、亞洲知名的政治大學企管系（企管系所已於1997年8月合併），以前在企管所階段，只有美國排行前十名學校畢業的博士才有資格任教。

連一向講究「苦幹實幹」、「一學天下無難事」的家電業，鑑於管理升級是產業升級（例如朝3C產業發展），在人事錄用標準上也於1998年起列出「大學畢業」作為標準之一。

本書並無意強調文憑主義、名校導向，然而「學歷並非無用」、「名師出高徒」等卻是企業界的體會，連美國、日本也不例外，也就是把學歷、名校作為取才的標準之一。

㈢劃分官、士之間的晉升界限

許多軍警政府機構，對於軍官和士官之間設下一個楚河漢界，其目的無異在於阻絕彼得原理的發生，例如：

1.軍官和士官涇渭分明：不僅士官無法晉升到軍官，甚至針對官校畢業學生，往往對於專科班（一年制）、專修班（二年制）、預官轉任這三種晉升到將軍的機率微乎其微，只有四年制的正科班才有機會。

2.警官和警員間互通性低：唸警專畢業只能幹警員、警察大學畢業就是警官。對於破格晉升或少數資深警員在晉升警官之前，也須至警察大學接受四個月的警佐班課程。

同樣地，以文官制度見長的英法等國，大都不把文官拔擢至政務官職位。這些晉升上限的設計，主要皆在避免戰技功能導向的士官晉升到戰術功能導向的尉官（低階管理者）、校官（中階管理者），甚至爬升到戰略功能導向的將官（高階管理者）。

如同軍官到中校前採「例晉」（例行晉升），至於上校以上可得靠本事了。上校這個層級的重要性，除了其所負責的事務外，更重要的是它是將官的人才庫。在企業中，也常以協理視為軍中的上校，作為是否有機會更上一層樓的分水嶺；升不上協理的只能當個資深經理，所以40歲的協理，管轄50歲的資深經理倒蠻符合能力倫理的。

第二節　策略管理能力的培養（一）：訓練和公司學習——兼論典範移轉、習慣領域

「品質是在董事會決定的。」這是美國品管大師戴明博士的名言，他認為經營者是企業「生產系統」的規劃者、推動者，所以，要是產品（或服務）不好，最可能的狀況是生產「系統」出了問題。要改善品質，唯有採行「源頭管理」，重新檢驗和設計更實際有用的系統，而不是一味地怪罪員工。此外，《企業再造》之類的書也強調思考再造是企業再造的第一步。

戴明博士所指的便是如何再造董事會，使企業贏在起跑點，也就是靠贏的策略致勝，這也是本節的重點所在。本節將討論一些提升經營者觀念能力的企管新知，並指出其限制。

一、使自己變得更聰明

1996年時，《腦內革命》一書在日本大流行，這個由日本醫學博士春茂雄提出的看法，主張透過某些運動、食物（例如深海魚油），可以刺激腦內荷爾蒙，使自己變得更聰明，如此決策品質也會比較提高。

撇開腦內革命、速讀、記憶訓練、讀書方法這些方式是否能增進智商不談，對於策略管理能力的培養，重點應該不是使人變得更聰明，而是變得更有智慧，這包括：

1.遠見：高瞻遠矚會帶來策略的先發制人、一致性（不致朝令夕改）。

2.洞察力(acuity)：這往往來自經驗的累積，例如美國英特爾董事長葛洛夫(Grove)所著《十倍速時代》重點就在談如何預測消費者價值觀、產業轉型。

3.創見(innovativeness)：創意跟智商不見得高度相關，創造力是可以學習的。

二、系統思考以免一偏之見

1993年起在臺灣開始流行的《第五項修練》，聖吉強調系統思考(system thinking)。這是第一項修練，這主張延續1960年代佛瑞斯特(Forrester)教授所倡導的一般

系統(general system)的主張只是再加上其他四項修練予以協助：

　　1.自我超越，這是本節第三段的重點。

　　2.改善心智模式，這是本段的重點。

　　3.建立組織共同願景。

　　4.團隊學習。

㈠「第五項修練」夠力嗎？

　　藉由佛瑞斯特提出九個系統基模(systems archetypes)或Stella的建模工具，《第五項修練》藉此以訓練企業人士對企業（把企業視為一複雜系統）問題，能採系統思考，不致犯一偏之見的局部謬誤。

　　不過，我頗不以為然。佛瑞斯特的書空泛而難令人能抓得住什麼，若是談系統性思考的訓練，那哲學系、數學系的訓練也蠻嚴謹的；但碰到企管專業問題，它們能夠解決嗎？要是可以，那就沒有必要設立企管系所了。具體的說，企業人士系統思考的基模並不少，例如大一管理學第一章的管理矩陣（詳見拙著《管理學》實用企業管理矩陣）就是一個，橫欄是五大管理功能、縱欄是七大企業功能。

㈡落實系統思考（新制企管教學訓練方式）

　　美國企管教育的趨勢為「由傳播知識轉變為培育管理人才」、「企業功能導向轉變為企業流程導向」，這些改變皆在使企管碩士更務實、更通才。其實，不論企管學士、碩士甚至博士，企管教育皆能培養學生系統的觀念。只是由於經驗有限，難免遇到問題時稍有疏漏，但還不致掛一漏萬。

㈢終極理論，「很久都沒聽到了！」

　　許多人看文章，常常容易被夜郎自大的作者唬得一楞一楞的，最誇張的是他們會冠上「終極理論」(ultimate theory)一詞，宣稱他們的模型、架構涵蓋所有（例如大至策略管理，小至知識管理）。人心不同各如其面，哪有一個理論可能無所不包呢？

㈣每個理論只是一塊拼圖

　　企管叢書（例如企業再造）常小題大作，透過實例反覆鋪陳一個道理，世界企業太複雜了，沒有必要誤以為「半部《論語》可以治天下」。

　　企業可透過新制企管教學方式以培養人員「企管系統思考」的能力，建議您採

取下列方式:

1.上「經營企業管理碩士班」(executive MBA, EMBA): 臺大、政大、中央大學等皆有推出給高階主管上的企管碩士課程, 這是有文憑的。許多大學企管系皆有企家班, 這是只有學分但沒有文憑的, 但不少跟美國姊妹學校有課程合作, 即相互承認學分, 再去美國杜蘭大學一個暑假修課通過, 便可取得杜蘭企管碩士文憑。

2.家教: 對於想速成或放不下身段的經營者或碩士後六年以上想再充電者, 不妨找有實務經驗又有理論基礎的名師指點, 可惜這類老師有如鳳毛麟角, 只要能找到, 包你短時間內功力進步神速。

3.自修: 對於想自修企管的中高階主管, 建議您從大一的管理學、大四的策略管理教科書著手, 不宜隨便看些企管叢書或是報刊。馬步沒紮穩, 就學一些花招, 很容易歧路亡羊。至於企管叢書、報刊, 行有餘力再看罷。

4.企業大學: 不少企業 (例如聲寶、和信、台積電、宏碁) 皆斥資建立員工訓練中心, 發展自己的教材、培養師資, 不過這種像麥當勞大學的方式也只有大企業才玩得起。

三、打破習慣領域以樹立新典範

企業經營者對環境的假設、思維方式稱為典範(paradigm), 這個跟哲學中「存在」(being)一樣模糊的名詞, 被一些驚世駭俗的美國人大力倡導, 例如:

‧唐‧泰史考特(Don Tapscott)所著 *The Digital Economy* 一書中, 主張網際網路時代來臨, 將造成以往典範如明日黃花。

‧戴維斯和戴維森(Davis & Davison)在1991年所著 *2020 Vision* 一書, 強調生物經濟將取代資訊經濟。

就跟資訊帶來第三波工業革命一樣, 不僅產品跟著改變, 也對公司經營造成衝擊, 例如組織結構設計方式調整。這種時代在變, 企業經營思維方式也須跟著與時俱進稱為「典範移轉」(paradigm shift)。例如巴哈(Baher)在《未來優勢》(*Future Edge*)一書中就指出, 一個(產業)典範的存在說明了一場競爭的存在和相關的競賽規則, (產業)典範移轉則表示新競賽、新規則的開始。

至於改變經營者思考方式的方法, 1990年代以來臺灣流行的二種企業新知都有

談到:

　1.《第五項修練》稱為心智模式,透過系統思考等,以拋棄老舊觀念。

　2.游伯龍教授的「習慣領域」(habitual domain),可說是習以為常的思考方式。

其實,太陽底下並無新奇之處,人隨著年齡增加,自然而然會不做經驗以外的思考,心理學稱之為「功能固著」,心理學或教育學皆有不少篇幅在探討這個學習理論中的現象。

跟系統思考一樣,我不認為任何腦筋體操可以打破人的死觀念,或者是讓他明瞭他有什麼經營假設是過時的。任何人只要有開放心胸,勇於承認昨是今非;那麼自然能抓得住時代脈動,而不會成為活化石。

四、創意思考

不少學者專家主張「研發是企業(未來)致勝關鍵」,而研發又來自創意,所以有好創造力的公司將會改變產業規則,後來居上成為霸主。有些人甚至把創意視為動態競爭力的來源,至於市場定位則為靜態競爭力的來源。翻開舊檔案,再一次發現就跟流行服飾的循環一樣,心智模式、習慣領域跟1990、1991年臺灣流行的「創造力」創意思考有多大不同。

啟發式教學方式、不迷信權威,再加上狄伯諾思考法水平式思考方式的訓練(即不是傳統鑽牛角尖式的垂直思考,例如頭痛醫頭、腳痛醫腳),這些都足以提升人的創造力。然而更重要的,在公司中,應該給予員工犯錯的空間,這包括授權、提案制度、內部創業等。矽谷已成為美國經濟成長的最大動力來源,而矽谷成功的關鍵因素在於勇於創新,矽谷內企業文化大都是鼓勵人員創新,員工不用擔心因為嘗試新觀念、新作法失敗而遭受處罰;矽谷公司本質上已成為一群創業家的集合了。另一方面,員工也會覺得來「肯放敢給」的公司上班,就像為自己的人生奮鬥一樣,如此更能滿足員工多樣化生涯的需求。

五、強化公司的學習能力

美國學者華許(Walsh) 1991年認為公司記憶有助於公司決策,有公司記憶(organizational memory)的單位將比缺乏公司記憶的決策來得好,同時對公司的更新具有

影響力。公司記憶可透過集體學習(collective learning)予以強化，甚至「以（公司）學習創造（競爭）優勢」。

《第五項修練》書籍的暢銷，帶動了公司學習（organizational learning，或組織學習）的風潮。站在資源基礎理論的觀點，公司學習有別於個人學習，因為公司學習目的在於提升公司能力，尤其是其中的公司常規能力（例如創新）。

本書從比《第五項修練》等書更廣的角度來討論公司學習，希望透過表15–2中所列的九節來說明如何強化公司學習的能力。其中尤其值得特別注意的，我們特別強調公司學習、組織設計，第十七章第四節討論設立專責單位把組織隱性知識轉換為顯性知識，例如成立專案事後評估單位。另外，第十一章第四節中也說明成立知識管理功能部門，以有司來取得、維護知識等。

表15–2　公司學習和本書相關章節

公司學習	本書相關章節、內容
方法	§ 15.2 第五項修練、習慣領域等 § 15.2~15.3 策略管理才能發展 § 16.2 方針管理：參與式策略規劃
對象	§ 10.5 標竿策略：內、外部成功標竿 § 10.4 策略群組：外部成功標竿 § 18.2 外部失敗標竿
組織結構	§ 11.3 四 (二) 設立「知識長」 § 17.4 成立專案事後評估單位

第三節　策略管理能力的培養（二）：才能發展
——實用紅藍軍對抗賽

為了提升經營者、管理者的策略管理能力，透過管理才能發展使成為主要手段。除了大一管理學課本上「管理才能發展」上所列的項目——例如組群訓練(T-group training)，角色模擬、職務代理、輪調，本節集中於策略才能的培養，可行發展方式

至少循序可包括下列四種，絕大部分公司只進行第一項，效果很有限；少部分公司進行第二項，第一、二項皆屬於個人層級。有實施標竿學習、第五項修練的公司會採取第三項。至於第四項紅藍軍策略對抗賽，則是本書推薦方式，只有極少數公司實施。

　　1.策略管理課程教育訓練。

　　2.電腦輔助教學的策略遊戲。

　　3.標竿學習（尤其是內部標竿）的個案撰寫。

　　4.紅藍軍對抗賽，姑且稱為實用對抗賽(practical business game)。

　　在圖7-1中我們談到魔鬼批評法可以改善決策者的思考方式，提升決策品質，在本書中，我們採取紅藍軍對抗賽來落實。

一、策略管理課程教育訓練

　　公司在每年12月，常進行「策略規劃」、「營運計畫書」或「預算編製」的訓練課程，訓練時數六小時，訓練內容主要為本書第十三章第五、六節。訓練是「為用而訓」，因此光請人來講課，作用並不大；同仁可透過自修、讀書會討論方式，了解策略管理的全貌。接著再給公司經營者（事業部主官、總經理、董事長）二至三週時間準備明年度的策略。

二、電腦輔助教學的策略遊戲

　　如同警察、士兵、飛機駕駛皆有電動教學，以虛擬實境方式考驗學員對狀況的處置能力。同樣的，電腦輔助教學在策略才能的培養也有相當大的貢獻，不少電腦遊戲便有相關軟體，例如「世紀末商業革命」是一款全方位的商場策略遊戲，透過策略遊戲以培養現代孔明。

　　除了電腦軟體外，也有書採取自選劇情互動電影一樣，以一個個案為例子寓教於樂的說明企業策略管理的各項內容。比較著名的書籍為下列一書：

　　‧楊美齡譯，《策略遊戲》(Craig R. Hickman原著，*An Interactive Business Game ─Where You Make or Break the Company*)，天下文化出版股份有限公司，1997年4月，一版七刷。主要以一家資本額1.5億美元的梅泰醫療儀器公司之發展歷程為討論素材。

三、標竿學習的個案撰寫

鑑於資料可行性、興趣、學習正遷移等效果考量，對於學員學習效果驗收方式之一的期末報告，宜以對公司內部的事業部代表性成功或失敗案例、年度，來撰寫個案。內部標竿是最佳選擇，其次是對手標竿，透過社刊等了解競爭對手的思考邏輯。個案撰寫可以採個人或小組方式。

四、實用紅藍軍對抗賽 —— 最有效、直接的學習方式

到10月下旬或11月上旬，公司便可舉行類似師對抗的紅藍軍對抗賽。其目的不僅在驗收10月初策略規劃課程的訓練成果，而且更重要的是檢驗事業部等各級主官所提明年策略企劃案的妥當性。

事業主官和其主管、策略幕僚有義務為自己策略辯護，擔任守土有責的藍軍。由另外一群人扮演競爭者，無論是想攻城掠地或反制藍軍反撲的紅軍。這是政治大學企研所博碩士班每年一次進行企業競賽(boss game)盛事的運用。

由於參加策略規劃課程的人知道訓練目的在於擬定策略，所以上課學習效果會較佳，不會變成「言者諄諄，聽者藐藐」。此外，由於有先上課奠定基本思考架構，才不至於發生紅藍對抗時雞同鴨講的情況發生。

(一)攻防雙方

不同的組織層級其攻防雙方各不相同，由表15–3可看出，當事業部提出下年度策略構想時，其上一級主官（即總經理）和其幕僚便扮演攻擊的一方（即紅軍）。

再往上一級，當總經理扮演守方時，替其管轄的功能部政策、事業部組合等辯論時，其上一級主官（即董事會）和其幕僚便扮演紅軍。最後，董事長對於公司的經營方向、方式、速度，最好事前有檢驗。此時，宜由董事（尤其是外部董事）、經營顧問扮演紅軍。

如同電影「捍衛戰士」(Top Gun)中基地的功能，在於透過戰術教官扮演紅軍，讓受訓學員（扮演藍軍）以身歷其境的跟假想敵戰鬥。教官的任務不在於打敗學員，而是把學員教懂。同樣的，企業內的紅藍對抗，除了審核策略構想外，最重要的還

是經驗傳承，藍軍自然會體會上級的思考方式。此外，紅軍中有人必須詳細研究競爭廠商（尤其是死對頭）的行為，這個在平常的行銷偵察系統中，便會提供一些大體資料。

表15-3中有二個層級的策略對抗賽沒有顯示出來，但同理可推。

表15-3　公司三層級策略構想攻防戰雙方人員

人員＼層級	公　司	總經理	事業部
藍軍 （防守）	董事長 (和執行董事)、 董事長室幕僚	總經理 副總經理 總經理室幕僚	主官 事業部本部策略幕僚 產品經理、通路經理
評審 3 人 （裁判官）	司徒達賢、湯明哲等	經營顧問 功能專長專家	董事長 產業專家
紅軍 （攻擊）	經營顧問 董事（尤其是外部董事）	董事長（和執行董事） 董事長室幕僚	總經理 副總經理 總經理室幕僚

1.事業部內：事業部主官可以把其麾下的不同品牌視為一個事業，要求品牌（或產品）經理提出營運計畫書，例如1997年3月推出的立頓茗閒情立體茶包便是一個例子。

2.事業群：只有大公司(像統一)、集團企業(例如宏碁)比較會在總經理之下，還設立事業群；此時事業群副總及其本部幕僚便代表總經理監管所轄事業部，即扮演紅軍角色。

(二)裁判官

在不同層級的對抗中，皆有三名專業人士擔任裁判官，其中一名擔任裁判長，裁判長的功能如下：

1.下達狀況：並觀察紅軍、藍軍如何處置。

2.主持「華山論劍」大會：針對紅軍、藍軍表達處置狀況，予以時間限制，並且控制議程，以免發生離題、重複、抬槓、冷場等情形。

3.總合裁判官們的分數：針對每一次狀況，總合其他二位裁判官的分數，並宣布雙方得分結果。裁判官必須獨立專業，宜避免「官大學問大」的頭銜主義。至於

裁判團採取三人的編制，其目的在於避免只有一位裁判官時可能有一偏之見，三人採合議表決制。

(三)得分計算方式

在攻防賽之前，裁判團應針對可能狀況設計題庫，如此才可以知道紅藍軍是否有疏漏之處，並可針對此，由裁判長主動下達狀況（例如經營環境某項目可能有變），並觀察紅藍軍如何處置。針對每一次攻防，裁判官給分標準如表15-4所示。

表15-4　策略對抗賽攻擊、防守一方得分標準

分　數	藍軍得分	紅軍得分
1	紅軍攻擊，藍軍防守得當	紅軍攻擊，藍軍未能有效防禦
0	紅軍攻擊，雙方各有輸贏	同左
-1	藍軍無法有效抵抗紅軍攻擊	應攻擊之處而未攻擊

(四)觀眾（或列席者）

其他非策略規劃的管理者則扮演「觀眾」──不宜超過二十人，但觀眾並不只是單純的旁觀者；當藍軍無法有效防守、紅藍軍無法針對裁判長的狀況予以發揮時，觀眾便可搶答。要是觀眾答對，則照樣得分；可視為教育訓練課程的加分。

當然，觀眾也可以針對裁判長未下達的狀況，主動提出狀況；要是狀況成立，則照樣可以得分。

(五)紅藍對抗使用時機

紅藍對抗例行使用情況為年底為編製明年的營運計畫書。此外，當碰到有重大事件（例如併購、策略重定位）時也宜使用。例如碰到併購策略規劃時，可分成下列三段落來進行攻防戰，每段所需時間視情況而定，一般為1～3小時。

1.併購前（即策略規劃階段）：方向相符嗎（即經營可行性）？成長方式可接受嗎（即管理可行性）？

2. 併購執行（即策略執行階段）：如何做好審查評鑑(due diligence)？怎樣做好併購談判？

3. 併購後整合（即策略控制階段）：併購後整合計畫為何？

1992年我在中央大學企管系講授併購課程時，最後一堂課便是採取併購攻防戰方式，以1991年6月和信集團收購英國葛蘭素藥廠下屬盤尼西林廠為素材。由我擔任裁判長，並請二位企業界朋友擔任裁判。學生們、裁判官的反應皆很熱烈，任何長期企管訓練，不妨透過此種競賽，來驗收成果，不僅學校企管教育宜如此，企業訓練更宜如此。

㈥勿扮家家酒，要玩就玩真的

在紅藍對抗中，我不太贊成採用過去的個案（不管是不是公司的），而是以當下的企業策略問題。唯有切膚之痛，雙方才會正經八百地全力以赴，而不會像扮家家酒似的不痛不癢。所以前述第一至第三項策略管理訓練，時程安排最好能跟紅藍對抗賽銜接得上。

採取對抗賽方式是否僅限於事業部攻防戰？它甚至可運用到戰技課程，例如我們曾替某家航空公司票務人員的「電話禮儀課程」規劃、「客戶抱怨處理課程」規劃，先請一位講師講一小時，接著便講解競賽方式，一週後驗收資淺客服員（扮演紅軍，負責攻擊），資深客服員（扮演藍軍，負責防禦，即提出電話禮儀的改善方案），由講師、票務主管擔任裁判。

採用真槍實彈的紅藍對抗，把決策參與、經驗傳承、訓練運用等畢其功於一役，可說是最有效率的方式。

🔖 第四節　董事長的經營傳承

家族企業的接棒問題在1980年是熱門題目，因為像新光、聲寶、東元、慶豐等許多集團，當時皆面臨第二代接棒問題。1990年代末期，比較引人注意的接棒焦點，例如台塑集團王家、和信集團辜家、力霸集團王家。

為子孫奮鬥本是人性之常，尤其是站在創業家的觀點，更希望辛苦耕耘的結果

能成為百年老店，因此由子嗣繼位，擔任董事長本就是理所當然。要做到美國一些大企業，走上所有權、經營權（即專業經理人擔任董事長）分離，這不是件容易的事，更何況美國也有不少家族式企業。家族企業接棒問題比管理者接棒問題困難度較高，此因：

　　1.可供選擇的人選有限：只能在嫡子中挑，而且往往「傳子不傳女」，除非無子只好傳女，像大陸工程公司已逝董事長殷之浩傳位給獨女殷琪，庶子往往被排除在外。不管董娘生產力多麼高，嫡子總是有限的，頂多四、五人。如果碰上有些「太子」犯法（主要都是賭輸了），往往被淘汰出局，剩下可以接棒的嫡子更有限。難怪歷史上會出現不少「阿斗」皇帝，歷史又何嘗不會在企業中重演？

　　2.感情糾葛、公私混在一起：公私本來就不易分清楚，尤其是「公事公辦」常會令第二代兄弟們覺得父親大小眼。反之，家庭糾紛也常會帶到公司，往往會借題發揮，反而不就事論事。

　　由表15-5可見，一般家族企業如何循序漸進的培養下一代接棒，本文重點在於「兒子，我要你長得比我高」。

一、依輩分vs.依能力來接棒

　　絕大部分的家族企業都採取嫡長子接棒方式，其他太子只能接掌關係企業。如果只有一家公司，往往大兒子會接董事長一職，二兒子接任副董事長或總經理，以下類推。

　　雖然在同一公司中，第二代兄弟的持股比例可能相差無幾，但原則上皆採取「長兄如父」的倫理領導。這是慣例，所以當第一代想違背社會習俗，不把主位傳給嫡長子，那可能會面臨唐太宗革父命式的玄武門兵變。除非嫡長子有自知之明，以家族大局為重，否則家族將會因分家不公而走上分裂之路，如國際牌的洪家、嘉新水泥的張家皆因此弄得兄弟鬩牆，對簿公堂。

　　雖然嫡長子繼承是慣例，但為了避免嫡長子逝世、陣亡（賭輸、緋聞案），所以往往會讓兒子們在公司內一起上班，留幾個當「備胎」用。不過為了多預備幾個兒子可以接棒，難免會造成第二代間在公司內形成派系，嫡長子（王儲）往往成為被弟弟們鬥爭的標靶。1995年味全黃南圖取代長兄董事長之位，1996年台鳳的兄弟之

爭，皆是皇子間的奪權戲碼。

如何兼顧培養備胎，又避免「兄弟拿刀子互捅」，對於單一公司的老闆可真是難題。有時，只好被迫多成立一（或數）家公司，以免一山不容二虎。

表15–5　家族（式）企業的經營傳承方式

方式 對象	用 （取得）	訓 （考察、磨練）	晉	退 （出局）
現任董事長 （或稱第一代）				
第二代們	1.依輩分抑或依能力接班 2.當子不肖時，則傳賢不傳子，走上美式所有權和經營權分離，常見方式爲家庭信託	1.計畫磨練 2.外訓 3.出外創業後再返公司學習接棒	1.設定交棒時間表，以避免發生唐太宗的玄武門兵變，或小子污老子的錢 2.分家，以避免親王們形成山頭，甚至明成祖（燕王）所發動的靖難，並考慮交叉持股	不適任之第二代，則退出管理職務，只擔任董事、監事或股東
姻親（第二代中女兒的丈夫）	姻親或第三代是否適合擔任管理職位			

二、慎防MBA自大狂

1980年代以來，許多企業家把兒女送出國留學，而且大都拿企管碩士(MBA)學位。但從小高人一等，再加上唸完名校企管碩士後又自認無所不知；回老爸公司任職，往往也是到各部門蜻蜓點水，無法體會專業經理人的責任、壓力。

1980年代，美國興起一股反省風潮，不少企業認為企管碩士的眼睛長在頭頂上，

似乎眼高手低。企管碩士教育旨在培養「通才能力，尊重專才的度量」，這種企管碩士自大狂的現象頗值得深思。

1990年資訊電子業當紅，有少數老闆後悔沒讓兒女唸工科，否則以後可以像苗豐強一樣帶領家族企業轉型。

三、避免無性分裂繁殖的後果

「名師出高徒」的對句是「兩光師父出蹩腳徒弟」，第一代企業家必須有此體認，如果公司經營不算好（例如每股盈餘1.5元以下），那麼自己或公司內高階管理者能夠把第二代接棒人教得「青出於藍」的可能性不高。為避免此種後天失調情況出現，不妨採取下列二個步驟訓練小老闆們：

1.畢業後先到其他績優公司工作，到美日等卓越公司接受調教。

2.鼓勵其小規模創業，如果創業有成，一方面也體會創業的辛苦，以後接下老爸的位子後自然會珍惜。此外，在員工前面也站得住，不會被批評為「含著金湯匙出生」；更重要的是，對自己有信心、尊重自己。

像神達集團董事長苗豐強銜父命成立聯成石化公司，之後成立神達電腦公司、聯強國際公司，並且讓這二家公司股票上市。許多年輕人都不知道他家族企業是作食品的廣豐實業，可見其父親苗育秀栽培下一代接棒有成。

四、設定交棒時間表

家族企業面臨的最大挑戰來自企業第二代，許多第二代受過頂尖管理學院的教育且曾在最佳企業工作過，他們遠比上一代更能接受華爾街對家族企業的負面看法，他們腳跨家族的過去，心繫華爾街制度化的未來，左右為難。

家族企業最脆弱的時候就是世代交替權力移轉之際，美國西北大學商學院華德教授統計，八成家族企業傳不到第二代，而僅有13%能傳到第三代。最常造成家族失去掌控的原因都是無法在承接的過程中順利管理，有些被迫賣給競爭對手，有些在新領導群的管理下破產，有些永遠關門大吉。瑞士洛桑管理學院教授舒瓦茲表示，家族企業經營權不易順利移轉的原因跟老企業家性格息息相關。很多老一輩不願放手，而且對培育接班人的認知不足，第二代因此常覺得挫折、嫌惡、無所準備，且

造成兩代之間關係緊張。(經濟日報2001年4月9日，第4版，馮克芸)

醫療的進步使許多企業家都挺高壽的，台塑董事長王永慶也近90歲，70歲以上還在當家做主的企業家大有人在。弄得小老闆也近50歲，搞不好當了祖父還是「小」老闆。老老闆如果是「鞠躬盡瘁，死而後已」的工作狂，或是「父母心中，兒女永遠是小孩」，非得硬撐到「春蠶到死絲方盡」，其後果可能是：

1.小老闆污老老闆的錢：小老闆在公司擔任總經理等位置，但手上沒多少股權，所以仍然是領薪水的上班族。但因為他人脈較廣，支出浩繁，所以可能監守自盜（例如工程、採購拿回扣），名副其實的「九鳥在林，不如一鳥在手」。這不是天方夜譚，小子污老子的錢，眼見為憑。

2.小老闆年紀大了，鬥志也磨掉了：為了讓小老闆們在人生巔峰階段（例如45歲左右）接棒，老老闆宜訂出時間表，這跟計畫晉升的道理是一樣的，讓小老闆有所期待，不要讓他過著看海的日子。

新加坡前總理李光耀在65歲退休，讓吳作棟等中壯派在50歲時接棒，自己則退居資政一職。美國不少大企業的執行長也往往於65歲時就退休，讓年輕一輩接棒。這些急流勇退的作法，因目的在於讓經營者永保年輕，進而帶動組織活動。

五、太傅和太師

在小老闆們擔任管理者時,老老闆往往會指定各部門的主管或副主管擔任教練。不過，等到小老闆升到副總位置時，總經理就成為當然的事業導師(mentor)。當小老闆升到總經理時，原總經理只好被擺到副董事長、顧問或子公司董事長角色，主要的功能則由良相輔國退到第二線，擔任太師角色，例如裕隆集團的林信義晉升至中華汽車公司副董事長一職。

小老闆們所面臨的誘惑、陷阱也特別多，董事長不僅要替他們找好工作上的教練，還得想盡各種辦法讓新人類的下一代不致掉入社會陷阱，否則將壞了董事長的接班布局。

六、走上百年企業的設計

家族企業至少在下列二種情況下，將逐漸走上所有權和經營權分離，也就是像

美國大型企業一樣，聘用管理者擔任董事長。

　　1.子不肖時或子無意願接棒：為避免不肖子把家產敗光，美國不少企業透過家庭信託(family trust)方式，把股權移轉給私益信託，由專業金融機構擔任受託人，管理受託資產，例如聘請管理者擔任董事長。至於創業家的子子孫孫則是此私益信託的受益人，對創業家來說，既可保障子孫生活，公司又能永續經營。

　　2.三代以後股權將大幅分散：如同田地因繼承而分割，以致每個人持分越來越小。家族企業隨著數代傳衍，假設股權平均分配給子女，又假設生男生女比例相同，甚至女比男多。數代以後，公司股權將大幅分散，掌握在創業家的外孫、外曾孫手上。到四、五代以後，假設公司還存在，經營權將落在外姓手中。

　　除非創業家採取祖先們「傳子不傳女」的方式，也就是規定只有兒子可繼承股權，而女兒只能分到財產，否則前述「外家掌權」的情況勢將發生。

◆ 第五節　中高階管理者的傳承

　　企業經營靠幹部，一旦青黃不接甚至後繼無人，那麼企業將逐漸喪失競爭優勢。「中興以人才為本」這個道理，許多企業家都懂。然而經理迄總經理中高階管理者的傳承(management succession)，在很多企業並未特別注意。其原因：

㈠小企業當道

　　小企業佔臺灣企業九成以上，員工是否能工作到退休還沒把握，自然不那麼在意在該公司的職涯規劃，老闆也懶得費心思去培訓中高階管理者。

㈡大企業（員工千人以上）的限制

　　大企業比較有足夠的位置、空間，讓企業家去培訓中高階管理者，不過至少有二項限制：

　　1.家族企業不利吸引好人才：有些老闆把三親四戚都放在公司內，佔了不少肥缺，此點自然無法吸引到許多傑出經理人長期打拼。

　　2.經理級以上人才培養已非人資部所能處理：經理級以上人員的培養往往不由人資部所負責，董事長或總經理心中自有譜，這個接班圖的譜常常又是「天威難測」。

最怕的是董事長亂點鴛鴦譜，那連總經理都不知如何出牌了。

一、選 秀

2001年1月，在哈佛商學院開辦的一項課程上，來自世界各地的企業經營者表示，他們最頭痛的問題是發掘高階主管人才。愈來愈多企業花盡心思發掘具備今日成功企業領導人要件的高階主管，這包括經營智慧、創業精神和國際化經營效率。

有效培養接班人和打贏人才爭奪戰的秘訣很簡單，首先是高階主管的發掘和挑選須制度化，其次是企業須隨著社會變遷調整員工激勵方式。要在這場高階主管人才爭奪戰中贏得勝利，最合理的方式是在公司內發掘、培養人才。

花旗銀行1994年推出人才庫(talent pool)制度，找出內部最具管理潛力的數百位人才。花旗銀行跟外界顧問共同研擬主管人才評估標準，為他們的表現打分數，並找出潛在能力。

該銀行人力資源副總裁希德莉絲表示：「這套制度運作得相當成功，一旦公司選對了人，營運效率自能提升。如果公司無法發現深具潛力的主管人才，有一天會把這個人才逼走，等於為競爭對手培養人才。」

英國的一項調查發現，200家企業中，約有六成訂有明確的潛在主管人才認定標準，但不少公司的適任條件並沒有包括策略思考、全球運籌帷幄等重要的領導能力。

渣打銀行訂出非常嚴格的標準，包括策略規劃力、變革和風險管理能力、跨文化認知程度和團隊領導力。

不少公司透過內部評估挑選人才，但多數公司的選秀有待商榷，應輔以獵人頭公司或心理學家等外界評估才較客觀。企管專家也認為，企業有時候應借重空降部隊，注入新血，以挑戰現狀。調查發現，有些企業的內升比率高達95%，但也有部分企業只有25%，董事會應定期討論內部擢拔和空降主管比率是否恰當。

企管專家表示，雖然報酬和股票選擇權仍是激勵高階主管的有效工具，多數企業卻高估金錢的重要性，而疏忽了工作滿足感、企業文化、工作和個人生活的平衡，彈性工時、休假、工作共享才是最受歡迎的激勵方式。（經濟日報2001年1月13日，第9版，官如玉）

為了長治久安計，培養內部的董事，也成為新銳企業的革新重點，例如日本松

下電工旗下計有三十五家子公司，培養的幹部程序是每年選出約十五位40歲出頭、表現優異的資深同仁，前往子公司擔任總經理，經歷三至五年的歷練後，有實績再起用為母公司的核心幹部。選拔制度明確化，及早培養高階管理者，以實力見真章，把內部各種猜疑、人事傾軋等負面或不確定因素，降到最低程度。

二、建立世代交替體系

中高階管理者傳承最重要的便是健全企業世代交替體系，用人惟才，而不是憑關係。尤其是董事長平常手中就得有幾名總經理候選人名單，特別是當經營績效走下坡時，把先發投手換下，總得有稱職的救援投手才行；當公司內人才不足時，董事長總得有牌可打才行，所以平常就應注意外界適當人才。

從策略性人力資源管理的角度，來看公司如何建立中高階管理者世代交替體系，一般企業常用的作法詳見表15–6。

(一)IBM的作法

國際商業機器公司(IBM)的人資訓練方式一向是走在世界前端，頗值得其他公司借鏡。首先在全球分支機構遴選出，十餘位當年表現優異的中級人員，到總公司受訓一年，除了像如何應付媒體等技能性訓練外，還包括政治、社會等觀念課程。然而最重要的則為每位學員必須擔任總公司副總裁的特別助理，安排副總裁的日常行政支援、草擬文稿、安排出國行程等；不僅更能充分了解全球公司總部和策略管理的運作方式，而且更重要的是藉此體會總公司的策略、企業文化。

(二)復盛vs.普騰電子

有沒有建立高階管理者世代交替體系，這可由1998年1月發生的二則案例看得出來。

1.普騰電子總經理林溫正於3月1日卸任，遺缺由國齊董事長洪敏昌暫代，林擔任總經理十年，卸任尚無人可接任。同樣情況，1997年7月東元電機總經理屆齡退休，總經理一職由董事長黃茂雄兼任。表面上看來，這二家公司的總經理，傳承沒做好。

2.復盛公司已任八年的總經理調任董事長特助，遺缺由董事接任。董事長李後藤對集團內總經理有輪調制度，上調至董事長特助也是階段之一。表面上看來，復盛總經理級傳承似有一套。

表15-6　中高階管理者的管理傳承方式

組織層級　　策略性人資	用 （取得）	訓 （考察、磨練）	晉 （升遷、選拔）
一、高階管理者 　1.子公司董事長 　2.總經理（含執 　　行副總經理）	內升 內升為主，外 聘例外（適用 於復甦管理 時）	 1.計畫晉升 2.落實副主管制	由母公司總經理 副總經理升任 1.指定接班人或 　多元競爭 2.避免「揚州屠 　城」式新舊黨 　派的黨爭 3.打通總經理的 　出路，以免自 　私的基因作祟
二、中高階管理者 　(協理迄副總) 　一級單位主管 　1.事業部主官 　2.功能部主管	內升為主 外聘為輔	1.以策略幕僚作為 　直線主管的預備 　隊（詳見§9.3） 2.導師制或師徒制 　（mentoring）	1.任期上限或年 　齡上限 2.晉升以戰功為 　先，不以關係 　導向
三、中階管理者 　(副理迄經理) 　二級單位主管 　1.事業部主管 　2.功能部二級 　　主管	內升、外聘 搭配		

三、避免自私的基因作祟的機制

　　把剛上任的執行長趕下臺反映出董事會和前任者所託非人，多數企業並沒有像美國奇異公司一樣，投注心力長期培養接班人才，而是求助於獵人才公司，或是硬趕鴨子上架，讓新執行長馬上接受現實嚴酷的考驗。

這些歷練不足的新掌門人必須馬上出招，挽回企業頹勢。問題是這些企業大都回天乏術，即使妙手回春，不但跌掉公司股價，也賠掉個人的事業生涯。

「權力令人腐化」的道理大抵成立，任何一個爬到頂的管理者，總有「捨我其誰」的戀棧心理。為了確保無人可以向自己的地位挑戰，往往會排除有能力的異己，如何避免此自私的基因作祟，下列方法提供您參考：

(一)任期制

連董監事都有任期，那麼總經理也應該有任期，當然這任期不是保障他任內不會被撤換，而是告訴他「不要想當終身總經理」，一般企業最常見的任期制便是屆齡退休，例如黑松公司便規定總經理必須在65歲屆齡退休。不過，任期制只是促進企業的人事新陳代謝，並沒有提供誘因給主管培養副主管接棒。

(二)避免強人後遺症

「一將功成萬骨枯」這句話套用在企業中，可以解釋為強勢領導下沒有好人才，誠如法國INSEAD研究教授馬利達希斯(Makridahis)在1991年的研究指出公司失敗十三個原因之一為「執行長的性格和能力」。在性格方面，要是執行長採取威權領導方式，可能會逼走許多優秀人才，勉強留下來的人才因當奴才當久了反而成為庸才。強人的後期或下臺後，才看得出整個公司無可用之帥、部門無堪用之將。

強人對公司只是短多長空，對公司的傷害可能多於貢獻。因此，當總經理（或專業董事長）表現出強人氣勢時，經營者必須堅持授權、參與式管理的必要性；要是總經理依然故我，那可考驗經營者的智慧了，例如只是把強人（強勢領導的管理者）打短打，用以拯救企業的短期問題。

(三)落實副主管制度

一些老闆會規定「找不到合格的繼任人選便不准升官」，這會逼得一些強將不再「把人才當奴才」用，而且會努力培養一至二名副主管來接棒。

立竿見影的作法是「限期培養繼任人選」，例如要求在半年內培養完成，半年後便要驗收。可行措施例如由副主管先代主管批閱公文，尤其是主持決策會議，上級可由這些來判斷副主管是否夠格。如此，也才能落實「副主管是主管養成班」制度的原意，而不再只是混資歷必經的一站。

㈣安排好去路

　　有些管理者（尤其是總經理）故意形成強將手下「有」弱兵，以免被人取代後無權可抓。單一公司最頭痛的是替總經理謀出路，尤其是五十出頭的總經理搞不好還想有番作為。常見的退路是副董事長或高級顧問，不過對於還想露點身手的卸任總經理，最好還是讓他有事做。

四、如何避免清巢事件

　　當新獅王入主後，往往會把舊獅王系的小公獅全部殺掉，以除後患。在公司中，這種清巢行為很常見，空降總經理總會用自己的班底，而首當其衝的便是執行副總、資深副總，尤其當這些人「功高震主」或跟層峰（董事長）關係很好時，更會讓空降總經理有芒刺在背之感。為了確保「臥席之側，豈容他人鼾睡」，新總經理常會採取架空、栽贓等方式來削弱職位潛在競爭者的實力，弄得黨爭不斷，到最後輸的一方只好求去，要是帶著一票班底投歸曹營，那可真是會令董事長有如「錯誤別離」的椎心之痛。清巢事件不僅出現在空降總經理，也會出現在派系分明的公司內。如何避免清巢事件發生，有賴董事長的智慧。

◆ 本章習題 ◆

1. 表15-1來自1992年的文獻，請找出優於表15-1的最新文獻並分析一下好在哪裡。

2. 請找出一家臺灣上市公司中出現彼得原理問題的公司，詳細說明症狀。

3. 你同意「弱將手下少有強兵」的道理嗎？舉個例子（包括歷史上的）來分析。

4. 智商是評估管理者觀念潛力的惟一或最重要指標嗎？

5. 習慣領域跟§7.2的反學習有何不同？

6. 創意思考的最上乘結果是策略創新（§7.2），你同意這說法嗎？

7. 公司學習跟個人學習有何不同？（可參考拙著《知識管理》§5.5學習型公司）

8. 找一個併購或行銷的二個公司個案，同學分組進行實用紅藍軍對抗賽。

9. 找一家家族企業（例如辜濂松的和信集團），看其如何進行經營者接班。

10. 找一家公司（例如宏碁集團、統一企業）看其如何進行高階管理者傳承。

第十六章

領導型態和激勵

對球員的要求:

1. 準時。

2. 各司其職。

3. 努力。

——Bob Brenly　美國響尾蛇職棒隊總教練

2001年11月（甫成立四年便打敗洋基隊取得美國職棒大聯盟總冠軍）

學習目標：

如何透過激勵（財務控制）、領導型態（本章也屬財務控制）配套，塑造員工自動自發策略執行的機制。

直接效益：

內部創業制度是企管顧問公司開課和公司內部制度設計重點，本章第三節有詳細說明，看完後，你就有能力自行設計了。

本章重點：

· 三種領導方式和管理措施。表16–1
· 人道主義掛帥的莫登紡織。§16.1三
· 美國西南航空以人為先的管理哲學。§16.1四
· 策略執行失靈的三個原因。圖16–1
· 參與式事業部策略規劃。§16.2
· 策略投入、策略承諾。§16.2一
· 方針管理(policy management)。§16.2二
· 授能(employee empowerment approach)。§16.2三
· 財務公開管理(open-book management)。§16.2四
· 內部創業制度。§16.3
· 提案制度、利潤中心、內部創業優缺點比較。表16–2

前言：激勵員工工作潛能

徒法不足以自行，套用現代例子，最常聽到的說法是「中央政府的政策不錯，但是問題出在執行」，基層官員執行時七折八扣，德政美意也自然跟著大打折扣。公司也是一樣，員工是為了自己的利益才來公司上班，而不是為了公司的利益而來。因此公司也得挖空心思誘發員工潛能，才能把策略發揮得淋漓盡致。

本章從馬斯洛需求層級、赫茲柏格雙因子理論出發，第一節先說明如何構成必要條件、衛生因子；第二、三節則說明如何完備充分條件、激勵因子。

第一節　創造優質的工作環境 —— 衛生因素

美國《財星雜誌》在1997年1月的一篇調查文章指出，員工認為好的工作環境具有下列特徵：

　1.一位強勢而有遠見的領導者。

　2.令人喜歡的工作環境，包括軟硬體的配合。

　3.在工作上受到肯定和表揚。

由此可見工作環境此一激勵理論中衛生因素的重要性，本節的重點在以管理哲學為重心，來說明公司如何塑造一個能吸引、留住好員工的環境，這才是公司、事業部經營者最關切的問題，而也唯有他們才有權決定。

一、有效領導的配套措施

有效的自動自發策略自我執行，不能只靠「人治」的領導，還得有軟硬體適當搭配的配套措施。否則單一措施的效果將變成孤軍深入，以致效果有限。這幾年來，大部分老闆已能接受配套觀念，這是可喜現象。不過，有時外界顧問誤導，會讓不是企管本科畢業的經營者、高階管理者，誤把蒙古大夫當華佗。很明顯的例子是，刻意強調企業文化（或願景）具有「精神鴉片」的功能。有了它可以不吃飯、或是特別注重領導(尤其是其中的帝王術)，標榜有魅力管理者能讓員工死心塌地的跟隨。

本文透過有系統的配套措施，以建構一個具有吸引力的職場，讓員工願意殫精

竭慮的落實公司目標。

‧臺灣企業如何塑造具有吸引力的職場

臺灣企業在過去三十年,大概可分為三階段作法來塑造公司對員工的吸引力:

1.1970年代,強調以工廠為家。

2.1980年代,標榜人性化管理,強調「人類不該是工作的機器,而應是生活的享樂者」,但遲至2000年起實施的週休二日才使此理想落實了一部分。

3.1990年代,以「每位員工都是老闆」、「人人都是董事長」,用「願景管理」來作宣傳。

可惜,1970到1990年代的都只能算是目標而不是作法;甚至在報章上不少標榜人性化管理的公司,不僅看不出什麼是人性化管理,所謂「道者可行必可言」,連個道理都說不出來,怎能說服好員工近悅遠來呢?

二、三種領導型態和管理措施

1970年代,有關領導型態流行以X理論(人性本惡)、Y理論(人性本善)、M理論、Z理論為主。本書不想文縐縐地討論領導型態,只是站在經營者的觀點,把經營者對員工的態度分成三類,詳見表16-1。

㈠把員工當資產(臺灣企業管理方式)

大多數臺灣企業老闆其實是把員工視為資產,這可由下列指標來判斷:

1.非人性化管理的三個指標:

⑴是否打卡上下班?

許多公司員工為免遲到而早起、緊張,但人跟人之間的約會,遲到並不會罰款、減薪。尊重人性的作法是不打卡,像宏碁科技一樣;其次是採取彈性上班時間,讓員工有個遲到的伸縮時間,但又不會貪污公司的時間,也不會形成惡性示範。

表16-1　三種領導方式和管理措施

把員工當作 管理措施	資產 科學管理	人（朋友） 人性化管理	合夥人 工業民主
一、維護方式			
1.上班環境	・工廠像工廠，辦公室像辦公室	・人性化，看起來像家、帶寵物上班、辦公室放音樂、免費餐飲、托兒所、自助式福利、員工協助方案	
2.員工福利	・法令、同業標準		
3.薪水	・人力資源會計以了解員工價值	・經營成果跟員工共享	・員工入股制度
4.不景氣時	・裁員	・大家減薪、共度難關	
5.保險	・團體保險	・在家上班	
二、開發方式			
1.維修、開發	・教育訓練	・提案制度	
2.其他		・員工職涯發展	・內部創業制度
三、領導方式			・讓員工覺得自己是老闆，屬於願景管理
1.打卡	・絕對要	・不要	・不用打卡
2.工時	・固定	・彈性	
3.工作內容	・任務導向，不輪調	・工作豐富化、擴大化	
4.階級意識	・叫職銜、桌椅大小有差別	・直呼名字、桌椅大小沒差	
5.給人犯錯機會	・較少	・較常，不斥責員工	・財務公開管理（open-book management）
6.領導技巧	・帝王術	・朋友、團體動力（團隊精神）	
四、對離退職員工處置			
1.資遣員工	・給予資遣費、自謀生計	・輔導就業	
2.退休員工	・勞資分飛	・退休後參加公司福利活動	

(2)是否常逼迫員工加班?

把員工當機器的經營者,就不會那麼在乎員工血肉之軀也會累也會倦（精神方面）,因此,經常要求員工加班;甚至以「不願加班就解雇」來逼迫員工。

但最差勁的老闆是要求員工加班然後不給加班費,他的擋箭牌是「工作是責任制」。連勞基法都規定「經理級」以上員工才是委任制,經理級以下是雇用制;委任才無所謂加班,更無所謂遲到扣薪。有些廣告公司,為了降低成本,用人精簡到讓員工過度負荷,作案子沒有專案獎金,經常加班也沒有加班費。這樣的老闆可說是企業的黑奴販子,把員工當黑奴——美國電影「家園控訴」也正是描寫美國1930年代,富農對於佃農、零工的剝削;美國到1930年代還有「企業黑奴」,這現象還殘存在臺灣,尤其是把外勞當二等員工的雇主,外勞也是人,除了薪資較本地勞工低外,其餘企業基本人權應該受尊重。

(3)是否把員工當作拖石磨的驢子?

看到牛、驢子拖石磨在原地打轉,有些人或許不會覺得有什麼不好。同樣地,對於生產線上員工年以繼年的做同一個機械化工作,沒有音樂、不能聊天;有許多女作業員都會說:「要不是要養家活口,否則我不會喜歡做這個枯燥無聊的工作。」但有些老闆連這點都沒看到,只是把員工當作生產線上的一部分,就跟拖石磨的驢子一樣。

2.人情味或人性化管理:不少臺灣老闆所說的人性化管理,其實只是人情味或帝王術的運用,算不上真心誠意把員工當作跟自己一樣,撇開老闆身分,老闆、員工最基本的、大部分都是一樣的——平常人。

(1)人情味:尾牙聚餐、年節禮品這些都已約定俗成,逐漸無法顯示出老闆對員工的關心。有些老闆採取出國買小禮物給高階管理者太太（這是日式作風）、中秋節在老闆家烤肉、到老闆的果園採水果等。用一堆花小錢的措施來營造人情味氣氛,希望員工會「惜情」而不見異思遷,最好,還能念在老闆的照顧而身先士卒。「人情味」可強化權力來源之一的「情感權」,但太功利把它當作領導工具,將會被員工所看穿,尤其是在物質報酬乏善可

陳時，感情往往被麵包打敗。

(2)帝王術的運用：「帝王術」就是指把古代帝王御人術移到現代來用，常見的招式：

①黃馬褂加身。

②人情關懷，代表性的例子便是戰國大將軍吳起替士兵吸爛膿，士兵便心甘情願地替他當擋箭的人肉盾牌。

③低階高佔。

④畫餅充飢。

有不少老闆寧可常花大錢請經理去酒廊、請員工吃大餐，卻不捨得調薪；許多員工的心態是：「是否可以折合現金給我，那我就不去吃大餐。」帝王術是種運用人性弱點（感恩、念情）而操縱人的方式，跟御馬術的目的是一樣的，還是脫不了把人當資產；讓乳牛聽音樂，牧場主人不是替牛設想，而是替自己的荷包設想。員工的眼睛是雪亮的，老闆究竟是打從心底把員工當人看，還是只是用權術攏絡員工，日久見人心。

(二)把人當人的人性化管理（歐美企業管理方式）

民主是種生活方式，民主觀念同時也會影響企業對員工的領導方式。從表16–1可看出，歐美外商公司比臺灣企業更採人性化管理，而這皆源自於「人道精神」的發揚。

1.對員工維護方式（留人措施）：老闆辦公室像總統府、員工工作場所「又吵又熱又暗」，這樣的對比已顯示老闆不把員工當人。一般對外商公司的刻板印象可說是人性化管理的最佳寫照。

(1)週休二日，且從1980年代便已實施。

(2)福利好、照顧員工，1997年獲勞委會表揚的臺灣諾華藥廠是個中典範，員工只有七十人，但照顧員工不遺餘力，如免費營養午餐、低廉飲料、住宅和修繕貸款、子女獎學金等。

(3)高紅利，最捨得給年終獎金的是電子、證券業，有時常超過十二個月。老闆不小氣，肯跟員工共享，這才是真正把員工當人甚至當朋友。對於給「固

定年終獎金」、固定調薪的公司，比較偏向於把員工視為生產要素之一，大一經濟學討論「土地、資本、勞工、經營者」四種生產要素的價格如何決定。採固定調薪、年終獎金方式的公司，跟租房子（或土地）處置態度是一樣的，簽定租約時即談妥房租每年調漲3％（大抵跟物價指數連動）。

宏碁集團可說是臺灣企業中人性化管理程度相當高的，員工不用打卡、授權程度高，此外，利益分享根據「宏碁一二三」理論，照顧利益優先順序第一是顧客、第二是員工、第三才是股東。

同甘易，共苦難。當公司出現經營危機時，把員工當資產的公司，會資遣員工，一如減少租辦公室等一樣，重點是節省成本，員工只是成本的一部分。但是人性化管理公司，也體會到被資遣員工可能生活無著，所以要是公司經營困難是暫時性的，則會傾向大家減薪共度難關。要是迫不得已必須資遣員工，也會採取輔導就業方案協助員工另謀高就；1998年國泰航空裁員700人以因應東南亞風暴導致旅遊業嚴重衰退，對被資遣員工採取補償和輔導就業等措施。有人性的老闆會看到每一個員工名字背後的面孔，而不只是數字、名字罷了。

但是一個不願意跟員工分享的老闆，會讓員工不寒而慄，因為十之八九，當公司面臨虧損時，員工將成為犧牲品，終究是「死道友，不死貧道」的自私心作祟。

跟「低薪、三流員工、經營績效差」的惡性循環一樣，低「薪」（含福利、工作環境）是原因，是決策變數（即經營者可控制的）。你不能倒因為果地說：「外商公司福利佳那是因為它們賺錢。」正確說法是：「外商公司福利佳所以才賺錢。」

同樣地，有少數公司還停留在1970年代的作法，一週只休一天半，連週六都上半天班。老闆的看法是：「因為公司賠錢，所以員工要更努力。」再加上薪水也不高，連總機小姐都聘不到，更不要說好的管理人才了。當然，外商公司也有把人當資產的時刻，例如逼迫升不上去的高階管理者離職、提前退休等；或是高喊企業再造，骨子裡卻是大裁員的企業減肥，員工只是成本數字罷了！本小節並不想作跨國比較管理，只是突顯出「福利好、民主精神」人性化管理的公司，才能吸引到好人才，臺灣企業還有很長一段路要走，關鍵在於老闆是否有此自覺。

2.對員工潛能開發措施：大一管理學提到「員工目標跟公司目標一致者，員工才會待得久」。在人性化管理公司，比較會透過員工職涯發展計畫，來協助員工完成

其社會親和、自尊、自我實現目標。此外，也實施提案制度，讓員工創意等有管道提出，而不再只是聽命行事罷了。

有實施教育訓練的公司不見得是採取人性化管理，就像電腦軟硬體得經常更新、機器偶爾也要清除生產的瓶頸，所以把人當資產時，照樣會進行教育訓練。在工業民主制公司，把員工當作合夥人，甚至會實施內部創業制度，提供舞臺給員工，一圓員工當老闆的夢想。這樣，才是發揮員工潛能最極致的作法。

3.領導方式：在前面我們已談了科學管理的領導方式之一，本處想說明的是人性化管理部分。

　　⑴人生而平等，職銜意義比較偏對外交涉用，對內如果硬用頭銜稱呼，就顯得很有距離，甚至把人分高低。這種被美國惠普公司前董事長普烈特稱為「稱謂管理」的方式，其目的在於營造無壓力或是沒有職級障礙的溝通，臺灣不少本土公司也努力想跟上。其他有階級符號意義的措施也宜一併考量，例如主官豪華辦公室、辦公椅分大小，廁所分階級，美國還有高階管理者專用電梯。

　　⑵給人犯錯機會，而且基於對人的尊重，不斥責部屬。

　　⑶透過友情、團體動力來塑造團隊精神，而不是透過帝王術等來提高組織向心力。

4.對離退職員工的處置：美國沒有強制健保，所以對於退休員工福利計畫（例如醫療保險、人壽保險、採購折扣）會比較重視；不是員工退休了，就跟公司無關了，有人情味的公司還會邀退休員工參加公司一些活動。

㈢把員工當合夥人（理想企業管理方式）

最高層次的管理是讓員工覺得自己是董事長、老闆，許多老闆都單向期許員工，但卻不問自己付出什麼。在對員工的維護方面，至少要採員工入股制度，讓他分享公司利潤。在領導方式方面，其中之一便是財務公開管理，既然要讓員工當家，那麼員工就應了解公司的現況、處境。

「既要馬兒跑，又要馬兒不吃草。」天下哪有這麼便宜的事，想讓員工拿出老闆的精神打拼、使出志工心態奉獻，公司先要捨得給，捨得、捨得，有捨才有得。

三、人道主義掛帥的莫登紡織

老闆沒飯吃，還借錢給員工，這樣人道主義的老闆你有沒有見過？美國新英格蘭莫登紡織公司(Malden Mulls Insuctries Inc.)老闆佛爾斯坦(Aaron Feuerstein)對待員工方式，使其成為1990年代美國企業表率。

(一)一把無情火

1995年耶誕假期間，佛爾斯坦位於麻州羅倫斯的工廠遭祝融肆虐，蒙受莫大損失。

(二)以員工為重

火災後，佛爾斯坦可以帶著3億美元的保險給付退休，或是把他的公司遷到美國南方或墨西哥這些工資較低廉的地方。1906年由其祖父創立的莫登紡織是麻州羅倫斯這個窮困小鎮的最大雇主，佛爾斯坦反而選擇斥資4.3億美元在舊址旁邊興建一座嶄新的現代化紡織廠。這座新廠啟用時，當時總統柯林頓稱讚佛爾斯坦是企業公民楷模，報章雜誌和電視節目皆大力頌揚。

跟家族其他成員共同擁有莫登紡織的佛爾斯坦，還花了將近2500萬美元支付閒置員工薪水。

(三)舉債投資

莫登紡織總共積欠奇異資融公司等九家金融業1.4億美元。這些債權人要求莫登紡織在獲得緊急貸款支付未來幾個月薪水及持續運作前，向法院聲請「第十一章(Chapter 11)破產保護」。

(四)失敗的原因

波士頓大學管理學院教授、同時也是哈佛的紡織和服裝研究中心調查員的魏爾(David Weil)指出，許多企業理解佛爾斯坦重新建廠並支付閒置員工薪水的決定，莫登的問題是經濟低迷和紡織業的激烈競爭，跟佛爾斯坦的花費無關。

然而，佛爾斯坦犯了二項錯誤，他跟他的高階主管忽略來自亞洲及其他地方的低價羊毛毯，其一般售價僅約莫登產品的一半。此外，1995年營收4億美元中佔一半的家具墊襯事業部，因工廠重建以致客戶流失。

(五)瀕臨破產

2001年該公司純益恰巧是零，也就是不夠付利息錢，出現財務危機；深陷債務泥淖並瀕臨破產，令人質疑，佛爾斯坦過去的善舉，是否造成這個公司現在的窘境。

企業責任專家、哥倫比亞大學商研所副教授托富勒(Barbara Lee Toffler)指出，「有可能是堅守原則的想法不知怎麼地蒙蔽了他的長期考量。」

(六)心安理得

佛爾斯坦說：「做生意有些時候不考慮財務結果，而只考慮人道結果，毫無疑問地，這家公司將會生存下去。」有些人說，佛爾斯坦的人道主義可能終究會證明他的先見之明。(工商時報2001年12月3日，第9版，林國賓)

四、美國西南航空以人為先的管理哲學

美國史丹佛大學組織行為學教授歐瑞利(Charles A. O'Reilly III)與菲佛(Jeffrey Pfeffer)在新書《隱藏價值》(*Hidden Value*)中，從個案觀察中歸納指出：企業要成功，設法建立一個「適當健全」的文化、組織和管理體系，把潛藏在全體員工當中的潛力釋放出來，可能要比找「對」人更為關鍵。

他們指出，網羅、留住人才是重要的課題，但如果能激勵並善用每位員工才幹，公司將會更好。就業市場可能只有一成屬於頂尖優秀的人才，身為主管的人，可以不顧一切地加入這場人才爭奪戰，但也可以做些更有意義的事——創造一個可能激發每一位員工都有卓越表現的工作環境。

他們研究了許多個案，發現成功公司的共同點是建立一套企業價值觀，激發員工隱藏的能力，使其成為競爭者無法模仿的優勢，西南航空公司(Southwest Airlines)就是一個很好的例子。

西南航空是美國航空業界的奇葩，從1973到2000年，從未虧損，在

●充電小站●

西南航空小檔案

三十年來，西南航空最為媒體和企業界人士稱頌的是，它從初期只是擁有三架飛機的地方性小公司，發展為美國第五大航空公司的地位。資本額40億美元，員工超過2.9萬人。西南航空不僅擊敗了聯合航空(United)和大陸航空(Continental)等二家短程航空市場中的勁敵，還進一步向Delta和USAir挑戰。

激烈競爭虧損連連的美國航空業中獨樹一幟；所以如此，可說全植基於該公司從上而下的高度戰鬥精神。

(一)錢少、工時長

西南航空飛行員每月平均飛行七十個小時，年薪10萬美元；其他如聯合、美國和Delta等航空公司的飛行員每月平均飛行五十個小時，年薪20萬美元。為什麼西南航空工時長、薪水低，仍能維持良好的服務品質，且想進公司服務的人還不在少數呢？

這必須從西南航空的企業價值著手尋找答案。西南航空內部有三項基本企業價值（或經營哲學）：第一、工作應該是愉快的，可以盡情享受；第二、工作是重要的，可別把它搞砸了；第三、人是很重要的，每個人都應受到尊重對待。這三項價值觀使西南航空成為「以人為先」的企業。

一位EDS員工，當初準備跳槽時，公司開出比他剛進EDS時還要高出二倍半的薪水條件，希望他能留下。不過最後他還是決定投向西南航空，為什麼？他的答案很簡單：因為在西南，他覺得工作「很快樂」。

(二)以人為先的企業價值

基於對個人的尊重，西南航空不曾解雇過員工，對於員工無心犯下的過失，也沒有採取懲罰措施。西南航空執行長凱勒赫表示：「無形資產是競爭對手最難剽竊的東西，因此我最關心的就是員工的團隊精神、企業的文化和價值，因為一旦喪失了這些無形資產，也就斷送了可貴的競爭優勢。」

建構並維繫西南航空愉快的工作環境、高度的團隊精神，又能激勵員工在維持服務品質的同時又降低成本，為公司謀取最大利益的幕後舵手，則是西南航空的「員工部」(The People Department)。

(三)員工部的功能

1979年，西南航空把「人力資源部」改名為「員工部」，並網羅具行銷背景的人員擔任部門員工。更名主要是為了擺脫老式的人力資源部，給人「治安警察」的印象；而引進有行銷經驗的人員，則是要擺脫一般人力資源人員沒有魄力、缺乏決策勇氣和暮氣沉沉的狀況。員工部搖身一變成了「火炬的看守者」，主要任務就是營造

一個符合企業價值的工作環境，讓員工能夠愉快地為公司效力，為顧客提供高品質服務。該部確實規劃出一套符合以人為先精神的工作環境和管理規章。例如在招募人員方面，它們採取同儕招募的方式。飛行員面試飛行員，行李處理人員面試行李處理人員，讓員工自己挑選可以愉快合作的同事。

(四)訓練和薪資

西南航空非常重視人員的訓練，員工每年都要參加一次訓練課程，除了強調如何把工作做得更好、更快、成本更低外，公司也利用此一機會增加部門間彼此的了解，當然也會再次宣揚公司的價值文化，並藉機蒐集員工對公司的建言。

激勵因素方面，員工部所設計的薪資和獎金制度並不複雜，跟其他著重個人表現公司不同的是，西南偏向採取集體獎勵的方式，來維護並提升團隊精神。機師和空服員是按航次計薪的，這也反映出執行長凱勒赫經常提到的理念——飛機停在停機坪，是賺不了錢的。

西南航空對於工作一年以上的員工實施分紅入股制度，不過相對要求員工投資25%的紅利所得在公司的股票上。九成員工持有公司股票，約佔公司股數一成。(部分改寫自李慧虹，「激發員工隱藏性價值」(上)，工商時報2000年12月7日，第39版)

第二節　別讓策略執行失靈：授權機制——兼論方針管理

人性化管理的進一步昇華便是把員工當人，甚至當作合夥人。在此管理哲學下，管理者的功能在於協助、服務員工完成工作，而不是管理(甚至像1980年代流行的領導統御)。具體的表現在領導型態上，則是放棄威權管理，而採自主(或半自主)管理(我不喜歡用「放任管理」一詞)，也就是透過授權機制，對外可以加速公司對環境的反應速度；對員工來說，又可免於當應聲蟲，所以可滿足其自尊甚至自我實現的心理需求。這是本節重點摘要，詳細說明如下。

一、為何策略不執行?

徒法不足以自行,那麼又為什麼策略執行失靈(failure)呢?由圖16-1,可知其中三個原因。那麼如何才能避免策略執行失靈呢?許多策略管理專家皆強調正確策略規劃過程的重要性,而不是策略本身。也就是把策略規劃視為「組織發展的過程」(organizational development process),可提供各級人員良好的策略教育(strategic education),藉以增進對整個公司的策略性了解;且可改變人員的信仰、價值、態度,激發共識、公司承諾,如此方可確保人員明瞭、樂於執行策略。

圖16-1 策略執行失靈的三個原因

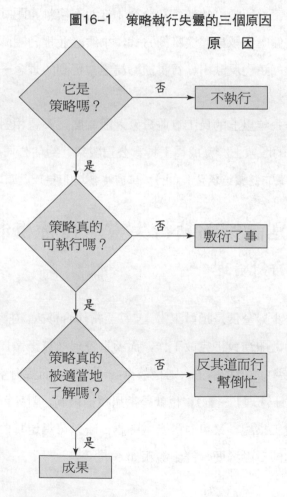

資料來源:整理自 Giles, "Making Strategy Work", *Long Range Planning*, Vol. 24, No. 5, 1991, p.77, Figure 3。

美國策略發展中心(Strategic Making Development Unit)的主任威廉・吉勒斯(William D. Giles)在1991年認為，以科技整合的團隊參與(pan-organization team process)來確保策略的專業性；並加上人員參與，讓他們覺得策略中有一部分是自己的意見(ownership)；二者相結合如此才可確保策略切實執行！

・正確的策略規劃程序只是必要條件

美國康乃迪克州的決策過程公司(Decision Process International)創辦人邁克・羅伯(Michael M. Robert)在1991年認為「CEO 為何推不動策略」，主因是員工無法執行未被告知、不明瞭或未曾參與的策略。因此，經營者不應獨自挑起擬定策略的重責大任，唯有積極鼓勵部屬參與決策的擬定，才能使他們全心投入，真心誠意地接受該項決策，徹底執行，不致陽奉陰違。基本上，這是目標管理精神的運用。美國學者伍德利吉和佛洛伊德(Wooldridge & Floyd)稱之為「策略投入」(strategic involvement)、「策略承諾」(strategic commitment)。

INSEAD教授金(Kim) 1992年刊登在《史隆管理評論》春季號的文章也強調上述建議，其針對全球企業195位各國子公司經營者所做的問卷調查，如果讓這些第一線執行者參與全球總部的策略決策過程，不僅有助於策略執行；尤其會讓這些管理者有被重視的感覺，能有效地激勵士氣。

此外，策略規劃也有其多樣功能。例如克蘭費爾德策略管理和組織變革中心(Cranfield Centre for Strategic Management and Organization Change)研究員葛蘭迪(Grundy)等在1992年認為，策略規劃的過程可作為結構化的學習過程，並進而可產生「策略改變」(strategic change)。為達到此目的，高階管理者應授權資深經理負責策略改變方案，而從改變的過程中也可學習，因此策略規劃和策略改變可說是雙迴路學習(double-loop learning)。

二、執行前決策：方針管理

有些公司透過方針管理(policy management)等方式，讓員工覺得對公司大政方針的擬定有參與感，並樂於執行策略。甚至像IBM、西門子等公司藉此方式讓員工有機會「從做中學」(learning by doing)，更可以「一兼二顧」的提升員工的策略能力，

這些公司夠格稱得上「活學校」!

　　為了要落實策略決策的參與，1960年代時彼得‧杜拉克便提出目標管理(MBO)，1970年代稱為「預算參與」，而1990年代盛行的方針管理也只不過是老歌新唱罷了。光看「方針」還真不知道指什麼東西呢! 按照有些誇大的描述，把方針管理形容成由下往上的策略規劃方式，這點倒是反客為主。

　　有些人把方針管理跟品質管制結合在一起，其管理流程如下:

　　1. 方針管理，具體表現便是年度營運計畫、施政計畫。

　　2. 五S。

　　3. 提案。

　　4. 全面生產保養(total productive maintenance, TPM)。

　　5. 全面品質管制(total quality control, TQC)。

三、執行過程: 授能

　　企業再造的結果是組織扁平化，原先中高階主管（例如協理級）級職可能被取消掉，中低階主管的權力會加大。為了加速對市場的反應，基層人員的權限增大。以IBM來說，業務工程師便可直接跟客戶敲定價格，不會像有些公司，業務代表、主管、經理各有一定百分比的折扣授權，除非權力全部下放給業務代表; 否則一旦客戶要求的折讓幅度太大，業務代表只好打電話或回公司後再請示主管、經理。量販店採購人員往往會拒絕跟這種未充分授權的通路經理談判，其結果之一是由經理級兼量販店的通路負責人，或是賦予通路經理全權，此情況下便是1994年以來流行的「授能」(employee empowerment approach)。

　　「授能」（或灌能）是「授權賦能」的簡稱，跟以往「授權」不同的是，授能是在員工高度參與情況下，鼓勵所有員工工作進行策略性思考，並且跟員工分享權力、資訊（例如下述的公開管理）、知識和報酬。讓員工對自己工作有更多自主權，對績效結果負更多責任，而感受到授權賦能的責任和尊重。

　　跟授能大異其趣的是「蓋章文化」，企業中的蓋章文化起自於經營者採取獨裁管理。以資本額24億元、年營收超過50億元的某食品上市公司來說，500萬元以上的資本支出案皆需要經過董事長核准，獨裁程度之高可見一斑。

四、執行績效回饋：公開管理

從1960年代《一分鐘經理人》系列書刊暢銷以來，強調績效回饋要即時以作為獎賞的依據。1980年代，美國企管專家約翰‧凱斯（John Kath）研究企業的創新作法，介紹此「下一波的企業革命——財務公開管理」，即把公司（至少是責任中心）財務資料公開，讓員工了解自己對於財務數字有多少貢獻，如此不止使員工改變做法，甚至改變思考方式，增加員工和公司間的緊密連繫。此外，讓各事業部嘗試自己作決策，讓員工直接感受到未來的風險，並直接分享公司的成功。

我們同意績效回饋宜以下列為基礎：

1. 個人：例如業務代表的業績。
2. 部門：無論是功能或事業部，尤其是事業部的績效獎金。

但是許多未上市公司老闆，大概不會同意讓公司的經營透明化，這是因為：試想報社會老實地發布有效報份（即不計算贈送報）嗎？這數字往往只有發行部總經理、總編輯、社長等少數人知道。甚至在發行部還特意讓八位小姐小計分區的報份，然後再由發行部總經理加總。再者，虧損公司老闆常常不願員工知道公司經營情況不佳，以免人心浮動，好人才率先落跑。

還有許多原因，公司不願採取「全公司公開管理」，例如逃稅公司外帳往往扭曲得離譜，一公開外帳，無異讓員工猜出老闆逃稅。內帳當然更不能公開。在這情況下倡導公開管理似乎意義不大，其實過去的管理制度中已具有公開管理的實質內涵，例如：

1. 責任中心：成本中心。
2. 利潤中心。

第三節 透過獎勵制度讓策略自我執行： 激勵因素——內部創業制度

美國企管專家賴利‧法瑞爾(Larry C. Farrell)在《重尋企業精神——邁向廿一世紀成功的關鍵》一書中，以其對歐美亞高度成長企業的研究指出，企業精神才是推

動力，而不是現代的管理學。這樣的主張雖然不是百分之百正確，不過足以突顯創業精神對策略執行的重要性。

　　鑑於去除權益、管理代理問題的考量，無論是交易理論、代理理論、經濟學者皆主張透過薪酬制度等，給予經營者、管理者誘因，勿犧牲大我來成全小我。我很同意史蒂夫・藍思博(Steve Landsberg)的看法，在其《生命中的經濟遊戲 ── 反常理思考，二十四問》一書第一章中主張，不管花樣如何翻新，千古不變的真理是「有錢能使鬼推磨」，誘因確能影響人的行為。

　　鑑於創業精神是推動公司進步的原動力，如何激發公司員工創業熱忱呢？「內部創業」(corporate venturing)、薪酬契約是二大可行方式。本書不討論人資、財管書籍皆有詳細說明的薪酬契約，意者可參考拙著《創業成真》第四章第四節，至於員工入股制度，請見該書第八章；此外本書第三章第三節也有一小段談及透過「績效─薪酬連結」以降低代理問題。

一、是不是老闆有關係!

　　對於是否能讓中高階經理有老闆的感覺，所造成的天壤之別，以我碰到的個案來說，真是眼見勝過讀書。有位上市公司研發部經理奉命建造工廠，經過仔細規劃，總價1.2億元，工期1.5年。沒多久，有位金主出資請他帶錢投奔出任總經理，機器設備還是跟日本原廠買，建廠總價只要4000萬，工期只需半年；不管經費跟時間都只需要原東家的三分之一。這之間最大差別是，在新公司中，他投資400萬元，持股一成，而且又可分紅一成，當然薪水至少跟原薪一樣，所以難怪不會出現「管理代理問題」。

二、怎樣的獎勵制度才合宜?

　　不同目的應以不同管理工具來達成，提案制度、利潤中心、內部創業制度可以並行而不悖。只是由表16-2可見，內部創業制度對公司內部的創業家來說，由於可以創造數年的報酬且分享自己的貢獻，因此在創意、創業精神方面都會比較強。不過由於內部創業家必須冒一些風險，因此並不必然適合乖乖牌的員工。這些風險包括：

1. 連帶金錢損失：在美國，實施類似內部創業的員工入股制度，資方的目的之一是換取員工薪資減讓。

2. 在內部創業方面，為了讓內部創業家有危機意識，不要因為拿別人錢作事業而不當一回事的「揮灑」，因此常會要求創業家拿錢出來共襄盛舉。

基於事業的性質、員工的意願有所差異，因此常見的內部創業制度可分為三種型態：承包制、入股制與承包入股制；各種制度的優缺點、適用時機詳見表16-3。至於哪一種型態才適用，視公司跟不同創業案的內部創業家合意而定，也就是公司宜保持彈性，採取權變措施。

表16-2　三種激勵員工創意、創業精神的優缺點

	提案制度	利潤中心	內部創業
報酬來源	當年度且操之在人	當年度但操之在己	數年甚至永續
創意	中	中高	中高
創業精神	無	中	高

表16-3　三種承包制的優缺點和適用時機

優缺點＼制度	承包制	承包入股制	入股制
1.承包者短視近利	最可能	次可能	較不可能
2.適用時機	1.承包案有效期間短，例如一至三年 2.公司未上市或不可能上市	承包案有效期間居中，例如三至七年	1.承包案有效期間長，例如五年以上 2.公司有股票上市的機會或公司上市

三、內部創業制度的功能

內部創業制度可說是落實財務控制最授能的具體措施，其著眼點在於透過員工自動自發追逐私利（詳見圖16-2），進而達成公司的大利，可說是策略自我執行的較佳方式，更明確的說，內部創業制度計有下述功能。

圖16-2 人員「適任—意願」矩陣

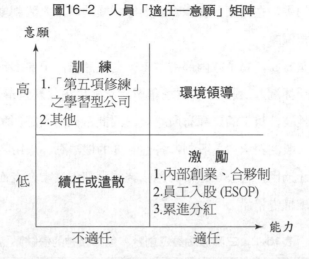

意願診斷：PDP (Professional Dynametric Program)

㈠無上司管理（文化、財務控制的最高境界）

很多老闆其實蠻喜歡「錢多、事少、離家近」，而「事少」就是管得少，最好各單位都能自動自發，像奇美公司那樣，老闆只有週一到公司開會一下，其他時間去釣魚、拉小提琴、欣賞藝術。

美國亞利桑那大學曼茲(Manz)和佛羅里達大學西姆斯(Sims)在1996年合著《無上司企業——以自我管理團隊建立高績效團隊》，書中「不需要老闆」的賺錢公司並不是烏托邦，要做到此境界，必須採行財務控制，最大的誠意便是內部創業制度。

㈡內部創業透過好員工出頭以延續企業生命

全球前三大人體溫度計製造商百略醫療科技公司董事長林金源，把生物遺傳學的觀念應用在企業管理上，他表示，遺傳基因好的人只有5%，同樣地，也只有5%的企業會是企業中的佼佼者。如何使自己的企業躋身於這5%的行列，甚至永保卓越；組織學習是過程，使公司內部卓越員工比率超過5%，至於內部創業制度則是暖房，讓優秀員工有揮灑的空間。

內部創業的企業成長方式，可以類比為生物的自體分裂繁殖，其目的在於避免單一生物體所難以避免的「生老病死」循環。雖然就物種多樣性的觀點，自體分裂比異體繁殖會來得單調些，但其優點則是時間快、同質性高。這也難怪雖然靠自體分裂繁殖的生物大都為低等，但其存活歷史卻可長達數億年。優美建材公司總經理

石賜亮就是優美集團內部創業的典範。

㈢內部創業制度落實財務公開管理

內部創業是公開管理最具體落實方式。

㈣內部創業的其他好處

1.留住好員工：避免員工離職後自行創業，來個以子之矛攻子之盾。有個明顯的例子是英業達公司推出的無敵電子字典大賣，但也在此同時，研究部部分成員另行創業成立萊思康公司，成為無敵電子字典在臺市場的勁敵。

2.快速擴充：許多服務業為達迅速擴充的目的，透過內部創業以讓員工自行開店加盟。著名的例子如炭燒咖啡連鎖店門卡迪、佳音英語、自然美護膚美容、曼都髮型等。

四、內部創業適用的時機

人員績效差，尤其是橘越淮則枳的情況，此時公司必須診斷病因，如圖16–1所示。要是診斷出員工真是千里馬，只是因為草料不足而不願日行千里，那麼公司對因下藥的方式也就不難想見。另外一個實施內部創業的時機為：當企業出現老態時。以日本《產經新聞》對日本企業的調查來說，對主要事業佔營收比重超過七成，員工平均年齡超過30歲的企業來說，都是企業該推動變革轉型的時機，要是未能掌握機先，那麼企業危機可能將如影隨形。

五、內部創業活動的分類

對於公司內部發揮其創業精神，依提出創業構想的主體可分為三種：

㈠公司（由上往下）

其創業方式包括自行發展、技術授權、合資、入股創業投資公司、成立創業投資公司（稱為創業培養，venture nurturing）、併購。

㈡員工（由下往上）

此種由內部創業家所推動的內部創業，常見方式有：

1.員工推動新事業，類似新產品部門、專案經理。

2.公司跟員工合資共創新事業，最常見的便是連鎖事業。

3.特約加盟。

4.公司分割：內部創業之事業部從母公司分裂出來，單獨成為一家子公司。

㈢創業單位（由上往下）

由公司成立專責單位負責創業，例如新創業團體、新事業單位、新創業部門。

六、連員工都可當做個體戶

內部創業的精神發揮到極致便是全員行銷，全球印表機第一大廠、個人電腦第四大的惠普公司，便強調"PICE"精神：

1.Passion（熱情）：在惠普，每一個事業部內的成員都有獨立負責的項目，每個員工本身就是一個小的事業單位。每個人對工作職掌必須要有熱情，把這個事業看成是自己的，所以除了自己，沒有別人會深入到產品的細節部分，所以要能夠自己規劃產品行銷，自己要能夠檢討，自己要能夠反省並且改進，就像一位創業家一樣。

2.Invention（創新）：創新來自於產品和行銷（例如通路、活動）模式的創新。一個以行銷為主的公司，一旦行銷活動發表，每一個人都看得到，更遑論競爭者了。相較於競爭對手，惠普的行銷費用並不多，所以在行銷過程中，只有想別人想不出來的點子，做別人認為不可能完成的活動，才有贏的空間，這是惠普在創新上對員工的要求。

3.Cooperation（合作）。

4.Execution（執行）。

◆ 本章習題 ◆

1. 請找一個產業（例如電腦業），以表16–1為基礎，各找一家代表性廠商，比較其領導方式、管理措施和獲利。

2. 請在臺灣找一家跟美國西南航空類似的公司，並且具體描述其管理哲學。

3. 圖16–2是1991年的研究，請以最新文獻來更新策略執行失靈的原因。

4. 策略承諾是屬於專業承諾還是公司（或稱組織）承諾？

5. 找一篇談方針管理的文獻或個案，你是否會支持本書對方針管理的評語？

6. 授能跟授權有何不同？

7. 授能是組織再造（其中組織扁平化）的結果嗎？

8. 財務公開管理跟利潤中心有何不同？

9. 請分析內部創業制度適用時機（狀況）。

10. 請找一家公司（例如3M或7–11），說明它們怎麼進行內部創業。

第五篇

策略控制

第十七章 ⋯⋯⋯⋯⋯⋯⋯⋯⋯⋯

策略控制

我認為一家國際級的半導體大廠，其股東權益報酬率應達到20%
以上，才算是傑出的公司。

——張忠謀　台灣積體電路公司董事長

工商時報2001年7月27日，第2版

學習目標：

策略控制跟營運控制（看獲利）、作業控制（看預算）有很大差別，主要盯著未來三年拼勝負的核心能力，惟有作好策略控制，企業才能「永保安康」。

直接效益：

第二節策略控制負責人、單位，內容本自於企業界，也就是立即可用。此外，我們一語道破平衡計分卡的缺陷，當你有權選擇時，不用在此方面耗費時間。

本章重點：

・策略控制的定義。表17-1
・前饋控制、回饋控制。§ 17.1 二(一)
・能力市佔率、消費者心中市佔率。§ 17.1 二(二)
・由台積電技術軌跡來看策略控制。圖17-2
・12吋晶圓代工廠、0.1微米製程技術的功用。§ 17.1 四(三)
・策略穩定、改變策略、策略移轉、策略演進。圖17-3
・各上級單位對自己、下級單位的控制型態。表17-2
・公司各層級在策略控制上的責任。表17-4
・公司的策略績效指標。表17-5
・平衡計分卡的四大指標和缺點。圖17-4
・各級中高階管理者獲利指標。表17-6
・英國石油公司的專案事後評估方式。§ 17.4

前言：事前一針，勝過事後九針

飛機、輪船行駛，雖然有衛星導航，但也常常必須修正偏離航道。同樣地，當策略執行時，如何發現執行績效是否符合目標，這就是策略控制制度的功能。這又可分為二大部分，由圖17-1可看出。

圖17-1 控制程序和第十七、十八章關係

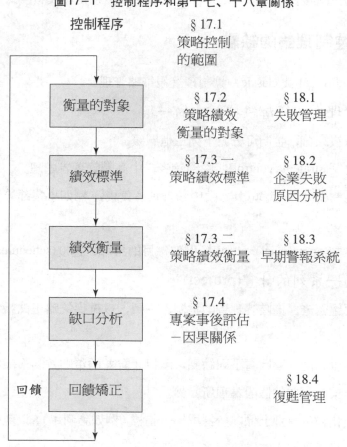

控制程序

§17.1 策略控制的範圍

衡量的對象 — §17.2 策略績效衡量的對象 — §18.1 失敗管理

績效標準 — §17.3 一 策略績效標準 — §18.2 企業失敗原因分析

績效衡量 — §17.3 二 策略績效衡量 — §18.3 早期警報系統

缺口分析 — §17.4 專案事後評估－因果關係

回饋 回饋矯正 — §18.4 復甦管理

在第十七章中，我們討論了策略控制；但是把屬於策略監視的早期警報系統撥到第十八章第三節才討論，其實它也可以擺在第十七章第四節，而原第十七章第四節就變成第十七章第五節。

在第十八章中，我們以財務危機為例，說明公司如何進行復甦管理，如果能反敗為勝，那就稱為「轉機」。這也是本書一向的宗旨，透過實問實答的方式來說明控制中的「回饋矯正」此一項步驟、策略變革。

第一節　策略控制的重要性和範圍

「策略控制」(strategic control)是企管中的新領域，也是繼1980年代策略管理邁入企管知識的主流後，在策略管理程序三階段中最後也是發展較少的領域。

一、傳統控制理論的缺點

傳統（traditional 或 classic）控制理論視策略管理為：

(一)視策略管理為組織層級控制中的一環

依組織層級來分，控制可分為下列三個層級：

1.策略控制(strategic control)：由經營者、中高階管理者處理。

2.戰術控制(tactical control)：由中階管理者負責，例如事業部等營運計畫達成率。

3.作業控制(operational control)：例如每月的預算、進度(schedules)的檢討。

(二)視策略為一系列的計畫(project)

所以需要經營者、高階管理者的控制、干預，以確保策略正確執行，且達到正確結果。

傳統策略管理的缺點因有下列缺點，所以才有新的策略控制學說提出。

1.比較視策略擬定的假設為理所當然。

2.在績效指標的選擇上傾向於採取單一指標（例如獲利率），以免失之主觀或難以衡量，但此可能造成中高階管理者短視近利。

3.當（策略）資訊處理能力不足時，錯誤或誤導的資訊會造成目標、衡量標準和衡量方式設定得亂七八糟。

4.無法適當考慮策略和結果間的不確定性、複雜性、變化和時差，也就是在因果關係不明情況下，回饋修正機制的效果將大打折扣。

二、二種主流的策略控制學說

為了彌補傳統控制制度的不足，1980年代以來有二種主流的策略控制學說提出，詳見表17-1，稍加說明於下。

表17-1　二種主流策略控制學說的內容

學說 ＼ 控制步驟	策略規劃	策略執行	策略監視
一、準則學說 (critique approach)	學者 Schreyogg、Steinmann、Prebble 等： ・強調 feed-forward process，是未來導向的 ・公司的策略目標、假設、計畫和修正皆應依準則而行		
1.階段	假設控制 (premise control)	執行控制 (implementation control)	策略監視 (strategic surveillance)： 監視所有可能影響策略執行的事件
2.內容	持續且有系統的檢驗營運環境，以了解是否跟之前訂定策略時所根據的「關鍵成功假設」(key success premise) 有重大改變	主要在發現和評估策略規劃時未考慮到的因素、事件	其中危機管理的稱為「特別警報控制」(special alert control)
二、焦點連結學說 (focused alignment approach)	學者如 Bungay、Goold、Simons、Bower、Certo、Peter、De Vasconcellos、Hambrick 等： ・集中：經營者是控制的重心 ・連結：控制應以關鍵成功因素為焦點		
1.階段	策略規劃 在規劃時便控制	組織結構連結	績效管理
2.內容	・公司透過「策略說明書」以指導事業部 ・訓練負責執行人員有關策略發展的能力	・注意跨事業部門的市場變化 ・注意跨事業部門的互動，以免力量抵消或缺乏整合 ・注意公司治理	・建立適當的目標 (targets) ・提升監視能力 ・整合策略控制和預算程序

資料來源：整理自 Band & Scanlan, "Strategic Control Through Core Coupetencies", *Long Range Planning*, Vol. 28, No. 2, 1995, pp. 105~109。

㈠準則學說(critique approach)

策略控制的基本功能是持續的搜尋「準則」，並使公司的策略目標、假設、計畫、修正以切合此準則。簡言之，「準則」就跟政黨政治的反對黨角色一樣，以防執政黨走偏了。

準則學說強調「前饋控制」(feed-forward process)，而不是事後補破網的回饋控制(feedback control)。所以其三階段的作法，例如假設控制(premise control)、執行控制和策略監視(strategic surveillance)皆著眼於事前控制(preliminary control)，至少是事中控制(concurrent control)的資訊，所以精神上是未來導向的。

針對典範、假設（第十七章第一節），管理大師彼得・杜拉克在《巨變時代的管理》一書中稱之為「經營理論」，是對有關經營環境（社會、市場、顧客）、使命、核心能力（例如技術）等事務之假設。至於中譯為「理論」，看起來是有學問一些，但是美國人常把theory一字掛在嘴上，意思為「說法」、「推測」。

㈡焦點連結學說(focused alignment approach)

此學說主張策略控制的焦點、連結應擺在維持公司長期競爭優勢的能力上。

1.焦點：策略控制不是指負責控制的管理層級或範圍(scope)不同，而是指控制的焦點不同。控制的焦點應專注在內部、外部會導致公司喪失可維持競爭優勢的風險來源上，例如以日本豐田汽車來說，品質是致勝關鍵；因此，策略控制的焦點理所當然應擺在如何確保品質。

普哈拉認為不要太重視產品和市佔率，要重視的是產品所提供的功能和核心專長的佔有率，核心專長之爭將是未來市佔率之爭的前哨戰。他認為策略分析時，與其過於重視歷史資料，倒不如多看看未來。能力市佔率(competence share)才是重點，但21世紀要看的則是企業在消費者心中的市佔率(share of mind of consumers)。（經濟日報1999年10月19日，第5版，白富美、蕭君暉）

2.連結：其實跟「焦點」的意思也相近，即高階管理者應專注於使公司跟長期競爭優勢相「連結」的關鍵成功因素、權變、企業文化、組織結構、策略性人力資源等。

(三)其他學說

非主流的新策略控制學說陸續被推出，例如班和史卡蘭(Band & Scanlan)在1995年企圖綜合二個主流學說，即「能力／權變學說」(competencies/contingencies approach)。不過由於尚未可以適當的操作化，因此尚未引領風騷，在此不詳細說明。

三、EMC技術落後，虧損意料中

美國料儲業者EMC，銷售不振已使EMC股價從52週的高點99美元跌到2001年11月底的13美元，也使EMC的問題暴露無遺。EMC的部分問題跟經濟衰退無關，而是出於自己踏錯步。EMC死抱陳舊的設計太久，利用過於極端的手段爭搶訂單，並且董事會有太多創辦人的親信，執行長杜奇(Joseph Tucci)要想扭轉EMC的頹勢，需要的不只是經濟回春。

更糟的是，EMC的技術已經落後。多年來EMC體積大如冰箱的Symmetrix磁碟系統售價超過100萬美元，號稱全球效率最佳，但價格比IBM和日立資料系統公司的產品高二、三倍。不過今天IBM和日立的產品品質更好，售價卻低很多。部分捨EMC而改用IBM產品的顧客也說，IBM的管理軟體功能比較好，服務收費也低很多。

連鎖雜貨零售商漢納福德兄弟公司(Hannaford Bros.)資訊長霍馬說：「EMC把銷售不佳怪罪給經濟，實際情況是，市場情勢已經出現根本的變化。」霍馬八年來是EMC的顧客，但近日改用IBM產品，他說：「我喜歡EMC，而且更換系統是一大傷害，但IBM的技術較佳。最重要的是效率，不是成本，IBM已經迎頭趕上EMC。」（經濟日報2001年12月1日，第9版，吳國卿）

四、由技術軌跡來看

製造業的關鍵成功因素在於成本（含良率）、品質（主要是規格），而如果能技術領先則大可確立競爭優勢。由技術軌跡(technology antecedent)，拿自己公司跟產業平均水準、主要對手甚至產業技術標準比，就可判斷自己公司技術領先幾年。

我們以晶圓代工中的台積電為例，主因是它的技術軌跡很明確，而且由於知名

度高，報導特別多，大家耳熟能詳，雖然對它的產品大家皆很陌生。

㈠晶圓廠龍頭──台積電

　　台積電是全球規模最大的專業晶圓代工業者，2001年全球市佔率為60%。以往的營運記錄顯示，擁有良好的營運效率、先進製程技術、高良率、生產週期短以及良好的客戶服務等，皆是該公司得以在晶圓代工產業中維持領導地位的關鍵成功因素。

㈡台積電vs. ITRS

　　台積電行銷副總胡正大在2001年全球半導體產業策略研討會(ISS)中表示，台積電研發系統單晶片(SOC)製程已有多年，導入先進製程上，時程愈來愈短、效率也因應而生。

　　由圖17-2可見，從五年前開始導入0.35微米製造時，還落後全球半導體技術委員會(ITRS)的技術藍圖整整一年，但到了0.25微米時，則已跟ITRS的技術發展並駕齊驅。

圖17-2　台積電、ITRS技術軌跡

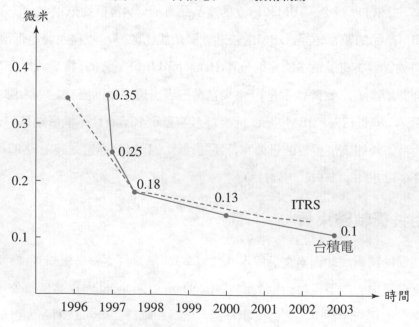

再到0.18微米時，就超前了ITRS技術藍圖，0.13微米時則顯著領先半年之多，依

此技術演進，2002年第四季0.1微米製程也將率先開發出，只要花九個月時間即可完成全產品系列，各製程導入產品時間縮短，也代表產品掌控及研發能力加強許多。(工商時報2001年12月4日，第3版，徐仁全)

㈢0.1微米的成本效益

2001年10月，12吋晶圓廠開始量產，月產能2.5萬片，以0.15微米切入，陸續開發0.13及0.1微米。12吋的產出比8吋多2.5倍，預計在2005年時，12吋每顆晶圓成本會比8吋晶圓降低三成左右，假設8吋晶圓每顆成本2.25美元，12吋每顆則只要1.58美元。

㈣中芯「有為者，亦若是」

中芯國際集成積體電路公司（簡稱中芯）於2001年10月完成第一座晶圓廠，是大陸第一座8吋晶圓廠，2001年12月4日，總經理兼執行長張汝京撂下豪語，決定在2004年，製程技術迎頭趕上，要跟台積電、聯電並駕齊驅。(經濟日報2001年12月5日，第34版，簡永祥)

五、為明天作準備

中環、錸德和精碟等一線光碟廠（號稱光碟三雄）均表示，近期CD-R光碟片掀起跌價，主要仍是市場供過於求，加上光碟中小廠為存活削價搶單，光碟大廠為維持市佔率也跟進。其中十六倍速CD-R已殺價到每片0.2美元以下，部分二十四倍速產品甚至也朝0.2美元逼近，受到降價衝擊，光碟廠2001年第三季以來營收連創歷史新高也劃下休止符。中環、錸德等光碟業者均積極切入高倍速CD-R產品和發展2002年看好成為主流的DVD-R產品，以維持競爭優勢。(工商時報2001年11月29日，第22版，林燦澤)

錸德科技集團執行長葉垂景表示，CD-R光碟片高倍速產品競爭，錸德的三十二倍速CD-R，是臺灣光碟廠中第一家獲得國際廠商品質認證通過的產品，雖然有日商預估2002年第一季會推出四十倍速CD-R產品，不過，無論倍速多高，主要仍是市場需求，錸德技術已到四十八倍速產品都已做好準備，隨時視市場需求成長切入量產。(工商時報2001年11月28日，第24版，林燦澤).

六、如何避免防弊之弊甚至原弊

就跟牧羊犬避免羊群脫隊一樣，任何控制難免會在公司中塑造出一種「控制文化」，傳達出上意，例如控制哲學(philosophy of control)傳達出經營者對事業系絡(business context)的某些基本假設，例如消費者、競爭者、企業文化、風險、核心能力、組織結構、人員等。

在反威權管理的時代，控制總會造成人員的緊張。尤有甚者，當控制過當時，還會扼殺創意、反激勵，造成績效低、資源浪費；反之，控制太鬆，則造成失控。如何拿捏控制的尺度，也是必須經常檢討的，判斷的標準之一是學者常用的抽象名詞「事業適配」(business fit)。

七、小心策略移轉

當策略執行結果跟環境不搭調時，配合出現邊作邊改的「策略移轉」(strategic shift)現象之一，是因為執行時，發現策略假設不符合現況，或是環境改變了，執行也跟著修正。有時身在其中，一時不宜分清楚究竟是策略失當還是執行錯誤。所以，策略控制系統必須能及時提供訊號、症狀，以避免渾沌不清的情況發生。

八、策略改弦更張

一旦由策略控制指標發現策略跟環境不搭配，也就是出現（負）落差，那麼只好修改策略，由圖17-3可見。

1.在1999～2001年，事業部採取低成本集中策略，策略穩定性(strategy stability)很高。

2.但公司想把市場擴大，從局部變成全球通吃，採取成本領導策略，此種情況稱為策略移轉(strategy shift)。

3.由1999～2002年，看到是策略演化(strategy evolution)過程。

圖17-3 事業策略演化過程

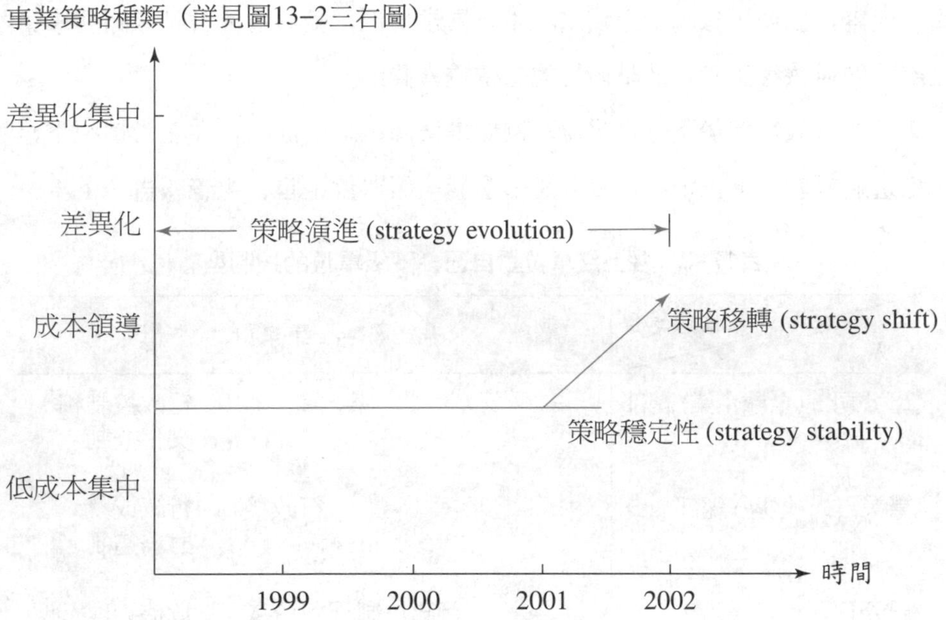

事業策略種類（詳見圖13-2三右圖）

第二節 策略控制衡量的對象

在本節中，我們不僅討論策略績效衡量的部門，更討論相關的控制型態、頻率和經營績效的責任歸屬。

一、組織層級和控制型態

從最適控制幅度的觀點，一般來說每一層級對自己可能採取行政控制。對下一層級（例如表17-2中母公司對事業群或地區總部）有可能採取行政控制或財務控制，至於對於下二級單位，由於「天高皇帝遠」，鞭長莫及，比較可能採取例外管理，尤其是其中的危機管理。

對於絕大部分企業來說，文化控制很少是唯一的控制型態，它只是補強行政控制、財務控制的一種方式。

二、口頭報告的頻率

上級對下級控制頻率，主要取決於二項因素，詳見表17-3。

1. 是否達成目標：正常情況（目標達成率八成以內），董事會大抵不會把管理階層逼得太緊，以免下級喘不過氣來。唯有異常情況，董事會才會越級關切事業部、功能部門如何恢復正常，此階段可說是留校察看期。

2. 組織層級：對於下二級單位，例如事業部、功能部門，在正常情況下，董事會大抵透過報表了解狀況；頂多只是一季請一級單位主官、主管報告一下。

表17-2　各上級單位對自己、下級單位的控制型態

層級 ＼ 控制單位	事業部	子公司	事業群	母公司
母公司、(全球企業) 總部				行政控制和文化控制
事業群、(地區) 總部			行政控制	行政或財務控制
子公司		行政控制	行政或財務控制	危機管理
事業部	行政控制	行政或財務控制	危機管理	—

表17-3　董事會對總經理、事業部的控制頻率

單位：次

上對下 ＼ 情況	正常情況	異常情況
董事會對		
1.總經理室	月	週
2.事業部	季	月
3.直轄功能部門和　　董事長室	月	週
總經理對		
1.總經理室	週	日
2.事業部	月	週、日
3.功能部門	月	週

三、公司各層級對經營績效的責任歸屬

控制的對象是依「職責」(accountability)來分，不同組織階層的權責如表17-4所示。雖然職掌說明書(job description)中不見得會說得很清楚，但只要假以時日，董事長、總經理、事業部主官，都會清楚自己的責任區域。

表17-4　公司各層級在策略控制上的責任

層級＼角色	對內角色		對外角色
	對下策略控制	對其他子公司	
董事長	以財務績效為主 以核心能力等 為輔	衝突處理	股權式 策略聯盟
總經理	焦點：核心能力 里程碑績效： ・生產：不良率 ・業務：客戶滿 　　　　意度 ・經營：市佔率	同級協調、整合	非股權式 公司級策略聯盟
事業部主官		同級協調、整合	非股權式 事業部級策略聯盟

第三節　策略績效指標和衡量 —— 兼論平衡計分卡

就跟哈伯望遠鏡是地球的前進觀測站一樣，功能之一在於提早提供「彗星撞地球」的預警資訊。同樣地，策略績效指標便應該具備此項功能，以便診斷策略執行是否達到策略目標。本節重點在於討論策略績效指標和績效衡量。

一、策略績效指標

策略管理的文獻對於策略是否允當，往往從結果來看，也就是「策略適配」(strategic fit)程度。衡量「策略適配」的方法之一，是以長期來看，如果企業能生存、成長，

則足見策略適配很好; 反之, 如果是失敗 (例如撤資)、萎縮, 那麼可以說是企業對「環境適配」(environmental fit)不佳。

但誠如經濟學大師凱因斯(Keynes)的名言所說:「在長期, 我們都死了。」上述衡量方式雖可作為策略績效的評估方式之一, 但卻不適合作為策略控制的工具, 因為很可能「來不及啦!」為解決此問題, 因此須要採取里程碑等策略績效指標(strategic performance indicators)作為策略控制的績效評估工具。

㈠短中長期的績效指標

由表17-5可看出, 我們依時間水平將績效評估的對象區分出來; 短期內只看管理績效, 或稱「里程碑績效」(milestone performance), 至於包括哪些變數、如何衡量, 則視策略目標而定, 例如成本領導策略較強調生產力、技術能力; 有些學者稱此種非財務性的績效衡量方式為「策略控制」(strategic control), 不過本書不打算採取如此狹義的定義。當然也可以把數個績效指標加權平均計算而求得績效指數, 作為綜合衡量的工具。

表17-5 公司的策略績效指標

時　間	短期 (一年以內)	中期 (一至三年)	長期 (三年以上)
種　類	里程碑 (或管理)績效	財務績效	(股票) 市場績效
衡量指標	市佔率、 技術能力、 新產品開發率、 新市場開發率、 產業平均的營收成長率	純益率、 投資報酬率、 資產報酬率的趨勢	權益報酬率、 股價 (股東財富的代表)、 股票報酬率

資料來源：部分引用自 Thompson & Strickland, *Strategic Management*, p.90。

㈡平衡計分卡

1992年哈佛大學教授羅伯‧柯普朗(Robert Kaplan)和諾朗‧諾頓研究所(Nolan Norton Institute)執行長(CEO)大衛‧諾頓(David Norton)所共同發展出來的平衡計分卡(balanced scorecard)。以解決在面對績效評估時, 常有財務性和營運性指標輕重的

兩難。平衡計分卡可以讓高階主管同時以不同角度去看公司的整體表現；它納入財務性指標和三項營運性指標，涵蓋顧客滿意度、內部流程、組織學習和改善能力等。

由圖17-4可見，平衡計分卡是學者的拼裝觀念，其缺點如圖下所述。以策略管理來說，最大缺陷仍在於沒有抓住策略控制的「因」——以代工廠來說便是技術水準，或稱領先指標。顧客滿意度是中介指標之一而已，也是結果。

在方法論、實證上，平衡計分卡的缺點有：

1. 每項指標只考慮很少變數（甚至可用掛一漏萬來形容），以計量經濟學用詞來說，便是遺漏太多重要變數，這麼一來，模式的解釋能力很低（三成以下）。

2. 這四個指標前後連結力量並不強烈，假設財務指標是因變數，而學習、內部流程、顧客滿意度是自變數，自變數跟獲利不見得有一比一正向關係，偶爾也有負向關係，和信電訊在5家大哥大通訊業者中顧客滿意度最高，但不見得最賺錢、用戶數也僅排第四。（經濟日報2001年12月17日，第32版）

簡單的說，平衡計分卡犯了計量經濟學上「錯誤設定」問題。在實務上，運用此法很可能導致「問道於盲」的結果。

圖17-4 由「投入—轉換—產出」來看平衡計分卡的績效指標

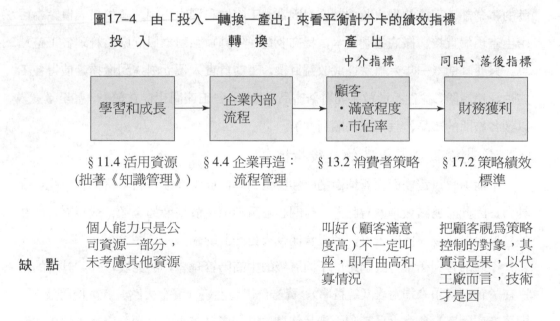

㈢了無新意的APL模型

美國萊斯大學(Rice University)管理學院教授Epstein & Westbrook (2001)，在《史

隆管理評論》提出「行動獲利連結模型」(action profit linkage, APL)。雖然他們想區分跟平衡計分卡的不同,但終究是大同小異,建議大家行有餘力再看。

唯有如此,方能採取前控的方式,而非後控的方式,不會等到如雞肋般食之無味仍不捨得放棄,甚至還加碼投資以求挽回頹勢;直到最後不得不默默忍痛收場,驀然回首卻發現海外投資原來是個無底洞。

皮森和拉席格(Persen & Lessig)在1980年的名著*Evaluating the Performance of Oversea Operations*一書中,對125家多國籍企業進行研究的結果,幾乎所有公司應用其國內獲利性績效評估系統於海外子公司時,都作了某些擴充和修正,增加的項目包括供應來源的確保、現有市場的維持和政府法規的遵守。

(四)里程碑績效指標(避免放棄太早和放棄太晚)

里程碑績效此一中介績效衡量觀念的引入,便在避免因集團企業總部太偏重財務績效,以致子公司變得短視近利,最後極可能逐漸失去長期的競爭力。這是美國企業界普遍為人詬病之處,甚至連日本的日立公司也犯了同樣的錯誤,以致不得不於1992年8月21日推行「821重整計畫」,重點之一便是廢止被視為「日立式經營」精髓的事業部、工廠的獨立收支制度。因為此工廠採利潤中心制,雖然最大優點為可由生產現場直接、徹底控制成本,提高收益;但其缺點則為日立嚴格管理各工廠預算,只要二期(一年)無法達成收益目標,工廠負責人便立刻遭到撤換,使得各工廠怕承擔風險,往往不敢放手開發新產品;此外,各工廠間也存在競爭、甚至敵意,以致各廠間的產品、技術無法順利交流。

(五)賺錢是檢驗企業成敗的最後指標

中期則宜以資產面、營運面的財務績效為準,此時縱使是新事業部也應能自食其力,因此財務績效理應有起色,但關心的重點不在於績效的金額、成長率,而在於其是否呈「今天比昨天好,明天會比今天更好」的趨勢。

不同的獲利衡量方式適用於不同層級的中高階管理者,詳見表17-6,其中的差別在於管理者須為損益表(純益率)、資產負債表左邊(資金去路、資產使用效果,即資產報酬率)負責,此二項不涉及債息。經營者(董事會)須為資產負債表右邊(資金來源,即股東權益報酬率)負責任。

表17-6　各級中高階管理者獲利績效指標

層　級	職　位	績效指標
集團企業	董事長 (或董事會)	權益報酬率
	總裁	資產報酬率
(事業群)	(母公司副總裁)	—
子公司	子公司董事長	剔除轉投資收入後的權益報酬率
事業部	總經理	純益率、資產報酬率
產品部	經理	純益率

　　對股票上市公司，長期來說，無論是三年或五年，總要以（股票）市場績效作為併購成敗的標準。因為併購前，便是以股東價值分析法說服股東：「從事併購後會讓股東賺更多。」

　　美國波士頓一家管理顧問公司董事長傑士特伯格(Gerstberger)和高級專員馬格利(McCrory)1992年認為，股東價值分析法作為績效衡量的標準，不僅適用於經營者、高階管理者，而且更要落實到管理階層，而不是上下階層想法和作法各異其趣，那麼結果可能也就南轅北轍！當然，隨著時空的改變，策略目標也不是一成不變，那麼如波士頓顧問公司建議採用策略說明書，其中已包括策略績效目標，同時可作為策略控制的文件(control documents)。企業目標變了，因此控制目標(control target)也須跟著變。

　　除了分析公司的價值以提供併購、出售等策略決策參考外，股東價值分析(shareholder value analysis)在績效評估上有其用途：

　　1. 找出創造「事業」價值的營運因素（其實指獲利），稱為「價值驅力」（或價值動因）(value drivers)。

　　2. 「事業」範圍可小至一條生產線或是事業部，可大至整個公司。

　　3. 進而有系統地評（或預）估內、外部資本配置決策的管理績效，經營者、管理者可進而預測市場對策略可能的反應，據此了解哪些事業單位未來將創造更多價值及其原因。

　　最後，波士頓顧問公司倫敦子公司副總裁本蓋(Bungay)和艾許利吉策略管理研究中心主任吉爾德(Gould)在1991年的建議，如同公司花那麼多心血於策略規劃，同樣的內容、程序、訓練方式大抵可延伸至建立策略控制系統，並運用於日常作業，

如此才會確保企業達成策略規劃的長期目標。

㈥事業稽核

有關公司的風險稽核,除了偏向財務面、事後角度的「財務稽核」(financial audit)外,「事業稽核」(business audit)涵蓋層面更廣,依據預訂標準,針對下列各項做系統的評估:市佔率、產品創新、生產力、人力發展、社區關係,以及獲利能力。在美國,企業的內部稽核,常常需要透過外界獨立的專業機構來完成,一些管理顧問公司也承辦此項業務,但多半是在企業出問題後才參與,結果通常已經時不我予。

近來退休基金成為企業權益資金不可忽視的來源。由於美國法律規定,任一退休基金最多只能擁有一家公司5%的股權,退休基金為求保障投資權益,更大力鼓吹企業把內部稽核工作交給外界的專家來作。在可預見的未來,企業如果不如此做的話,退休基金可能就不會購買它的股票或是債券。

㈦策略性績效指標和薪資報酬的連結

管理績效指標對於人員激勵有很大的參考作用,有些公司只把財務績效跟事業部人員薪資連結,簡單地說,不賺錢的事業部不要想調薪或年終(績效)獎金。但是有些事業部由於下列因素,以致可能成立後需連賠數年:

1.資本密集:例如百貨、鋼鐵業,對於2001年12月開幕的京華城購物廣場而言,預估要三年才能損益兩平。

2.業務不足:1998年有不少廠商(例如華碩、源興、力捷)進軍筆記型電腦,由於預期前三年內接單可能不足,所以每年可能會虧損 8 億元。(工商時報1997年12月26日,第22版)

既知產業特性如此,那麼對於這些事業部人員的考核就不能盯住財務指標(例如獲利率),而必須看其里程碑績效(例如良率、技術標準、市佔率)是否達成,否則將對人員產生負激勵效果。

二、績效評估的衡量問題

如何作好策略績效評估(strategic evaluation)的衡量工作,一直是策略管理、會計領域的重點;近年來,在會計領域中有較突破性的發展,其中三個待平衡處理的項

目對績效評估有很大影響。

㈠成本vs.非成本

　　企業集團內各子公司間營運績效有時難分難解的主因在於「移轉計價」(transfer pricing)，例如：母公司以借款方式而非權益投資方式投資於子公司，以致使子公司並非處於資金成本最低的最適資本結構下營運，對於此不利的資金成本負擔，子公司經營者當然希望在「內帳」（例如由管理會計所得到的報表）能公平地反映出來，否則無異替人背黑鍋。此外，同樣移轉計價的問題也常出現於「進（銷）貨」，由於配合母公司政策，以致讓子公司多負擔的進貨成本（含關稅、營業稅）、少負擔的營所稅，進而反映在損益的減少，此部分在內帳該如何顯示、由哪些聯屬企業分攤，皆須於事前釐清，以免後患！

　　1.策略性管理會計的導入：對於會計部對管理貢獻的要求，從早期的成本會計、管理會計，一直到1990年代的策略性管理會計即前述策略會計，主要在探討（管理）會計如何運用於策略管理之中，其中凱斯‧華德(Keith Ward)在1992年所著的《策略性管理會計》(*Strategic Management Accounting*)，在下列二方面尤有卓越的闡述：

　　　⑴公司策略：主要在探討在下列不同企業組織下，管理會計所扮演的主要功能。

　　　　‧單一企業：責任中心。

　　　　‧垂直整合：轉撥計價方法。

　　　　‧水平整合：規模經濟、轉撥計價等方法。

　　　　‧國際化企業：除規模經濟、轉撥計價問題外，還涉入幣值、文化差異等問題。

　　　⑵企業策略的改變：即在不同的產品生命週期下，企業有不同的因應策略，所以也需要管理會計提供不同的控制方法。

　　2.策略性管理會計的運用：解決「內帳」、「外帳」所造成的績效評估問題後，雖然有關成本面的績效評估，繼管理會計取代傳統的成本會計後，目前策略會計又有取代管理會計的趨勢，此因管理會計忽略了策略性資訊的提供，因而無法提供經營者策略決策、管理者策略執行的攸關資訊，以致企業無法真正獲致競爭優勢。

策略性管理會計基本精神在於把「策略」此一因素運用於成本分析與管理控制，其步驟如下：

　　⑴使用成本分析來辨認不同的策略定位，即透過企業價值鏈以進行策略成本分析。

　　⑵實際衡量各活動部門績效則採作業制成本制度，以取代傳統以數量為基準的成本制度(volume-based costing)。

　　⑶使用不同的管理控制，以了解不同策略下的成功因素。也就是把差異分析運用於策略的架構中，強調不同策略需要有不同的績效評估行為與之配合，且不同控制系統將引導不同的行為。在此策略為主的差異分析下，外表看起來有利的差異並不必然會產生有利的策略績效；反之，不利的差異並不代表不利績效。差異是否有利或不利，應跟策略目標相結合，如此判斷才屬合理。

㈡投入和績效非同時性問題

　　投資主要項目為研究發展、資本投資，二者對企業生產力、獲利力有催化的作用，因此又稱為「催化性投資」。然而一般績效評估常面臨投入和績效非同時性的問題，為解決此困擾，1980年初美國生產力中心提出一套績效評估系統(The American Productivity Center Performance Measurement System)，可用於公司和事業部二個組織層級，頗值得參考，不過此方法基本上仍只考慮單期的。

　　隨著國際競爭節奏越來越快，利帕(Lippa)在1990年強調「同時管理」(synchronous management)的重要性，那麼傳統對於投入績效（例如產能利用率、效率、標準）或許不那麼重要，而產出績效（例如營收）的重要性將大幅提高。

　　針對里程碑績效的衡量技巧，可以用「流程價值分析法」(process value analysis，簡稱PVA) 為例，PVA是了解製造和成本制度的有效工具，也是作業制成本制度的基礎，常見用於衡量里程碑績效的效標（績效的標準）如下：

　　1.品質績效(quality performance)：

　　　⑴供應商績效。

　　　⑵工廠製造績效。

⑶顧客績效。

2. 時間績效(time performance)：

⑴整體累積的時間績效。

⑵個別工作站的時間績效。

⑶生產排程的時間績效。

3. 成本績效(cost performance)：

⑴製造成本。

⑵生命週期成本：包括產品的完成各階段佔總成本的比率，如產品規劃、初步設計、細部設計、生產和後勤支援、品質成本等。

⑶品質成本。

㈢公司vs.部門

了解公司層級的績效後，接著是如何細分到各功能部門，以尋求改善。此可用哈佛大學的卡普蘭和庫伯(Kaplan & Cooper)二位教授倡導的作業制成本會計制度（activity-based costing，ABC制度）來說明，從作業分析、作業成本、成本動力等三大要素，來衡量企業價值鏈五大作業(activity)部門價值活動(value activities)的效能：

1. 研究發展和工程。

2. 製造和品質控制。

3. 行銷和銷售。

4. 顧客服務。

5. 財務和管理。

除了把績效歸因於各責任部門外，對於跨功能(cross functional)部門的績效歸屬也可適當區分。會計學者如金恩(King)、政治大學會計系教授吳安妮認為，1995年後成本管理制度將以作業制成本制度為主，值得企業深入了解。

第四節　策略缺口原因專案研究──專案事後評估

「不經一事，不長一智。」這是二等企業的學習能力程度，一等企業是如同德國鐵血首相俾斯麥所說：「智者從別人身上學習，愚者從自己身上學習。」雖然「凡走過的必留下痕跡」，企業都會有一些成敗案例，但由於缺乏深入的研究，以致失敗的原因可能不明不白，無法提供其他單位、後來的人借鏡。於是失敗的歷史一再地重演，企業付出昂貴的學費。

公司如何從成功、失敗中學習呢？方式之一便是成立一個組織學習單位，本節將以英國石油公司在1977年成立的專案事後評估(post-project appraisal, PPA)部門為例，加以說明。

一、PPA的成員

英國石油公司由11家子公司組成，而PPA部門直屬總公司的董事會管轄，它的評估計畫必須先獲得董事會的同意。PPA部門包括一位經理與五位職員，經理是由公司資深經理人選任，至少需有十五年以上任職經歷，職員則必須具備專案經歷，包括工程、化學、經濟、會計等。每個專案由二至三人負責評估，每次評估時間最長不超過六個月，平均每年約可評估六個專案。至於專案的選擇標準在於此專案的經驗對公司以後其他專案是否有貢獻。因此如果一個專案過於獨特，未來少有重複的機會，就不會被列入考慮。俗話說"business management is learning from past experience"，PPA的功能即在此。

二、PPA的評估範圍

PPA評估小組評估的範圍包括：專案的緣起、計畫的形成原因、計畫書的內容、當時的經濟與市場環境、計畫執行方式，以及成果的效益，PPA評估小組非常重視影響計畫成功與失敗的各項因素。評估主要透過資料研讀，以及面談方式，先做書面資料的收集與研究，而後再面談相關人員。一般而言，一個專案大約須訪問四十

人，評估小組試圖由不同的人、不同的職務，把問題的關鍵因素拼湊出來，面談的成本雖高，但所獲得的資訊遠較問卷廣泛與深入。

PPA部門人員在執行評估工作時，很少遇到相關專案人員不願配合的困境，最主要的原因是大家都知道該評估的目的是對事不對人，評估的效益在於經驗的累積，而不是找出造成失敗的元兇並加以處分。因此參與專案的人員都樂意向PPA人員提供個人經驗，否則，要是因此造成PPA報告的失誤，白紙黑字的反而可能對自己不利。但我們相信這也跟英國石油公司文化有關，因為九年來，也僅有一位專案經理人，因為評估報告指出他是失敗的主要原因，而事後遭受職務調動的處分。PPA評估報告對公司日後執行專案有很大幫助，因此縱然有少數專案經理配合意願不高，但也不敢明顯地抵制。另外一項促使大家配合的原因，是專案參與人員都希望評估報告能較為公正與客觀。

三、PPA的研究成果

PPA部門將評估建議編寫成包括併購、聯合創業投資與研究發展專業的三本手冊；並定期修訂。總公司把這些手冊廣泛的發行給各子公司相關單位，要求各單位未來在執行計畫時，一定要參考並符合手冊上的要求。PPA因績效卓著，已成為英國石油公司專案計畫管理與控制中正式的一環，同時其報告的公正性、可信度與價值已普受認同。PPA人員認為其成功的原因為：

1. 深入且徹底地了解專案。

2. 了解專案的技術性問題。

3. 客觀。

4. 充分掌握專案執行人員的心理，因而得到大量且可貴的資訊。

四、事後專案評估跟審計的不同

事後評估不同於審計，審計比較著重進度與預算的控制，範圍較狹窄。事後評估可說是事業稽核的具體實現，範圍包括：

1. 專案的動機與起源。

2. 對市場的分析是否正確？

3.專案是否配合公司策略?

4.專案是否被有效執行?

5.是否達到預期目的?

事後評估並非秋後算帳,而是學習成功和失敗的經驗。企業經常重蹈覆轍,原因就在於未能生聚教訓,不了解「過去種種譬如昨日死」,並不一定會帶來光明的明天。事後評估是公司內部非常好的學習教材,每一個成功和失敗的個案都是公司的資產。

事後評估一定要客觀,對事不對人,並且要在專案已結束,且已顯示成果後才進行。而且也不是每一項計畫專案都需要事後評估;一般而言,關鍵性專案、巨額投資專案、非常成功或失敗的專案,都是事後評估絕佳的對象。因為對公司以後其他專案的貢獻較大。反之,對於太獨特的專案,未來少有重複的機會,就不會被列入考慮。至於哪些案件值得PPA進行研究,是由董事會決定的。

五、PPA部門成功的原因

PPA部門成功的原因,據該公司歸納如下:

1.PPA部門直屬於母公司,與所評估的專案或11個子公司沒有任何業務關係,因此能以比較客觀的立場來進行評估。

2.評估報告的確言之有物,無論是評估結論或建議,都足以抓到成功或失敗的主因,足供子公司或其他專案借鏡。經理們的確發現他們從PPA的報告中學到許多寶貴經驗,要是沒有PPA部門,那麼這些付出昂貴代價的經驗,可能永遠不會被發現;PPA部門的信譽、價值便因此普受認同。

3.PPA部門也參與專案的事前評估,以防止重蹈覆轍。

六、中油的作法

在中國石油公司的聯屬企業中,有些單位要寫經驗紀錄,就以中油跟美國海灣公司合資設立的中國海灣油品公司為例,從原料到潤滑油所須經過的生產程序大都不易操作,因此針對如何處理技術問題,幾十年來累積了不少人的書面報告,讓相關部門都可以參考,分享其他同事處理問題的心得。

七、聯瑞三次火災的教訓

聯華電子公司旗下的聯瑞積體電路公司於1997年10、12月和1998年1月各發生一次火災，聯電董事長曹興誠在1998年超越台積電的策略企圖，只好往後延二年。

四個月內發生三次大小火警，投資人難免會懷疑聯電的工安能力。由聯瑞在1998年1月12日所刊登的啟事，可知三次火災的原因，以及聯瑞改善之道。由此可見，聯瑞不僅自己學到教訓，而且還要讓投資人等了解他們有學習反省的能力，希望對他們有信心。

八、留下紀錄、留下智慧

為了避免遺忘，也為了防止事後耍賴，事業部主官宜將其決策以備忘錄方式下達，而不是電話或口頭通知。曾經有一次，我有機會診斷一個食品上市公司的事業部，該主官任內三年的行銷、組織管理（例如企業再造、人員重組）皆有備忘錄可查，很容易序時整理了解來龍去脈。

如同設計電腦程式，還得作好操作的成文化工作一樣，也如同飛機上的黑盒子一樣，主官的備忘錄是事業部的重要資產，否則時過境遷，有時也搞不清楚這部門是錯在決策還是執行不力。

我個人則是寫自己的工作日誌（跟寫日記的目的一樣），例如1997年9月19日為何下決定在某價位替公司預購50萬美元以規避臺幣貶值的匯兌風險。

◆ 本章習題 ◆

1. 以台積電或錸德等為例，分析他們怎麼做策略控制。

2. 「君子無一日之憂，有終身之憂」，這句話是否可以說明策略控制，為什麼？

3. 在龜兔賽跑中，因為兔子遙遙領先，所以不用那麼神經兮兮的，可以稍微打個盹，這種態度有錯嗎？

4. 以實用BCG圖，把台積電、聯電或矽統的製程技術組合畫出來。（詳見拙著《知識管理》圖13-5，遠流出版社）

5. 以表17-2為基礎，找一家公司，分析其控制型態跟表17-2有何異同，哪些需要改進的？

6. 延續上題，內容換成以表17-4為基礎。

7. 延續第5題，內容換成以表17-5為基礎。

8. 拿平衡計分卡四大指標跟表17-5策略績效指標相比較，分析誰涵蓋範圍較大。

9. 延續第5題，內容換成以表17-5為基礎。

10. 以聯電集團火災為例，分析其做好專案事後評估。

第十八章

策略監視和企業失敗管理

天天救火的公司，代表經營失敗。

——曹興誠　聯華電子公司董事長

工商時報2001年5月4日，第3版

學習目標：

策略控制的目的在於事先採取預防措施，在本章中針對已屆老、病階段的公司，說明如何返老還童、治病強身，內容符合企業需求，學了立即可以按圖索驥運用。

直接效益：

復甦管理是危機企業轉機的急救方法，在第四節中，本書依實際救亡圖存經驗，輔以理論架構，告訴你如何反敗為勝、轉虧為盈。

本章重點：

- 企業失敗管理。§18.1
- 西格瑪曲線。圖18-1
- 企業老化的病因、症狀和防治處方。圖18-2
- 周轉不靈是公司失敗的果，不是因。§18.2二
- 公司失敗的四階段。表18-2
- 財務預警系統設計步驟。§18.3三(三)
- 復甦管理。§18.4
- 開源還是節流比較有效？§18.4三
- 財務危機公司的復甦管理階段。表18-3

前言：企業醫生要懂得替企業防老、治病

如同春夏秋冬、生老病死，這些自然法則，生命現象也會出現在企業，只是時間早晚的問題罷了。但是生存的動機會促使人去防老、治病，甚至死裡求生。

本書在企業生老病死各階段皆有深入討論，其中尤以對「生（生長）」的討論佔最多，也是因為此階段所佔時間最長。至於在防老（延年益壽）、治病、救命三階段，本書至少以四分之一篇幅討論，詳見表18-1。

表18-1　企業（生）老病死的預防、治療之道和本書架構

防治之道 企業健康狀況	診斷、預防	治　療
一、老　化 　　1.經營者 　　2.公司	產業升級 §7.2 避免經營者「老人癡呆症」 §4.3 過度多角化的診斷和預防，避免公司血管硬化出現恐龍症 §15.1 企業優生學 §15.2、§15.3 策略管理能力培養	管理升級 §7.1 來自經營者的經營失敗 §3.4、§3.5 企業轉型 §4.4、§4.5 企業再造、企業重建以治療過度多角化
二、生　病 　　1.公司 　　2.事業部	§2.2、§2.3 公司策略態勢診斷 §14.1 — 企業文化診斷 §10.7 損益表出發的事業診斷	同§3.4～§3.5、§4.4～§4.5 §14.2、§14.3 重塑企業文化 同上
三、死　亡 （公司失敗）	§18.1 預防公司失敗的失敗管理 §18.2 了解企業死亡的原因 §18.3 生命監視器、健康檢查的早期警報系統	§18.4 死裏求生的復甦管理（即轉機）

至於本章著重的則為當企業已老病，如何避免死亡。這也是一般書籍較少深入討論的主題，不在策略管理書中討論，更待何時？（當然「公司變革」的書也適合討論）

第一節　企業失敗管理

企業是法人，理應可以透過經營管理傳承，有如千年帝國。古諺：「富不過三代。」道出企業的經營須仰賴人，人會犯錯，以致公司的壽命就跟人一樣，也有生老病死的階段。但就跟人追求長壽健康，因此注重營養、休息、運動等養生之道一樣。不少企業體認「企業終將死亡」的結局，無不挖空心思，採取「失敗管理」(failure management)，以求趨吉避凶。

一、企業難逃死亡

由下列美日的調查，可知企業跟人一樣終究難免一死。

1.日本的《日經企管雜誌》在中村青志教授的協助下，曾對「日本頂尖企業過去百年的變遷」做過實證調查，結果發現從1882年至1996年中，以每十年為一階段，共有413家公司打入百大排行榜，每家企業平均上榜2.5次（即二十五年）。換句話說，日本公司在百年之中能名列百大的黃金歲月，沒有超過三十年。

2.有份報導說明美國大型企業的平均壽命只有四十年。

二、別讓你的企業跟著你的年齡衰老（西格瑪曲線）

一般的企業跟人的體能一樣，然而企業卻可以開創第二春，甚至永續生存，遠離西格瑪曲線(Sigmoid curve)的魔掌。根據研究古今中外組織興衰的韓迪(Handy)發現，由圖18-1所示，當企業到達高原期的A點，此時推動變革，時機最有利，企業可望進入第二春。但是如果錯失第一時間，則常事倍功半，甚至為時已晚，此時企業轉型改革的重點，比較偏向「效率」（例如降低成本），而比較不著重「創造」，以致只能守成，下焉者則苟延殘喘。

據1996年2月份英國《自然界雜誌》一份研究指出，針對美國製造業所有上市公司，研究期間為1975至1991年，得到的研究結果為：企業組織像有機體一樣成長，企業成長潛力隨公司發展潛力遞減，在年輕時達到高峰，至成熟期即迅速老化。此

種像有機體的老化現象，似乎放諸各種產業皆準。報告也暗示，歷史悠久、發展穩固的公司，若想藉併購、縮編，企業再造等方式來刺激巨幅成長，或許只是自我矇騙罷了。

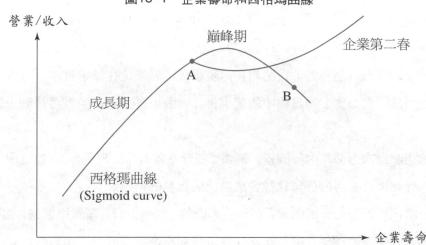

圖18-1　企業壽命和西格瑪曲線

三、企業失敗是否可以預防？

具有長期研究企業失敗經驗的INSEAD研究教授史匹諾斯‧馬利達希斯(Spynos Mahridahis)1991年認為，企業失敗是可以避免，至少是可以延後的，他認為企業應給予如何防止企業失敗，跟策略、創造力、成功同樣多的關注。

為避免企業失敗，企業必須經常學習、適應(adapt)、創新。而對經營者來說，最大的挑戰在於調適、創新的對象與速度，以及如何克服員工抗拒變革。他建議為了避免公司老化、保守所帶來的企業失敗，企業宜作到下列四點：

㈠了解公司失敗的本質和原因

誠如哈佛大學教授梅依(Meyer)所說：「企業界人士應當熟知歷史，才可以減少犯錯的機會，做出更正確、有效的決策。」此處的歷史應當指企業失敗的歷史，尤其是同業。此外，中國古諺：「不知生，焉知死？」日本俗諺：「不知敗，終生將受其害。」也都是相同的道理。

(二)承認有病才可能得治

為了愛面子，怕知道病情，以致不去看醫生，縱使神醫華佗住在隔壁，也是英雄無用武之地。諱疾避醫的人可能不多，但是不願意承認失敗的老闆可能舉目皆是。例如：連鎖店某店結束營業，為了面子起見，對內對外用詞皆為「遷徙」（也就是店址換位置），而不用「倒店」一詞。又如：1996年，我擔任某上市公司專案顧問，評估其累積虧損3億元子公司如何反敗為勝，這位董事長對我的報告很滿意。但要我額外寫一份歌功頌德（至少對他）的報告給董事會，好讓他在董事會中不致丟臉。

從虧損的股票上市公司年報中的董事長「致股東書」中，綜合可得到一項簡單法則：

1. 承認虧損來自公司內部因素，例如「經營不善」、「管理不佳」，並提出改善方向的，這種知恥近乎勇的公司往往會成為反虧為盈的轉機股。

2. 把虧損原因推給外部因素，例如匯率貶值、利率上升，產業不景氣，這種「外面有千萬個理由愧對於他」的公司，往往以全額交割股或股票下市來收場。

司徒達賢教授曾說：「唯有肯認錯的人才會真正快速學到智慧。」例如IBM前總執行長艾克斯(Aakers)坦承：「我們所犯的錯誤，是認為1980年前期所得到的成果應該可以繼續下去。」他承認此錯誤，IBM在1990年代才會大幅攻入個人電腦市場，以亡羊補牢。

(三)從別人的成功失敗學習（知古鑑今）

就跟打預防針的效果一樣，企業可透過研究其他（尤其是同行）企業失敗，藉以提升自己預防失敗、處理失敗的能力。

1. 利用現有書籍：「讀史可以知興替」這句話點出讀史書的重要性，因此不少人努力研讀古代人物傳記或朝代興亡史，希望能悟出經營管理之道。不過，由於這些歷史時空差異甚大，許多政壇的謀略用到商場上並不是那麼恰當，因此，以報導現今企業成功歷程的「企業傳記」，成為最佳拜讀的史料。

「我站在巨人肩上，所以看得比巨人還遠。」這句話用在研讀現代臺灣企業史、企業家傳記上，正足以發揮「他山之石，可以攻錯」的功用，由於內容寫的正是你我身邊的事，時空背景差異小，這些經驗更可以現學現賣。

　　就已出版的許多企業傳記來說，大都屬於成功的企業，內容也多半報喜不報憂，再加上執筆者多非具有高深企業素養、理論的學者，僅是把基本素材多樣化地呈現出來，因此，如何從其中「見賢思齊，見不賢內自省」呢？可以運用此架構，從書中把這些條件依序整理出來，並從不同時空的環境下，了解這些企業是如何像變色蜥蜴一樣在多次危機中適應環境，繼續成長。

　　2.專案研究──外部失敗標竿：除了現有書刊外，對於最近具代表性的外部企業失敗或危機案例，可採取事後專案評估單位予以研究，甚至採取紅藍軍對抗賽方式來學習。

　　最好挑股票上市公司來研究，因為這些公司的財務報表、重大經營策略等資料，可從公開說明書、年報、報章雜誌等獲得；證券暨期貨發展基金會、臺灣新報社也有資料檔案供付費影印。

　　不過，我不太贊成研究外國企業如何反敗為勝，時空皆有很大差異，更重要的是，公司管理者會懷疑別國的事怎會發生在自己國內，所以還是就近取譬地以本地的公司為宜。

(四)為雨天作準備

　　「事前一針勝過事後九針」這句話最能說明「預防重於治療」的道理，「失敗管理」最高境界就跟消防隊一樣，只是備而不用。為了避免遭受到來自經營環境不佳所造成的企業失敗，企業宜居安思危，具有危機意識。

　　例如：18世紀日本江戶時代，米澤藩財政瀕臨破產，新任藩主上杉鷹山甫上任即把自己的薪水調降至原來的七分之一，頒布「大儉令」規定人民每餐只能一菜一湯，禁穿絲織物，改穿棉織物；歷代藩主每次由米澤藩前往江戶，為彰顯藩主威風，總要率領近千人侍衛，上杉鷹山只率領十人，為此被譏為「一群乞丐」，他也絲毫不以為意。米澤藩終於成為日本最富裕的地區，1783年日本饑荒，各藩餓死逾萬，僅有米澤藩沒有餓死半個人。（工商時報2000年12月7日，第3版）

　　又如：1997年9月報載美國各大企業在經歷了連續七年的經濟榮景後，開始居安思危。以曾瀕臨破產而浴火重生的克萊斯勒來說，其未雨綢繆的措施包括：

　　1.增加公司的現金準備，至少維持在75億美元以上，方法之一便是少分派現金

股利。

　　2.削減資本支出，例如取消重鋪停車場路面、新車種上市計畫喊停。

　　3.1998年1月前凍結人事。

　　4.列出不景氣時的投資策略，例如透過併購其他公司以避免產業產能過剩。

　　至於艾迪柴斯(Adizes)在1990年所著 *Corporate Life Cycles* 一書（徐聯恩譯，《企業生命週期》，長河出版社出版）不僅指出企業生命週期中十一階段的診斷方式，更強調企業宜積極地預警，也就是企業不可在處於高峰時，才思考如何突破。而是平常就要大刀闊斧地改進，使企業永保「四十歲還是一隻活龍」。

◆ 第二節　企業失敗原因分析

　　公司失敗管理跟健康維持一樣，上上策是養生有道，疾病不上身，醫療保險等備而不用；養生有道的原理之一在於少吃致癌食物。同樣地，公司失敗管理上上策在於預防失敗的出現，而首先必須了解企業失敗的原因，如此才能趨吉避凶。

一、企業失敗原因分析

　　有關企業失敗的研究相當少，就跟研究動物絕種的原因一樣，公司倒閉了，往往「船過水無痕」，而且「家醜不可外揚」本是人之常情，更加無法從失意老闆的嘴中問出什麼。美國、臺灣皆有二、三篇對於企業失敗原因的統計，就跟十大死亡原因一樣。但是一方面資料太舊，另一方面，有些也倒因為果（例如把財務結構不健全列為三大主因），所以本書另做整理。

　　企業衰老病死的重要病因、症狀，可由圖18-2一窺全貌。其中：

㈠成功滋生本身的失敗

　　「驕兵必敗」的古訓也適用於企業經營，公司成功滋生未來失敗的原因，可分為二個截然不同情況：

　　1.公司變老：為了確保穩當收入，以致不敢冒險，其結果是故步自封；上焉者只是錯失很多賺錢機會，下焉者從坐以待「幣」變成坐以待「斃」，最後被環境所淘

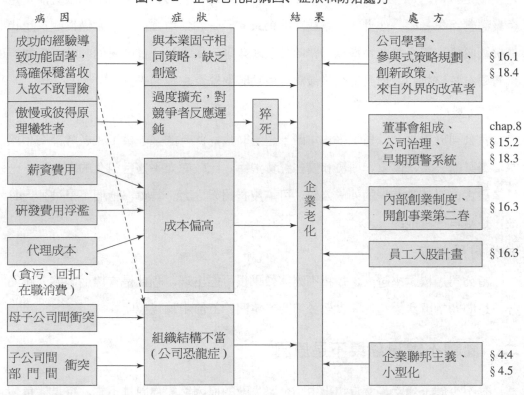

圖18-2　企業老化的病因、症狀和防治處方

汰。此情況尤其會出現在經營者、高階管理者皆逐漸老化的「上了年紀的公司」，整個公司像隻大恐龍，反應遲鈍，最後終被環境淘汰。

　　2.「叫我第一名」的傲慢：成功會使經營者更傲慢，一方面為了保持成功，會提高研發費用、薪資，以致使固定成本節節高升，營運槓桿大大提高，事業風險也較高。另一方面是大幅從事無關多角化，末了才發現撈過界的下場可能不佳；不是兵敗如山倒的猝死，就是苟延殘喘的賴活。

　　日本大師級堺屋太一在其名著《組織的盛衰》（呂美女譯，麥田出版）指出企業衰退的原因有三，其三是陶醉在成功的經驗中，不僅喪失創造性和改革性，甚至陷入空想和失去警覺性，把自己失敗事件、競爭者成功事件當成特例，而不知警惕。

　　如果以往的成功是未來成功的保證，那麼如同滾雪球一樣，成功企業將會越大；而新創業家出線機會就相形變少，但現實並不是如此。今天的成功並不代表明天成功，在這一行賺錢並不保證撈過界時仍吃得開。經營者必須體會到在成功交棒（即

蓋棺論定）前，每一階段的事業成功，有可能只是短期的、碰運氣的，唯有能奠定企業經營百年基礎，如此才算是成功的企業家。一想到這裡，又怎會傲慢呢？這也是美國哈佛大學企管教授漢默和普哈拉在《競爭大未來》一書中所強調的，企業經營者要有策略雄心，而且在企業最輝煌成功時要學習忘掉過去。

(二)組織變肥

當公司歷史越久，員工平均年齡若超過35歲，此時許多老員工、老幹部高薪厚祿，豪華辦公室、座車，研發和廣告經費浪擲。比較像太平盛世已久的宋、明，一旦像蒙古、滿清等強悍的外族入侵，可能沒有招架之力。其實，他們不是被外人打敗，是被自己打敗的。

(三)公司恐龍症

當公司規模越來越大，規模不經濟效果很可能出現，也就是官僚成本將大幅上升。這問題的解決之道，本書已於第四章第四、五節中加以說明。

二、周轉不靈是結果不是原因

有不少碩士論文、文章指出中小企業失敗的原因之一為周轉不靈，或是說負債比率太高，被債息拖垮。這樣的說法大部分是倒因為果，除非借高利貸，否則一個負債比率高達80%，正常營運的公司仍會屹立不搖。

一家公司如果毛益率有三成，每個月借高利貸二分利（年利率約20%）也不見得會受不了，只是「一個錢當二個錢用」，也就是資金周轉率只要在二倍以上，借100萬元能做200萬元生意。毛利60萬元，扣掉30萬元的高利貸利息，至少還剩30萬元。我們反對經營者借高利貸，不過，經過一位白手起家少年得志的老闆用上述例子指點，令我相信如果有經營者向您邀約入股，其所持的理由若是改善公司財務結構，降低債息負擔，我給投資人的建議是「不予考慮」，原因如上所述。

造成公司周轉不靈的原因，大都來自兩方面：

(一)擴充太快

擴充太快，產能衝太快；一旦產業不景氣，會被固定成本（例如人事、房租）拖垮。這種豪賭式全押的經營手法，大都出現在缺乏失敗經驗的老闆。所以如同股

市所稱的「成熟投資人」是指至少三次被嚴重套牢，而仍能屹立不敗；同樣地，一個夠格稱得上「成熟經營者」至少需順利經歷一次以上產業不景氣的洗禮。

這時如果「屋漏」（即財務結構不健全）偏逢連夜「雨」（產業不景氣），這樣的房子當然會拖垮。不過，要是沒有連夜雨，那麼屋頂有漏洞的房子也不會垮，所以負債比率太高不應是企業失敗的充分條件，頂多也只能算是必要條件。

㈡管理不善

有些企業家認為沒有夕陽工業，只有夕陽管理，這句話突顯出在北極照樣有動物可以生存，可見差別在於管理。

管理不善可以運用商業邏輯，從下面二個例子看得出來：

1.全國性便利商店公司沒有資格談虧損，原因是獨立經營、白天營業的超商都能生存，那麼有採購折扣等優勢的全國性超商公司，如果還經營虧損，那豈不是管理不善。不過，麵包連鎖店可能例外，雖然中央廚房提供冷凍麵糰節省一些製造費用，但可能口感不佳。因此，麵包連鎖店反倒經營得很辛苦。

2.大型便當廠不應該虧損，大型便當廠的毛益率約40%，扣掉管銷（含物流）費用，純益率至少應該有15%。同樣的擁有採購的折扣優勢，再加上生產時的規模經濟，大型便當廠理應比家庭式便當店（往往是自助餐店兼營）賺錢。如果情形不是這樣，問題一定出在管理，從食材成本佔銷售額比率大概可判斷採買人員是否有拿回扣，從用料到出貨比率大概可推估生產人員是否有吃料的情形。

三、對因下藥才能病除

「改善財務結構、提高周轉金、周轉不靈（例如跳票）」這是一家經營不善公司的第一、二、三期症狀，這些不是原因。否則不對因下藥，有些老闆把自己家當全部抵押、出售，甚至找一些親朋墊錢，終究是「抱薪救火，薪不盡，火不滅。」同樣的道理，1997年7月發生的東南亞金融風暴，這些國家貨幣貶值五成，這不是原因，原因是產業擴充太快，但外強中乾，最後變成泡沫經濟。

1997年初，為了幫朋友給台熱公司籌資，結識一位長者，他的話很富有經營哲理：「財務危機公司的問題不出在財務，而在於經營（例如搞錯行了，行業衰退）、

管理（費用率太高）。」

㈠第一帖處方

針對不同老化原因所採對因下藥的處方如圖18-2右邊所示，其中第一帖處方是針對第一個病因，處方的成分包括下列四項：

1.參與式策略規劃過程，目的之一在於培養管理者策略規劃的「能力」，以做好管理傳承的工作，不致發生人才斷層；而董事會成員也可透過教育訓練、顧問諮商而變得更聰明。

2.網路組織的主要功能在於資訊的交換。

3.然而徒有能力、資訊，如果董事會沒有向前走的「意願」，那麼再多的能力、資訊也是罔然，因此股東大會宜對董事會課以實際壓力，例如創新政策。以統一企業的內規來說，其中有一條規定每年新產品的項目（或營業額）要佔二成，由此不難看出為何統一每年都有那麼多新奇產品推出。此外，職位任期制是避免決策者老化、缺乏衝勁的強迫性作法。當然，在經營權、管理權分離情況下，董事長不宜兼任總經理，因為往往管理階層可能會有不錯的創意投資案提出。

4.要是連董事長、總經理都老化掉了，最後沒辦法，董事會只好從外界聘請高手來整頓，就像1992年美國IBM換掉執行長艾克斯一樣。

㈡第二帖處方

第二帖處方是針對第三個病因，其中董事會組成、公司治理的功能，主要在於透過外界董事牽制執行董事盲動冒進，屬於防患於未然，而預警系統則在決策後，盼能預控而不致釀成大錯。董事會的成員由公司內管理者升任者不宜超過一半，否則很可能會造成「技術官僚」主導、形成官官相護。

四、遵守交通規則車禍少

從許多企業失敗原因的實證研究可看得出來，企業成功和失敗往往是一體兩面的，例如經營者策略失誤、制度不當等；其對偶命題便是經營者策略正確、制度健全，那麼企業就會成功。成與敗本來就是一體二面，該做的不做，而不該做的偏去做，難怪會失敗。

這個道理跟我以前採信美國盧比孔公司執行董事費爾德曼的主張不一樣,他的說法如同美國大文豪海明威在電影「妾似朝陽又照君」中的開場白:「快樂的家庭有多種面貌,但不幸福家庭卻有張相同臉孔。」背後道理在於,並非每家企業皆具有成功所需的條件(即資源和運氣),但只要稍一鬆手、稍一放心,便可能失敗。

簡單地說,經營事業似可用開車來比喻。要想不出(嚴重)車禍,無需高超的駕駛技術,只消遵守交通規則,則新手也能上路。此時,可能的車禍來自於其他車違規;在企業則被客戶倒閉所拖累,應收帳款被倒帳;不過這可透過企業徵信、客戶分散予以降低衝擊。至於要想把企業做大(例如股票上市),那跟賽車選手一樣,只有極少數有天分、肯努力,敢冒險的人才做得來。

◆ 第三節　建立早期警報系統

2000年的冬天是暖冬,但許多公司、個人面臨著比1998年10月本土型金融風暴還冷的經營環境,十七家上市公司下市或暫停交易,比1998年多出一倍;許多人的心情恰似楊林的歌「我的心情盪到了谷底,盪到零下幾度C」,2001年比1998年更嚴峻,產業出走、轉型和財務危機偵測變成21世紀初臺灣企業的必修顯學。

企業失敗很少如嬰兒猝死症般的迅雷不及掩耳,大都是冰凍三尺非一日之寒,所以平日便可透過早期警報系統(early warning system),經常體檢以預防、修正。

一、公司失敗四階段

公司失敗(corporate failure)的研究是企管中冷門的題目,綜合美國學者們的研究,可以把股票上市公司「衰老病死」四階段分述於下,詳見表18-2,每個階段內的情況惡化在表中由上往下走,例如第三階段中財務危機會先出現,一直沒法處理,則成為財務困難。重點是公司在破產前其實是有跡可循的,而且可依此作為早期預警訊號,藉以採取對策。

表18-2 公司失敗的四階段和其總分類

階段名稱	I 管理失敗	II 市場失敗	III 財務失敗	IV 法律失敗
依序出現的情況	1.獲利不及同業平均水準的一半 2.一年以上獲利低於目標一半以上 3.出現虧損,公司剩餘(尤指資本公積)被侵蝕	1.股票降類,降為全額交割股 2.股票下市,連續二年虧損,或每股淨值降至5元,出現虧老本情況	1.財務危機(financial crisis):周轉不靈、債期展延 2.財務困難(financial distress):退票,即無力償債(insolvency)	1.重整或債權人接管 2.破產(倒產) 3.清算

(一)公司「衰」: 管理失敗(management failure)

如同表18-2中所述三個情況,此時公司營收目標無法達成,獲利當然也就羞於見人。甚至最差情況,還出現虧損,只好用公司儲蓄(例如資本公積、處置閒置資產)去填漏洞。此時每股淨值漸向10元(股票面值)逼近。

此階段為何不稱為經營失敗,主因是此時董事會常常會陣前換將,把敗軍之將的總經理換掉,看看會不會有起色,所以是高階管理者被打敗了,他付出的代價常常是被解雇。這個不利的開始,有些學者把公司獲利率低於必要報酬率,稱之為「經濟性失敗」(economic failure)。

以企業併購為例,買方可能嘴硬,不輕易對外聲明某個併購案失敗,但從陣前換將便可看出作戰失利的訊息。

1.陣前換將:最直接的指標便是把前鋒大將(即併購後公司董事長或總經理)調職,甚至解雇,那可見主帥已經不滿意大將的表現,只好換人做做看。

2.更換主帥:大併購案的經營不善,連買方公司主帥都會被波及,像1999年4月18日,美國康柏電腦總裁菲佛下臺,證券分析師推測主因跟1998年的幾個併購績效不佳有關。

相形之下,成王敗寇是很實際的,1999年5月4日,43歲的伊墨特升任美國奇異(GE)公司執行長,雀屏中選的原因為他在1998年做了三件總額13億美元的併購案,

非常成功，所以行情扶搖直上。

㈡公司「老」：（股票）市場失敗(market failure)

連續虧損二年的公司或一年每股淨值低於5元，這樣的股票上市公司會先被打入全額交割股，留校察看。要是不見起色，甚至每況愈下，股票就被下市。此時，營收甚至已低於損益兩平點，公司實施「再生管理」，公司剩餘已全部用盡，面臨淨值保衛戰。

㈢公司「病」：財務失敗(financial failure)

此時，公司已寅吃卯糧、彈盡援絕，依序會出現二種情況：

1. 財務危機(financial crisis)：尚未跳票，但已差不多了，公司透過跟債權人換票（票期展延）方式來避免跳票；員工薪水可能延後發放，有些警覺性高的員工開始另謀高就。

2. 財務困難(financial distress)：公司跳票，銀行開始收傘，稍具規模的公司家醜便外揚了。此種處於生存邊緣的公司，有可能採取下列四種行為的一種：

  ⑴出現極端的策略行為，即可能不採取行動(inaction)，或是孤注一擲的過度行動(hyperaction)。

  ⑵策略行為搖擺不定(vaciliate)，以致浪費稀有的資源。

  ⑶經營者會嘗試各種辦法找人來投資，以改善財務結構，但是「殺頭事有人做，賠錢事卻沒人做。」頂多有些潛在投資人開出的條件是：「希望把七成以上股權買下來。」在股票市場這就是「買殼上市」。有些不願公司易主的老闆，只好婉拒別人併購的要約。

  ⑷此時，如同即將溺斃的人連漂在水上的稻草也會抓一樣，有些老闆只好把公司商標、專利權等無形資產拿去地下錢莊質借，但結局往往是「老壽星吃砒霜——活得不耐煩了」。

㈣公司「死」亡：法律上失敗(legal failure)

如同法律上對自然人的死亡有一定的判斷標準一樣，公司失敗經過急救後，可能依序進入下列情況：

1. 進行「重整」(reorganization)：法院裁定公司重整的機率在臺灣跟美國都不高，

不是指定原公司董事長，就是債權人代表擔任重整人。不過在前者情況下，以全額交割股來說，重整成功機率不大，因前董事長本就沒能力經營好公司，又再交給他進行重整，豈不問道於盲。此外，有些黑心（即有代理問題）的重整人，正好趁此時掏空公司。

　　2.清算、破產：要是法院不接受重整申請，只好逕行清算，公司宣布破產倒閉。

二、企業健康簡易診斷法

　　其實診斷企業「身體健康」的方式並不見得需大費周章的準備資料、模型，美國麻州理工史隆管理學院教授傑‧佛瑞斯特(Jay W. Forrester)曾提出一個簡單方法，就是觀察「壞消息往上傳達的速度」；如同手被火燒到了卻不能迅速地把這壞消息傳達給大腦以採取對策，身體健康情況之差可想而知。

　　不過此法只是中醫「望聞問切」的診斷方式之一罷了，只能看出模糊症狀，無法知道全面的問題。因此實有必要採取多項指標，以建立偵察企業健康狀況的早期警報系統。

三、財務比率仍為企業診斷的主要方法

　　就跟動物死亡一樣，有油盡燈枯慢慢死的，也有猝死的（例如心肌梗塞、氣喘缺氧）；這二種情況的偵測方式大不相同。同樣的，公司出現財務危機也大抵可分為慢性(chronic)、猛爆性(acute)（或急性）二種。

　　「冰凍三尺，非一日之寒」這句話最足以描述慢性財務危機，也就是不僅有跡可循——這是財務報表分析課程的重點；甚至可提前三個月以上預估其周轉不靈的機率（高達八成以上），這是會計、財務、企管碩士論文的熱門題目。

㈠嗅出危機的方法

　　嗅出財務危機的方法，1900年以前最常用區別分析，之後則發展出更多的分析方式如下：

　　1.區別分析模式：最常用的方法便是Logit模式，以計算出公司發生財務危機的機率。

2.類神經網路模式：這種方法具有很高的配適能力，大部分的理論模式、多變量或計量方法，很少能出其右者。以公司財務危機發生前一年來說，區別分析的正確區別率只有83％，但是本方法卻高達93％，足足高十個百分點。此外，本法的型一誤差(type one error)也比區別分析小，可說是比較好的方法。

3.多變量CUSUM模式：則是較新嘗試的方法。

(二)危機指標

醫生根據血壓、心跳、血紅素、呼吸次數等資料，觀測人的生命現象，相同的，一家公司財務有危機，會有五個財務指標出現三低二高現象。

1.三低：失敗公司在流動性、獲利性（例如毛益率）、經營效率等三項財務指標皆低。

2.一高：存貨佔營收比率（跟血脂肪一樣）偏高，這很簡單，主要是貨不好賣，存貨積壓，此比率自然而然偏高，此外，負債比率（跟血壓一樣）也偏高。

(三)財務預警系統設計步驟

然而公司不可能拖到癌症第三期才採取對策，因此美國明尼蘇達大學管理學院二位教授葛雷和梅森(Gray & Matson)1987年所建議的，公司在設計預警系統時宜根據下列步驟：

1.界定公司（或事業部）的營運業務。

2.選擇具有預警能力的關鍵變數，包括業務部提供的市場機會和威脅、製造部的成本控制、人資部的人力資源等。對於新介入此行的企業，則可參酌同業們的經驗，盡可能不要靠自己的錢去試誤。

3.衡量這些變數的比率或指標，例如衡量「未來市場展望」的指標為「累積訂單金額」(order backlog)。

4.確定內部、外部各變數的資料各由哪些部門負責，怎樣彙總，是由資訊部還是稽核室負責。

一般採取財務比率分析所用的各種財務比率，透過計量模型以建立企業財務預警系統，背後假設所有的策略、組織、管理正確與否等因素，最後都會反映在財務指標上，因此以簡馭繁地只要看財務指標便可。而且透過動態模型的設定，使得此

預警系統真的有提前示警能力。

不過一般預警模式只能預測企業失敗的機率，並無法預測企業還有多久便會失敗，也就是企業依現況經營還能再活多久，這也是企業主最想知道的。政治大學經濟系教授李紀珠博士應用「加速失敗時間模式」(accelerated failure time model)，證實確能解決上述問題。就企業應用的觀點，企業可進行模擬，以了解如果改變資本結構、獲利能力、活動力等財務比率，那麼公司還可延年益壽多久。

無論是哪一種模式所建立的財務預警系統，在實際操作上並不難，有些全球企業委請學術機構、顧問公司代為建立預警系統，並訓練稽核或策略規劃人員學會維修與運用此模式。

四、企業診斷的執行程序

上述是考慮內部稽核的內含面，而在實際執行時的程序操作方面，美國DePaul大學會計學教授坎特(Kanter)1990年認為可以應用「稽核風險模式」(audit risk model, ARM)來說明，它的基本精神如下：

‧風險評估是稽核規劃過程中的一項必要程序。

‧因稽核部的資源是有限的，再加上跟被稽核單位間關聯性高，更提高了出錯的可能性。

‧稽核風險模式可提供一種客觀的方法，依據各企業、部門狀況而設計內部風險稽核的模式，根據關聯風險(associated risk)的基礎來分配稽核資源，以協助稽核部在工作規劃時，把稽核資源重點地分配在具有高風險因素的組織上。

稽核風險模式的組成成分包括：

1.風險因子：即造成公司風險(corporate risk)依序為哪些，可說是病因。

2.表象型態：即病的症狀，例如財務、法令、資訊、機會、效率、人力、環境等表象。

3.稽核期間：如同定期體檢，「距上次稽核的時間」也是公司風險的病因之一。

4.稽核時數：可說是體檢的詳細程度。

在執行細節上，稽核經理必須決定自製或外購稽核風險模式軟體。有關稽核風險模式的實際運用，有許多現成套裝軟體可套用，舉例來說美國庫寶建業(Coopers &

Lybrand)公司出版的 *Audit Universe Manager*,便是一套價廉物美(易用、有效)的軟體。(詳詢:John F. Garry。住址:Coopers & Lybrand, 1251 Avenue of the Americans, New York, NY 10020, U.S.A.)

　　除了內部的警報系統資訊外,企業外部獨立可靠的公司所作的評等——針對公司(體質或債信)、證券(股票或債券),無論是結果或方法皆值得企業參考。不過以今天的水準,國內外信評機構所發表的的國家、公司債信(或信用)評等皆屬於落後指標,這構成使用上很大的限制。

◆ 第四節　救亡圖存的復甦管理——兼論公司變革

　　策略控制的目標之一在於把策略執行結果跟目標比較,並以此差距去修正:

　　1.當有正差時,即目標值遠大於實際值時,顯示績效不佳。此時,宜進一步檢討是環境改變了,以致目標變得可望不可及,還是策略有偏差、執行不力?

　　2.當有負差時,即目標值遠小於實際值時,此時,是否目標值太保守還是執行力太強呢?

　　要是持續出現正差缺口,此時往往需採取公司變革(organizational change),把公司脫胎換骨,以新氣象來重新出發。

　　然而大一的管理學(拙著《管理學》第九章變革管理)、大二的組織管理或大三的組織發展等課程,對公司變革皆有深入討論,所以在策略管理中不論以一章或一節來說明公司變革,似有炒冷飯之嫌。因此本書把策略控制的回饋機制焦點,擺在救亡圖存的復甦管理。

一、復甦管理要「快準狠」

　　如果用治病來描寫復甦管理,那麼越接近或已出現財務危機的公司,可說是像美國影集「急診室的春天」中的急救一樣,所以難怪當初借用「心肺復甦術」(CPR)中的「復甦」二字來翻譯turnround management,可說是最貼切不過了。企業急救,講究的是危機管理的三準則「快準狠」,大部分的公司都是這樣救活的。

1.專業（準），知道哪邊要止漏、何時該打強心針。

2.迅速（快）。

3.看似沒有人性（狠），尤其是裁員。

而企業急救的內容，也跟前英國卜內門總裁潘尼斯(Pones)在1993年的《藉管理生存》(*Managing to Survive*)一書中所談的，藉五C來使公司轉危為安的道理大抵相同——除了其中關心(caring)一項外。

· 成本(cost)，降低成本。

· 現金(cash)，提前收款、延後付款等方式作好現金管理。

· 集中(concentration)，即專注於核心工作，把虧損產品、事業部、工廠停掉，把非核心工作外包。

· 溝通(communication)，向員工澄清公司要倒了的謠言等。

二、除惡務盡的「狠」

財務危機的公司大都是長期惡性腫瘤所造成，治癌常常要除惡務盡，不能怕傷及一些正常細胞而稍作讓步，否則前功盡棄，癌細胞會再四處蔓延，錯過第一時間再來治療，不僅成本高，而且治癒率也降低。所以要救財務危機公司，第一步是要能「狠」，其他的「快」、「準」才能跟著而來。

(一)揮淚斬馬謖：換心

「罰不及上」的觀念，對策略控制回饋機制的效果大打折扣。如果經營不善，而又可歸因於董事長、總經理，這時如果找幾個副總經理、事業部主官開刀當代罪羔羊，不僅無法服眾，更重要的是罪魁禍首未除，後患將無窮。

碰到公司面臨企業嚴重挫敗時，最大的弔詭在於處理問題為先，事後再追究責任，有錯不罰將養成是非不分的企業文化。另一投鼠忌器的原因為，總經理縱使績效不佳，但仍然有不少優點，而且企業培養人才不容易。但是「成王敗寇」這是不變的道理，當不要一個人時，此時必須看他是否犯了天條，至於「沒有功勞也有苦勞」，此點只能視為是否讓他「榮退」——例如榮升為副董事長或首席顧問，但皆應學習「孔明揮淚斬馬謖」的精神，「揮淚」是人情味、人道的表現，至於「斬」則是

「立軍威、明賞罰」的手段。

　　至於「戴罪立功」的情況僅適用於一時績效不佳，否則敗軍之將何能言勇，當官兵對主帥能力的信心已大打折扣，此時再套用「不宜陣前換將」的古訓似乎只是一種強辯。「揮淚斬馬謖」在企業中便是更換總經理（在總經理制時），在公司變革中，也就是聘請「改革者」(change agent)，一般皆是找旁觀者清的外人來操刀，以免找副總經理等內部人當局者迷而且有歷史（人情）包袱。

　　要轉虧為盈往往得轉型，不能光靠「在哪裡跌倒就在哪裡爬起」。當自己已無力轉型時，則只好借助外援；否則土法煉鋼的結果，往往是畫虎不成反類犬。

　　較具代表性的個案是老牌家電廠商聲寶，1998年虧損3.6億元，1999年盈餘也僅500萬元；而2000年獲利為21億元，可說從地獄到天堂。轉機關鍵在於引進國巨電子的外來資金，並由國巨總經理陳泰銘兼任聲寶總經理，融入國巨講求「速度、效率、降低成本」的管理能力，再加上二項利基產品——多功能影音播放機(DVD player)和反馳變壓器(FBT)，前者已成為臺灣第一品牌，後者的產量則居世界第一。

(二)周處除三害：換腦

　　公司淪落到財務危機階段，最大的罪魁禍首其實是董事長，縱使在完全授權給總經理時，董事長的錯在於「無法知人善用於先」，又無法「陣前換將於當下」。

　　所以當更換總經理之後，如同周處除三害，最後一害就是他自己。董事長除己害的措施包括下列二點：

　　1.放手讓總經理去做：有些放不開的董事長還想「指導」、「指點」新總經理，其實這大可不必，縱使他以前沒幹過總經理，但「疑人勿用，用人勿疑」。

　　一個財務危機公司出問題的不僅是公司，而且還包括董事長，就跟急診室一樣，董事長縱然是外科權威，但在被急救時，應尊重急診室醫生的專業，自己乖乖的當個病人回答醫生的問題。可惜有此自知之明的董事長實在不多，難怪周處除三害這麼簡單的故事能流傳千古，重點在於要敢承認自己是一害，並且有勇氣除害。

　　新總經理的三把火難免會讓董事長顯得無能，但如果這時還不捨得放手讓總經理做，今天想要面子，明天連裡子都沒有了。

　　2.下罪己詔才能服眾：縱使貴為天子，當國家出現大災難，也往往必須下罪己

詔才能平民怨、熄眾怒。例如光緒26年滿清遭遇八國聯軍，慈禧太后也不得不以光緒名義下罪己詔。喜歡看《三國演義》的讀者當不會忘記，曹軍撤退行經麥田，曹操下令「不得踐踏麥禾，違者處斬」，偏偏曹操座騎發飆，踩壞不少麥子。曹操理應被處斬，謀臣獻計以鞭打官袍取代；保了命，但也丟臉了。

臺灣大企業家為公司未達目標而公開認錯的典範，應推宏碁電腦董事長施振榮。由於1989年至1991年獲利未達營業利益率15%的「保證理想目標」，尤有甚者，1991年時出現6億元的虧損。1992年1月，施振榮向董事會提辭呈，以示為當年的承諾負責。後經全體董事聯合簽署續請留任聲明，施振榮決定繼續留任。

1992年4月起，為了表示對北美洲營運虧損負責，施振榮主動要求減薪三成。

1993年5月，宏碁電腦被降為二類股，但因施振榮已率先表現出「知恥近乎勇」的豪氣，帶領宏碁再造，終於在1995年又升為一類股。

(三)光換頭還不夠，還得換手腳

立法委員王拓在1998年2月的一次電視座談會中指出，前教育部長吳京中箭下馬的原因之一，在於吳京跑太快，有些部屬或是相關部會甚至來不及穿鞋，為了怕跟不上，只好扯他後腿，例如批評他「缺乏團隊精神」、「愛作秀」。所以王拓建議「換大腦（部長）還不夠，還得換手腳。」

換手腳的作法有二種：

1.對於保守派重臣：宋朝王安石變法、清朝光緒皇帝的戊戌政變，很快就夭折，主因之一在於保守派重臣掣肘。

以一個公司來說，救火總經理上任，如果沒有完全的人事權，董事長的愛將、老臣仍佔據中高階管理者職位，那麼這樣形隻影單的總經理勢必會中途陣亡。讓克萊斯勒汽車公司反敗為勝的艾科卡，一上任便把二十七位副總裁裁撤二十四位，一方面降低人事成本，一方面也淘汰不適任或不願配合的人。康熙皇帝駕崩前，將四親王（即後來的雍正）、八親王、重要大臣（如張廷玉）皆罷官，主要是留給新皇帝用人的空間，拋棄人事包袱。

當保守派中高階管理者中有董事長的至親好友，總經理想對他們動刀時，這些人一定會向董事長告御狀，甚至先下手為強。稱職的董事長應當料得到會有這一天，

可依序採取下列措施：

(1)先門前清：為免新總經理難做人，董事長先下令解雇或把保守派重臣調到其他關係企業，這是上策。

(2)不袒護老臣：新總經理揮大刀，難免會遭眾怒，黑函、謠言、小報告滿天飛，其用意無非是讓董事長懸崖勒馬。這時董事長如果耳朵軟、心軟，還真的會上當，反而誤中奸人之計而錯殺忠良。出問題的公司這麼多，但像克萊斯勒公司這樣反敗為勝的公司卻很少，所以才能出書，公司救不活的主因以董事長壞事居多。

要是你有機會臨危受命，建議學學1996年3月接任福客多超商公司總經理的今野康裕，在聘用契約中載明「（董事會）委以一切人事、經營權力」，沒有這尚方寶劍、龍頭鍘，那麼改革不僅無法成功，而且自己的位子反而會被革掉，難怪「改革者」是個「高危險但不必然高報酬」的辛苦工作，有能力而願意做的人不多。

2.對於員工：對於暮氣沉沉的公司員工，只好透過企業文化重塑、創造公司變革的氣候，藉以去除阻礙公司變革的文化障礙(cultural barriers)。想離職的員工就讓他走，有能力卻沒心的員工對公司也不會全力付出。

至於要改變員工的典範，那可得循序漸進，不是一蹴可幾的。不過像中國石油公司董事長陳朝威，送《改造企業》一書給每位員工，想讓員工了解改革中油的必要性和方式（例如公司縮編、人員裁撤），光靠一本書還是不夠，溝通工作不怕嫌多。

三、切中時弊（對因下藥的「準」）

對因下藥才能病除，但是開源還是節流比較重要？在回答之前，先看下面二篇研究。

1.美國賓州大學教授艾維尼和麥克米利安(D'Aveni & MacMillian)在1990年，針對1972～1982年間，依公司規模、產品／市場環境，抽取五十七對美國失敗及成功公司加以研究，得到很明確的結論：

在需求下降危機來臨時，成功公司的管理者不同於失敗公司，比較注意產出環境(output environment)，而不是投入環境(input environment)；也就是注意關鍵成功因素，而最重要的關鍵成功因素皆跟產出（即市場需求）有關。

　　反之，失敗公司管理者則比較著重投入環境，也就是注意簡單的效率改善，例如尋找低成本的生產要素、設法改善內部資源的使用。另一方面，需求下降，衍生員工（重要經理）離職率高、股東或債權人（供應商）不滿等，管理者忙於救火，哪有空顧及環境掃描和改變策略等長期問題。

　　2.美國紐約大學金斯伯格(Ginsberg)和哥倫比亞大學阿布拉漢森(Abrahamson)二位企研所教授，1991年針對美國二十九家公司所作的研究，研究結果指出，公司針對適應環境所做的策略變革，最好引進企管顧問扮演改革者的角色，藉由建立經營者對環境的新展望而產生變革的壓力，進而尋求新的策略。

　　反之，受訪經理人員認為如果以高階管理團隊新成員來扮演改革者，角度可能比較對內，適合作為克服內部阻礙變革的力量。

　　由這二篇研究至少可放心的得到下列的推論：

　　·當公司需求下降不是來自產業衰退時，此時開源似更重於節流，因為市場還大有可為。

　　·善醫者不自醫，應適時引進企管顧問扮演改革者。當公司業績持續衰退時，一般的管理者通常會採取「撙節支出來因應」，可能是因為此法較熟稔，易於掌握，且有立竿見影之效。砲口不敢往外的理由，可能是因為長期營業受挫，已對自己失去信心。因此為了破除全球企業經營盲點，宜花小錢聘用適合的策略管理顧問公司以避免更大損失。為克服員工抗拒大幅改革，企業宜採取較強的象徵性行動，例如在關鍵性的領導職位上，拔擢或增聘新的高階執行主管，藉用人措施以治癒公司動脈硬化症(organizational arteriosclerosis)。

四、把握第一時間以免時不我予（節奏明「快」）

　　復甦管理是在救奄奄一息的公司，跟急診室一樣，動作節奏要快，否則往往僅差五分鐘，縱使再先進的醫療人員和設備也無用武之地。此外，你不想快，有二種人逼得你不得不快，必須分秒必爭的跟時間競賽！

　　1.債權人（含銀行）：債權人頂多願意接受半年後分期攤還本息，拖太久他們也會失去信心，而訴諸法律行動。

　　2.好員工：好員工如果覺得公司已藥石罔然，往往會先落跑。缺乏好員工的支

持，新總經理會做得很累，改革進度會延後。

復甦管理的時程安排大抵可分為三段，詳見表18-3。

表18-3　財務危機公司的復甦管理階段

階段 復甦方式	危機管理		正常管理
	急救	手術、加護病房	復原、復健期
一、主要目的	止血、救命、減少虧損	換血、治病損益兩平	培元固本再出發，累積盈餘以擴充營運
二、所需時間：「快」	零至二個月	第三至六個月	第七至二十四個月
三、方式：「準」 (一)核心活動 　1.研發 　2.生產 　3.行銷	 暫停新產品開發 關掉虧損部門、生產線、工廠 ・出清存貨求現 ・停售賠錢產品	 以提高品質為先 製程改善以降低成本 ・開發新客戶 ・開發新市場	 開發新產品
(二)支援活動 　1.財務「狠」 　2.人事「狠」 　3.資訊 　4.採購	 ・收入提前 ・負債展期 ・解雇（尤其是能力不足的人） ・降薪或暫發半薪 損益資料為先 以接受期票的供應商為先	 ・處置閒置資產變現 ・降低負債成本 ・換人、組成變革團隊、企業再造(如扁平化) ・採取薪資－績效連結制度 業務、生產資訊 接受期票供應商為先，低價供應商為輔	尋找新投資人開始分期償還舊債，培養新管理團隊，逐步重塑企業文化 其他資訊 降低成本為先

(一)急診室階段

在急救階段，目的是止血救命，所以耗時不會太久，財務危機公司急救最重要的第一步是止漏，新總經理必須很快找到漏洞，並且在二個月內完成止漏，例如停售賠錢產品、暫停長期的新產品研發、資遣冗員、減少辦公室面積。不流血的公司

變革是最高水準，但不應構成限制，該流的血還是要流。

(二)手術階段

手術才可以治病，例如延聘新人組成變革團隊等，手術階段的目標是使公司損益兩平，能夠靠自己力量生存下去。從新總經理接手後第六個月前最好就把這階段搞定。

(三)復原、復健階段

約在第七個月開始，公司便應該能脫離險境、離開加護病房，回到普通病房，開始復原、復健。這時不能再採取令員工膽戰心驚的危機管理，一切管理恢復正常。小公司出現財務危機約需一年就可復原，大公司的洞（負債空間）較大，所以最少可能需要二年才能竟其功。

五、太極圖中的陰和陽

復甦管理絕大部分必須仰賴第四章第五節所述公司重建方式，由於涉及過廣，本書重點主要在討論企業的生、長，如同太極圖中的白色圖案，隨著時間往右，白色部分越來越大，代表企業規模愈加成長，但難免在過程中盛極而衰，也就是黑色圖案開始逐漸變大，象徵企業面臨危機，依序需要重定位、企業再造、轉型，甚至在黑色最大處，則需要採取復甦管理。急救得宜，則否極泰來，又開始從白色圖案最小或中間處再出發。黑暗與白晝的交替，企業生命歷程又何嘗不是如此的循環著？只是前者是自然現象，後者主要繫於經營者的企圖、智慧和努力。

◆ 本章習題 ◆

1. 以一家公司為例，說明「諱疾避醫」的前因後果。

2. 知敗可以學習嗎？還是得碰個滿頭包才能體會呢？

3. 「讀史可以知興替」，但或許「就近取譬」比較有開門見山的效果，你的意見呢？

4. 請作表整理企業「老化」的原因，以一家公司為例。

5. 以表18-2為基礎，請作表整理企業「死亡」的過程，以一家公司為例（例如股票下市公司）。

6. 以一家公司為例，說明其早期警報系統，常見的是財務危機預警系統。

7. 宏碁集團在2000年11月起組織再造，出現換人或換腦的爭議，你的看法呢？事後來看，宏碁的作法對了嗎？

8. 將國巨電子陳泰銘重建聲寶公司的作法作成編年表，來跟表18-3比較。

9. 腦中風急救有所謂「黃金四小時」的說法，你認為這也適合財務危機公司的復甦管理嗎？

10. 請分析企業再造、企業重建跟復甦管理的關係。

參考文獻

1. 中文依出版時間先後次序排列。

2. 中文報紙的引用於內文內該段末以括弧方式註明出來。

3. 本書以1996年1月以後文獻為主。

4. 為了節省篇幅，論文的卷、期別不列，只列年月。

5. 有打*的論文，是我們推薦可做為碩士班上課的教材。

6. 本書經常引用的國外期刊及簡寫如下：

AMR：Academy of Management Review（《管理學會評論》）

HBR：Harvard Business Review（《哈佛商業評論》）

IBR：International Business Review（《國際企業評論》）

IJBPM：Int. J. Business Performance Management（《企業績效管理國際期刊》）

IJSM：International Journal of Strategic Management（《策略管理國際期刊》）

IJTM：Int. J. Technology Management（《技術管理國際期刊》）

ISM：Information Systems Management（《資訊系統管理期刊》）

JBS：Journal of Business Strategy（《事業策略期刊》）

JF：Journal of Finance（《財務期刊》）

JFE：Journal of Financial Economics（《財務經濟期刊》）

JFR：Journal of Financial Review（《財務評論期刊》）

JGM：Journal of General Management（《一般管理期刊》）

JIBS：Journal of International Business Studies（《國際企業研究期刊》）

LRP：Long Range Planning（《長期規劃期刊》）

MS：Management Science（《管理科學月刊》）

OB&HDP：Organizational Behavior and Human Decision Processes（《組織行為和人類決策程序月刊》）

PM：People Management（《員工管理》）

SMJ：Strategic Management Journal（《策略管理期刊》）

SMR：MIT Sloan Management Review（《史隆管理評論》）

SR&BS：Systems Research and Behavioral Science（《系統研究和行為科學月刊》）

7. 全書普遍參考的書籍如下：

　⑴ 鈕先鐘譯，李德‧哈特著，《戰爭論：間接路線》，麥田出版股份有限公司，1996年6月，初版。

　⑵ 黃營杉譯，《策略管理》，華泰書局，1996年12月，初版。

　⑶ Gray, Edward R. and Larry R. Smeltzer，《管理學──競爭優勢》，桂冠圖書股份有限公司，1997年2月，初版三刷。

　⑷ 鈕先鐘譯，薄富爾著，《戰爭緒論》，麥田出版股份有限公司，1997年5月，初版二刷。

　⑸ 吳思華，《策略九說》，麥田出版股份有限公司，1997年10月，初版五刷。

　⑹ 司徒達賢，《策略管理新論》，智勝文化事業公司，2000年10月。

　⑺ 湯明哲，《策略精論》，天下文化股份有限公司，2003年2月。

　⑻ David, Fred R., *Strategic Management*, Prentice-Hall, Inc., 1995.

　⑼ Grant, Robert M., *Contemporary Strategic Analysis, Concepts, Techniques, Applications*, 2 nd. Edition, Blackwell Business, 1995.

　⑽ Miller, Alex and Geogory G. Dess, *Strategic Management*, McGraw-Hill Book Co., 1996, 2 nd. Editions.

　⑾ Pearce, Jone A. and Richard B. Robinson, *Strategic Mangement─Formulation, Implementation, and Control*, Irwin, 1997, Sixth Edition.（這本書值得向您推薦。）

第一章　策略管理導論

第一節　策略管理的範圍

1. 林妍吟整理，「策略管理的教學與研究」，《中山管理評論》，1997年9月，第467~492頁。

2. 楊美齡譯，《管理浪潮下的迷思》，天下文化出版股份有限公司，1997年11月，一版。

3. 許勝雄，「危機管理──迎戰SARS利器」，《經濟日報》，2003年5月31日，第11版。

第二節　策略管理的時代功能——策略管理的重要性

1. 湯明哲,「策略管理的新思維」,《EMBA世界經理文摘》, 2001年11月, 第90~95頁。

2. 李芳齡,「未來企業的新議程」,《EMBA世界經理文摘》, 2001年12月, 第64~73頁。

3. Bauerschmide, Alan, "Research Notes and Communications", *SMJ*, 1996, pp.665~667.

4. Chaudhuri, Salkat and Behnam Tabrizi, "Capturing the Real Value in High-Tech Acquisitions", *HBR*, Sep./Oct. 1999, pp.123~132.

5. Hopkins, W.E. and S.A. Hopkin, "Strategic Planning–Financial Performance Relationships in Banks: A Causal Examination", *SMJ*, Sep. 1997, pp.635~652.

6. Shaw, Gordon etc., "Strategic Stories: How 3M is Rewriting Business Planning", *HBR*, May/June 1998, pp.41~54.

第三節　策略無用?——規劃與否的抉擇

1. 夏傳位,「網路新世界真的美麗?」,《天下雜誌》, 1999年9月1日, 第270~275頁。

2. 編者,「量身訂做你的規劃程序」,《EMBA世界經理文摘》, 1999年12月, 第124~131頁。

3. 吳怡靜譯,「波特談策略與網路」,《天下雜誌》, 2001年4月1日, 第184~192頁。

4. Campbell, Andrew, "Tailored, Not Benchmarked: A Fresh Look at Corporate Planning", *HBR*, March/April 1999, pp.41~51.

5. Eisenhardt, Kathleem M., "Has Strategy Changed?", *SMR*, winter 2002, pp.88~91.

6. Gaddis, Paul O., "Strategy Under Attack", *IJSM*, Feb. 1997, pp.38~45.

7. Inkpen, Andrew and Choudhury Nandan, "The Seeking of Strategy Where It Is Not: Towards A Theory of Strategy Absence", *SMJ*, 1995, pp.313~323.

8. Lowendahl, B. and O. Revang, "Challenges to Existing Strategy Theory in a Post Industrial Society", *SMJ*, Aug. 1998, pp.755~774.

9. Teece, D.J. etc., "Dynamic Capabilities and Strategic Management", *SMJ*, Aug. 1997, pp.509~534.

第四節　修正企業成功七要素——策略在成功因素中的地位

Finkelstein, S., "Interindustry Merger Patterns and Resource Dependence: A Replication and Extension of Pfeffer (1972)", *SMJ*, Nov. 1997, pp.787~810.

第五節 公司目標、使命宣言——兼論公司策略決定方式

1. 翁瑞鴻，「塑造企業永續經營的基石」，《震旦月刊》，1996年6月，第7~10頁。

2. 陳怡欣，「管理、環境、組織因子影響下策略規劃密度與財務績效之關連性——以金融業為例」，交通大學經營管理研究所碩士論文，1998年。

3. Baetz, Mark C. and Christopher K. Bart, "Developing Mission Statements Which Work", *IJSM*, Aug. 1996, pp.526~533.

4. Morris, Rebecca J., "Developing a Mission for a Diversified Company", *IJSM*, Feb. 1996, pp.103~115.

第二章 公司策略診斷

第一節 波士頓顧問公司模式（BCG Model）

Bergh, D.D., "Predicting Divestiture of Unrelated Acquisitions: An Integrative Model of Ex Ante Conditions", *SMJ*, Oct. 1997, pp.715~732.

第二節 實用BCG模式（一）——在策略管理上的運用

伍忠賢，「三效合一的策略規劃方法——舊瓶裝新酒的BCG」，《統領雜誌》，1991年11月，第70~72頁。

第三章 公司策略規劃第一步：成長方向——兼論企業轉型

第一節 公司成長的動機——兼論多角化的原因

1. 李明泰，「核心競爭力與企業多角化策略之研究」，中山大學企業管理研究所碩士論文，1995年。

2. 陳政峰，「從資源基礎理論觀點探討企業多角化策略之走向——以中鋼集團為例」，中山大學企業管理研究所碩士論文，1997年。

3. 張嘉健，「公司多角化策略與新事業吸收能力對新事業績效影響之研究——臺灣集團企業之實證研究」，銘傳大學國際企業管理研究所碩士論文，1998年。

*4. Rindova, Violina P. and Charles J. Fombrun, "Constructing Competitive Advantage: The Role of Firm—Constituent Interactions", *SMJ*, 1999, pp.691~710.

第二節 經營可行性分析——實用企業家經營能力量表

1. Burke, Lee and Jeanne M. Logsdon, "How Corporate Social Responsibility Pays Off",

IJSM, Aug. 1996, pp.495~502.

2. Busija, E.C. etc., "Diversification Strategy, Entry Mode, and Performance: Evidence of Choice and Constraints", *SMJ*, April 1997, pp.321~328.

3. Chiesa, Vittorio and Raffaella Manzini, "Competence-Based Diversification", *IJSM*, April 1997, pp.209~217.

4. Schrage, Michael, "Books in Review: Playing Around with Brainstorming", *SMR*, March 2001, pp.149~156.

5. Waddock, Sandra and Neil Smith, "Corporate Responsibility Audits: Doing Well by Doing Good", *SMR*, 2000, pp.75~84.

第三節　管理可能性分析——實用總經理、事業部主官管理能力量表

1. 陳悅雯，「資訊科技促成企業轉型之關鍵成功因素」，政治大學資訊管理學系碩士論文，1998年。

2. 林宛貞，「臺灣本土企業成長策略之關鍵因素探討」，東吳大學國際企業管理研究所碩士論文，1998年。

第四節　企業轉型

1. 蕭幼嵐，「高科技公司建立新事業的作法之個案研究」，政治大學科技管理研究所碩士論文，1997年6月。

2. 白景文，「小處著手引爆企業成功轉型」，《管理雜誌》，2001年8月，第98~100頁。

3. 曾慶基，「集團企業轉投資與新事業發展策略之研究——從傳統產業到科技事業」，雲林科技大學企業管理技術研究所碩士論文，1998年。

4. Gilmore, William S. and John C. Camillus, "Do Your Planning Processes Meet the Reality Test?", *IJSM*, Dec. 1996, pp.869~879.

5. Newman, Victor and Kazem Chaharbaghi, "Strategic Alliances in Fast-Moving Markets", *IJSM*, Dec. 1996, pp.850~856.

第五節　企業轉型何去何從

*1. Lorange, Peter, "Strategy at the Leading Edge—Interactive Strategies—Alliances and Partnerships", *IJSM*, Aug. 1996, pp.581~584.

2. Mills, Roger W. and Dordon Chen, "Evaluating International Joint Ventures Using

Strategic Value Analysis", *IJSM*, Aug. 1996, pp.552~561.

3. Spekman, Robert E. etc., "Creating Strategic Alliances Which Endure", *IJSM*, pp.346~357.

第四章　成長方向專論：少角化

第一節　過度多角化的結果

1. 林素儀，「我國集團企業多角化歷程之探討──以味全、統一集團為例」，中興大學企業管理研究所碩士論文，1996年6月。

2. 黃仲生，「多角化對公司價值影響之實證研究」，中山大學財務管理研究所碩士論文，1996年6月。

3. 莊景福，「集團企業之產業別與多角化策略對財務績效影響之探討」，成功大學會計學研究所碩士論文，1997年6月。

4. Berger, Philip and Eli Ofek, "Diversification's Effect on Firm Value", *JFE*, 1995, pp.39~65.

5. Goold, Michael and Andrew Campbell, "Desperately Seeking Snergy", *HBR*, Sep.–Oct.1998, pp.131~143.

6. Lane, P.J. etc., "Agency Problems as Antecedents to Unrelated Mergers and Diversification: Amihud and Lev Reconsidered", *SMJ*, June 1998, pp.555~578.

7. Markides, Constantinos C., "Shareholder Benefits from Corporate International Diversification: Evidence from U.S. International Acquisitions", *JIBS*, 1994, pp.343~366.

8. Merino, F. and D.R. Rodriguez, "A Consistent Analysis of Diversification Decisions with Non-Observable Firm Effects", *SMJ*, Oct. 1997, pp.733~744.

9. Osegowitsch, Thomas, "The Art and Science of Synergy: The Case of the Auto Industry", *Business Horizons*, March/April 2001, pp.17~24.

*10. Rajan, Raghuram etc., "The Cost of Diversity: The Diversification Discount and Inefficient Investment", *JF*, Feb. 2000, pp.35~80.

11. Servaes, Henri, "The Value of Diversification During the Conglomerate Merger Wave", *JF*, Sep. 1996, pp.1201~1223.

第二節　過度多角化引發負綜效解析

1. Webb, Jim and Chas Gile, "Reversing the Value Chain", *JBS*, March/April 2001, pp.13 ~17.

*2. Whited, Toni M., "Is it Inefficient Investment that Causes the Diversification Discount?", *JF*, Oct. 2001, pp.1667~1671.

第三節 診斷和預防過度多角化

Oijen, Aswin van and Sytse Douma, "Diversification Strategy and the Roles of the Centre", *IJSM*, Aug. 2000, pp.560~578.

第四節 如何處理過度多角化——兼論企業再造

1. 陳世國，「企業流程再造管理策略之研究」，臺灣大學資訊管理研究所碩士論文，1996年6月。

2. 林彩華，《改造企業 II——確保改造成功的指導原則》，牛頓出版股份有限公司，1996年10月，初版。

3. 施振榮，《再造宏碁》，天下文化股份有限公司，1997年7月，一版。

4. Khanna, Tarun and Krishna Palepu, "The Right Way to Restructure Conglomerates in Emerging Markets", *HBR*, July/Aug. 1999, pp.125~134.

5. Owen, Geoffrey and Trevor Harrison, "Why ICI Chose to Demerge", *HBR*, March/April 1995, pp.133~142.

第五節 企業重建

1. 王正勤，「企業再造『切割財團 活化經濟』」，《天下雜誌》，1999年10月1日，第62~68頁。

2. 甘文政，「中小企業面臨電子商務發展推行企業再造之研究」，長榮管理學院經營管理研究所碩士論文，2000年。

3. Bergh, D.D. and G.F. Holbein, "Assessment and Redirection of Longitudinal Analysis: Demonstration with a Study of the Diversification and Divestiture Relationship", *SMJ*, Aug. 1997, pp.557~572.

4. Dewitt, R.L., "Firm, Industry, and Strategy Influences on Choice of Downsizing Approach", *SMJ*, Jan. 1998, pp.59~80.

第五章　公司策略規劃第二步：成長方式

第一節　公司成長方式

Dyer, J.H., "Effective Interfirm Collaboration: How Firms Transaction Costs and Maximize Transaction Value", *SMJ*, Aug. 1997, pp.535~556.

第二節　策略聯盟

1. 苗豐強，《雙贏策略──苗豐強策略聯盟的故事》，天下文化出版股份有限公司，1997年6月，初版。

2. 陳俞君，楊素真譯，《透視策略聯盟》，遠流出版事業股份有限公司，1997年8月，初版。

3. 張美玲等，「策略聯盟理論基礎再探討──以台灣電子廠商為例」，《管理評論》，2002年4月，第1~26頁。

4. Barkema, Harry G., and Vermeulen Freek, "What Differences in the Cultural Backgrounds of Partners Are Detrimental for International Joint Ventures?", *JIBS*, 1997, pp.845~851.

5. Cadbury, Adrian, "The Future for Governance: The Rules of the Game", *JGM*, 1998, pp.1~14.

6. Chan, Su Han etc., "Do Strategic Alliances Create Value?", *JFE*, 1997, pp.199~221.

7. Combs, James G. and David J. Ketchen JR., "Explaining Interfirm Cooperation and Performance: Toward a Reconciliation of Predictions from the Resource-Based View and Organizational Economics", *SMJ*, 1999, pp.867~885.

8. Das, T.K. and Bing-Sheng Teng, "Sustaining Strategic Alliances: Options and Guidelines", *JGM*, 1997, pp.49~64.

9. Douma, Marc U. etc., "Strategic Alliances Managing the Dynamics of Fit", *IJSM*, Aug. 2000, pp.579~598.

10. Dyer, Jeffrey H., "How to Make Strategic Alliances Work", *SMJ*, summer 2001, pp.37~43.

11. Khanna, T. etc., "The Dynamics of Learning Alliances: Competition, Cooperation and Relative Scope", *SMJ*, March 1998, pp.193~210.

12. Rothaermel, F.T., "Incumbent's Advantage through Exploiting Complementary Assets Via Interfirm Cooperation", *SMJ*, June/July 2001, pp.687~700.

第三節　企業合併與收購

1. Mileham, Patrick, "Corporate Leadership—How Well Do Non-Executives Influence Boards?", *JGM*, 1995, pp.1~20.

2. O'Neal, Don and Howard Thomas, "Developing The Strategic Board", *IJSM*, June 1996, pp.314~327.

*3. Poppo, L. and T. Zenger, "Testing Alternative Theories of the Firm: Transaction Cost, Knowledge-Based and Measurement Explanations for Make-or-Buy Decisions in Information Services", *SMJ*, Sep. 1998, pp.853~878.

4. Servdes, Henry, "The Value of Diversification During the Conglomerate Merge Wave", *JF*, Sep. 1996, pp.1201~1224.

第四節　技術移轉

1. Brocklesby, John and Stephen Cummings, "Designing a Viable Organization Structure", *IJSM*, Feb. 1996, pp.49~57.

2. McMaster, Mike, "Foresight: Exploring the Structure of the Future", *IJSM*, April 1996, pp.149~155.

第五節　成長方式決策——兼論新設公司的策略定位

1. 謝俊怡，「組織分殖與資源再生策略之關聯——以電子資訊產業為例」，政治大學企業管理研究所碩士論文，1996年6月。

2. Hennart, J.F. and S. Reddy, "The Choice Between Mergers/Acquisitions and Joint Ventures: The Case of Japanese Investors in the United States", *SMJ*, Jan. 1997, pp.1~12.

*3. Roberts, Edward B. and Wenyun Kathy Liu, "Ally or Acquire?", *SMR*, Dec. 2001, pp.26~34.

4. Robinson, K.C. and P.P. Mcdougall, "Entry Barriers and New Venture Performance: A Comparison of Universal and Contingency Approaches", *SMJ*, June/July 2001, pp.659~686.

第六章　公司策略規劃第三步：成長速度──公司成長的風險管理

第三節　時間分散、停損點──成長速度的決策

*1. Churchill, Neil C. and John W. Mullins, "How Fast Can Your Company Afford to Grow?", *HBR*, May 2001, pp.135~143.

2. Kochhar, Rahul and Michael A. Hitt, "Linking Corporate Strategy to Capital Structure: Diversification Strategy, Type and Source of Financing", *SMJ*, 1998, pp.601~610.

3. Taylor, Peter and Julian Lowe, "A Note on Corporate Strategy and Capital Structure", *SMJ*, 1995, pp.411~414.

第四節　策略彈性──兼論風險理財

1. Buckley, Adrian, "Valuing Tactical and Strategic Flexibility", *JGM*, 1997, pp.74~91.

2. Goodstein, Jerry etc., "Professional Interests and Strategic Flexibility: A Political Perspective on Organizational Contracting", *SMJ*, 1996, pp.577~586.

3. Kren, Leslie and Paul Kimmel, "Capacity Management: How to Avoid Suboptimal Decisions", *The Journal of Corporate Accounting & Finance*, 2001, pp.55~59.

4. Markides, Constantinos C., "Diversification, Restructuring and Economic Performance", *SMJ*, 1995, pp.101~118.

5. Sanchez, Ron, "Strategic Flexibility in Product Competition", *SMJ*, 1995, pp.135~139.

6. Tang, Charles Y. and Surinder Tikoo, "Operational Flexibility and Market Valuation of Earnings", *SMJ*, 1999, pp.749~761.

7. Tufano, Peter, "How Financial Engineering Can Advance Corporate Strategy", *HBR*, Jan./Feb. 1996, pp.136~146.

第七章　決策心理學──克服能力、性格缺陷，提高策略品質

第一節　能力不足

1. 李永中，「集團企業資源配置一致性的多角化策略與財務績效關係之研究」，淡江大學國際貿易學系國際企業學碩士班碩士論文，1997年6月。

2. 劉界富，「國際企業子公司之策略性角色、人力資源策略、組織結構與組織績效之關係」，成功大學國際企業研究所碩士論文，1998年。

3. Abrashoff, D. Michael, "Different Voice Retention through Redemption", *SMR*, Feb.

2001, pp.136~142.

4. Oijen, Aswin van and Sytse Douma, "Diversification Strategy and the Roles of the Centre", *LRP*, 2000, pp.560~578.

5. Taggart, James H., "Autonomy and Procedural Justice: A Framework for Evaluating Subsidiary Strategy", *JIBS*, 1997, pp.51~55.

6. Zehnder, Egon, "First Person A Simpler Way to Pay", *SMR*, April 2001, pp.53~62.

第二節　功能固著——兼論反學習、策略創新

1. Farjoun, M. and L. Lai, "Similarity Judgments in Strategy Formulation: Role, Process and Implications", *SMJ*, April 1997, pp.225~274.

2. Gross, Sam etc.,"Strategic Humor Why Employees Stay", *SMR*, May 2001, pp.102~146.

3. Ruef, M., "Assessing Organizational Fitness on a Dynamic Landscape: An Empirical Test of the Relative Inertia Thesis", *SMJ*, Dec. 1997, pp.837~854.

4. Sherwood, Dennis, "The Unlearning Organisation", *Business Strategy Review*, 2000, pp.31~40.

第三節　缺乏遠見——兼論典範移轉

1. Sull, Donald N.，李田樹譯，「為什麼公司會變壞」，《EMBA世界經理文摘》，1999年10月，第28~61頁。

2. 李芳齡，「建立企業的二〇二〇遠見」，《EMBA 世界經理文摘》，2001年11月，第118~127頁。

3. Luehrman, Timothy A., "What's it Worth? A General Manager's Guide to Valuation", *HBR*, May/June 1997, pp.132~142.

4. Papadakis, V.M. etc., "Strategic Decision-Making Processes: The Role of Management and Context", *SMJ*, Feb. 1998, pp.115~148.

第四節　性格缺陷

1. Charan, Ram, "Conquering a Culture of Indecision", *HBR*, April 2001, pp.75~81.

2. Hodgkinson, G.P. etc., "Breaking the Frame: An Analysis of Strategic Cognition and Decision Making under Uncertainty", *SMJ*, Oct. 1999, pp.977~985.

第五節　資訊饜足、自尊心太強

1. 李田樹譯,「不確定時代如何制定策略」,《EMBA世界經理文摘》, 1997年, 第22~53頁。

2. Geletknycz, Marta A., "The Salience of 'Culture's Consequences': The Effects of Cultural Values on Top Executive Commitment to the Status Quo", *SMJ*, 1997, pp.615~634.

3. Schwab, Bernhard, "A Note on Ethics and Strategy: Do Good Ethics Always Make for Good Business?", *SMJ*, 1996, pp.499~500.

第六節　驕兵必敗

*1. 林佳蓉譯,「不要讓你的企業冥頑不靈」,《遠見雜誌》, 2000年4月1日, 第144~158頁。

*2. Amram, Martha and Nalin Kulatilaka, "Disciplined Decisions: Aligning Strategy with the Financial Markets", *HBR*, Jan./Feb. 1999, pp.95~109.

3. Brews, Peter J. and Michelle R. Hunt, "Learning to Plan and Planning to Learn: Resolving the Planning School/Learning School Debate", *SMJ*, 1999, pp.889~913.

4. Elenkov, Detelin S., "Strategic Uncertainty and Environmental Scanning: The Case for Institutional Influences on Scanning Behavior", *SMJ*, 1997, pp.287~302.

5. Farjoun, Moshe and Linda Lai, "Similarity Judgments in Strategy Formulation: Role, Process and Implications", *SMJ*, 1997, pp.255~273.

6. Iaquinto, Anthony L. and James W. Fredrickson, "Top Management Team Agreement about the Strategic Decision Process: A Test of Some of its Determinants and Consequences", *SMJ*, Jan. 1997, pp.63~75.

7. Kim, W. Chan and Renee Mauborgne, "Procedural Justice, Strategic Decision Making, and the Knowledge Economy", *SMJ*, 1998, pp.323~338.

8. Papadakis, Vassilis M. etc., "Strategic Decision-Making Processes: The Role of Management and Context", *SMJ*, 1998, pp.115~147.

9. West, JR., Clifford T. and Charles R. Schwenk, "Top Management Team Strategic Consensus, Demographic Homogeneity and Firm Performance: A Report of Resound-

ing Nonfindings", *SMJ*, 1996, pp.571~576.

第八章　公司治理——塑造廉能董事會

第一節　塑造廉能董事會快易通

1. Carpenter, M.A. and B.R. Golden, "Perceived Managerial Discretion: A Study of Cause and Effect", *SMJ*, March 1997, pp.187~206.

2. Luehrman, Timothy A., "Using APV: A Better Tool for Valuing Operations", *HBR*, May/June 1997, pp.145~155.

3. McMillan, Keith and Steve Downing, "Governance and Performance: Good Will Hunting", *JGM*, 1999, pp.11~21.

第二節　公司治理

1. 李幸紋，「公司控制型態、董事會類型與公司經營績效關係之研究」，中央大學企業管理研究所碩士論文，1994年6月。

2. 侍台誠，「董事會特性中家族因素與經營績效之實證研究——兼論法人董事的影響」，臺灣大學會計學研究所碩士論文，1994年6月。

3. 謝文馨、蘇裕惠，「從美國COSO檢討報告檢視我們之董監制度與盈餘管理」，《會計研究月刊》，1999年10月，第112~115頁。

4. 王健全，「臺灣的公司管控問題及其因應對策」，《經濟前瞻》，1999年11月5日，第62~68頁。

5. 柯承恩，「我們公司監理體系之問題與改進建議(上)(下)」，《會計研究月刊》，2000年4月，第75~81、78~83頁。

6. Brook, Yaron etc., "Corporate Governance and Recent Consolidation in the Banking Industry", *Journal of Corporate Finance*, 2000, pp.141~164.

*7. Dalton, D.R. etc., "Meta-Analytic Reviews of Board Composition, Leadership Structure, and Financial Performance", *SMJ*, March 1998, pp.269~290.

8. Folta, T.B., "Governance and Uncertainty: The Tradeoff Between Administrative Control and Commitment", *SMJ*, Nov. 1998, pp.1007~1028.

9. Gedajiovic, E.R. and H. Shapior, "Management and Ownership Effects: Evidence from Five Countries", *SMJ*, June 1998, pp.533~554.

10. Knight, D. etc., "Top Management Term Diversity, Group Process and Strategic Consensus", *SMJ*, May 1999, pp.445~466.

第三節　外部董事

1. 林峰成，「臺灣上市公司高階主管酬勞、公司績效與控制權型態之關聯性實證研究」，中正大學會計學研究所碩士論文，1996年6月。

2. Hamel，Gary，李田樹譯，「策略革命，革命策略」，《EMBA世界經理文摘》，1996年8月，第22~50頁。

3. Kaplan, Steven N. and Bernadette A. Minton, "Appointments of Outsiders to Japanese Boards Determinants and Implications for Managers", *JFE*, 1996, pp.225~258.

4. Mileham, Patrick, "Boardroom Leadership: Do Small and Medium Companies Need Non-Executive Directors?", *JGM*, 1996, pp.14~27.

第四節　守門員：監察人

Metcalfe, Michael and Jack Horrocks, "Looking Back at Forecasting", *JGM*, 1995, pp.62~70.

第五節　高薪厚祿以止貪——如何設計董事、高階管理者的薪資

1. Bowman, Cliff and Andrew Kakabadse, "Top Management Ownership of the Strategy Problem", *IJSM*, April 1997, pp.197~208.

2. Conyon, M.J. etc., "Corporate, Tournaments and Executive Compensation: Evidence From the U.K.", *SMJ*, Aug. 2001, pp.805~816.

3. Dess, G.G. etc., "Entrepreneurial Strategy Making and Firm Performance: Tests of Contingency and Configurational Models", *SMJ*, Oct. 1997, pp.667~696.

4. Laing, David and Charlie Weir, "The Determination of Top Executive Pay: Importance of Human Capital Factors", *JGM*, 1998, pp.51~62.

5. Lipper, Robert L. and William T. Moore, "Compensation Contracts of Chief Executive Officers: Determinants of Pay-Performance Sensitivity", *JFR*, 1994, pp.321~332.

*6. Morgan, Angela G. and Annette B. Poulsen, "Linking Pay to Performance—Compensation Proposals in the S&P 500", *JFE*, 2001, pp.489~523.

7. Rajagopalan, N., "Strategic Orientations, Incentive Plan Adoptions and Firm Perform-

ance: Evidence form Electric Utility Firms", *SMJ*, Nov. 1997, pp.761~786.

8. Rappaport, Alfred, "New Thinking on How to Link Executive Pay with Performance", *HBR*, March/April 1999, pp.91~105.

第六節　自我約束的文化控制

Schooley, Diane K. and L. Dwayne Darney Jr., "Uising Dividend Policy and Owner-ship to Reduce Agency Costs", *JFR*, 1994, pp.363~373.

第七節　提高董事會效能

*Rindova, V.P. and C.J. Fombrun, "Constructing Competitive Advantage: The Role of Firm-Constituent Interactions", *SMJ*, Aug. 1999, pp.691~710.

第九章　組織設計
第一節　制定策略的組織設計

1. 楊美齡譯，《組織遊戲》，天下文化股份有限公司，1997年2月，一版。

2. 趙俊銘，「臺灣地區集團企業總部組織功能之研究」，成功大學企業管理研究所碩士論文，1997年6月。

3. Pernsteiner, Bennett etc.，李田樹譯，「策略成功的關鍵在執行」，《EMBA世界經理文摘》，2001年5月，第82~99頁。

4. 陳渭淳，「剖析家族董事的結構特性」，《實用稅務》，2001年10月，第64~69頁。

5. Leavy, Brian, "Organization and Competitiveness—Towards a New Perspective", *JGM*, 1999, pp.33~52.

第二節　不同企業發展階段下的董事會角色——董事長制vs.總經理制

1. Geletkanycz, M.A. etc., "The Strategic Value of CEO External Directorate Networks: Implications for CEO Compensation", *SMJ*, Sep. 2001, pp.889~906.

2. Wetlaufer, Suzy, "Driving Change: An Interview with Ford Motor Company's Jacques Nasser", *HBR*, March/April 1999, pp.76~82.

第三節　策略幕僚和組織設計：協調機制——建立公司、事業部的參謀本部

Lloyd, Bruce, "Strategy at the Leading Edge—Knowledge Management—the Key to Long-Term Organizational Success", *IJSM*, Aug. 1996, pp.576~580.

第十章　事業策略分析——策略方向

第二節　實用SWOT分析

1. Elenkov, D.S., "Strategic Uncertainty and Environmental Scanning: The Case for Institutional Influences on Scanning Behavior", *SMJ*, April 1997, pp.287~302.

2. Ingram, P. and J.A.C. Baum, "Opportunity and Constraint: Organizations' Learning from the Operating and Competitive Experience of Industries", *SMJ*, 1997, pp.75~98.

第三節　經營環境預測——預見趨勢才能競爭未來

1. Brooks, Geoffrey R., "Defining Market Boundaries", *SMJ*, 1995, pp.535~549.

*2. Fordham, David R., "Forecasting Technology Trends", *Strategic Finance*, Sep. 2001, pp.50~54.

3. Morrison, Maegan and Mike Metcalfe, "Is Forecasting a Waste of Time?", *JGM*, 1996, pp.28~34.

4. Raimond, Paul, "Two Styles of Foresight: Are We Predicting the Future or Inventing It?", *IJSM*, April 1996, pp.208~214.

5. Robinson, G.W., "Technology Foresight—The Future for It", *IJSM*, April 1996, pp.232~238.

6. Sutaliffe, K.M. and A. Zaheer, "Uncertainty in the Transaction Environment: An Empirical Test", *SMJ*, Jan. 1998, pp.1~24.

7. Volberda, Hank, "Building Flexible Organizations for Fast-Moving Markets", *IJSM*, April 1997, pp.169~183.

第四節　策略群組

1. 蕭志富，「策略群組間績效差異之研究——以臺灣地區綜合證券商為例」，淡江大學國際貿易學系碩士論文，1998年。

2. 巫清長，「國內新民營商業銀行策略群組、組織結構與績效關係之研究」，臺灣大學商學研究所碩士論文，1999年。

3. Dranove, David etc., "Do Strategic Groups Exist? An Economic Framework for Analysis", *SMJ*, 1998, pp.1029~1044.

4. Gadiesh, Orit and James L. Gilbert, "How to Map Your Industry's Profit Pool", *HBR*,

May/June 1998, pp.149~162.

5. Gadiesh, Orit and James L. Gilbert, "Profit Pools: A Fresh Look at Strategy", *HBR*, May/June 1998, pp.139~147.

6. Houthoofd, Noel and Aime Heene, "Strategic Groups as Subsets of Strategic Scope Groups in the Belgian Brewing Industry", *SMJ*, 1997, pp.653~666.

7. Makadok, R., "Interfirm Differences in Scale Economies and the Evolution of Market Shares", *SMJ*, Oct. 1999, pp.935~952.

8. Nath, D. and T.S. Gruca, "Convergence Across Alternative Methods for Forming Strategic Groups", *SMJ*, Oct. 1997, pp.745~760.

9. Osborne, J.D. etc., "Strategic Groups and Competitive Enactment: A Study of Dynamic Relationships between Mental Models and Performance", *SMJ*, May 2001, pp.435~454.

10. Peteraf, M. and M. Shanley, "Getting to Know You: A Theory of Strategic Group Identity", *SMJ*, 1997, pp.165~186.

11. Peteraf, M. etc., "Do Strategic Groups Exist? An Economic Framework for Analysis", *SMJ*, Nov. 1998, pp.1029~1044.

12. Smith, K.G. etc., "Strategic Groups and Rivalrous Firm Behavior: Towards a Reconciliation", *SMJ*, Feb. 1997, pp.149~158.

第五節　標竿學習——兼論管理會計

1. 黃俊明，「我國中小企業實施標竿制度之研究——以紡織業為例」，臺灣工業技術學院管理技術研究所碩士論文，1996年6月。

2. 呂錦珍譯，《標竿學習——向企業典範借鏡》，天下文化股份有限公司，1996年9月，初版。

3. 施懿玲，「組織間學習行為與制度同形現象之研究」，政治大學企業管理系碩士論文，2000年7月。

4. 洪震宇，「誰掌握開啟未來的鑰匙」，《天下雜誌》，2000年10月，第132~140頁。

5. 劉小梅、劉鴻基譯，Linsu Kim著，《模仿是為了創新》，遠流出版股份有限公司，2000年11月。

6. American Productivity & Quality Center, Knowledge Management: Consortium Benchmarking Study: Final Report, American Productivity & Quality Center, 1996.

7. Cohen, Steve and Joan Jurkovic, "Learning From a Masterpiece", T&D, Nov. 1997, pp.66~69.

8. Connors, Roger and Tom Smith, "Benchmarking Cultural Transition", *JBS*, May/June 2000, pp.10~12.

9. Cox, Andrew and Ian Thompson, "On the Appropriateness of Benchmarking", *JGM*, 1998, pp.1~20.

10. Davies, Amanda Jane and Kumar Kochhar Ashok, "Why British Companies Don't Do Effective Benchmarking", *ISM*, Oct.1999, pp.26~32.

11. Gould, Des, "Developing Directors through Personal Coaching", *IJSM*, Feb. 1997, pp.29~37.

12. Hubbard, R. etc., "Replication in Strategic Management: Scientific Testing for Validity, Generalizability, and Usefulness", *SMJ*, March 1998, pp.243~254.

*13. Rivkin, Jan W., "Imitation of Complex Strategies", *MS*, June 2000, pp.824~826.

14. Selander, Jeffrey P. and Kelvin F. Cross, "Process Redesign: Is It Worth?", *Management Accounting*, Jan. 1999, pp.40~44.

15. Thor, Carl G. and Joyce R. Jarrett, "Benchmarking and Reengineering: Alternatives of Partners? ", *IJTM*, 1999, pp.786~796.

16. Waldroop, James and Butler Timothy, "The Executive as Coach", *HBR*, Nov./Dec. 1996, pp.111~119.

第六節　關鍵成功因素

1. 伍忠賢,「綜合零售業制勝策略」,《經濟日報》, 1997年12月3日, 第28版。

2. 譚策方,「產業關鍵成功因素與核心競爭力之研究——以臺灣人造長纖織布業為例」, 中興大學企業管理研究所碩士論文, 1997年6月。

3. 李文哲,「臺灣製造業經營環境、經營策略、關鍵成功因素與廠商研發行為相關性之研究」, 中央大學企業管理研究所碩士論文, 1998年。

4. 曾雪卿,「提升我國積體電路產業競爭優勢之關鍵因素」, 成功大學企業管理學系

碩士論文，1998年。

5. 陳南州，「臺灣西藥經營成功關鍵因素之探討」，中興大學企業管理學系碩士論文，1998年。

6. 權福生，「臺灣電腦網路產業關鍵成功因素與核心競爭力研究」，大葉大學事業經營研究所碩士論文，1998年。

第七節 從損益表出發的事業診斷

1. 謝國松，「協助企業建立長期競爭優勢，策略性管理會計簡介——管理會計與企業策略的結合」，《會計研究月刊》，1992年1月，第18~20頁。

2. Alexander, Marcus and David Young, "Outsourcing: Where's the Value?", *IJSM*, Oct. 1996, pp.728~730.

3. Alexander, Marcus and David Young, "Strategic Outsourcing", *IJSM*, Feb. 1996, pp.116~119.

4. Hubbard, Raymond etc., "Replication in Strategic Management: Scientific Testing for Validity, Generalizability, and Usefulness", *SMJ*, 1998, pp.243~254.

第十一章 事業策略規劃（一）：成長方向

第一節 何謂資源——資源基礎理論

1. 吳迎春，「什麼是競爭力?」，《天下雜誌》，1993年11月15日，第62~65頁。

2. Coyne, Kevin P. etc., 李田樹譯，「你的核心能力是個幻象嗎?」，《EMBA世界經理文摘》，1997年9月，第22~45頁。

3. 賴勇成，「知覺環境不確定性，進入策略與技術策略配合類型對經營績效影響之研究——中國大陸之跨國高科技廠商資源基礎觀點分析」，中原大學企業管理學系碩士論文，1998年。

4. 吳怡靜譯，「創新，來自地方特色」，《天下雜誌》，2001年9月1日，第128~135頁。

5. Day, George S. and Ronbin Wensley, "Assessing Advantage: A Framework for Diagnosing Competitive Superiority", *Journal of Marketing*, April 1998, pp.1~20.

6. Mosakowski, E., "Managerial Prescriptions Under the Resource-Based View of Strategy: The Example of Motivational Techniques", *SMJ*, Dec. 1998, pp.1169~1182.

7. Spanos, Y.E. and S.M. Lioukas, "An Examination into the Causal Logic of Rent Gen-

eration: Contrasting Porter's Competitive Strategy Framework and the Resource-Based Perspective", *SMJ*, Oct. 2001, pp.907~934.

8. Stabell, Charles B. and Oystein Fjeldstad, "Configuring Value for Competitive Advantage: On Chain, Shops, and Networks", *SMJ*, 1998, pp.413~437.

9. Weihrich, Heinz, "Analyzing the Competitive Advantages and Disadvantages of Germany with the TOWS Matrix—An Alternative to Porter's Model", *European Business Review*, 1999, pp.9~12.

第二節　優劣勢分析——兼論臺灣、大陸的電子業優劣勢

1. 戴孜芳,「從資源基礎理論探討核心資源特性與進入模式之關聯——以臺灣電子管及半導體廠商為例」, 大同大學事業經營學系碩士論文, 1996年。

2. 林錫金,「電子商務業者之資源優勢、策略優勢與績效優勢關係之研究」, 臺灣大學商學研究所碩士論文, 1996年。

3. 鄭榮郎, 郭倉義,「六個希格瑪建構企業競爭優勢」,《管理雜誌》, 2001年8月, 第78~80頁。

4. Cannon, Tom,《大突破——二十個劃時代的商業決策》, 遠流出版事業股份有限公司, 2002年1月。

*5. Goleman, Daniel, "What Makes a Leader?", *HBR*, Nov./Dec. 1998, pp.92~105.

6. Hutchiinson, Colin, "Integrating Environment Policy with Business Strategy", *IJSM*, Feb. 1996, pp.11~23.

7. Mcevily, Bill and Akbar Zaheer, "Bridging Ties: A Source of Firm Heterogeneity in Competitive Capabilities", *SMJ*, 1999, pp.1133~1156.

8. Oliver, C., "Sustainable Competitive Advantage: Combining Institutional and Resource-Based Views", *SMJ*, Oct. 1997, pp.697~714.

9. Powell, T.C., "Competitive Advantage: Logical and Philosophical Considerations", *SMJ*, Sep. 2001, pp.875~888.

10. Yeoh, Poh-Lin and Kendall Roth, "An Empirical Analysis of Sustained Advantage in the U.S. Pharmaceutical Industry: Impact of Firm Resources and Capabilities", *SMJ*, 1999, pp.637~653.

第三節 活用資源建立競爭優勢

1. 鐘大豐，「從資源基礎理論的觀點探討資訊科技與持續性競爭優勢的關係」，雲林科技大學資訊管理研究所碩士論文，1998年。

2. 蔡岱伶，「從資源基礎觀點探討企業集團多角化策略之研究──以宏碁集團為例」，銘傳大學管理科學研究所碩士論文，1998年。

3. Bhattacherjee, Anol and Rudy Hirschheim, "IT and Organization Change: Lessons From Client/Server Technology Implementation", *JGM*, 1997, pp.31~46.

4. Brush, Candida G. etc., "From Initial Idea to Unique Advantage: The Entrepreneurial Challenge of Constructing a Resource Base", *Academy of Management Executive*, 2001, pp.64~78.

5. Burgelman, Robert A. and Yves L. Doz, "The Power of Strategic Integration", *SMR*, 2001, pp.28~38.

6. Chan, Ricky Yee-Kwong and Y.H. Wong, "Bank Generic Strategies: Does Porter's Theory Apply in an International Banking Center", *IBR*, 1999, pp.561~590.

7. Christensen, Clayton M., "The Past and Future of Competitive Advantage", *SMR*, 2001, pp.105~109.

8. Gupta, A.K. etc., "Feedback-Seeking Behavior within Muktinational Corporations", *SMJ*, March 1999, pp.205~222.

9. Heifetz, Ronald A. and Donald L. Laurie, "The Work of Leadership", *HBR*, Jan./Feb. 1997, pp.124~134.

10. Majumdar, S.K, "On the Utilization of Resources: Perspectives from the U.S. Telecommunications Industry", *SMJ*, Sep. 1998, pp.809~832.

11. Makadok, R., "Toward a Synthesis of the Resource-Based and Dynamic-Capability Views of Rent Creation", *SMJ*, May 2001, pp.387~402.

12. Marcus, A. and D. Geffen, "The Dialectics of Competency Acquisition: Pollution Prevention in Electric Generation", *MJ*, Dec. 1998, pp.1145~1168.

13. Mauri, Alfredo J. and Max P. Michaels, "Firm and Industry Effects within Strategic Management: An Empirical Examination", *SMJ*, 1998, pp.211~219.

14. Mcgrath, Rita Gunther, etc., "Defining and Developing Competence: A Strategic Process Paradigm", *SMJ*, 1995, pp.251~275.

15. Priem, Richard L. and John E. Butler, "Is the Resource-Based 'View' a Useful Perspective for Strategic Management Research?", *AMR*, 2001, pp.22~40.

16. Wernerfelt, Birger, "The Resource-Based View of the Firm: Ten Years After", *SMJ*, 1995, pp.171~174.

17. Yeoh, Poh-Lin and Kendall Roth, "An Empirical Analysis of Sustained Advantage in the U.S. Pharmaceutical Industry: Impact of Firm Resources and Capabilities", *SMJ*, 1999, pp.637~653.

第四節　資源整合——*以知識整合為例，兼論策略整合*

1. 林淳一，「建立知識管理資料庫以提昇企業競爭力之研究」，大葉大學事業經營研究所碩士論文，1998年。

2. Ahmed, Pervaiz etc., "Integrated Flexibility—Key to Competition in a Turbulent Environment", Aug. 1996, pp.562~571.

3. Birkinshaw, J. etc., "Building Firm-Specific Advantages in Multinational Corporations: The Role of Subsidiary Initiative", *SMJ*, March 1998, pp.221~242.

4. Boyd, Brian K. and Elke Reuning–Elliott, "A Measurement Model of Strategic Planning", *SMJ*, 1998, pp.181~192.

5. Burgelman, Robert A. and Yves L. Doz, "The Power of Strategic Integration", *SMJ*, spring 2001, pp.28~38.

6. Lengnick-Hall, Cynthia A. and James A. Wolff, "Similarities and Contradictions in the Core Logic of Three Strategy Research Streams", *SMJ*, 1999, pp.1109~1132.

第五節　策略資訊系統在策略管理的地位——*兼論全球運籌管理*

1. 林政憲，「EMS專業電子代工廠」，《中國信託》，2001年5月，第17~23頁。

2. Powell, T.C. and A. Dent-Micallef, "Information Technology as Competitive Advantage: The Role of Human, Business, and Technology Resources", *SMJ*, May 1997, pp.375~406.

第六節　資源的維護

1. 徐村和，「動態資源基礎觀點之模糊策略選取模式——以不銹鋼產業為例」，《管理學報》，2002年10月，第843~871頁。

第十二章　事業策略規劃（二）：成長方式與速度

第一節　產品生命週期各階段作為

廖文森，「進入障礙、公司特質與進入策略、競爭策略關係之研究——以臺灣地區先進汽車電子零組件廠商為例」，政治大學企業管理學系碩士論文，1995年。

第二節　不同市場角色下的事業策略

1. Brocklesby, Anthony E. and Aidan R. Vining, "Defining Your Business Using Product –Customer Matrices", *IJSM*, Feb. 1996, pp.38~48.

2. Campbell, Andrew, "Reviewing Portfolio Strategy", *IJSM*, Dec. 1996, pp.892~894.

3. Dawar, Niraj and Tony Frost, "Competing with Giants Survival Strategies for Local Companies in Emerging Markets", *HBR*, March/April 1999, pp.119~129.

4. Deephouse, D.L., "To Be Different, or To Be the Same? It's a Question (and Theory) of Strategic Balance", *SMJ*, Feb. 1999, pp.147~166.

5. From the Editor, "Can We Talk?", *SMR*, April 2001, pp.12~21.

6. Sharma, A., "Mode of Entry and Ex-Post Performance", *SMJ*, Sep. 1998, pp.879~900.

第三節　不同技術能力下的事業策略

1. 陳昌墉，「不同產業技術特性與競爭策略之研究」，成功大學企業管理學系碩士論文，1998年。

2. Jose, P.D., "Corporate Strategy and the Environment: A Portfolio Approach", *IJSM*, Aug. 1996, pp.462~472.

3. Reichheld, Frederich F., "Lead for Loyalty", *SMR*, July/Aug. 2001, pp.76~85.

第四節　進入市場時機的掌握——先發制人策略

1. 編輯部，「毫秒必爭　和時間賽跑的時代」，《天下雜誌》，2000年8月1日，第286~287頁。

2. Lieberman, Marvin B. and David B. Montgomery, "First-Mover (Dis)Advantages: Retrospective and Link with the Resource-Based View", *SMJ*, 1998, pp.1111~1125.

3. Makadok, Richard, "Can First-Mover and Early-Mover Advantages Be Sustained in an

Industry with Low Barriers to Entry/Imitation?", *SMJ*, 1998, pp.683~696.

4. Song, X. Michael etc., "Pioneering Advantages in Manufacturing and Service Industries: Empirical Evidence From Nine Countries", *SMJ*, 1999, pp.811~836.

5. Stacey, Ralph, "Emerging Strategies for a Chaotic Environment", *IJSM*, April 1996, pp.182~189.

第五節　時基策略適用時機

1. 鐘漢清譯，《加速度組織》，美商麥格羅‧希爾國際股份有限公司，1997年6月，初版。

2. 伍忠賢，「第五章　利用同步工程搶時間」，《以快取勝──企業時間管理》，業強出版社，1997年12月。

3. 楊瑪利，「速度，仍是最大關卡」，《天下雜誌》，2000年7月1日，第106~107頁。

4. Schoenecker, Timothy S. and Arnold C. Cooper, "The Pole of Firm Resources and Organizational Attributes in Determining Entry Timing: A Cross-Industry Study", *SMJ*, 1998, pp.1127~1143.

5. Shankar, etc., "Late Mover Advantage: How Innovative Late Entrants Outsell Pioneers", *Journal of Marketing Research*, Feb. 1998, pp.54~70.

6. Vanderwerf, Pieter A. and John F. Mahon, "Meta-Analysis of the Impact of Research Methods on Findings of First-Mover Advantage", *MS*, Nov. 1997, pp.1510~1517.

第六節　國際化策略和進入市場模式

1. 江俊庸，「國際市場進入策略與經濟績效關係之研究──核心競爭力基礎觀點之實證」，中原大學企業管理研究所碩士論文，1996年6月。

2. 黃仲豪，「臺商國際化策略與進入模式互動之研究」，政治大學企業管理系碩士論文，1997年6月。

3. 康信鴻，邱麗娟，「影響國際投資進入模式之實證研究：以臺灣石化業為例」，《管理評論》，1997年7月，第139~180頁。

4. 吳青松，「第七章　國際企業組織與協調機制」、「第九章　國際市場進入策略」，《國際企業管理》，智勝文化事業股份有限公司，1997年8月，初版三刷。

5. Chang, S.-J. and P. M. Rosenzweig, "The Choice of Entry Mode in Sequential Foreign

Direct Investment", *SMJ*, Aug. 2001, pp.747~776.

6. Madhok, A., "Cost, Value and Foreign Market Entry Mode: The Transaction and the Firm", *SMJ*, Jan. 1997, pp.39~62.

7. Taggart, James H., "Strategy Shifts in MNC Subsidiaries", *SMJ*, 1998, pp.663~681.

8. Tse, David K. etc., "How MNCs Choose Enter Modes and Form Alliances: The China Experience", *JIBS*, 1997, pp.779~806.

9. Tse, David K. etc., "The Impact of Order and Mode of Market Enter on Profitability and Market Share", *JIBS*, 1999, pp.81~104.

第十三章 事業策略決策──策略構想與營運計畫

1. Bonn, Ingrid and Chris Christodoulou, "From Strategic Planning to Strategic Management", *IJSM*, Aug. 1996, pp.543~551.

2. Whittington, Richard, "Strategy at the Leading Edge-Strategy as Practice", *IJSM*, Oct. 1996, pp.731~735.

第一節 波特的事業層級策略（修正版）──實用劃法

1. 周旭華譯，麥克・波特著，《競爭策略》，天下遠見出版股份有限公司，1998年8月，一版。

2. Kim, W. Chan and Renee Mauborgne,，李田樹譯，「找出有潛力的事業構想」，《EMBA世界經理文摘》，2000年11月，第30~50頁。

3. Hammonds, Keith H., 楊琇閔譯，「大師波特談策略」，《EMBA世界經理文摘》，2001年3月，第60~69頁。

*4. Campbell-Hunt, Colin, "What Have We Learned about Generic Competitive Strategy? A Meta-Analysis", *SMJ*, 2000, pp.127~154.

5. DeSarbo, W.S. etc., "Customer Value Analysis in a Heterogeneous Market", *SMJ*, Sep. 2001, pp.845~858.

6. Kotha, Suresh and Bhatt L. Ladlamani, "Assessing Generic Strategies: An Empirical Investigation of Two Competing Typologies in Discrete Manufacturing Industries", *SMJ*, 1995, pp.75~83.

7. Senge, Peter M. and Goran Carstedt, "Innovating Our Way to the Next Industrial Revo-

lution", *SMR*, 2001, pp.24~38.

第二節　消費者策略——建立顧客導向的企業

1. 翁景民,「市場導向之策略管理」,《臺灣土地金融季刊》, 1996年9月, 第1~11頁。

2. Geroski, Paul, 李田樹譯,「Sorry, 我把市場變大了」,《EMBA世界經理文摘》, 1999年3月, 第26~49頁。

3. 編輯部,「戴爾如何創造電腦傳奇」,《EMBA世界經理文摘》, 1999年6月, 第74~81頁。

4. 編者,「家庭倉庫的革命策略」,《EMBA世界經理文摘》, 1999年8月, 第66~71頁。

5. 編者,「二十世紀最偉大的策略家」,《EMBA世界經理文摘》, 1999年12月, 第146~155頁。

6. 編者,「打造夢幻產品的七大步驟」,《EMBA世界經理文摘》, 2001年1月, 第60~63頁。

7. 林建基,「高附加價值產品策略」,《管理雜誌》, 2001年7月, 第138~141頁。

8. 維吉尼亞‧帕斯楚,《未來大贏家——如何在動靜之間求勝》, 時報出版股份有限公司, 2002年1月。

9. Boulton, Richard E.S. etc., "A Business Model for the New Economy", *JBS*, July/Aug. 2000, pp.29~35.

10. Drucker, Peter F., "The Discipline of Innovation", *HBR*, Nov./Dec. 1998, pp.149~158.

11. Eisenhardt, Kathleen M. and Donald N. Sull, "Strategy as Simple Rules", *HBR*, Jan. 2001, pp.107~116.

12. Higgins, James M., "Innovate or Evaporate: Creative Techniques for Strategists", *IJSM*, June 1996, pp370~380.

13. Hult, G.T.M. and D.J. Ketchen Jr., "Does Market Orientation Matter?: A Test of the Relationship between Positional Advantage and Performance", *SMJ*, Sep. 2001, pp.899~906.

第三節　多效合一的策略規劃方法——兼論司徒達賢教授的策略矩陣分析法

Lorenzoni, G. and Lipparini, A., "The Leveraging of Interfirm Relationships as a Distinctive Organizational Capability: A Longitudinal Study", *SMJ*, April 1999, pp.317~338.

第四節　事業策略規劃運用實例（一）——兼論營運計畫書

1. Dean, Thomas J. etc., "Differences in Large and Small Firm Responses to Environmental Context: Strategic Implications from a Comparative Analysis of Business Formations", *SMJ*, 1998, pp.709~728.

2. Godet, Michel and Fabrice Roubelat, "Creating the Future: The Use and Misuse of Scenarios", *IJSM*, April 1996, pp.164~171.

3. Moyer, Kathy, "Scenario Planning at British Airways—A Case Study", *IJSM*, April 1996, pp.172~181.

第五節　事業策略規劃運用實例（二）——兼論年度預算

Tampoe, Mahen and Bernard Taylor, "Strategy Software: Exploring Its Potential", *IJSM*, April 1996, pp.239~245.

第十四章　企業文化

第一節　企業文化的衡量

1. 尹哲庸，「技術環境，組織特質與企業能力資源管理策略關係之研究」，輔仁大學管理學研究所碩士論文，1998年。

2. Hitt, M.A. etc., "Understanding the Difference in Korean and U.S. Executives' Strategic Orientations", *SMJ*, Feb. 1997, pp.159~168.

3. Ogbonna, Emmanuel and Lloyd C. Harris, "Organizational Culture: It's Not What You Think", *JGM*, 1998, pp.35~48.

第二節　塑造分享、創新的企業文化

1. 吳嘉娜，「企業組織價值觀對製造策略競爭要素之影響研究」，成功大學企業管理學系碩士論文，1997年。

2. 龔詩哲，「組織文化及經營策略與企業進行電子商務應用關係之研究」，大葉大學資訊管理研究所碩士論文，1998年。

3. 余彩雲，「臺灣軟體產業開發團隊技術特質與創新文化之研究」，政治大學科技管理研究所碩士論文，1999年7月。

4. 莫乃健，「讓辦公室變創意搖籃」，《天下雜誌》，1999年12月1日，第328~336頁。

5. Ahuja, G. and C.M. Lampert, "Entrepreneurship in the Large Corporation: A Longitudinal Study of How Established Firms Create Breakthrough Inventions", *SMJ*, June/July 2001, pp.521~544.

6. Apger IV, Mahlon, "The Alternative Workplace: Changing Where and How People Work", *HBR*, May/June 1998, pp.121~138

*7. Goffee, Rob and Gareth Jones, "What Holds the Modern Company Together?", *HBR*, Dec. 2000, pp.133~148.

8. Hoffman, Norton and Robert Klepper, "Assimilating New Technologies", *ISM*, Summer 2000, pp.36~42.

9. Lank, Elizabeth, "Leveraging Invisible Assets: The Human Factor", *LRP*, June 1997, pp.406~412.

10. Lounsbury, M. and M.A. Glynn, "Cultural Entrepreneurship: Stories, Legitimacy and the Acquisition of Resources", *SMJ*, June/July 2001, pp.545~564.

11. Majchrzak, Ann and Qianwei Wang, "Breaking the Functional Mind-Setting Process Organizations", *HBR*, Sep./Oct. 1996, pp.93~99.

12. Prather, Charles W., "Keeping Innovation Alive after the Consultants Leave", *RTM*, Sep./Oct. 2000, pp.17~22.

13. Ryan, T. B. and J. Mothibi, "Towards A Systemic Framework for Understanding Science and Technology Policy Formulation Problems for Developing Countries", *SR& BS*, 2000, pp.375~381.

14. Weick, Kari, "Prepare Your Organization to Fight Fires", *HBR*, May/June 1996, pp.143~149.

15. Young, G.Y. etc., "Top Manager and Network Effects on the Adoption of Innovative Management Practices: A Study of TQM in a Public Hospital System", *SMJ*, Oct. 2001, pp.935~952.

第三節　企業文化的重塑——以企業併購後整合為例

1. 江德楨，「購併之後之整合過程管理——以一家臺灣公司購併一家國際性公司之案

例為研究」，交通大學高階主管管理學程碩士班碩士論文，2000年。

2. 洪震宇，「購併整合　管理的荊棘之路」，《天下雜誌》，2001年5月1日，第92~94頁。

3. Empson, Laura, "Merging Professional Service Firms", *Business Strategy Review*, 2000, pp.39~46.

4. Gomez-Mejia, Luis R. and Leslie E. Palich, "Cultural Diversitty and the Performance of Multinational Firms", *JIBS*, 1997, pp.309~319.

5. Messmer, Max, "Culture Wars", *Journal of Accountancy*, Dec. 1999, pp.53~56.

6. Stacey, Ralph D., "The Science of Complexity: An Alternative Perspective for Strategic Change Processes", *SMJ*, 1995, pp.477~495.

7. Wolff, Steven B. and Vanessa Urch Druskat, "Building the Emotional Intelligence of Groups", *SMR*, March 2001, pp.80~91.

第十五章　策略管理用人篇——策略性人力資源管理

第一節　企業優生學：選拔、晉升

Grundy, Tony, "How Are Corporate Strategy and Human Resources Strategy Linked?", *JGM*, 1998, pp.49~72.

第二節　策略管理能力的培養（一）：訓練和公司學習——兼論典範移轉、習慣領域

1. 齊若蘭譯，《第五項修練II實踐篇》，天下文化股份有限公司，1996年11月，初版。

2. 劉常勇，陳彩繁，《臺灣本土企業個案集》，華泰文化事業有限公司，1997年3月，初版。

3. 徐聯恩，曾成樺，「從企業策略到策略行動」，《臺北銀行月刊》，1998年5月，第75~85頁。

4. 編者，「主管訓練需要『量身定做』」，《天下雜誌》，2000年8月1日，第298~299頁。

5. Case, John, "HBR Case Study: When Salaries Aren't Secret", *SMR*, May 2001, pp.37~52.

第三節　策略管理能力的培養（二）：才能發展——實用紅藍軍對抗賽

1. 陳明哲，「策略管理的教學與研究」，《中山管理評論》，1997年9月，第469~447頁。

2. 陳朝智，「企業策略管理　景氣回春特快車」，《管理雜誌》，2001年11月，第70~72頁。

3. Carr-Chellman, Alison A., "I Have a Problem! The Use of Cases in Educating Instructional Designers", *Tech Trends*, June 2000, pp.15~19.

4. Mwaluko, G.S. and T. B. Ryan, "The Systemic Nature of Action Learning Programmes", *SR&BS*, 2000, pp.393~401.

5. Thompson, Leigh etc., "Avoiding Missed Opportunities in Managerial Life", *OB& HDP*, May 2000, pp.60~75.

第四節　董事長的經營傳承

1. Davidson III, W.N. etc., "CEO Duality, Succession-Planning and Agency Theory: Research Agenda", *SMJ*, Sep. 1998, pp.905~908.

2. Datta, D.K. and N. Rajagopalan, "Industry Structure and CEO Characteristics: An Empirical Study of Succession Events", *SMJ*, Sep. 1998, pp.833~852.

3. Harris, D. and C.E. Helfat, "CEO Duality, Succession, Capabilities and Agency Theory: Commentary and Research Agenda", *SMJ*, Sep. 1998, pp.901~904.

4. Khurana, Pakesh, "Finding the Right CEO: Why Boards Often Make Poor Choices", *SMJ*, fall 2001, pp.91~95.

5. Miller, Varren D., "Siblings and Succession in the Family Business", *HBR*, Jan./Feb. 1998, pp.22~41.

第五節　中高階管理者的傳承

1. 金玉梅，洪懿妍，「接班挑戰」，《天下雜誌》，2001年5月1日，第163~203頁。

2. 施逸筠，「日本家族企業　第二代走出安定勇創新局」，《天下雜誌》，2001年5月1日，第204~208頁。

第十六章　領導型態和激勵

第一節　創造優質的工作環境──衛生因素

1. Curteis, Henry, "Entrepreneurship in a Growth Culture", *IJSM*, April 1997, pp.267~276.

2. Gould, P. Morgan, "Getting from Strategy to Action: Processes for Continuous Change", *IJSM*, June 1996, pp.278~289.

3. Wright, Gordon, "Perspectives on Performance Measurement Conflicts in Service

Businesses", *JGM*, 1998, pp.35~50.

第二節　別讓策略執行失靈：授權機制——兼論方針管理

1. 黃進發，《管理Open-Book——開卷式管理的威力》，天下文化股份有限公司，1997年10月。

2. From the Editor, "Open-Book Management，Revised", *SMR*, May 2001, pp.12~21.

3. Homburg, C. etc., "Strategic Consensus and Performance: The Role of Strategy Type and Market-Related Dynamism", *SMJ*, April 1999, pp.339~358.

4. Lorange, Peter, "Strategy Implementation: The New Realities", *LRP*, Feb. 1998, pp.10~17.

第三節　透過獎勵制度讓策略自我執行：激勵因素——內部創業制度

*1. 張玉文，「創業精神讓企業生生不息」，《遠見雜誌》，2000年4月1日，第138~142頁。

*2. Ashkenas, Ronald N. etc., "Making the Deal Real: How GE Capital Integrates Acquisitions", *HBR*, Jan./Feb. 1998, pp.165~178.

3. Barringer, B.R. and A.C. Bluedon, "The Relationship between Corporate Entrepreneurship and Strategic Management", *SM*, May 1999, pp.421~444.

4. Birkinshaw, J., "Entrepreneurship in Multinational Corporations: The Characteristics of Subsidiary Initives", *SMJ*, March 1997, pp.207~230.

5. Heracleous , Loizos and Brian Langham, "Strategic Change and Organizational Culture at Hay Management Consultants", *IJSM*, Aug. 1996, pp.485~494.

*6. Markoczy, Livia, "Consensus Formation During Strategic Change", *SMJ*, 2001, pp.1013~1031.

7. Veliyath, Rajaram, "Top Management Compensation and Shareholder Returns: Unraveling Different Models of the Relationship", *Journal of Management Studies*, Jan. 1999, pp.123~143.

第十七章　策略控制

第一節　策略控制的重要性和範圍

1. 楊仁壽，莊世杰，「動態決策案例中標的設定與策略輔助的效果」，《中山管理評論》，2001年，第221~243頁。

2. Butler, Timothy and James Waldroop, "Job Sculpting: The Art of Retaining Your Best People", *HBR*, Sep./Oct. 1999, pp.144~152.

*3. Golden, Brian R. and Edward J. Zajac, "When Will Boards Influence Strategy? Inclination: Power = Strategic Change", *SMJ*, 2001, pp.1087~1111.

4. Taggart, J.H., "Strategy Shifts in MNC Subsidiaries", *SMJ*, July 1998, pp.663~682.

5. Westphal, James D. and James W. Fredrickson, "Who Directs Strategic Change? Director Experience, the Selection of New CEOs, and Change in Corporate Strategy", *SMJ*, 2001, pp.1113~1137.

第三節　策略績效指標和衡量──兼論平衡計分卡

1. 林嬋娟，李美琳，「上市公司整體經營績效排行榜」，《會計研究月刊》，1998年3月，第15~40頁。

2. 曾玉明，「績效發展　引領企業向前看」，《能力雜誌》，1999年5月，第20~24頁。

3. Epstein, Marc J. and Robert A. Westbrook,, 李田樹譯，「集中行動，瞄準利潤」，《EMBA世界經理文摘》，2001年8月，第30~48頁。

4. 蘇裕惠，「實施平衡計分卡的七大迷思與三大要點」，《會計研究月刊》，2001年9月，第29~34頁。

5. 陳依蘋，「專訪臺灣大學管理學院院長柯承恩博士談平衡計分卡」，《會計研究月刊》，2002年2月，第26~28頁。

6. 吳嘯，「平衡計分卡實施時應考慮之課題」，《會計研究月刊》，2002年2月，第35~40頁。

7. 周齊武，吳安妮，Haddad, Kamal，施能錠，「探索實施平衡計分卡可能遭遇之問題」，《會計研究月刊》，2002年2月，第63~74頁。

8. Atkinson, Anthony A. etc., "A Stakeholder Approach to Strategic Performance Measurement", *SMR*, 1997, pp.25~34.

9. Banker, Rajiv D. etc., "A Framework for Analyzing Changes in Strategic Performance", *SMJ*, 1996, pp.693~712.

10. Butler, Alan, etc., "Linking the Balanced Scorecard to Strategy", *IJSM*, April 1997, pp.242~253.

11. Henderson, Rebecca and Will Mitchell, "The Interactions of Organizational and Competitive Influences on Strategy and Performance", *SM*, summer 1997, pp.5~14.

12. Kaplan, Robert S. and David P. Norton, "Using the Balanced Scorecard as a Strategic Management System", *HBR*, Jan./Feb. 1996, pp.75~87.

13. Ruef, Martin, "Assessing Organizational Fitness on a Dynamic Landscape: An Empirical Test of the Relative Inertia Thesis", *SMJ*, 1997, pp.837~853.

14. Stainer, Alan and Lorice Stainer, "Business Performance—A Stakeholder Approach", *IJBPM*, 1998, pp.2~11.

第四節　策略缺口原因專案研究——專案事後評估

1.陳茂嘉,「核心知識發展循環對組織學習焦點與組織機制之影響——資源基礎論觀點」, 中原大學企業管理系碩士論文, 1997年7月。

2.傳梅譯,《憂鬱巨人IBM》, 智庫文化股份有限公司, 1997年8月, 一版。

3. Perrott, Bruce, "Strategic Issue Management: An Integrated Framework", *JGM*, 1995, pp.52~64.

第十八章　策略監視和企業失敗管理

第一節　企業失敗管理

1. 徐聯恩譯,《企業生命週期——長保企業壯年期的要訣》, 長河出版社, 1996年4月。

2. 蕭蔓,「學習成功前, 先學會失敗」,《天下雜誌》, 2001年5月1日, 第260~263頁。

3. 陳平譯,「及時找出第二條成長曲線」,《遠見雜誌》, 2003年1月, 第44~66頁。

第三節　建立早期警報系統

1. 楊文榮,「臺灣股票上市公司財務危機預警模式」, 淡江大學管理科學研究所碩士論文, 1997年6月。

2. 林金賜,「財務危機之時間序列預測模式」, 臺灣大學財務金融研究所碩士論文, 1997年6月。

第四節　救亡圖存的復甦管理——兼論公司變革

1. 賈堅一, 張國蓉譯,《反敗為勝　汽車巨人艾科卡自傳》, 天下文化股份有限公司, 1996年12月。

2. 蔡振義,「企業危機變革——財務困境企業之轉折變革」, 義守大學管理科學研究

所碩士論文，2000年。

3. Barker III, V.L. and I.M. Duhaime, "Strategic Change in the Turnaround Process: Theory and Empirical Evidence", *SMJ*, Jan. 1997, pp.13~38.

4. Carroll, John S. and Sachi Hatakenaka, "Driving Organizational Change in the Midst of Crisis", *SMJ*, spring 2001, pp.70~80.

索 引

管理學　伍忠賢／著

抱持「為用而寫」的精神，以解決問題為導向，釐清大家似懂非懂的概念，並輔以實用的要領、圖表或個案解說，將其應用到日常生活和職場領域中。標準化的圖表方式，雜誌報導的寫作風格，使你對抽象觀念或時事個案，都能融會貫通，輕鬆準備研究所等入學考試。

財務管理　伍忠賢／著

細從公司現金管理，廣至集團財務掌控，不論是小公司出納或是大型集團的財務主管，本書都能滿足你的需求。以理論架構、實務血肉、創意靈魂，將理論、公式作圖表整理，深入淺出，易讀易記，足供碩士班入學考試之用。本書可讀性高、實用性更高。

財務管理——理論與實務　張瑞芳／著

財務管理是企業的重心所在，關係經營的成敗，不可不用心體察，盡力學習控制管理；然而財務衍生的金融、資金、倫理……，構成一複雜而艱澀的困難學科。且由於部分原文書及坊間教科書篇幅甚多，內容艱辛難以理解，因此本書著重在概念的養成，希望以言簡意賅、重點式的提要，能對莘莘學子及工商企業界人士有所助益。並提供教學光碟（投影片、習題解答）供教師授課之用。

策略管理全球企業案例分析　伍忠賢／著

一服見效的管理大補帖，讓你快速吸收惠普、嬌生、西門子、UPS、三星、臺塑、統一、國巨、台積電、聯電……等二十多家海內外知名企業的成功經驗！本書讓你在看故事的樂趣中，盡得管理精髓。精選最新、最具代表性的個案，精闢的分析，教你如何應用所學，尋出自己企業活路！

公司鑑價　伍忠賢／著

　　本書揭露公司鑑價的專業本質，洞見財務管理的學術內涵，以生活事務來比喻專業事業；清楚的圖表、報導式的文筆、口語化的內容，易記易解，並收錄多項著名個案。引用美國著名財務、會計、併購期刊十七種、臺灣著名刊物五種，以及博碩士論文、參考文獻三百五十篇，並自創「實用資金成本估算法」、「實用盈餘估算法」，讓你體會「簡單有效」的獨門工夫。

投資學　伍忠賢／著

　　本書讓你具備全球、股票、債券型基金經理所需的基本知識，實例取材自《工商時報》和《經濟日報》，讓你跟「實務零距離」，章末所附的個案研究，讓你「現學現用」！不僅適合大專院校教學之用，更適合經營企管碩士(EMBA)班使用。

生產與作業管理　潘俊明／著

　　本學門內容範圍涵蓋甚廣，而本書除將所有重要課題囊括在內，更納入近年來新興的議題與焦點，並比較東、西方不同的營運管理概念與做法，研讀後，不但可學習此學門相關之專業知識，並可建立管理思想及管理能力。因此本書可說是瞭解此一學門，內容最完整的著作。

現代企業管理　陳定國／著

　　本書對主管人員之任務，經營管理之因果關係，管理與齊家治國平天下之道，在古中國、英國、法國、美國發展演進，二十及二十一世紀各階段波濤萬丈的新策略思與偉大企業家經營策略，以及企業決策、企業計劃、企業組織、領導激勵與溝通、預算與控制、行銷管理、生產管理、財務管理、人力資源管理、企業會計，研究發展管理、企業研究方法、管理情報資訊系統及資訊科技在企業管理上之最新應用等重點，做深入淺出之完整性闡釋，為國人力求公司治理、企業轉型化及管理現代化之最佳讀本。

經濟學 —— 原理與應用　黃金樹／編著

　　本書企圖解釋一門關係人類福祉以及個人生活的學問 —— 經濟學。它教導人們瞭解如何在有限的物力、人力以及時空環境下，追求一個力所能及的最適境界；同時，也將帶領人類以更加謙卑的態度，相互包容、尊重的情操，創造一個可以持續發展與成長的生活空間，以及學會珍惜大自然的一草一木。隨書附贈的光碟有詳盡的圖表解說與習題，可使讀者充分明瞭所學。

統計學　陳美源／著

　　統計學可幫助人們有效率的瞭解龐大資料背後所隱藏的事實，並以整理分析後的資料，使人們對事物的不確定性有更進一步的瞭解，並作為決策的依據。本書著重於統計問題的形成、假設條件的陳述，以及統計方法的選定邏輯，至於資料的數值運算，則只用一組資料來貫穿每一個章節，以避免例題過多所造成的缺點；此外，書中更介紹如何使用電腦軟體，來協助運算。

商用統計學　顏月珠／著

　　本書除了學理與方法的介紹外，特別重視應用的條件、限制與比較。全書共分十五章，章節分明、字句簡要，所介紹的理論與方法可應用於任何行業，特別是工商企業的經營與管理，不但可作為大專院校的統計學教材、投考研究所的參考用書，亦可作為工商企業及各界人士實際作業的工具。

行銷學　方世榮／著

　　顧客導向的時代來臨，每個人都該懂行銷！本書的內容完整豐富，並輔以許多「行銷實務案例」來增進對行銷觀念之瞭解與吸收，一方面讓讀者掌握實務的動態，另一方面則提供讀者更多思考的空間。此外，解讀「網路行銷」這個新興主題，讓讀者能夠掌握行銷最新知識，走在行銷潮流的尖端。

期貨與選擇權　陳能靜、吳阿秋／著

　　由於電子通訊的發達，近年來全球期貨及選擇權之市場結構及交易制度面臨很大的變動。本書以深入淺出的方式介紹期貨及選擇權之市場、價格及其交易策略，並對國內期貨市場之商品、交易、結算制度及其發展作詳盡之介紹，適合作為對期貨、選擇權更進一步瞭解時之參考。

商用年金數學　洪鴻銘／著

　　年金制度隨著高齡化社會來臨普遍受到各界重視，其規劃需以年金數學的分析為基礎，而年金商品之設計更需透過年金數學以釐訂適當費率。本書整合了商用數學及精算數學中與年金相關的基本概念，主要涵蓋確定年金及生存年金兩大部分，由淺入深介紹年金數學之理論及應用，並輔以範例解說，更設計了相關習題供讀者演練，引導初學者對年金數學之興趣，進而應用到實務上的年金商品開發及年金制度規劃。

人壽保險的理論與實務　陳雲中／著

　　本書內容新穎充實，除廣泛取材國內外最新壽險著作，更詳引我國現行有關法令、保險條款及實務資料，讓讀者能於短時間內對人壽保險基本理論與實務獲得完整之概念，一窺當前壽險經營實務之梗概。本書適合大專院校人壽保險學課程教學之用，更是各界人士自修、研究與實務參考的最佳資料。

國際貿易實務　張錦源、劉　玲／編著

　　對於國際貿易實務的初學者來說，一本內容簡潔且周全的入門書，可使初學者有親臨戰場的感覺；對於已經有貿易實務經驗者而言，連貫的貿易實例與統整的名詞彙編更有助於掌握整個國貿實務全貌。本書期能以簡潔的貿易程序、周全的貿易單據、整套貿易文件的實例連結及附加價值高的名詞彙編，使學習國際貿易實務者，皆能如魚得水的悠游於此一領域。

國際貿易實務詳論　張錦源／著

　　買賣的原理、原則為貿易實務的重心，貿易條件的解釋、交易條件的內涵、契約成立的過程、契約條款的訂定要領等，均為學習貿易實務者所不可或缺的知識。本書按交易過程先後作有條理的說明，期使讀者對全部交易過程能獲得一完整的概念。除了進出口貿易外，對於託收、三角貿易、轉口貿易、相對貿易、整廠輸出、OEM貿易、經銷、代理、寄售等特殊貿易，亦有深入淺出的介紹，為坊間是類書籍所欠缺。

貿易條件詳論 ── FOB,CIF,FCA,CIP,etc.　張錦源／著

　　在國際貿易實務中依慣例規範的標準，即為一般所稱的「貿易條件」(Trade Term)。有鑒於貿易條件的種類繁多，一般人對其涵義未必瞭解，本書乃將多達六十餘種貿易條件下買賣雙方各應負擔的責任、費用及風險，詳加分析，並舉例說明，以利讀者在實際從事貿易時，可採取主動，選用適當的貿易條件，精確估算其交易成本，從而達成交易目的，避免無謂的貿易糾紛。

信用狀理論與實務 ── 國際商業信用證實務　張錦源／著

　　本書係為配合大專院校教學與從事國際貿易人士需要而編定，另外，為使理論與實務相互配合，以專章說明「信用狀統一慣例補篇──電子提示」及適用範圍相當廣泛的ISP 98。閱讀本書可豐富讀者現代商業信用狀知識，提昇從事實務工作時的助益，可謂坊間目前內容最為完整新穎之信用狀理論與實務專書。

會計資訊系統　顧裔芳、范懿文、鄭漢鐔／著

　　未來的會計資訊系統必將高度運用資訊科技，如何以科技技術發展會計資訊系統並不難，但系統若要能契合組織的會計制度，並建構良好的內部控制機制，則有賴會計人員與系統發展設計人員的共同努力。而本書正是希望能建構一套符合內部控制需求的會計資訊系統，以合乎企業界的需要。

管理會計　王怡心／著
管理會計習題與解答　王怡心／著

　　資訊科技的日新月異，不斷促使企業 e 化，對經營環境也造成極大的衝擊。為因應此變化，本書詳細探討管理會計的理論基礎和實務應用，並分析傳統方法的適用性與新方法的可行性。除適合作為教學用書外，並可提供企業財務人員，於制定決策時參考；隨書附贈的教學光碟中，以動畫方式呈現課文內容、要點，藉此增進學習效果。

成本會計 (上) (下)　費鴻泰、王怡心／著
成本會計習題與解答 (上) (下)　費鴻泰、王怡心／著

　　本書依序介紹各種成本會計的相關知識，並以實務焦點的方式，將各企業成本實務運用的情況，安排於適當的章節之中，朝向會計、資訊、管理三方面整合型應用。不僅可適用於一般大專院校相關課程使用，亦可作為企業界財務主管及會計人員在職訓練之教材，可說是國內成本會計教科書的創舉。

財務報表分析　洪國賜、盧聯生／著
財務報表分析題解　洪國賜／編著

　　財務報表是企業體用以研判未來營運方針，投資者評估投資標的之重要資訊。為奠定財務報表分析的基礎，書中首先闡述財務報表的特性、結構、編製目標及方法，並分析組成財務報表的各要素，引證最新會計理論與觀念；最後輔以全球二十多家知名公司的最新財務資訊，深入分析、評估與解釋，兼具理論與實務。另為提高讀者應考能力，進一步採擷歷年美國與國內高考會計師試題，備供參考。

政府會計 —— 與非營利會計　張鴻春／著
政府會計 —— 與非營利會計題解　張鴻春、劉淑貞／著

　　不同於企業會計的基本觀念，政府會計乃是以非營利基金會計為主體，且其施政所需之基金，須經預算之審定程序。為此，本書便以基金與預算為骨幹，詳盡介紹政府會計的原理與會計實務；而對於有志進入政府單位服務或對政府會計運作有興趣的讀者，本書必能提供相當大的裨益。